T0237518

Elementare Analysis

Mathematik Primar- und Sekundarstufe

Herausgegeben von
Prof. Dr. Friedhelm Padberg
Universität Bielefeld

Bisher erschienene Bände:

Didaktik der Mathematik

P. Bardy: Mathematisch begabte Grundschulkinder - Diagnostik und Förderung (P)
M. Franke: Didaktik der Geometrie (P)
M. Franke: Didaktik des Sachrechnens in der Grundschule (P)
K. Hasemann: Anfangsunterricht Mathematik (P)
K. Heckmann/F. Padberg: Unterrichtsentwürfe Mathematik Primarstufe (P)
G. Krauthausen/P. Scherer: Einführung in die Mathematikdidaktik (P)
G. Krummheuer/M. Fetzer: Der Alltag im Mathematikunterricht (P)
F. Padberg: Didaktik der Arithmetik (P)

G. Hinrichs: Modellierung im Mathematikunterricht (P/S)

R. Danckwerts/D. Vogel: Analysis verständlich unterrichten (S)
G. Greefrath: Didaktik des Sachrechnens in der Sekundarstufe (S)
F. Padberg: Didaktik der Bruchrechnung (S)
H.-J. Vollrath/H.-G. Weigand: Algebra in der Sekundarstufe (S)
H.-J. Vollrath: Grundlagen des Mathematikunterrichts in der Sekundarstufe (S)
H.-G. Weigand/T. Weth: Computer im Mathematikunterricht (S)
H.-G. Weigand et al.: Didaktik der Geometrie für die Sekundarstufe I (S)

Mathematik

F. Padberg: Einführung in die Mathematik I – Arithmetik (P)
F. Padberg: Zahlentheorie und Arithmetik (P)

K. Appell/J. Appell: Mengen – Zahlen – Zahlbereiche (P/S)
S. Krauter: Erlebnis Elementargeometrie (P/S)
H. Kütting/M. Sauer: Elementare Stochastik (P/S)
F. Padberg: Elementare Zahlentheorie (P/S)
F. Padberg/R. Danckwerts/M. Stein: Zahlbereiche (P/S)

A. Büchter/H.-W. Henn: Elementare Analysis (S)
G. Wittmann: Elementare Funktionen und ihre Anwendungen (S)

P: Schwerpunkt Primarstufe
S: Schwerpunkt Sekundarstufe

Weitere Bände in Vorbereitung

Andreas Büchter • Hans-Wolfgang Henn

Elementare Analysis

Von der Anschauung zur Theorie

Autoren
Dipl. Math. Andreas Büchter   Prof. Dr. Hans-Wolfgang Henn
andreas@buechter.net   wolfgang.henn@tu-dortmund.de

Wichtiger Hinweis für den Benutzer
Der Verlag, der Herausgeber und die Autoren haben alle Sorgfalt walten lassen, um vollständige und akkurate Informationen in diesem Buch zu publizieren. Der Verlag übernimmt weder Garantie noch die juristische Verantwortung oder irgendeine Haftung für die Nutzung dieser Informationen, für deren Wirtschaftlichkeit oder fehlerfreie Funktion für einen bestimmten Zweck. Der Verlag übernimmt keine Gewähr dafür, dass die beschriebenen Verfahren, Programme usw. frei von Schutzrechten Dritter sind. Die Wiedergabe von Gebrauchsnamen, Handelsnamen, Warenbezeichnungen usw. in diesem Buch berechtigt auch ohne besondere Kennzeichnung nicht zu der Annahme, dass solche Namen im Sinne der Warenzeichen- und Markenschutz-Gesetzgebung als frei zu betrachten wären und daher von jedermann benutzt werden dürften. Der Verlag hat sich bemüht, sämtliche Rechteinhaber von Abbildungen zu ermitteln. Sollte dem Verlag gegenüber dennoch der Nachweis der Rechtsinhaberschaft geführt werden, wird das branchenübliche Honorar gezahlt.

Bibliografische Information der Deutschen Nationalbibliothek
Die Deutsche Nationalbibliothek verzeichnet diese Publikation in der Deutschen Nationalbibliografie; detaillierte bibliografische Daten sind im Internet über http://dnb.d-nb.de abrufbar.

Springer ist ein Unternehmen von Springer Science+Business Media
springer.de

© Spektrum Akademischer Verlag Heidelberg 2010
Spektrum Akademischer Verlag ist ein Imprint von Springer

10 11 12 13 14   5 4 3 2 1

Planung und Lektorat: Dr. Andreas Rüdinger, Martina Mechler
Herstellung: Crest Premedia Solutions (P) Ltd, Pune, Maharashtra, India
Satz: Autorensatz

ISBN 978-3-8274-2091-6

Vorwort

Liebe Leserin, lieber Leser,

herzlich Willkommen bei unserem anschaulichen Zugang zur Theorie der Differenzial- und Integralrechnung. Unser Buch „Elementare Analysis" soll elementar im besten Sinne sein: Der Brockhaus nennt dieses Adjektiv im Zusammenhang mit den grundlegenden Begriffen und Sätzen einer wissenschaftlichen Theorie. Die alte Elementarschule wollte die für das Leben nach der Schule grundlegende Bildung und Ausbildung vermitteln. In diesem Sinne wollen wir Sie in diesem Buch mit den grundlegenden Konzepten und Ergebnissen der Analysis für reellwertige Funktionen einer reellen Variablen vertraut machen.

Dabei möchten wir Sie bei Ihrem Vorwissen und Ihrer mathematisch Intuition abholen und die Theorie von anschaulichen Situationen aus entwickeln. Im Gegensatz zu vielen anderen Fachbüchern haben wir daher keinen axiomatisch-deduktiven Aufbau gewählt, bei dem die zentralen Begriffe am Anfang definiert werden und anschauliche Anwendungen ggf. später folgen; wir gehen vielmehr von der Mathematisierung realer Probleme aus und liefern die Begriffe und Zusammenhänge, also den Theorieaufbau, hierdurch motiviert nach. Damit werden viele Definitionen, Sätze und Beweise zum Zeitpunkt ihrer Formulierung anschaulich bereits klar sein.

Vermutlich studieren Sie das Fach Mathematik für ein Lehramt in den Sekundarstufen oder befinden sich bereits im Referendariat oder Schuldienst. Die Auswahl der Inhalte wurde unter anderem anhand der Frage der Relevanz für den Unterricht in diesen Schulstufen getroffen. Dieses Buch kann aber ebenso gut Studierenden der Mathematik oder ihrer Anwendungsdisziplinen mit dem Abschlussziel Bachelor oder Master dazu dienen, einen inhaltlichen Zugang zur Analysis zu finden, der für weiterführende Analysisvorlesungen sinnstiftend wirken kann.

Die Darstellung der Inhalte erfolgt nicht auf dem Niveau schulischen Unterrichts, sondern aus der „höheren Sicht" der Hochschulmathematik. Hier standen uns die berühmten Vorlesungen „Elementarmathematik vom höheren Standpunkt aus" von *Felix Klein* (1849 – 1925) vor Augen, der diese drei auch als Buch erschienenen Vorlesungen (Klein (1908; 1909); im Internet verfügbar[1]) in den Jahren 1907 und 1908 in Göttingen gehalten hat. Im Vorwort beschreibt er seine Ziele:

> *„Ich habe mich bemüht, dem Lehrer – oder auch dem reiferen Studenten – Inhalt und Grundlegung der im Unterricht zu behandelnden Gebiete vom Standpunkte der heutigen Wissenschaft in möglichst einfacher und anregender Weise überzeugend darzulegen."*

---

[1] z. B. unter `http://de.wikipedia.org/wiki/Felix_Klein`

Das vorliegende Buch setzt eine gewisse mathematische Grundbildung voraus, wie sie üblicherweise in der Schule erworben wird. Vor jedem größeren Abschnitt steht ein kurzer Überblick über das, was den Leser im Folgenden erwartet. Nicht alles, was behandelt wird, wird auch ausführlich bewiesen, manche Vertiefungen haben wir auf die Internetseiten zu diesem Buch verlagert. Ein inhaltlich stimmiger Theorieaufbau im Wechselspiel mit typischen Anwendungen war uns wichtiger als der lückenlose Beweis jeder – manchmal schon anschaulich evidenten – mathematische Tatsache. Aber gerade weil wir die Theorie von der Anschauung aus aufbauen, thematisieren wir jeweils auch die Grenzen der Anschauung, insbesondere jene „unbequemen" Beispiele, die auch historisch zur Weiterentwicklung der Theorie beigetragen haben.

Mit dem Ziel, auch den Entstehungsprozess der modernen Analysis nachvollziehbar zu machen, haben wir häufig historische Bemerkungen in den Lehrtext integriert. Und da bekanntlich ein gutes Bild oft mehr als tausend Worte aussagt, haben wir versucht, möglichst viele Zusammenhänge suggestiv zu visualisieren. Für die Bilder dieses Buchs, die nicht von uns selbst erstellt worden sind, haben wir – soweit möglich – eine Abdruckerlaubnis eingeholt. Inhaber von Bildrechten, die wir nicht ausfindig machen konnten, bitten wir, sich beim Verlag zu melden.

Die von uns zitierten Internet-Adressen haben wir noch einmal im Oktober 2009 überprüft; wir können natürlich nicht gewährleisten, dass sie nach diesem Zeitpunkt noch unverändert zugänglich sind.

Trotz aller Mühen und Anstrengungen beim Korrekturlesen kommt es wohl bei jedem Buch (zumindest in der Erstauflage) vor, dass der Fehlerteufel den sorgfältig arbeitenden Autoren ins Handwerk pfuscht. Daher werden auch in diesem Buch vermutlich einige kleine Rechtschreib- oder Grammatikfehler stecken und auch Rechenfehler sind nicht auszuschließen. Umso mehr freuen wir uns über jeden sachdienlichen Hinweis, aber natürlich auch über Kritik, Lob, Kommentare, Anregungen usw., die Sie uns per E-Mail an

mail@elementare-analysis.de

zukommen lassen können. Wir bemühen uns, jede Mail umgehend zu beantworten. Sollte es einmal ein paar Tage länger dauern, so ruhen wir uns gerade vom Schreiben eines Buchs aus ... In jedem Fall bearbeiten wir aber jede Mail. Sollte uns an irgendeiner Stelle der Fehlerteufel einen ganz großen Streich gespielt haben, so werden wir eine Korrekturanmerkung auf den Internetseiten zu diesem Buch unter

http://www.elementare-analysis.de/

veröffentlichen. Dort finden Sie auch einige vertiefende Betrachtungen, das Material des „Anhangs" zu unserem Buch sowie die ausführlichen Lösungshinweise zu den zahlreichen in den Lehrtext integrierten Aufgaben.

Zu guter Letzt bedanken wir uns herzlich bei allen, die uns unterstützt haben. Das sind insbesondere unsere Freunde und Kollegen Dipl.-Math. Frauke Arndt (Dortmund), Prof. Dr. Hans Humenberger (Wien), StD Dr. Jörg Meyer (Hameln), OStR Jan Hendrik Müller (Attendorn/Dortmund) und StD Dr. Andreas Pallack (Hamm/Soest), die uns ungezählte wertvolle Hinweise und Verbesserungsvorschläge gegeben und das Manuskript sorgfältig durchgesehen haben. Unser Dank gilt auch Herrn Raphael Bolinger (Dortmund), der uns redaktionell – vor allem beim Textsatz mit LaTeX – unterstützt hat sowie Herrn Holger Nadolny (Dortmund), der als „Zielgruppen-Leser" mit dem Manuskript gearbeitet und zu dessen Verbesserung beigetragen hat. Besonderer Dank gebührt dem Reihenherausgeber Prof. Dr. Friedhelm Padberg (Bielefeld) sowie dem Verlag für die Aufnahme unseres Titels und die hervorragende Betreuung. In tiefer Schuld stehen wir bei unseren Familien, die einmal mehr monatelang zwei ungeduldige Autoren geduldig ertragen haben.

Dortmund, Oktober 2009

Andreas Büchter & Hans-Wolfgang Henn

Inhaltsverzeichnis

Vorwort v

1   Einleitung.. 1
1.1 Was ist „Elementare Analysis"? 3
1.2 Wie ist dieses Buch aufgebaut?................................. 4
1.3 Was ist bei der Lektüre dieses Buchs zu beachten?.................. 5

2   **Funktionale Zusammenhänge und Funktionen** 7
2.1 Funktionale Zusammenhänge 8
   2.1.1 Eigenschaften funktionaler Zusammenhänge.................. 10
   2.1.2 Unterschiedliche Tiefen der Betrachtung..................... 11
2.2 Funktionen 16
   2.2.1 Funktionsbegriff.. 16
   2.2.2 Modellieren mit Funktionen................................ 21
   2.2.3 Funktionen in unterschiedlichen Bereichen der Mathematik 25
2.3 Grundvorstellungen und Darstellungen von Funktionen.............. 30
   2.3.1 Grundvorstellungen....................................... 30
   2.3.2 Darstellungsarten... 35
2.4 Elementare Funktionstypen und ihre Charakteristika................ 40
   2.4.1 Proportionale, antiproportionale und (affin-)lineare Funktionen .. 40
   2.4.2 Potenz- und Wurzelfunktionen 46
   2.4.3 Exponential- und Logarithmusfunktion 50
   2.4.4 Trigonometrische Funktionen 56
   2.4.5 Funktionenbaukasten 59
   2.4.6 Weitere Funktionen 66
   2.4.7 Mit Funktionen arbeiten................................... 68
2.5 Exkurs: Funktionen und Kurven................................. 76

3   **Ein anschaulicher Zugang zur Differenzial- und Integralrechnung** 79
3.1 Ableiten: Änderungsraten als fundamentale Idee.................... 81
   3.1.1 Von der mittleren zur lokalen Änderungsrate.................. 82
   3.1.2 Lokale Änderungsrate und lokale Linearität 85
   3.1.3 Von lokalen Änderungsraten zur Ableitungsfunktion 88
3.2 Integrieren: Rekonstruktion als fundamentale Idee 92
   3.2.1 Von der Änderungsrate zum Bestand........................ 92
   3.2.2 Bestandsfunktionen als Rekonstruktionen aus Änderungsraten... 95
3.3 Anschaulicher Zusammenhang von „Ableiten" und „Integrieren" 99
3.4 Grenzen der Anschauung 102

4   **Mathematische Grundlagen der Analysis** 105
4.1 Die vollständige Zahlengerade: reelle Zahlen 107
   4.1.1 Ein kurzer historischer Überblick 107
   4.1.2 Die Entdeckung der irrationalen Zahlen 110

4.1.3   Konstruktion der reellen Zahlen durch Intervallschachtelungen .. 113

4.1.4   Die Mächtigkeit von $\mathbb{R}$ 129

4.2 Folgen und ihre Grenzwerte....................................... 135

4.2.1   Folgen 136

4.2.2   Konvergenz von Folgen 140

4.2.3   Beispiele konvergenter und divergenter Folgen 147

4.2.4   Sätze über Existenz und Bestimmung von Grenzwerten......... 154

4.2.5   Anwendungen von Folgen in der Sekundarstufe I 159

4.3 Grenzwerte von Funktionen und Stetigkeit.......................... 173

4.3.1   Grenzwerte von Funktionen................................. 173

4.3.2   Untersuchung spezieller Funktionen auf Grenzwerte 177

4.3.3   Stetigkeit... 181

4.3.4   Anschauung und Stetigkeit 185

4.3.5   Eigenschaften stetiger Funktionen 190

5   Grenzwerte von Differenzenquotienten: die Ableitung 195

5.1 Die Ableitung an einer Stelle und die Ableitungsfunktion 196

5.1.1   Differenzierbarkeit 196

5.1.2   Einfache Beispiele für differenzierbare Funktionen 198

5.1.3   Stetigkeit und Differenzierbarkeit 199

5.1.4   Lokale Linearität und Tangenten 200

5.1.5   Regel von L'Hospital....................................... 202

5.1.6   Differenzialquotient und Differenziale 204

5.2 Berechnung von Ableitungen und Ableitungsregeln 205

5.2.1   Typische algebraische Umformungen bei Differenzenquotienten .. 206

5.2.2   Ableitungsregeln 207

5.2.3   Weitere Ableitungsfunktionen 212

5.2.4   Anschauung und Differenzierbarkeit........................ 215

6   Grenzwerte von Riemann'schen Summen: das Integral 221

6.1 Anschaulicher Standpunkt aus Kapitel 3 222

6.2 Das bestimmte Integral und Integralfunktionen..................... 224

6.3 Erste Berechnungen von ("einfachen") Integralen 231

7   Zusammenhang von Differenzial- und Integralrechnung 237

7.1 Stammfunktionen und Richtungsfelder 237

7.2 Der Hauptsatz der Differenzial- und Integralrechnung 240

7.3 Integrieren bedeutet auch Mitteln 245

7.4 Von Ableitungsregeln zu Integrationsregeln 246

8   Anwendungen in Theorie und Praxis........................... 251

8.1 Funktionen untersuchen 252

8.1.1   Monotonie und Extrema.................................... 253

8.1.2   Krümmungs- und Wachstumsverhalten 264

8.1.3   Bogenlänge 277

8.1.4 Exponential- und Logarithmusfunktion 281

8.1.5 Änderungsraten bei geometrischen Maßen 290

8.2 Das Wechselspiel von Theorie und Anwendungen 291

8.2.1 „Wie viel Nass passt ins Fass?" – Rotationsvolumina 292

8.2.2 „Wie viel Treibstoff benötigt die Mondrakete?" – uneigentliche
Integrale 298

8.2.3 „Wieso sehen wir einen Regenbogen?" – Umkehrregel 300

8.2.4 „Wie hoch ist der Effektivzins?" – Newton-Algorithmus 306

8.2.5 „Wie viel Steuer muss ich zahlen?" – Elastizität 310

8.2.6 „Wie schnell kühlt eine Tasse Tee ab?" – Differenzialgleichungen . 320

Literaturverzeichnis 327

Index 333

1 Einleitung

Übersicht

1.1 Was ist „Elementare Analysis"? 3

1.2 Wie ist dieses Buch aufgebaut? 4

1.3 Was ist bei der Lektüre dieses Buchs zu beachten? 5

Wer in Bibliotheken, Buchhandlungen oder Literaturdatenbanken nach Lehrbüchern zur Analysis, insbesondere nach „Einführungen" schaut, trifft auf ein kaum überschaubares Angebot, dem man zunächst eine gewisse „Vollständigkeit" unterstellen könnte. Warum haben wir Autoren uns also die Mühe gemacht und ein weiteres Werk hinzugefügt? Was ist das Originelle an unserem Buch? Unsere Motivation, eine „Elementare Analysis" zu verfassen, lässt sich schön mit dem folgenden – schon über 80 Jahre alten – Zitat von *Otto Toeplitz* beschreiben:

> *„Ich sagte mir: alle diese Gegenstände der Infinitesimalrechnung, die heute als kanonisierte Requisiten gelehrt werden ... müssen doch einmal Objekte eines spannenden Suchens, einer aufregenden Handlung gewesen sein, nämlich damals, als sie geschaffen wurden. Wenn man an diese Wurzeln zurückginge, würde der Staub der Zeiten, die Schrammen langer Abnutzung von ihnen abfallen, und sie würden wieder als lebensvolle Wesen vor uns stehen."* (Toeplitz (1927))

Wir möchten die Analysis, die *Toeplitz* als „Infinitesimalrechnung"[1] bezeichnet, von der Anschauung aus entwickeln, also von Kontexten und Fragestellungen aus, zu deren Beantwortung die Differenzial- und Integralrechnung notwendig ist. Die vorhandenen Lehrbücher weisen dagegen überwiegend den typischen axiomatisch-deduktiven Aufbau mathematischer Texte auf. Dieser Aufbau ist an sich nichts Schlechtes, ist der axiomatisch-deduktive Aufbau doch gerade das charakteristische Merkmal der Mathematik. Aber der Aufbau eines Buchs sollte sich zuallererst am Lernprozess der Leserinnen und Leser orientieren.

Der axiomatisch-deduktive Aufbau der Mathematik ist das Produkt eines langen Entwicklungsprozesses, nicht der Ausgangspunkt. Dementsprechend soll auch der

---

[1] Auf die Begriffe „Analysis", „Infinitesimalrechnung" und „Differenzial- und Integralrechnung" gehen wir weiter unten ein.

Lernprozess gestaltet werden: Ausgehend von den Phänomenen des Alltags und vom Vorwissen der Leserinnen und Leser entsteht sukzessive die mathematische Theorie. Den Leserinnen und Lesern muss eine individuelle schrittweise Konstruktion der mathematischen Theorie ermöglicht werden. Dieses *genetische Prinzip* (Wittmann (1981)) ist vor allem dann wichtig, wenn sich ein Buch an Studierende des Lehramts richtet. Schließlich sollen sie später als Lehrerinnen und Lehrer produktive Lernumgebungen entwickeln, in denen die Schülerinnen und Schüler entsprechend diesem genetischen Prinzip Mathematik entdecken und betreiben können.

Das vorliegende Buch richtet sich vor allem an Studierende des Lehramts für die Sekundarstufen I und II, aber auch an Referendarinnen und Referendare oder an erfahrene Lehrkräfte, die nach neuen Anregungen suchen. Die Auswahl der Inhalte wurde unter anderem mit Blick auf die Relevanz für den Unterricht in den genannten Schulstufen getroffen. Die Darstellung dieser Inhalte erfolgt dabei nicht auf dem Niveau schulischen Unterrichts, sondern von dem für Lehrerinnen und Lehrer notwendigen höheren Standpunkt aus. Dieses Buch ist aber ebenso gut geeignet, Studierenden der Mathematik oder ihrer Anwendungsdisziplinen mit dem Abschlussziel Bachelor oder Master einen inhaltlichen Zugang zur Analysis zu verschaffen, der für weiterführende Analysis-Vorlesungen sinngebend wirken und damit zu einem „stimmigen Bild" von Mathematik beitragen kann.

Allgemeinbildender Mathematikunterricht muss dem deutschen Mathematikdidaktiker *Heinrich Winter* zufolge den Schülerinnen und Schülern – und in Verallgemeinerung auch Mathematiklernenden auf höherem Niveau – insgesamt drei *Grunderfahrungen* ermöglichen (Winter (2004)):

(G1) Erscheinungen der Welt um uns, die uns alle angehen oder angehen sollten, aus Natur, Gesellschaft und Kultur, in einer spezifischen Art wahrzunehmen und zu verstehen,

(G2) mathematische Gegenstände und Sachverhalte, repräsentiert in Sprache, Symbolen, Bildern und Formeln, als geistige Schöpfung, als eine deduktiv geordnete Welt eigener Art kennen zu lernen und zu begreifen,

(G3) in der Auseinandersetzung mit Aufgaben Problemlösefähigkeiten, die über die Mathematik hinausgehen (heuristische Fähigkeiten), zu erwerben.

Unser anschaulicher Zugang zur Analysis, die Rückbeziehung der Resultate der mathematischen Theorie auf ihre Anwendungen sowie die Anregungen zur Theorieentwicklung, die aus den Anwendungen kommen, tragen allesamt dazu bei, dass in unserem Buch immer wieder die erste Grunderfahrung (G1) ermöglicht wird. Eine rein auf der Anschauung fußende Differenzial- und Integralrechnung stößt aber schnell an ihre Grenzen, es gibt Funktionen, die nur mithilfe der Anschauung nicht mehr weiter untersucht werden können. An dieser Stelle entsteht die Notwendigkeit zur Entwicklung einer möglichst allgemeinen mathematischen Theorie, die

die Grenzen überwindet und die Grundlagen präzisiert. An dieser Stelle wird die Mathematik als „deduktiv geordnete Welt eigener Art" (G2) erfahrbar. Schließlich liefern sowohl die Anwendungsprobleme als auch der innermathematische Theorieaufbau immer wieder Anlass, sich selbst und sein mathematisches Handwerkszeug zu überprüfen, es möglichst flexibel einzusetzen und mit heuristischen Überlegungen Lösungsansätze zu finden oder Ergebnisse zu reflektieren (G3).

1.1 Was ist „Elementare Analysis"?

Genau genommen sind dies zwei Fragen: Was ist "Analysis"? Und was ist das Besondere einer „elementaren" Analysis?

> *„Die Analysis (engl.: analysis, calculus; franz.: analyse) ist ein zentrales und außerordentlich anwendungsrelevantes Gebiet der Mathematik, das in engerem Sinn die Infinitesimalrechnung, d. h. Differential- und Integralrechnung, umfaßt und dazu all die Zweige der Mathematik, die wesentlich auf der Infinitesimalrechnung basieren ... "* (Lexikon der Mathematik (2001), S. 64)

Demnach umfasst die „Analysis" mehr als die „Infinitesimalrechnung", diese aber als charakteristischen Kern, und „Infinitesimalrechnung" wird synonym zu „Differenzial- und Integralrechnung"[2] verwendet. *Infinitesimalrechnung* deutet auf den für dieses Gebiet typischen Umgang mit dem „unendlich Kleinen", während *Differenzialrechnung* und *Integralrechnung* die (in gewisser Weise zueinander inversen) Erkenntnisrichtungen der *Infinitesimalrechnung* benennen: das Konstruieren von Tangenten an Kurven und die Berechnung krummlinig berandeter Flächen bzw. die Bestimmung der lokalen Änderungsrate aus einer Bestandsfunktion und die Rekonstruktion des Bestands aus der Änderungsratenfunktion.

„Analysis" umfasst – wie oben gesagt – noch deutlich mehr. Wir beschränken uns in diesem Buch insbesondere auf die Untersuchung reellwertiger Funktionen einer reellen Variablen ($f : \mathbb{R} \to \mathbb{R}$) mithilfe der Methoden der Differenzial- und Integralrechnung, also auf Funktionen, die auch für den schulischen Mathematikunterricht typisch sind. „Elementar" ist unser Buch im Sinne *Felix Kleins* (siehe Vorwort): So werden wir mit zunächst relativ einfachen Hilfsmitteln an realitätsbezogenen Problemstellungen anschaulich zu ersten Resultaten gelangen und anschließend schrittweise die Theorie entwickeln. Bei dieser Theorieentwicklung achten wir auf jeweils anschaulich motivierte Begriffsbildungen und Formulierun-

---

[2]Wir verwenden in diesem Buch die Schreibweise „Differenzial..." statt „Differential...", da hierbei der Ursprung des Begriffs – die Abstammung von „Differenz" bzw. „Differenzenquotient" (vgl. 3.1) – deutlich wird.

gen, die Beweise werden möglichst einfach gehalten, d. h. insbesondere, dass die
benötigten Hilfsmittel aus anderen mathematischen Gebieten auf das schulübliche
Maß reduziert werden.

1.2 Wie ist dieses Buch aufgebaut?

Vermutlich wird jede Leserin und jeder Leser dieses Buchs „Funktionen" und
„Analysis" zumindest in der Schule kennengelernt haben. Da wir den Einstieg
in dieses Buch aber möglichst „niedrigschwellig" halten wollten, beginnen wir das
Buch in Kapitel 2 mit funktionalen Zusammenhängen und ihrer Beschreibung
durch elementare Funktionen sowie mit einfachen – oft qualitativen – Ansätzen
zur Untersuchung solcher Funktionen. Dieses Kapitel stellt den Funktionsbegriff,
wesentliche Funktionstypen und die typische mathematische Arbeit mit Funktionen vor und bildet somit eine grundlegende Basis für die fortgeschrittene Funktionsuntersuchung mithilfe der Differenzial- und Integralrechnung. Sollten Sie sich
im Umgang mit den im ersten Kapitel thematisierten Inhalten hinreichend vertraut fühlen, z. B. weil Sie zuvor eine Vorlesung „Elementare Funktionen" gehört
haben, können Sie auch direkt mit dem zweiten Kapitel einsteigen – oder das erste
Kapitel nur „querlesen".

Im Kapitel 3 werden die Kernideen der Differenzial- und Integralrechnung
an einem gut nachvollziehbaren Beispiel anschaulich bis hin zum Hauptsatz der
Differenzial- und Integralrechnung entwickelt. Dabei wird auch schnell klar, dass
der anschauliche Zugang Grenzen hat und der Aufbau einer allgemeinen Theorie verschiedener Präzisierungen bedarf. Diese Präzisierungen werden zunächst im
Kapitel 4 geleistet, in dem der Aufbau der reellen Zahlen konstruktiv mithilfe von
Intervallschachtelungen vollzogen wird, die Konvergenz von Folgen präzisiert wird
und Grenzwerte von Funktionen sowie Stetigkeit auf diese Konvergenz von Folgen
zurückgeführt wird.

Auf der Basis des anschaulichen Zugangs und der präzisierten mathematischen
Grundlagen wird in den Kapiteln 5 bis 7 zunächst die Differenzialrechnung, anschließend die Integralrechnung und schließlich – gewissermaßen als Höhepunkt
der Theorieentwicklung – der Zusammenhang beider „Erkenntnisrichtungen" mit
dem Hauptsatz der Differenzial- und Integralrechnung präzisiert und vertieft. Als
Ergebnis steht anschließend ein mächtiger Kalkül für die Funktionsuntersuchung
bereit.

Im abschließenden Kapitel 8 werden wir auf der Basis dieses Kalküls typischen
Fragen einer Funktionsuntersuchung nachgehen und dabei die Theorie weiter ausdifferenzieren sowie anhand typischer Anwendungsprobleme die Theorie weiterentwickeln.

In einer Lehrveranstaltung „Elementare Analysis" würde man insbesondere die
Kapitel 2 und 4 kürzer behandeln als wir dies in unserem Buch getan haben, aber

insbesondere die mathematischen Grundlagen in Kapitel 4 sind für die Schulmathematik von so großer Bedeutung, dass wir ihnen in diesem Werk hinreichend Platz einräumen.

1.3 Was ist bei der Lektüre dieses Buchs zu beachten?

Wir haben in diesem Buch zwei Formen von Aktivitäten für die Leserinnen und Leser vorgesehen, die uns im Sinne des Lernerfolgs besonders am Herzen liegen: „Aufgaben" und „Aufträge" stehen integriert im Lehrtext an den Stellen, die eine Reflexion oder intensivere Eigentätigkeit erfordern. Während „Aufträge" so gestaltet sind, dass die Leserinnen und Leser dies ohne weitere Hinweise erfolgreich bearbeiten können, sind „Aufgaben" manchmal etwas komplexer. Aus diesem Grund stehen auf den Internetseiten zu diesem Buch unter

$$\texttt{http://www.elementare-analysis.de/}$$

ausführliche Lösungshinweise zu den Aufgaben. Auf diesen Seiten finden Sie auch einen „Anhang" zu diesem Buch, in dem wir nützliche Mathematik, die in unserem Buch zur Anwendung kommt, und Hinweise zu den verwendeten Notationen bereitstellen. In der Regel sollten die im Buch verwendeten Notationen den üblichen Konventionen entsprechen und selbsterklärend sein.

Wir haben die verschiedenen Elemente des Lehrtextes – wie Definitionen, Sätze, Beweise, Beispiele, Aufgaben und Aufträge – bei der optischen Strukturierung des Buchs berücksichtigt. So werden Aufgaben und Aufträge *kursiv* gesetzt und die anderen Elemente jeweils am Ende durch die folgenden Zeichen begrenzt:

Defintion ◆   Satz □   Beweis ■   Beispiel △

Bei der Darstellung und Untersuchung von Funktionen sowie der Erstellung von Abbildungen haben wir verschiedene Computerprogramme aus den Kategorien „Tabellenkalkulation", „Funktionenplotter" und „Computer-Algebra-System" genutzt. Da in diesem Bereich verschiedene Wege zum Ziel führen, haben wir diese Vielfalt bewusst sichtbar werden lassen. Generell empfiehlt sich für das Betreiben von Mathematik, insbesondere von Analysis, der Einsatz eines Computer-Algebra-Systems[3].

---

[3]Für die eigene Arbeit empfehlen wir z. B. das kostenfreie Computer-Algebra-System Maxima; weitere Informationen finden Sie im Internet unter `http://wxmaxima.sourceforge.net/`.

Abschließend möchten wir Ihnen noch einige Bücher besonders empfehlen, die unser Werk in gewisser Hinsicht „rahmen". So gibt es zum Thema „Elementare Funktionen und ihre Anwendungen" ein Werk von *Gerald Wittmann* (2008), das in derselben Reihe („Mathematik Primar- und Sekundarstufe") erschienen ist. Ebenfalls in dieser Reihe erschienen ist das fachdidaktische Buch „Analysis verständlich unterrichten" von *Rainer Danckwerts* und *Dankwart Vogel* (2006). Historische Aspekte der Differenzial- und Integralrechnung werden im Buch „Geschichte der Analysis", herausgegeben von *Hans Niels Jahnke* (1999), umfassend beleuchtet. Mathematisch weniger tief, aber spannend zu lesen ist das Buch „Die Zahl *e* - Geschichte und Geschichten" von *Eli Maor* (1996), das eher eine Geschichte der Analysis als nur eine Geschichte der Euler'schen Zahl *e* ist. Für die weiterführende fachliche Lektüre empfehlen wir Ihnen die Standardwerke *Heuser* (2009), *Forster* (2008) und *Henze & Last* (2005), auf die wir an verschiedenen Stellen zur Vertiefung verweisen. Natürlich gibt es viele weitere gute Bücher – es ist Ihnen selbst vorbehalten, solche Texte aufzuspüren, mit denen Sie besonders gut arbeiten können.

2 Funktionale Zusammenhänge und Funktionen

Übersicht

2.1 Funktionale Zusammenhänge 8

2.2 Funktionen 16

2.3 Grundvorstellungen und Darstellungen von Funktionen 30

2.4 Elementare Funktionstypen und ihre Charakteristika 40

2.5 Exkurs: Funktionen und Kurven 76

Funktionen von $\mathbb{R}$ nach $\mathbb{R}$ sind die konkreten Gegenstände der eindimensionalen Analysis.[1] Dabei sind Funktionen selbst universelle mathematische Modelle, die rein innermathematisch betrachtet und analysiert werden können, die aber auch ganz unterschiedliche Phänomene der uns umgebenden Welt beschreiben können. Solche Phänomene können zunächst als funktionale Zusammenhänge zwischen zwei Größen (oder Merkmalen) betrachtet werden, bevor man sich Funktionen zu ihrer mathematischen Beschreibung bedient.

In diesem Kapitel stellen wir funktionale Zusammenhänge und verschiedene Möglichkeiten ihrer Beschreibung und Darstellung vor. Dabei beschränken wir uns anfangs nicht ausschließlich auf solche Zusammenhänge, die durch Funktionen von $\mathbb{R}$ nach $\mathbb{R}$ modelliert werden können, sondern stellen das Konzept „Funktionaler Zusammenhang" in seiner Breite so dar, wie es für die Schulmathematik von Bedeutung ist. Anschließend präzisieren wir den Begriff *Funktion*, bevor wir für Funktionen von $\mathbb{R}$ nach $\mathbb{R}$ wichtige Grundvorstellungen und Darstellungsarten thematisieren. Schließlich stellen wir für die Schulmathematik zentrale Funktionstypen und ihre Charakteristika vor und widmen uns dem kompetenten Umgang mit Funktionen. „Kompetenz mit Funktionen" drückt sich vor allem dadurch aus, dass der flexible Umgang mit Funktionen sich nicht auf bestimmte Funktionstypen beschränkt, sondern dass man Funktionen als mathematische Objekte generell handhaben kann. Das Kapitel wird abgerundet durch eine Präzisierung und Abgrenzung von *Funktionen* und *Kurven*. Dies ist uns wichtig, weil die „Funkti-

---

[1]Darüber hinaus gibt es noch die mehrdimensionale Analysis, bei der Funktionen von $\mathbb{R}^n$ nach $\mathbb{R}^m$ betrachtet werden; die Schulmathematik beschäftigt sich nahezu ausschließlich mit der eindimensionalen Analysis.

onsuntersuchung" mit Mitteln der Analysis in der Schule häufig unreflektiert auch als „Kurvendiskussion" bezeichnet wird.

2.1   Funktionale Zusammenhänge

Die uns umgebende Welt steckt voller funktionaler Zusammenhänge – oder, erkenntnistheoretisch vielleicht angemessener ausgedrückt, sie steckt voller Phänomene, die als funktionale Zusammenhänge betrachtet werden können. Die folgenden Situationen können unterschiedliche Facetten von funktionalen Zusammenhängen illustrieren:

Tab. 2.1: Bremsweg

Geschwindigkeit [in km/h]	25	50	75	100	125	150	175	200
Bremsweg [in m]	5	20	45	80	125	180	245	320

1. Der Bremsweg eines Autos hängt bei konkreten Rahmenbedingungen (wie Straßenbelag, Witterungsbedingungen, Zustand der Reifen, Masse des Autos inkl. Zuladung, Qualität der Bremsen,...) vor allem von der gefahrenen Geschwindigkeit ab. Daten wie in Tab. 2.1 können z. B. in Versuchsreihen gemessen oder anhand eines bereits aufgestellten mathematischen Modells berechnet worden sein. Bei Rechtsstreitigkeiten stehen Gutachter häufig vor der Aufgabe, die vor einem Unfall gefahrene Geschwindigkeit anhand von Bremsspuren o. Ä. zu rekonstruieren.

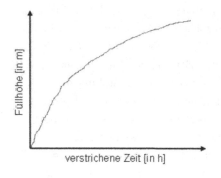

ISBN 978-3-16-148410-0

Abb. 2.1: Füllhöhe   **Abb. 2.2:** ISBN-Nummer

2. Ein neu angelegter Stausee soll gefüllt werden. Dazu werden alle Öffnungen der Staumauer geschlossen. Bei ungefähr gleichmäßigem Zufluss hängt der Wasserstand an der Staumauer im Wesentlichen von der Zeit ab, die seit Schließen der Öffnungen verstrichen ist. Der konkrete Füllgraph (Abb. 2.1) hängt natürlich ganz wesentlich vom Geländeprofil ab.

3. Vielleicht haben Sie dieses Buch ganz traditionell in einem Buchladen erworben. Der Preis eines Buchs hängt natürlich vom konkreten Titel ab, den man kauft. Beim Kassiervorgang wird heutzutage meistens der Barcode (Abb. 2.2) von einem Scanner eingelesen. Je nach Betrachtung steckt in dieser Situation eine einfache Zuordnung „Buchtitel → Preis" oder z. B. eine dreifache Zuordnung „Buchtitel → ISBN-Nummer → Barcode → Preis".

Kraftstoffart: Diesel

Kosten [in €] = 1,099 · Menge [in l]

Menge: 50 l

Diesel	Super	Super Plus
54,95 €	64,95 €	69,95 €

Abb. 2.3: An der Tankstelle

Abb. 2.4: Programmdauer

4. Wie viel Sie an einer Tankstelle bezahlen müssen, hängt ganz wesentlich von der Kraftstoffart und der getankten Menge ab. Wenn man eine dieser beiden Variablen „fixiert", dann lässt sich dieser Zusammenhang vereinfachen: Bei vorgegebener Kraftstoffart werden die Kosten in Abhängigkeit von der Menge bestimmt; bei vorgegebener Menge die Kosten in Abhängigkeit von der Kraftstoffart (Abb. 2.3).

5. Moderne Haushaltsgeräte, die über verschiedene Programme verfügen, wie z. B. Waschmaschinen, Spülmaschinen oder Backöfen mit Gar-Automatik, zeigen bei getroffener Programmwahl oft an, wie lange dieses Programm (voraussichtlich) läuft (Abb. 2.4).

$$u = 2 \cdot \pi \cdot r$$

$$r = u : (2 \cdot \pi)$$

Abb. 2.5: Ausweis

Abb. 2.6: Kreisberechnungen

6. In Ausweisdokumenten oder Steckbriefen werden biometrische Daten (wie z. B. Körpergröße oder Augenfarbe) aufgenommen, die der Beschreibung der zugehörigen Person dienen sollen (Abb. 2.5).

7. In der Sekundarstufe I lernen die Schülerinnen und Schüler, wie man bei einem Kreis den Umfang berechnen kann, wenn dessen Radius bekannt ist. Umgekehrt können sie berechnen, wie groß der Radius sein muss, wenn ein Kreis einen vorgegebenen Umfang haben soll (Abb. 2.6).

2.1.1   Eigenschaften funktionaler Zusammenhänge

Bei den obigen Situationen 1. bis 7. werden jeweils Zuordnungen zwischen zwei
Größen oder Merkmalen betrachtet. Dabei handelt es sich jeweils um eindeutige
Zuordnungen (siehe Tab. 2.2).

Tab. 2.2: Zuordnungen in den Beispielen 1. bis 7.

Situation	Größe / Merkmal 1	Größe / Merkmal 2
1.	gefahrene Geschwindigkeit	Länge des Bremswegs
2.	verstrichene Zeit	Füllhöhe an der Staumauer
3.	Buchtitel	Buchpreis
4.a	Kraftstoffmenge (Diesel)	Kraftstoffkosten
4.b	Kraftstoffart (50 l)	Kraftstoffkosten
5.	Spülprogramm	Programmdauer
6.a	Person	Körpergröße
6.b	Person	Augenfarbe
7.a	Radius	Umfang
7.b	Umfang	Radius

Die betrachteten Situationen sind häufig sehr komplex, sodass man bestimmte
Festlegungen treffen muss, wenn man Teile dieser Situationen als funktionalen
Zusammenhang zwischen zwei Größen oder Merkmalen betrachten möchte. In Situation 1. müssen viele Rahmenbedingungen fixiert werden, damit die Länge des
Bremswegs (fast) nur noch von der gefahrenen Geschwindigkeit abhängt. In Situation 3. lässt sich die Zuordnung eines Preises zu einem Buchtitel noch differenzierter mit den Zwischenstationen „Barcode" und „ISBN-Nummer" betrachteten.
Dies zeigt, dass die Betrachtung eines funktionalen Zusammenhangs in einer realen Situation immer auch subjektiv ist, da man Modellannahmen trifft – man
könnte auch sagen, dass man einen funktionalen Zusammenhang in eine gegebene
Situation „hineinsieht".

An Situation 6. lässt sich erkennen, dass es Sachzusammenhänge gibt, in denen
eine eindeutige Zuordnung nur in eine Richtung möglich ist. Zwar lässt sich für
jeden Menschen (bis auf Messfehler) eindeutig seine Körpergröße bestimmen, zu
einer vorgegebenen („normalen") Körpergröße lassen sich auf der Erde aber sehr
viele Menschen finden. Analoges gilt z. B. für Buchtitel und -preis in Situation 3.

Einige der genannten Phänomene legen eine Betrachtungsrichtung nahe. So wird
man bei Situation 3. in der Regel daran interessiert sein, welcher Preis einem
bestimmten Buchtitel zugeordnet ist. In Situation 1. lässt sich der funktionale
Zusammenhang im Sinne des Prinzips „Ursache und Wirkung" auch als funktionale Abhängigkeit verstehen. Die Länge des Bremswegs hängt von der gefahrenen
Geschwindigkeit ab. Dennoch ist die umgekehrte Betrachtungsrichtung ebenfalls
relevant: Die verantwortlichen Gutachter müssen versuchen herauszufinden, welche gefahrene Geschwindigkeit zu einer gemessenen Bremsspurlänge gehört.

Ob man von *funktionalem Zusammenhang* oder von *funktionaler Abhängigkeit* spricht, hängt also vom jeweiligen Erkenntnisinteresse ab. Dies wird gut an Situation 7. deutlich. Rein mathematisch sind die beiden aufgestellten Gleichungen äquivalent; mit einer der beiden Aussagen über den Zusammenhang zwischen Radius und Umfang eines Kreises gilt automatisch auch die andere. In konkreten Anwendungssituationen ist aber eine Größe vorgegeben oder kann gemessen werden und die andere muss berechnet werden. Je nach Anwendungssituationen kann es dann auch sinnvoll sein, davon zu sprechen, dass der Umfang vom Radius abhängt oder umgekehrt. In der mathematischen Notation kann man dies sehr suggestiv ausdrücken, indem man z. B. „$u(r) = 2 \cdot \pi \cdot r$" schreibt, wenn man den Umfang als abhängig vom Radius betrachtet.

2.1.2 Unterschiedliche Tiefen der Betrachtung

Wenn man sich in einer Situation für einen bestimmten funktionalen Zusammenhang interessiert, so kann die Auseinandersetzung unterschiedlich intensiv und differenziert sein. Je mehr mathematisches Handwerkszeug für die Analyse des Zusammenhangs bereitsteht, desto tiefer können die Betrachtungen und Einsichten sein.

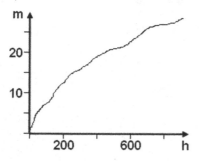

Abb. 2.7: Füllhöhe mit Skalierung

In der obigen Situation 2. ermöglicht der abgebildete Füllgraph (Abb. 2.1) erste Einsichten. Z. B. nimmt die Füllhöhe kontinuierlich zu, was plausibel ist, da die Staumauer vollständig geschlossen und der Zulauf ungefähr gleichmäßig ist. Dass der Füllgraph dabei nicht ganz gleichmäßig verläuft, deutet auf ein unregelmäßiges Geländeprofil hin.

Möchte man tiefere Einsichten gewinnen, z. B. darüber, wie schnell der Wasserpegel steigt oder wann welche Höhe erreicht wurde, dann benötigt man über die genannten qualitativen Informationen hinaus auch quantitative Informationen. Solche quantitativen Informationen kann man bei einer graphischen Darstellung in einem Koordinatensystem durch eine Skalierung der Achsen erreichen (Abb. 2.7).

Aufgabe 2.1 *Beantworten Sie mithilfe von Abb. 2.7 die folgenden Fragen:*

1. *Welche Füllhöhe wurde nach 400 Stunden erreicht?*
2. *Wie lange dauerte es, bis die Füllhöhe 25 m betrug?*
3. *Wie schnell steigt der Wasserspiegel in den ersten 800 Stunden durchschnittlich?*

Das Beispiel der Füllgraphen aus Situation 2. zeigt zunächst, dass Betrachtungen unterschiedlich weit gehen können, dass sich insbesondere qualitative und quantitative Aussagen unterscheiden lassen. Darüber hinaus wird auch deutlich, dass funktionale Zusammenhänge sich zwar häufig quantifizieren lassen, es aber oft nicht möglich ist, eine Formel für den funktionalen Zusammenhang aufzustellen.

Es gibt aber natürlich auch Situationen und Fragestellungen – wie im folgenden Beispiel 2.1 –, bei denen es nicht nur möglich ist, den Zusammenhang durch eine Formel auszudrücken, sondern in denen das Herleiten einer Formel auch eine Erklärung für den Zusammenhang liefert (vgl. Büchter & Henn (2009)).

Beispiel 2.1 (Schnurproblem)
Die Aufgabe in Abb. 2.8 stammt aus der Themenbox „Funktionaler Zusammenhang" (Müller (2008)) des „Mathekoffers" (Büchter & Henn (2008)). Der Mathekoffer bietet Lernmaterialien zu zentralen Themen der Schulmathematik in der Sekundarstufe I, mit denen der Unterricht handlungsorientiert und durch konkretes Material „begreifbar" gestaltet werden kann.

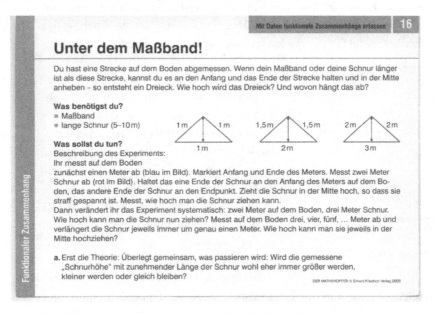

Abb. 2.8: Mathekoffer-Aufgabe „Unter dem Maßband!"

Bei dem dargestellten Problem wird an zwei vorgegebenen Punkten auf dem Boden eine Schnur befestigt, die ein Meter länger ist als der Abstand zwischen den Punkten. Bei einem Abstand von 1 m ist die Schnur 2 m lang, bei einem Abstand von 2 m ist die Schnur 3 m lang, bei einem Abstand von 3 m ist die Schnur 4 m lang ... Wie hoch lässt sich die Schnur in der Mitte jeweils ziehen? Was denken Sie? Erste qualitative Vermutungen werden in Tab. 2.3 sowohl verbal als auch durch Funktionsgraphen dargestellt.

Tab. 2.3: Qualitative Vermutung über den Zusammenhang

Vermutung	Zugehöriger Funktionsgraph
„Mit zunehmender Strecke auf dem Boden, verringert sich die (relative) Bedeutung des Seilüberschusses von 1 m. Die Schnur lässt sich in der Mitte immer weniger hoch ziehen."	*Vermutete Höhe* / *Länge der Strecke auf dem Boden* (fallende Punkte)
„Der Seilüberschuss beträgt immer 1 m. Also lässt sich die Schnur in der Mitte immer gleich hoch ziehen, egal wie lang die Strecke auf dem Boden ist."	*Vermutete Höhe* / *Länge der Strecke auf dem Boden* (konstante Punkte)
„Mit zunehmender Strecke auf dem Boden eröffnet der Seilüberschuss von 1 m einen immer größeren Spielraum. Die Schnur lässt sich in der Mitte immer höher ziehen."	*Vermutete Höhe* / *Länge der Strecke auf dem Boden* (steigende Punkte)

Vielleicht haben Sie schon eine Idee, welche Vermutung richtig ist – oder ob der Zusammenhang vielleicht noch eine andere Gestalt hat. Eine gute Möglichkeit, einen Schritt über Vermutungen hinaus zu kommen, bietet bei solchen realitätsbezogenen Fragestellungen häufig das Messen (in Abb. 2.9 haben dies bereits Schülerinnen für uns erledigt).

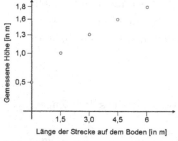

Abb. 2.9: Konkrete Messungen zum Zusammenhang und das Ergebnis

In den empirischen Wissenschaften wäre man vielleicht schon jetzt oder mit einigen weiteren Messungen zufrieden: Die ersten beiden Vermutungen aus Tab. 2.3 können verworfen werden, die dritte scheint tragfähig zu sein. Die Mathematik fordert eine weitergehende Analyse und Vergewisserung aber geradezu heraus (vgl. Abb. 2.10).

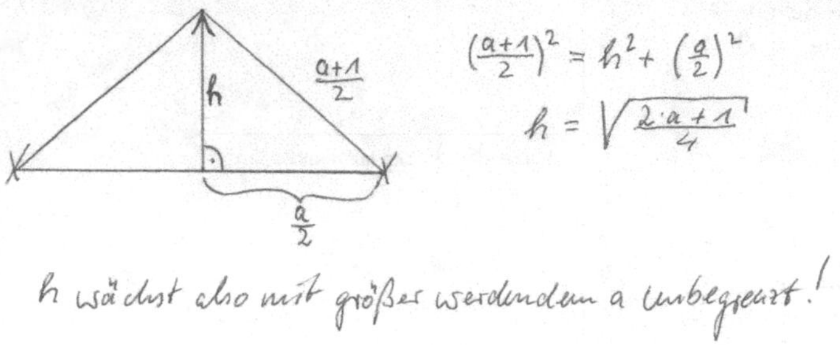

$$\left(\frac{a+1}{2}\right)^2 = h^2 + \left(\frac{a}{2}\right)^2$$

$$h = \sqrt{\frac{2 \cdot a + 1}{4}}$$

h wächst also mit größer werdendem a unbegrenzt!

Abb. 2.10: Mathematisierung des Zusammenhangs

Diese mathematische Analyse der Situation mithilfe des *Satzes von Pythagoras* bestätigt nicht nur die dritte Vermutung, sie leistet noch mehr: Sie beantwortet nicht nur die Frage des Wachstums von h in höchster Präzision, sie erklärt diese vielmehr auch noch geometrisch.

Das „Schnurproblem" zeigt, wie in geeigneten Situationen eine zunehmend tiefere Betrachtung stattfinden kann: Ausgehend von qualitativen Vermutungen, die sowohl verbal als auch graphisch dargestellt wurden, wurden konkrete Daten erhoben und der Zusammenhang somit quantifiziert. Die (vermutlich mit Messfehlern behafteten) Daten wurden wiederum graphisch dargestellt. Eine Mathematisierung der Situation führte schließlich auf eine präzise Funktionsgleichung für den betrachteten Zusammenhang. Ohne das mathematische Handwerkszeug „Satz von Pythagoras" wäre man bei der experimentell-empirischen Aufklärung des Phänomens stehen geblieben.   △

In diesem Buch wird über die typischen schulmathematischen Mittel der Sekundarstufe I hinausgehend die Theorie der eindimensionalen Analysis entwickelt. Sie bietet zahlreiche Möglichkeiten, bestimmte funktionale Zusammenhänge noch tiefer zu betrachten. Ein solcher Zusammenhang wird im folgenden Beispiel vorgestellt. Dieses Beispiel dient im folgenden Kapitel 3 auch dem qualitativen Zugang zum Ableitungs- und zum Integralbegriff.

Beispiel 2.2 (Beschleunigungsvorgang eines ICE)

In der folgenden Abb. 2.11 wird der Beschleunigungsvorgang eines ICE-Zuges graphisch dargestellt:

Einige Fragen zum Beschleunigungsvorgang lassen sich (zumindest näherungsweise) direkt mithilfe von Daten beantworten, die aus der Graphik abgelesen werden können:

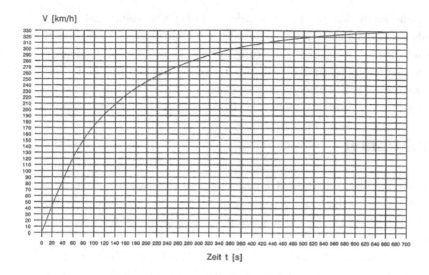

Abb. 2.11: Geschwindigkeit-Zeit-Diagramm eines ICE

- Wie schnell fährt der ICE nach 20 Sekunden, nach 100 Sekunden, nach ...?
- Wie viele Sekunden nach dem Start fährt der ICE 50 km/h, 100 km/h, ...?

Darüber hinaus kann man der Graphik einige qualitative Aspekte des Beschleunigungsvorgangs entnehmen. So nimmt die Geschwindigkeitszunahme („Beschleunigung") zunächst kontinuierlich ab; möglicherweise erreicht der Zug bei 330 km/h seine Höchstgeschwindigkeit, sodass die Geschwindigkeit ab dem zugehörigen Zeitpunkt (700 Sekunden nach Start des Zuges) nicht weiter zunehmen, sondern höchstens unverändert bleiben kann.

Möchte man weitergehende quantitative Aspekte in den Blick nehmen, die zum Teil die qualitativen Betrachtungen konkretisieren, dann muss man über die direkte Datenentnahme aus der Graphik hinausgehen und geeignete mathematische Methoden hinzuziehen bzw. solche zu diesem Zweck entwickeln:

- Wie groß ist die durchschnittliche Beschleunigung in den ersten 300 Sekunden?
- Wie groß ist sie zwischen 300 und 600 Sekunden nach dem Start?
- Wie weit ist der ICE nach 500 Sekunden gefahren?
- Wie groß ist die durchschnittliche Geschwindigkeit in den ersten 700 Sekunden?

Auftrag: *Versuchen Sie, die oben gestellten Fragen mit dem mathematischen Handwerkszeug zu beantworten, über das Sie schon jetzt verfügen (z. B. aus Ihrer Schulzeit ...). Falls Sie die Fragen noch nicht beantworten können, ist dies kein Grund zur Verzweiflung: Im Rahmen dieses Buchs werden wir entsprechende Methoden ab Kapitel 3 entwickeln.*

$\triangle$

In diesem Teilkapitel haben wir eine Vielzahl unterschiedlicher funktionaler Zusammenhänge betrachtet und verschiedene Darstellungsarten und weiterführende mathematische Methoden intuitiv verwendet. Im nächsten Teilkapitel werden Funktionen als mathematische Objekte präzisiert, die funktionale Zusammenhänge beschreiben können. Mit dieser Präzisierung und der „Mathematik elementarer Funktionen" in den darauf folgenden Teilkapiteln beginnt der Einstieg in die Entwicklung der mathematischen Theorie der Analysis.

2.2   Funktionen

Die Mathematik (genauer: die Geometrie) ist eine der klassischen wissenschaftlichen Disziplinen der Antike – und bereits deutlich vor der Antike wurde Mathematik praktisch betrieben. Dennoch stammt eine Vielzahl der Konzepte und Zusammenhänge, die heute bekannt und oft auch Gegenstand der Schulmathematik sind, aus den letzten drei bis vier Jahrhunderten. Ein Beispiel hierfür ist der Funktionsbegriff; das Wort „Funktion" wurde erstmals 1673 von *Leibniz* verwendet.

In diesem Teilkapitel werden wir den Funktionsbegriff in einer knappen historischen Darstellung präzisieren, die Nähe der mathematischen Objekte „Funktionen" und des mathematischen Prozesses „Modellieren" thematisieren und die innermathematische Bedeutung von Funktionen anhand ihrer Verbreitung in anderen Inhaltsgebieten der Schulmathematik exemplarisch darstellen.

2.2.1   Funktionsbegriff

In Teilkapitel 2.1 haben wir ab S. 8 f. sieben Situationen vorgestellt, in denen wir funktionale Zusammenhänge betrachtet haben, ohne dass wir weiter präzisiert haben, was eigentlich ein funktionaler Zusammenhang ist. Mathematisch erfolgt eine solche Präzisierung durch den Funktionsbegriff (vgl. Kronfellner (1987), Kronfellner (1998)). Bereits im Anschluss an die Vorstellung der sieben Situationen haben wir auf S. 10 eine wesentliche Gemeinsamkeit herausgearbeitet, die Ausgangspunkt für die angestrebte Präzisierung sein wird: die Eindeutigkeit der betrachteten Zuordnung.

Historisch findet man nach *Leibniz'* Verwendung des Begriffs „Funktion" eine erste Definition von *Johann Bernoulli* (1667 – 1748), aus dessen Familie (neben ihm vor allem sein Bruder *Jakob* und sein *Sohn Daniel*) viele fundamentale Beiträge zur Mathematik stammen:

> *„On appelle fonction d'une grandeur variable une quantité composé de quelque manière que soit de cette grandeur variable et de constants."*

In *Bernoullis* Ansatz können Funktionen durch einen geschlossenen mathematischen Ausdruck (Funktionsterm) beschrieben werden. Dabei unterscheidet *Bernoulli* eine „variable Größe" und die „Funktion dieser variablen Größe" („eine

Quantität, die auf irgendeine Weise aus der variablen Größe und aus Konstanten zusammengesetzt wird"), wobei er unter „Größe" eine geometrische Größe versteht.

Aufgabe 2.2 *Untersuchen Sie die in Teilkapitel 2.1 in den Situationen 1. bis 7. betrachteten funktionalen Zusammenhänge. Welche davon lassen sich angemessen mithilfe eines Funktionsterms beschreiben?*

Leonhard Euler (1701 – 1783), ein Schüler *Johann Bernoullis*, schließt an dessen Arbeiten an und erweitert im Laufe seiner extrem ergiebigen Schaffenszeit den Funktionsbegriff, indem er explizit einen algebraischen Funktionsaspekt (Funktionsterm) und einen geometrischen Funktionsaspekt (Funktionsgraph) nebeneinander stellt:

■ Eine Funktion einer veränderlichen Zahlengröße ist ein analytischer Ausdruck („expressio analytica"), der auf irgendeine Weise aus der veränderlichen Zahlengröße, aus Zahlen selbst oder konstanten Zahlengrößen zusammengesetzt ist.

■ Eine Funktion wird durch eine von links nach rechts von freier Hand („in libero manus ductu") gezeichnete Kurve definiert.

Auf *Euler* geht auch die heutzutage übliche und sehr intuitive Schreibweise $f(x)$ zurück.

Aufgabe 2.3 *Untersuchen Sie die in Teilkapitel 2.1 in den Situationen 1. bis 7. betrachteten funktionalen Zusammenhänge. Welche davon lassen sich zwar nicht angemessen mithilfe eines Funktionsterms beschreiben, aber „von freier Hand" zeichnen?*

Eine weitere Verallgemeinerung des Funktionsbegriffs stammt von *Peter Gustav Lejeune-Dirichlet* (1805 – 1859), der ebenfalls begrifflich zwischen einer unabhängigen und einer (davon) abhängigen Größe unterscheidet, anstelle eines Terms (als Bildungsgesetz der Funktion) oder der Möglichkeit der Freihandzeichnung aber nur noch eine eindeutige Zuordnung als charakteristisches Merkmal fordert:

> *„Eine Funktion heißt y von x, wenn jedem Werte der veränderlichen Größe x innerhalb eines gewissen Intervalls ein bestimmter Wert von y entspricht; gleich, ob y in dem ganzen Intervalle nach demselben Gesetz von x abhängt oder nicht, ob die Abhängigkeit durch mathematische Operationen ausgedrückt werden kann oder nicht."*

An einer Stelle ist *Dirichlets* Auffassung noch eingeschränkt: Er betrachtet (kontinuierliche) „Größen" innerhalb „gewisser Intervalle", also nur Zusammenhänge wie sie z. B. für die Physik typisch sind. Dies ist nicht weiter verwunderlich, da wesentliche Impulse zur Entwicklung des Funktionsbegriffs aus ebendieser Disziplin kamen.

Aufgabe 2.4 *Konstruieren Sie eine eindeutige Zuordnung zwischen reellen Zahlen, die sich weder algebraisch durch einen Funktionsterm beschreiben noch geometrisch als Funktionsgraph zeichnen lässt.*

Eine Formulierung des Funktionsbegriffs, die bezüglich ihrer Allgemeinheit auch heutigen Ansprüchen genügt, gelang *Richard Dedekind* (1831 – 1916) im Jahr 1869:

> *„Unter einer Abbildung* Φ *eines Systems S wird ein Gesetz verstanden, nach welchem zu jedem bestimmten Element s von S ein bestimmtes Ding gehört, welches das Bild von s heißt und mit* Φ(s) *bezeichnet wird."*

„Gesetz" ist dabei ein konkreter Zusammenhang, darf aber nicht als „Funktionsvorschrift" o. Ä. missverstanden werden. Die Begriffe „Abbildung" und „Funktion" sind damals wie heute gleichbedeutend und können im Prinzip synonym verwendet werden. In einigen Teildisziplinen der Mathematik ist eher „Funktion" üblich (z. B. in der Analysis), in anderen „Abbildung" (z. B. in der Geometrie).

Mit *Dedekinds* Funktionsbegriff können alle in Teilkapitel 2.1 in den Situationen 1. bis 7. betrachteten funktionalen Zusammenhänge erfasst werden.

Aufgabe 2.5 *Untersuchen Sie die in Teilkapitel 2.1 in den Situationen 1. bis 7. betrachteten funktionalen Zusammenhänge. Aus welcher Menge stammen jeweils die „Elemente s von S" und zu welcher Menge gehören die „Bilder* Φ(s)*"?*

In der Schulmathematik kann man ohne Einschränkung mit dem *Dedekind'schen* Funktionsbegriff agieren. Insbesondere genügt es, wenn Schülerinnen und Schüler den Begriff „Funktion" auf diesem Niveau kennen lernen. Die oben dargestellten Vorläufer des Dedekind'schen Funktionsbegriffs sind jedoch auch für die Schule nicht hinreichend. Weder lassen sich alle dort thematisierten Funktionen durch einen „anschaulichen Graphen" beschreiben, noch gibt es für jede Funktion eine konkrete „Funktionsgleichung".

Definition 2.1 (Funktion)
Eine *Funktion* ist eine eindeutige Zuordnung der Elemente einer nicht-leeren Menge A zu den Elementen einer Menge B, geschrieben $f : A \to B$. Dabei wird jedem Element $x \in A$ eindeutig ein Element $y \in B$ zugeordnet, geschrieben $x \mapsto y = f(x)$. A wird dann als *Definitionsmenge* bezeichnet, B als *Zielmenge* und $f(A) = \{f(x)|x \in A\}$ als *Wertemenge*. Für $A, B \subset \mathbb{R}$ lässt sich der *Funktionsgraph* (oder kurz: *Graph*) von f (zumindest ausschnittsweise) in einem Koordinatensystem darstellen, genauer ist der Graph die Menge $G_f = \{(x|f(x))|x \in A\}$.

◆

Die obige Definition, die für unsere Zwecke völlig ausreicht, basiert noch wesentlich auf der etwas vagen Formulierung „wird ... zugeordnet". Diese Zuordnungsvorstellung entspricht zwar inhaltlich genau dem Kern funktionaler Zusammenhänge, der hier mathematisch erfasst werden soll, ist aber aus mathematischer Sicht nicht präzise.

Am Begriff des Funktionsgraphen kann man schön die Vernetzung von (reellwertigen) Funktionen (einer reellen Variablen), Geometrie und Algebra erkennen: Wir haben oben definiert, dass zu jeder entsprechenden Funktion f das geometrische Objekt *„Graph von f"* gehört, das genau aus den Punkten besteht, die sich als $(x|f(x))$ mit $x \in A$ schreiben lassen. Der Graph von f repräsentiert zugleich die Lösungsmenge der Gleichung $y = f(x)$ mit den Variablen x und y.

In diesem Sinne gehören zu jeder (reellwertigen) Funktion (einer reellen Variablen) ein geometrisches Objekt und eine Gleichung mit zwei Variablen. Die Umkehrung gilt dabei nicht: So wird durch die Gleichung „$3 = 2 \cdot x + 0 \cdot y$" eine Gerade im Koordinatensystem definiert, die parallel zur y-Achse (zum x-Wert 1,5 gehören alle reellen Zahlen als y-Werte) verläuft und somit nicht Graph einer Funktion (eindeutige Zuordnung!) sein kann.

Angeregt durch den Begriff des Graphen einer reellen Funktion lässt sich der Funktionsbegriff exakter fassen. Bei der folgenden mengentheoretischen Fundierung des Funktionsbegriffs wird nach heutiger Auffassung fachlich präzise geklärt, um welche mathematischen Objekte es sich bei Funktionen handelt. Diese Definition, die auf *Felix Hausdorff* zurückgeht, wurde von der Mathematiker-Gruppe „Nicolas Bourbaki" bevorzugt. „Bourbaki" hat – beginnend in den 1930er Jahren – versucht, eine vollständige axiomatisch-deduktive Grundlegung der Mathematik zu erreichen[2]:

> *„Gegeben seien zwei nicht-leere Mengen A und B. Eine Funktion f von A nach B ist eine Relation, d. h. eine Teilmenge des kartesischen Produkts A × B, die linkstotal und rechtseindeutig ist, d. h. für jedes Element x ∈ A existiert genau ein Element y ∈ B mit (x|y) ∈ f."*

Die Bourbaki'sche Fassung des Funktionsbegriffs ist in gewisser Weise statisch; eine Funktion ist eine Menge, die bestimmten Anforderungen genügt. Demgegenüber sind die hier vorgestellten historischen Vorläufer des Funktionsbegriffs dynamisch, was sich vor allem im Konzept des Zuordnens ausdrückt. Für „funktionales Denken" (vgl. Vollrath (1989)) sind aber gerade diese dynamischen Vorstellungen von Bedeutung.

---

[2]Dieses Vorhaben blieb letztendlich ohne den angestrebten Erfolg, wie wir in Abschnitt 4.1.4 bei Überlegungen zur Mächtigkeit von Mengen zeigen werden. Dennoch hat „Bourbaki" in der Mitte des letzten Jahrhunderts erheblich zur Modernisierung der Mathematik beigetragen.

Diese scheinbar paradoxe Konstellation, dass wichtige inhaltliche Vorstellungen im Verlauf der mathematischen Präzisierung „verloren gehen", ist typisch für Mathematik. Die Abstraktion ist einerseits die Stärke der Mathematik und andererseits Gefahr für das Mathematiklernen – zumindest wenn Abstraktion zu schnell vollzogen wird und die inhaltlichen Wurzeln dabei abgetrennt werden. Dies spricht keineswegs gegen die Abstraktion, sondern nur für ein behutsames Vorgehen, bei dem die mathematischen Begriffe mit inhaltlichen Vorstellungen gefüllt bleiben. Wesentliche Grundvorstellungen von Funktionen stellen wir im Teilkapitel 2.3 vor.

Neben tragfähigen individuellen Vorstellungen spielen auch suggestive Symbole und Bezeichnungen eine wichtige Rolle für den kompetenten Umgang mit mathematischen Objekten. Wenn man z. B. beim Umgang mit Funktionen die funktionale Betrachtung betonen möchte, so schreibt man „$y = f(x)$" wie in der Definition 2.1. Aufgrund der einseitig geforderten Eindeutigkeit der Zuordnung $x \mapsto y = f(x)$, wird x auch unabhängige Variable und y abhängige Variable genannt. Diese Bezeichnung stärkt einerseits wiederum die funktionale Betrachtung (aus der Festlegung eines x-Werts folgt automatisch ein zugehöriger y-Wert), andererseits wird nichts über sachlogische Abhängigkeiten in möglicherweise zugrunde liegenden funktionalen Zusammenhängen ausgesagt.

Aufgabe 2.6 *Wir beenden unsere Entwicklung des Funktionsbegriffs mit den beiden folgenden Aufgabenstellungen:*

1. *Wenden Sie die funktionale Betrachtung mit den Bezeichnungen „unabhängige Variable" und „abhängige Variable" auf die betrachteten funktionalen Zusammenhänge in den Situationen 1. bis 7. (Teilkapitel 2.1) an. Wo existieren sachlogische Abhängigkeiten, die nur in eine Richtung gelten?*
2. *Stellen Sie die Funktionen, mit denen die betrachteten funktionalen Zusammenhänge in den Situationen 1. bis 7. (Teilkapitel 2.1) beschrieben werden können und die sich für eine entsprechende Darstellung eignen, in einem Koordinatensystem dar.*

Nachdem wir nun definiert haben, was Funktionen sind, können wir auf diese mathematisch präzise Grundlage zurückgreifen und eingrenzen, was funktionale Zusammenhänge sind (vgl. Büchter (2008)):

> „Funktionale Zusammenhänge sind Beziehungen zwischen Größen, Merkmalen etc., die sich angemessen durch Funktionen beschreiben lassen."

Diese Eingrenzung klingt möglicherweise etwas tautologisch, sie leistet aber etwas erkenntnistheoretisch Wesentliches: die Unterscheidung zwischen dem funktionalen Zusammenhang, der einer Situation verhaftet ist, und einer ihn beschreibenden Funktion, die ein mathematisches Objekt (genauer: ein „mathematisches Modell" der Situation) ist. Diese Unterscheidung wird aus der Sicht des Modellierens im nächsten Abschnitt weiter verfolgt.

2.2.2 Modellieren mit Funktionen

Funktionen treten im Rahmen der Schulmathematik überwiegend in der Rolle auf, funktionale Zusammenhänge in unterschiedlichen Kontexten zu beschreiben; sie sind mathematische Modelle für diese funktionalen Zusammenhänge. Entsprechende Kontexte können außer- oder innermathematischer Natur sein:

- Ein außermathematischer Kontext ist z. B. die Ermittlung der Kosten für x Liter Kraftstoff, wenn ein Liter 1,129 Euro kostet. Eine mögliche Beschreibung durch eine Funktion wäre z. B. $f(x) = 1{,}129 \cdot x$, wobei x in Liter und $f(x)$ in Euro gemessen wird.
- Ein innermathematischer Kontext ist z. B. die Abhängigkeit des Kegelvolumens V von der Höhe h, wenn der Radius r der Grundfläche konstant ist. Hier wäre eine mögliche Beschreibung durch eine Funktion z. B. $V(h) - \frac{1}{3} \cdot \pi \cdot r^2 \cdot h$.

Am Beispiel des Kegelvolumens lässt sich gut zeigen, dass bereits in der Sekundarstufe I Funktionen mehrerer Veränderlicher auftreten und auch durchaus als solche thematisiert werden sollten. Betrachtet man auch den Radius als veränderlich, so lautet eine Funktionsgleichung $V(r, h) = \frac{1}{3} \cdot \pi \cdot r^2 \cdot h$. Hierbei handelt es sich weiterhin um eine Funktion im Sinne unserer Definition. Dies lässt sich einsehen, wenn man $A := \mathbb{R}^+ \times \mathbb{R}^+$ und $B := \mathbb{R}^+$ setzt.

Aufgabe 2.7 *Vor allem mit Blick auf außermathematische Kontexte wird deutlich, dass Funktionen universelle Modelle für eine Vielzahl möglicher Sachsituationen sind:*

- *Geben Sie mehrere verschiedene Sachsituationen an, zu denen die Funktion $f(x) = 1{,}5 \cdot x$ als Beschreibung passt.*
- *Geben Sie mehrere verschiedene Sachsituationen an, zu denen das Diagramm in Abb. 2.12 als Beschreibung passt.*

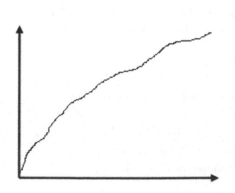

Abb. 2.12: Welche Situation passt?

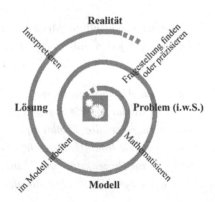

Abb. 2.13: Modellierungsspirale

Das Wechselspiel von „Mathematik und dem Rest der Welt" (Pollack (1979)), das auch als Modellieren bezeichnet wird, lässt sich vereinfacht wie in Abb. 2.13 darstellen (vgl. Büchter & Leuders (2007)). Oben steht „der Rest der Welt", in der Abbildung die „Realität" (im Sinne außermathematischer Situationen, auch *Realsituation* genannt) und ein „Problem", das sich aus einem spezifischen Erkenntnisinteresse ergibt und zu dem in der Regel noch eine präzise Frage formuliert werden muss.

> *Ein solches Erkenntnisinteresse könnte sein: „Wie schnell kühlt eine Tasse Tee ab?"*

Unten steht die Mathematik, die im fraglichen Zusammenhang hilfreiche Werkzeuge zur Verfügung stellen möge: Man versucht, ein mathematisches Modell aufzustellen, das möglichst gut zur Situation und zur Fragestellung passt.

> *Eine mögliche Überlegung wäre: „Tee wird mit ca. 100 °C aufgegossen. Ohne Zucker, Milch o. Ä. kann man ihn nach ca. 10 Minuten trinken; dann hat er vermutlich noch 50 °C. Die Temperaturabnahme verläuft vermutlich gleichmäßig." Ausgehend von den obigen Überlegungen könnte man den Abkühlungsprozess durch den Funktionsgraphen in Abb. 2.14 beschreiben.*

(Mathematische) Modelle sind immer abstrahierende und damit reduzierende Beschreibungen einer Situation. Z. B. wird versucht, solche Spezifika der Situation, die für das Erkenntnisinteresse möglicherweise irrelevant sind, nicht im Modell zu berücksichtigen.

> *Bei der obigen Modellierung wurde z. B. nicht berücksichtigt, ob der Tee in einer Kanne oder direkt in der Tasse (bzw. im Glas) aufgegossen wurde. Auch wurden die konkrete Teesorte oder die Art der Tasse (bzw. des Glases) nicht berücksichtigt (obwohl dies möglicherweise relevant ist).*

Auf der Basis eines aufgestellten Modells kann eine Lösung erarbeitet werden, deren Tauglichkeit auf jeden Fall noch an der „modellierten" Situation validiert werden muss.

> *Die Frage zum Abkühlungsprozess der Tasse Tee war noch relativ unscharf. So ist unklar, ob die Temperatur zu einem beliebigen Zeitpunkt interessiert oder nur die Trinktemperatur oder die Abkühlung bis auf 20 °C (als typische Raumtemperatur). Sollte man neben der Trinktemperatur auch am Prozess der Abkühlung bis auf 20 °C interessiert sein, so liefert das obige Modell eine Abkühlungsdauer von 16 Minuten.*

> **Auftrag:** *Verifizieren Sie, dass das obige Modell 16 Minuten als Abkühlungsdauer (bis auf 20 °C) vorhersagt.*

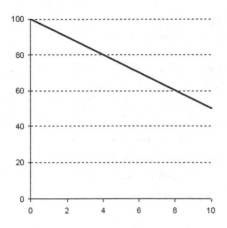

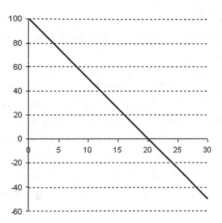

Abb. 2.14: Ein erstes Modell   **Abb. 2.15:** Grenzen des Modells

Gerade bei komplexen Fragestellungen wird das erste aufgestellte Modell oft noch nicht hinreichend gute Lösungen liefern, da sich z. B. Details der Situation doch noch als relevant herausstellen.

Vergleicht man die im Modell ermittelte Abkühlungsdauer bis auf 20 °C mit der Realität, so stellt man fest, dass eine Tasse Tee nach 16 Minuten oft noch viel wärmer ist. Vielleicht ist das oben aufgestellte Modell für diese Frage noch nicht hinreichend gut. Mögliche Schwachstellen lassen sich schnell identifizieren:

- *Bei der Modellierung wurde die Umgebungstemperatur nicht berücksichtigt, obwohl diese eine erhebliche Rolle spielen dürfte (denken Sie z. B. an eine Tasse Tee bei 40 °C in den Tropen oder bei -30 °C in Sibirien).*
- *Aber auch die Annahme der gleichmäßigen (präziser: in Abhängigkeit von der Zeit linearen) Temperaturabnahme (vgl. Abb. 2.15) ist kaum plausibel. Dies kann man einerseits daran erkennen, dass bei einer solchen Temperaturabnahme die Tasse Tee irgendwann kälter ist als die Umgebungstemperatur, irgendwann auch kälter als 0 °C, irgendwann sogar den absoluten Temperaturnullpunkt (-273,15 °C) unterschreiten würde .... Andererseits macht man auch die Erfahrung, dass ein Heißgetränk häufig sehr schnell Trinktemperatur erreicht und dann noch lange lauwarm bleibt, die Abkühlung sich also zu verlangsamen scheint.*

Dann muss das Modell noch verbessert werden. Da man hierbei nicht „bei Null" beginnt, wird man voraussichtlich zu tieferen Einsichten, besseren Lösungen ... gelangen. Dies wird in der obigen Abb. 2.13 (die selbst nur ein Modell des Modellierens darstellt!) durch die Spirale berücksichtigt. Mit zunehmender Dauer der

Auseinandersetzung mit der Fragestellung, gelangt man zu einem ausgeweiteten und vertieften Verständnis der Situation, besseren Lösungen o. Ä.

> *Bislang wurden bei der Modellierung des Abkühlungsprozesses vor allem theoretische Annahmen gemacht, die auf unsystematisch gesammelten Erfahrungen basieren. Wenn man damit noch nicht zum Ziel kommt, ist es sinnvoll, bei Phänomenen, die sich gut empirisch erfassen lassen, konkret zu messen und damit zumindest zu einem empirisch tragfähigen Modell zu gelangen. Möglicherweise gelangt man auf diesem Weg auch zu einem theoretisch zufrieden stellenden Modell, das den Abkühlungsprozess nicht nur gut beschreibt, sondern auch (zumindest zum Teil) erklärt.*

Aufgabe 2.8 *Bearbeiten Sie die abgebildete Aufgabenkarte 15 (Abb. 2.16) aus der Themenbox „Funktionaler Zusammenhang" (Müller (2008)) aus dem „Mathekoffer" (Büchter & Henn (2008)).*

Abb. 2.16: Mathekoffer-Aufgabe „Abkühlung"

Das Abkühlungsbeispiel werden wir in Abschnitt 8.2.6 noch einmal aufgreifen und dann mithilfe tieferer mathematischer Methoden aus der Analysis zu einem besseren Einblick gelangen.

   Charakteristisch für das Modellieren sind vor allem die Übergänge zwischen „Mathematik" und „dem Rest der Welt". Dabei werden abstrakte mathematische Modelle, die häufig aus konkreten Problemstellungen entstanden sind, die aber – wie der Funktionsbegriff – ihre Präzision und universelle Verwendbarkeit gerade

der Loslösung von konkreten Problemstellungen verdanken, wieder mit solchen
konkreten Situationen in Verbindung gebracht.

Vor allem für den Übergang in die Mathematik, das Mathematisieren, aber auch
für den Übergang zurück zur Realsituation, das Interpretieren, sind adäquate Vorstellungen von den mathematischen Modellen, so genannte Grundvorstellungen,
erforderlich. Für Variablen und Funktionen stellen wir solche Grundvorstellungen
im Teilkapitel 2.3 vor.

Funktionen treten, wie wir bereits eingangs dieses Abschnitts dargestellt haben,
aber nicht nur als Modelle zur Beschreibung höchst unterschiedlicher außermathematischer Situationen auf, sondern spielen auch in (fast) allen Teildisziplinen der
Mathematik eine große Rolle. Dies wird im folgenden Abschnitt exemplarisch anhand schulmathematisch relevanter Gegenstände dargestellt.

2.2.3   Funktionen in unterschiedlichen Bereichen der Mathematik

Für die moderne Mathematik ist neben dem Zahlbegriff der Funktionsbegriff der
wichtigste. Diese mehr als 100 Jahre alte Einschätzung von *David Hilbert* (1862
– 1943) ist auch heute noch aktuell – und sie stammt aus berufenem Mund: *Hilbert* war einer der bedeutendsten Mathematiker der Moderne, der Beiträge zu
vielen Teildisziplinen, insbesondere aber auch zu den Grundlagen der Mathematik
geleistet hat.

Der Frage, welche Rolle Funktionen in einer Teildisziplinen der Mathematik
spielen, kann man sich nähern, indem man Konzepte oder Zusammenhänge sucht,
in denen mathematische Objekte einander zugeordnet werden. In der Stochastik
ordnet man z. B. einer Datenreihe statistische Kennwerte oder einem Ereignis
eine Wahrscheinlichkeit zu. Die folgenden Beispiele betreffen die Stochastik, die
Arithmetik, die Geometrie und die Lineare Algebra.

Beispiel 2.3 (Stochastik – Beschreibende Statistik)
Gegenstand der Beschreibenden Statistik ist vor allem die Erhebung, Auswertung
und informative Präsentation von Daten (vgl. Büchter & Henn (2007), Kap. 2).
Die Datenmengen, die dabei anfallen, sind oft kaum überschaubar. Wenn z. B. bei
einer Fragebogenerhebung ca. 1 000 Personen jeweils 50 Fragen beantworten, so
besteht die entstehende „Datenmatrix" aus etwa 50 000 Einträgen. Eine informative Aufbereitung besteht z. B. in der Berechnung von statistischen Kennwerten
wie dem arithmetischen Mittel (Durchschnittsalter, -größe, -einkommen, etc.).

Zu einer vorgegebenen Datenreihe, z. B. die Körpergröße von 1 000 Personen,
gibt es genau ein arithmetisches Mittel. Dem 1 000-Tupel der Körpergrößen wird

also eindeutig ein Wert zugeordnet. Die betrachtete Funktion lässt sich wie folgt darstellen:

$$\bar{x} : (\mathbb{R}^+)^{1000} \to \mathbb{R}^+, \ (x_1, x_2, \ldots, x_{1000}) \mapsto \frac{1}{1000} \cdot \sum_{i=1}^{1000} x_i \ .$$

$\triangle$

Beispiel 2.4 (Stochastik – Wahrscheinlichkeitsrechnung)

Die axiomatische Grundlegung des Wahrscheinlichkeitsbegriffs durch *Kolmogoroff* (vgl. Büchter & Henn (2007), Kap. 3) beruht wesentlich auf dem Funktionsbegriff. Eine Wahrscheinlichkeitsfunktion ordnet den Ereignissen eines Zufallsexperiments eindeutig eine reelle Zahl $p \in [0; 1]$ zu, die so genannte Wahrscheinlichkeit des Ereignisses. Ereignisse sind dabei Teilmengen der Ergebnismenge Ω. Eine Wahrscheinlichkeitsfunktion ist also im Falle einer endlichen Ergebnismenge Ω eine Funktion $P : \wp(\Omega) \to \mathbb{R}$, die bestimmte Bedingungen erfüllt, nämlich die *Kolmogoroff-Axiome*; dabei ist $\wp(\Omega)$ die Potenzmenge von Ω. Das Werfen mit einem herkömmlichen Spielwürfel lässt sich z. B. mithilfe der Ergebnismenge $\Omega = \{1; \ldots; 6\}$ modellieren. Das Ereignis „gerade Zahl" entspricht dann der Teilmenge $\{2; 4; 6\}$. Wenn man aufgrund der Symmetrie des Spielwürfels davon ausgeht, dass alle Zahlen mit der gleichen Wahrscheinlichkeit (*Laplace-Ansatz*) von $\frac{1}{6}$ fallen, so beträgt die Wahrscheinlichkeit für das fragliche Ereignis $P(\{2; 4; 6\}) = \frac{1}{2}$.

$\triangle$

Beispiel 2.5 (Arithmetik – Zahlenfolgen)

Schon im Mathematikunterricht der Grundschule untersuchen die Schülerinnen und Schüler Muster und Beziehungen bei Zahlenfolgen. Einerseits lernen sie so, Muster und Strukturen zu erfassen, andererseits hilft z. B. die Folge der Quadratzahlen bei vielen Multiplikationsaufgaben des Einmaleins weiter.

Auftrag: *Wie könnten die unten stehenden drei Zahlenfolgen fortgesetzt werden? Geben Sie jeweils ein mögliches Bildungsgesetz für die Zahlenfolgen und das zugehörige nächste Folgenglied an!*

$$2; 6; 12; 20; 30 \qquad 3; 6; 12; 24; 48 \qquad 1; -2; 2; -1; 3$$

Zahlenfolgen lassen sich als Funktionen $a : \mathbb{N} \to \mathbb{R}, n \mapsto a(n) = a_n$ darstellen, wobei a_n das n-te Folgenglied ist.

$\triangle$

Beispiel 2.6 (Geometrie – Abbildungsgeometrie)

In der Abbildungsgeometrie beschäftigt man sich u. a. mit Spiegelungen, Drehungen, Verschiebungen in der Ebene oder entsprechenden Lageveränderungen im Raum. Solche geometrischen Abbildung, die jedem Punkt eindeutig einen Bildpunkt zuordnen, lassen sich als spezielle Funktionen von $\mathbb{R}^2$ nach $\mathbb{R}^2$ („in der Ebene") bzw. von $\mathbb{R}^3$ nach $\mathbb{R}^3$ („im Raum") auffassen. Für die Punkt- und die Achsenspiegelung aus der ebenen Geometrie definieren wir jeweils nach angemessenen

Koordinatisierungen der Situation geeignete Funktionen, die diese Spiegelungen beschreiben.

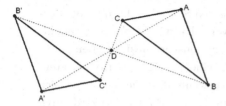

Abb. 2.17: Punktspiegelung   **Abb. 2.18:** Koordinatisierung

Das Dreieck ABC in Abb. 2.17 wird durch eine Spiegelung S_D am Punkt D auf das (kongruente) Dreieck $A'B'C'$ abgebildet. Konstruktiv geschieht dies z. B., indem man für jeden der Eckpunkte jeweils zunächst die Gerade einzeichnet, die durch den Eckpunkt und den Punkt D geht. Anschließend konstruiert man mithilfe des Zirkels den Spiegelpunkt, der auf ebendieser Geraden liegt und denselben Abstand von D hat wie der Ausgangspunkt. Da wir für diese Abbildung eine geeignete Funktionsvorschrift angeben möchten, strukturieren wird die Situation durch ein geeignetes Koordinatensystem so, dass der Punkt D der Ursprung dieses Koordinatensystem ist (Abb. 2.18). Offensichtlich wird ein Punkt $(a|b)$ durch Punktspiegelung am Ursprung genau auf den Punkt $(-a|-b)$ abgebildet. Eine hierzu passende Funktionsvorschrift lautet z. B. $S_D : \mathbb{R}^2 \to \mathbb{R}^2$, $S_D((a|b)) = (-a|-b)$. Mithilfe einer *Abbildungsmatrix* (siehe Anhang im Internet), lässt sich dies auch schreiben als

$$S_D : \mathbb{R}^2 \to \mathbb{R}^2, \ S_D \left(\begin{pmatrix} a \\ b \end{pmatrix} \right) := \begin{pmatrix} -1 & 0 \\ 0 & -1 \end{pmatrix} \cdot \begin{pmatrix} a \\ b \end{pmatrix} = \begin{pmatrix} -a \\ -b \end{pmatrix}.$$

Eine Punktspiegelung ist ein Spezialfall einer Drehung (um 180°). Andere „Drehmatrizen" (für andere Drehwinkel) werden im Anhang (im Internet) hergeleitet.

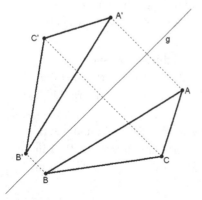

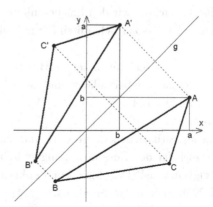

Abb. 2.19: Achsenspiegelung   **Abb. 2.20:** Koordinatisierung

Das Dreieck ABC in Abb. 2.19 wird durch eine Spiegelung S_g an der Geraden g auf das (kongruente) Dreieck $A'B'C'$ abgebildet. Konstruktiv geschieht dies z. B., indem man für jeden der Eckpunkte jeweils zunächst die Lotgerade zu g einzeichnet. Anschließend konstruiert man mithilfe des Zirkels den Spiegelpunkt, der auf ebendieser Lotgeraden liegt und denselben Abstand von g hat wie der Ausgangspunkt. Da wir auch für diese Abbildung eine geeignete Funktionsvorschrift angeben möchten, hinterlegen wir diese Situation wiederum mit einem geeigneten Koordinatensystem (Abb. 2.20); hier wurde die Lage genau so gewählt, dass die Gerade g gleich der 1. Winkelhalbierenden des Koordinatensystems ist. Ein Punkt $(a|b)$ wird durch die Spiegelung an der 1. Winkelhalbierenden auf den Punkt $(b|a)$ abgebildet. Eine hierzu passende Funktionsvorschrift lautet z. B. $S_g : \mathbb{R}^2 \to \mathbb{R}^2$, $S_g((a|b)) = (b|a)$. Mithilfe einer Abbildungsmatrix, lässt sich dies auch schreiben als

$$S_g : \mathbb{R}^2 \to \mathbb{R}^2,\ S_g\left(\begin{pmatrix} a \\ b \end{pmatrix}\right) := \begin{pmatrix} 0 & 1 \\ 1 & 0 \end{pmatrix} \cdot \begin{pmatrix} a \\ b \end{pmatrix} = \begin{pmatrix} b \\ a \end{pmatrix}.$$

Abbildungsmatrizen für weitere ausgewählte Achsenspiegelungen werden im Anhang (im Internet) hergeleitet. $\triangle$

Beispiel 2.7 (Geometrie – Messende Geometrie)

Auf Seite 21 haben wir als Beispiel für einen innermathematischen funktionalen Zusammenhang das Kegelvolumen in Abhängigkeit von der Höhe des Kegels (bei festem Radius; eine Funktion von $\mathbb{R}^+$ nach $\mathbb{R}^+$) bzw. in Abhängigkeit von der Höhe und dem Radius des Kegels (eine Funktion von $\mathbb{R}^+ \times \mathbb{R}^+$ nach $\mathbb{R}^+$) betrachtet.

Analog lassen sich alle weiteren Formeln zur Berechnung von Längen, Flächeninhalten und Volumina als Funktionen beschreiben. Je nach Erkenntnisinteresse werden die Formeln dabei in der „üblichen" Fassung verwendet oder umgestellt – in spezifischen Anwendungssituationen hält man einige der eingehenden Größen auch fest. Wir geben hierfür mit dem Rechtecksflächeninhalt ein denkbar einfaches Beispiel an:

- Zunächst betrachten wir den Flächeninhalt A als abhängig von beiden Seitenlängen a und b, was zur bekannten Formel führt: $A : \mathbb{R}^+ \times \mathbb{R}^+ \to \mathbb{R}^+$, $A(a,b) = a \cdot b$.

- Falls man eine Seitenlänge fixiert, z. B. $a := 3$, und sich für den Zusammenhang zwischen der zweiten Seitenlänge und dem Flächeninhalt interessiert, führt dies zu einer Funktion $A : \mathbb{R}^+ \to \mathbb{R}^+$, $A(b) = 3 \cdot b$, die in Abb. 2.21 graphisch dargestellt ist.

- In manchen Situationen interessiert man sich bei festem Flächeninhalt, z. B. $A = 12$ auch für den Zusammenhang zwischen beiden Seitenlängen, z. B. a in Abhängigkeit von b. Dies führt zur Funktion $a : \mathbb{R}^+ \to \mathbb{R}^+$, $a(b) = \frac{12}{b}$, die in Abb. 2.22 graphisch dargestellt ist.

$\triangle$

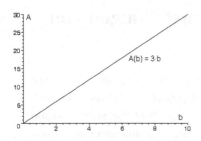

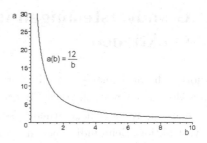

Abb. 2.21: Zusammenhang 1   **Abb. 2.22:** Zusammenhang 2

Beispiel 2.8 (Lineare Algebra – Übergangsmatrizen)

In den Wirtschaftswissenschaften werden häufig „Produktionsprozesse" betrachtet, bei denen nach einem festen Mengenschlüssel aus n Rohstoffen m Produkte hergestellt werden, oder „Konfektionierungsprozesse", bei denen n Produkte in m unterschiedlichen Zusammenstellungen verpackt werden. Im Folgenden wird das stark vereinfachte Beispiel der Verpackung von einer Sorte Lakritz und einer Sorte Weingummi in vier unterschiedliche Packungsarten betrachtet:

1. „Lakritztüten" mit jeweils 100 Lakritzen,
2. „Weingummitüten" mit jeweils 80 Weingummis,
3. „Mixtüten-Lakritz" mit 75 Lakritzen und 20 Weingummis und
4. „Mixtüten-Weingummi" mit 60 Weingummis und 25 Lakritzen.

Wie viele Lakritze (l) und wie viele Weingummis (w) für die Verpackung von a „Lakritztüten", b 'Weingummitüten", c „Mixtüten-Lakritz" und d „Mixtüten-Weingummi" benötigt werden, lässt sich nach den obigen Angaben wie folgt berechnen:

$$l = 100 \cdot a + 75 \cdot c + 25 \cdot d \quad \text{und} \quad w = 80 \cdot b + 20 \cdot c + 60 \cdot d.$$

Mithilfe der Matrizenrechnung lässt sich dies wie folgt durch eine Funktion $A : \mathbb{R}^4 \to \mathbb{R}^2$ beschreiben:

$$\begin{pmatrix} a \\ b \\ c \\ d \end{pmatrix} \mapsto \begin{pmatrix} 100 & 0 & 75 & 25 \\ 0 & 80 & 20 & 60 \end{pmatrix} \cdot \begin{pmatrix} a \\ b \\ c \\ d \end{pmatrix} = \begin{pmatrix} 100 \cdot a + 75 \cdot c + 25 \cdot d \\ 80 \cdot b + 20 \cdot c + 60 \cdot d \end{pmatrix}.$$

$\triangle$

Bei den Beispielen in diesem Abschnitt haben wir die (eindimensionale) Analysis, die sich speziell mit Funktionen von $\mathbb{R}$ nach $\mathbb{R}$ beschäftigt und die wir in späteren Kapiteln entwickeln werden, ausgeblendet. Das Ziel dabei war es, die Vielfalt, die hinter dem Funktionsbegriff steckt, aufzuzeigen. Im Folgenden werden wir mit Blick auf die Analysis fast nur noch Funktionen von $\mathbb{R}$ nach $\mathbb{R}$ betrachten und weiteres Handwerkszeug für den Umgang mit genau diesen Funktionen entwickeln.

2.3 Grundvorstellungen und Darstellungen von Funktionen

Wer erfolgreich Mathematik betreiben möchte, muss vor allem über adäquate „mentale Modelle für mathematische Begriffe" (Freudenthal (1983)) verfügen. Betrachtet man das Konstrukt „mathematische Theorie", so liegt die Stärke gerade in der Abstraktion. Beim individuellen Prozess „Mathematik anwenden oder weiterentwickeln", kommt es aber vor allem darauf an, dass die jeweiligen Akteure die abstrakten Begriffe nicht nur kennen, sondern mit ihnen umgehen können – und dafür benötigen sie entsprechende mentale Repräsentationen. Im Folgenden stellen wir zunächst entsprechende Grundvorstellungen für Variablen und Funktionen vor.

Zu Funktionen gibt es nicht nur verschiedene Grundvorstellungen, sondern auch verschiedene Darstellungsarten, wie Funktionsterme und -graphen, die wir bislang in natürlicher Weise – so wie Sie diese z. B. aus der Schule kennen – verwendet haben. Häufig liegt bei einer Problemstellung eine spezielle Darstellung besonders nahe, manchmal liegt der Schlüssel zur Lösung aber auch genau im kompetenten Wechsel dieser Darstellung. Einen systematischen Überblick über Darstellungsarten und -wechsel geben wir im Anschluss an die Grundvorstellungen.

2.3.1 Grundvorstellungen

Die Entwicklung des mathematikdidaktischen Konzepts „Grundvorstellungen" hat ihre Wurzeln vor allem im Rechenunterricht der ehemaligen Volksschule, die mit Klasse 1 begann, aus heutiger Sicht also insbesondere den Anfangsunterricht Mathematik in der Primarstufe umfasst (vgl. vom Hofe (1996), vom Hofe (1995), Oehl (1970)). Auf dieser Stufe des Mathematiklernens sollen vor- und außerunterrichtlich erworbene Vorstellungen von mathematischen Begriffen systematisch weiterentwickelt werden, wobei eine altersgerechte Präzision und Abstraktion angestrebt wird. Wie wir bereits am Ende des Abschnitts 2.2.2 betont haben, muss die Abstraktion behutsam geschehen, da tragfähige inhaltliche Vorstellungen eine notwendige Voraussetzung für kompetenten (und in der Regel abstrakten) Umgang mit abstrakten Begriffen sind. Dies wird in den ersten Schuljahren besonders am Erwerb des Zahlbegriffs (natürlicher Zahlen) und der Grundrechenarten deutlich.

Mathematische Begriffe sind abstrakte Modelle für eine Vielzahl konkreter Situationen und halbabstrakter Repräsentationen. So ist z. B. die Zahl 3 die dritte natürliche Zahl, sie gibt die Mächtigkeit der Menge $\{a, b, c\}$ an, sie ist die Nachfolgerin der 2 und die Vorgängerin der 4, ... und schließlich gibt es noch eine Ziffer „3". Ein abstrakter mathematischer Begriff kann in seiner Inhaltlichkeit nur durch mehrere verschiedene Vorstellungen erfasst werden.

Grundvorstellungen können dabei als fachlich erwünschte Vorstellungen verstanden werden, also als Zielperspektive bei der Entwicklung individueller Vorstellungen (sprich: beim Mathematiklernen). Individuelle Vorstellungen unterscheiden sich von Grundvorstellungen, da sie mit subjektiven Erfahrungen angereichert sind. Problematisch für das Lernen und Betreiben von Mathematik wird es, wenn individuelle Vorstellungen unverträglich mit den (fachlich erwünschten) Grundvorstellungen sind.

vom Hofe (2003) unterscheidet noch primäre und sekundäre Grundvorstellungen. Diese Unterscheidung, die besonders für den Bereich „Funktionale Zusammenhänge und Funktionen" relevant ist, berücksichtigt die Abstraktionsstufe, auf der Mathematik betrieben wird. Während primäre Grundvorstellungen Scharnierstellen zwischen Mathematik und Realsituationen darstellen, also beim Mathematisieren bzw. Interpretieren (siehe Abschnitt 2.2.2) benötigt werden, bilden sekundäre Grundvorstellungen Brücken zwischen unterschiedlichen mathematischen Darstellungsarten. So kann eine Funktion ggf. durch einen Term, durch einen Graphen, durch eine Wertetabelle oder auch durch eine verbale Beschreibung dargestellt werden. Ein erfolgreiches Arbeiten mit Funktionen setzt voraus, dass man bei Bedarf jedes dieser „Register" (Duval (1993), Duval (2006); vgl. vom Hofe & Jordan (2009)) ziehen kann. Auf Darstellungsarten von Funktionen und Darstellungswechsel gehen wir im nächsten Abschnitt ein.

Für die elementare Analysis sind Grundvorstellungen von Variablen und Grundvorstellungen von Funktionen von besonderer Bedeutung. Wir beginnen mit Grundvorstellungen von Variablen, die in unserem Zusammenhang relevant sind, da wir in den folgenden Kapiteln überwiegend mit Funktionen arbeiten werden, die sich algebraisch durch einen Term darstellen lassen.

Grundvorstellungen von Variablen

Variablen sind keine künstliche Erfindung der Mathematik, sondern spielen auch im alltäglichen Sprachgebrauch eine wichtige Rolle. Stellen Sie sich vor, Sie beobachten, wie der 9-jährige Malte seinem Vater empört berichtet, die Evelyn aus seiner Klasse bekomme dreimal so viel Taschengeld wie er. Wenn Sie sich ausschließlich auf diese Beobachtung verlassen müssen, wissen Sie nicht, wie viel Taschengeld Malte bekommt oder wie viel Taschengeld Evelyn bekommt. Dennoch wissen Sie mehr als nichts, da Sie eine Aussage über die Beziehung zwischen den beiden Beträgen machen können. Sie könnten z. B. notieren

$$\text{Evelyn} = 3 \times \text{Malte},$$

wobei der jeweilige Name als Variable für die Taschengeldhöhe des zugehörigen Kindes steht. Wenn Sie von einem der beiden Kinder die Taschengeldhöhe kennen, können Sie direkt auch die andere ermitteln – vorausgesetzt Malte hat kein zu instrumentelles Verhältnis zur Wahrheit . . .

Das Konzept der Variablen tritt also schon in unserem normalen Sprachgebrauch auf. Variablen können dabei für etwas ganz Spezifisches und prinzipiell Feststehendes, wie z. B. Maltes Taschengeld stehen, oder auch unbestimmt sein und eine

Vielzahl von gültigen Konkretisierungen haben. Wird „ein etwa 35-jähriger, mittelgroßer Mann" gesucht, dann hat man meistens einen bestimmten Menschen im Blick. Schreibt eine Forschungsstelle ein Angebot für potenzielle Probanden aus, die „männlich, etwa 35 Jahre alt und mittelgroß" sind, dann werden bewusst viele Menschen gesucht, die diese Bedingung erfüllen.

Fragt man Menschen auf der Straße nach einer typischen Variablen, so werden die meisten vermutlich das Symbol „x" nennen oder hinschreiben. Allerdings kann man natürlich auch mit so genannten Wortvariablen arbeiten, so geschehen in der obigen „Gleichung", die eine Beziehung zwischen Evelyns und Maltes Taschengeldbeträgen ausdrückt. Solche Wortvariablen, bei denen möglichst aussagekräftige Wörter für das stehen, was repräsentiert werden soll, sind vor allem beim ersten Umgang mit Variablen sinnvoll – und werden häufig auch bei der Entwicklung von Computerprogrammen genutzt.

Wer mit solchen Wortvariablen souverän umgehen kann, hat auch keine Schwierigkeiten, diese zu gegebener Zeit durch abstraktere Symbole wie einzelne Buchstaben zu ersetzen (so genannte Buchstabenvariablen). Diese haben den Vorteil, dass sie beim konkreten Rechnen einfacher zu handhaben sind. Dennoch ist natürlich wichtig, zu wissen, wofür eine Variable stehen soll. Wenn Sie z. B. bei einer Gleichung beide Seiten durch eine Variable dividieren möchten, ist es wichtig zu wissen, ob diese den Wert 0 annehmen kann. Für diesen Wert ist die Operation nicht definiert, Sie müssten also ggf. eine Fallunterscheidung durchführen.

Wenn in der Schule fortan mit abstrakten Symbolen wie „x" als Variablen gearbeitet werden soll, dann werden den Schülerinnen und Schülern zur inhaltlichen Unterstützung häufig inhaltliche Vorstellungen wie „Bezeichner", „Platzhalter", „unbekannte Zahl" o. Ä. angeboten. Schon daran wird sichtbar, dass es unterschiedliche Vorstellungen von Variablen geben kann, die je nach Situation aktiviert werden müssen. In Anlehnung an Malle (1993) unterscheiden wir im Folgenden drei Grundvorstellungen von Variablen:

Bei der *Gegenstandsvorstellung* wird die Variable als Name für eine feste, noch unbekannte oder (noch) nicht genauer bestimmte Zahl betrachtet. Die folgenden Beispiele mögen dies verdeutlichen:

- „Sei h die Höhe der Pyramide." Generell nutzt man die Gegenstandsvorstellung, wenn man Skizzen einer konkreten geometrischen Situation anfertigt.
- Bei der Einführung der Kreiszahl π können Schülerinnen und Schüler im Unterricht Umfänge und Durchmesser verschiedener Kreise auf einen funktionalen Zusammenhang hin untersuchen. Möglicherweise stellen sie fest, dass beide Größen proportional zusammenhängen, wobei der Proportionalitätsfaktor nur in grober Näherung vorliegen wird und zunächst unklar bleibt, aus welchem Zahlbereich er stammt. Schon vor der Klärung dieser Fragen kann der Faktor mit einem „Namen", z. B. π, versehen werden.
- Die Diagonale im Einheitsquadrat sei mit d bezeichnet. Man kann sie elementargeometrisch auch ohne den Satz des Pythagoras bestimmen:

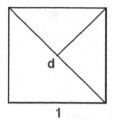

Abb. 2.23: Diagonale im Einheitsquadrat

Die Diagonale teilt das Quadrat in zwei kongruente rechtwinklige Dreiecke (vgl. Abb. 2.23), deren Höhe (auf die Diagonale) genau halb so lang wie die Diagonale selbst ist. Also gilt $\frac{d \cdot \frac{d}{2}}{2} = \frac{1}{2}$ und somit $d^2 = 2$. Die Fragestellung kann also zur Einführung der Quadratwurzel genutzt werden. Auch hier kann man vor einer Klärung, aus welchem Zahlbereich d stammt, z. B. die Schreibweise $d = \sqrt{2}$ nutzen. Dann sind sowohl d als auch $\sqrt{2}$ Namen für die fragliche Zahl (vgl. hierzu auch 4.1).

Die *Einsetzungsvorstellung* betont die Möglichkeit, eine Variable als Platzhalter für unbekannte Zahlen zu nutzen. Gleichwertig damit ist die Vorstellung, dass die Variable eine Leerstelle ist, in die unbekannte Zahlen (genauer müsste man sagen Zahlnamen wie *„256"*) eingesetzt werden dürfen:

- „Sei $x \in \mathbb{N}$ mit ...“
- „Setze in $f(x)$ für x alle natürlichen Zahlen ein, die kleiner als 20 sind.“

Schließlich betont die *Kalkülvorstellung*, dass Variablen Symbole sind, mit denen man nach gewissen Regeln operieren darf:

- „Löse das lineare Gleichungssystem mithilfe des Gauß-Algorithmus.“ Wer dies in der so genannten Matrixschreibweise erledigt, denkt sich die Variablen dabei sogar nur und notiert lediglich deren Koeffizienten (die damit eigentlich zu Namen für das Produkt aus sich selbst und der Variablen werden).
- Beim Zusammenfassen von Termen oder bei der Durchführung von Äquivalenzumformungen bei Gleichungen nach bestimmten Regeln tritt die Kalkülvorstellung in der Vordergrund.

In der Analysis spielen alle drei Grundvorstellungen eine Rolle, wie z. B. die Kalkülvorstellung bei den Ableitungsregeln oder die Gegenstandsvorstellung bei der Bezeichnung der Ableitung einer bekannten Funktion f mit f'. An einigen Stellen in diesem Buch werden wir die jeweils benötigten Grundvorstellungen noch einmal betonen.

Für diese Einführung in die Analysis und auch für die Lehrtätigkeit in der Schule ist es noch sinnvoll, eine weitere Unterscheidung von Variablenaspekten zu berücksichtigen. So können Variablen unter dem Einzelzahlaspekt betrachtet werden oder unter zwei verschiedenen Bereichsaspekten, nämlich dem Simultanaspekt oder dem Veränderlichenaspekt:

- Der *Einzelzahlaspekt* tritt bei allen obigen Beispielen zur Gegenstandsvorstellung in Erscheinung, eine Variable steht hier für jeweils eine feste Zahl. Bei unserem Einstiegsbeispiel *„Taschengeld"* steht der Name des Kindes für den jeweiligen (feststehenden) Betrag.

- Beim *Simultanaspekt* stehen die Variablen für beliebige Zahlen aus einem Bereich (einer Menge), wobei diese alle gleichzeitig repräsentiert werden. Dieser Aspekt spielt z. B. bei der Formulierung von Rechengesetzen eine Rolle:

$$\text{„Für alle reellen Zahlen gilt } (a + b) \cdot c = a \cdot c + b \cdot c.\text{"}$$

- Der *Veränderlichenaspekt* ist schließlich für die Betrachtung funktionaler Zusammenhänge und das Betreiben von Analysis besonders wichtig. Die Variable wird hier als Veränderliche aufgefasst, die wiederum Zahlen aus einem Bereich repräsentiert, diese aber nacheinander „durchläuft". Eine typische Betrachtung ist z. B. „Welchem Wert nähert sich $\frac{2 \cdot n}{n^2}$, wenn die natürliche Zahl n immer größer wird / gegen unendlich geht?"

Die hier genannten Grundvorstellungen und Aspekte von Variablen lassen sich sinngemäß auch auf Terme übertragen. Sie lassen sich noch erheblich feiner differenzieren. Dies kann z. B. für die Entwicklung von diagnostischem Material für die Schulpraxis oder für die Konzeption von Lernmaterialien sinnvoll sein. Wir können uns für die Zwecke dieses Buchs aber auf die oben dargestellte gröbere Kategorisierung beschränken.

Grundvorstellungen von Funktionen

In den vorangehenden Abschnitten wurde schon mit unterschiedlichen Grundvorstellungen von Funktionen gearbeitet. Wir unterscheiden im Folgenden in Anlehnung an Vollrath (1989), Malle (2000) und vom Hofe (2003) drei wesentliche Grundvorstellungen:

- Welche Größe wird einer anderen eindeutig zugeordnet? Welcher Wert $y \in B$ wird $x \in A$ zugeordnet? (*Zuordnungsvorstellung*)
  Beispiele: „Der Eintrittspreis für ein Freibad beträgt 2€ für die erste Stunde zzgl. 1€ für jede weitere Stunde. Wie viel muss man für eine Aufenthaltsdauer von fünf Stunden bezahlen?", „An welchen Stellen nimmt die Funktion den Wert Null an?"
- Wie verändert sich eine Größe mit der anderen? (*Ko-Variationsvorstellung*)
  Beispiele: „Der Flächeninhalt eine Kreises wächst quadratisch mit seinem Radius.", „Aktuell wird bis zur Mitte dieses Jahrhunderts mit einem exponentiellen Bevölkerungswachstum gerechnet."
- Wie verhält sich die Funktion als Ganzes? (*Objektvorstellung*)
  Beispiele: „Gebrochen-rationale Funktionen entstehen durch die Division ganzrationaler Funktionen.", „Die Kosinusfunktion kann auch als eine um $\frac{\pi}{2}$ nach links verschobene Sinusfunktion betrachtet werden."

Bei der Zuordnungsvorstellung nimmt man jeweils isolierte Ausschnitte der Funktion in den Blick, wie z. B. bei bestimmten Ableseaufgaben am Funktionsgraphen oder dem Erstellen einer Wertetabelle. Die Ko-Variationsvorstellung fokussiert hingegen auf das Änderungsverhalten einer Funktion, ohne sich zunächst für konkrete Werte zu interessieren. Bei der Objektvorstellung treten Funktionen als Bausteine andere Funktionen auf (siehe Abschnitt 2.4.5) oder werden z. B. als Funktionsgraphen im Ganzen betrachtet. Am Ende des folgenden Abschnitts werden wir diese drei Grundvorstellungen an einem Beispiel, bei dem auch verschiedene Darstellungsarten eine Rolle spielen, voneinander abgrenzen.

2.3.2 Darstellungsarten

„Funktionen haben viele Gesichter" (Herget et al. (2000)), die schon in den Situationen 1. bis 7. in Teilkapitel 2.1 sichtbar geworden sind. Die Kategorisierung von Darstellungsarten in Tab. 2.4 hat sich als äußerst nützlich erwiesen (vgl. Swan (1985)), insbesondere auch mit Blick auf die Klassifizierung von Darstellungswechseln.

Tab. 2.4: Darstellungsarten von Funktionen

Darstellungsart	typische Erscheinungsformen
verbal	Situationsbeschreibung in Worten (ggf. auch Bildern o. Ä.): *„Gouda kostet heute* 0,79 € *je 100 g. Möchten Sie Ihren Käse aufgeschnitten bekommen, so berechnen wir hierfür einmalig* 0,20 €.*"*
numerisch	100 g | 200 g | 500 g | 1 000 g 0,99 € | 1,78 € | 4,15 € | 8,10 €
geometrisch	
algebraisch	Funktionsterm: $f(x) = 0,2 + 0,0079 \cdot x$

Welche Darstellungsart verwendet wird, hängt jeweils entscheidend davon ab, in welcher Form relevante Informationen vorliegen und welche Fragestellung verfolgt wird. Keine der Darstellungsarten ist einer anderen prinzipiell überlegen, allerdings haben sie unterschiedliche Stärken und Schwächen: Aus einer Wertetabelle kann man z. B. benötigte Daten direkt ablesen – sofern sie in der Tabelle erfasst sind. Wenn nicht, müssen diese zunächst mithilfe anderer Überlegungen gewonnen werden, etwa durch Inter- oder Extrapolieren. Ein Funktionsterm erlaubt die Berechnung aller möglichen Funktionswerte – er ist aber nicht so anschaulich wie der Funktionsgraph. In Beispiel 2.9 wird gezeigt, wie Fragestellungen und Darstellungsarten sich bedingen können.

Neben den Stärken und Schwächen der einzelnen Darstellungsarten sollten allerdings immer auch individuelle Präferenzen von denjenigen berücksichtigt werden, die Mathematik betreiben. Sie lieben Zahlen? Dann können Sie ggf. besonders erfolgreich numerisch arbeiten. Oder benötigen Sie eher Bilder als symbolische Darstellungen oder verbale Beschreibungen? Dann werden Sie vermutlich häufiger auf Funktionsgraphen zurückgreifen. In der Schule ist es wichtig, dass alle Schülerinnen und Schüler sich mit ihren individuellen Präferenzen im Unterricht wieder finden können, also alle Darstellungsarten angemessen berücksichtigt werden. Zum kompetenten Umgang mit Funktionen gehört aber auch, alle möglichen Darstellungswechsel durchführen zu können – falls eine Darstellungsart an ihre Grenzen stößt. Zwischen den vier Darstellungsarten sind 12 Übersetzungsrichtungen möglich, die praktisch auch allesamt auftreten. In Abb. 2.24 finden Sie eine Übersicht über die möglichen *Darstellungswechsel*[3].

von \ nach	verbal	numerisch	geometrisch	algebraisch
verbal		Mathematisieren		
		4	7	10
numerisch	1		8	11
geometrisch	2	5		12
algebraisch	3	6	9	

(linke Spalte von numerisch bis algebraisch: Interpretieren)

Abb. 2.24: Darstellungswechsel

Besonders erwähnenswert im Sinne des Modellieren (siehe Abschnitt 2.2.2) sind die Übersetzungen zwischen verbalen und anderen Darstellungen. Wenn es sich dabei um verbal beschriebene außermathematische Situationen handelt, dann ist eine Übersetzung in eine numerische, geometrische oder algebraische Darstellung nichts anderes als ein Mathematisieren der Situation. Umgekehrt entspricht das Verbalisieren einer Wertetabelle, eines Funktionsgraphen oder -terms dem Interpretieren eines mathematischen Modells.

Aufgabe 2.9 *Geben Sie für jede der 12 möglichen, oben nicht näher bezeichneten Übersetzungsrichtungen ein Beispiel an! Stellen Sie bei sich individuelle Präferenzen fest?*

---

[3]Auf die genauere Bezeichnung der einzelnen Darstellungswechsel verzichten wir hier.

Am Ende dieses Teilkapitels zu Grundvorstellungen und Darstellungsarten zeigen wir an einem Beispiel, welche Rolle verschiedene Grundvorstellungen und Darstellungsarten bei der Untersuchung funktionaler Zusammenhänge spielen können. Der folgende „Realitätsbezug" sollte nicht zu ernst genommen werden, sondern ist mit didaktischer Absicht konstruiert.

Beispiel 2.9 (Entlohnungsmodelle (vgl. Büchter (2008))
Birte soll ihrem Vater in den Schulferien 9 Tage helfen, den Garten neu zu gestalten. Als Entschädigung für entgangene Ferienfreuden bietet er ihr ein zusätzliches Taschengeld an. Dabei darf sie zwischen den folgenden *„Entgeltvarianten"* wählen:

1. Sie erhält einmalig 333€.
2. Sie erhält jeden Tag 35€.
3. Sie erhält am ersten Tag 5€, am zweiten Tag 10€, am dritten Tag 15€ usw.
4. Sie erhält am ersten Tag 1 Cent, am zweiten Tag 2 Cent, am dritten Tag 4 Cent usw.

A Wofür soll Birte sich entscheiden?
B Angenommen Birte kann über die Dauer ihres Arbeitseinsatzes bei ansonsten unveränderten Konditionen selbst entscheiden. Untersuchen Sie, für welche Einsatzdauer welche Variante am besten ist.

Auftrag: *Bearbeiten Sie die Aufgabe Entlohnungsmodelle im Sinne der Aufgabenstellungen A und B zunächst vollständig selbst.*

Sowohl bei Aufgabenstellung A als auch bei B ist jeweils interessant, wie viel Geld Birte nach 9 bzw. nach n Tagen bekommt. Die vier Entlohnungsvarianten 1 bis 4 können also gut durch Funktionen $E_1, \ldots, E_4 : \mathbb{N} \to \mathbb{Q}$ beschrieben werden, wobei $E_k(n)$ jeweils den Gesamtbetrag in Euro angibt, den Birte bei Variante k nach n Tagen erhält.

Bei Aufgabenstellung A spielt die Zuordnungsvorstellung eine zentrale Rolle: Wie hoch ist für jede der vier Varianten das Entgelt nach 9 Tagen, also $E_k(9)$ für $k = 1, \ldots, 4$? Für den höchsten Wert sollte Birte sich entscheiden – zumindest, wenn sie möglichst viel verdienen möchte. Eine geeignete Darstellung für die Bearbeitung dieser Frage ist z. B. eine Tabelle, mit der die Frage numerisch beantwortet wird (siehe Tab. 2.5).

Die „Flatrate" in Variante 1 ist so hoch, dass Birte damit nach 9 Tagen am meisten verdienen kann. Allerdings wird mit Blick auf Fragestellung B deutlich, dass Variante 2 nach 10 Tagen Variante 1 „überholt".

Bei Aufgabenstellung B ist Birtes Einsatzdauer flexibel. Bei der Analyse der Entgeltvarianten spielen dadurch auch die Ko-Variationsvorstellung und ggf. die Objektvorstellung eine wesentliche Rolle. Die Ko-Variationsvorstellung lenkt den Blick darauf, dass sich je nach Variante das Entgelt nach $n-1$, n, $n+1$ Tagen ganz unterschiedlich verändert. Während das Entgelt bei 1 konstant bleibt, wächst es

Tab. 2.5: Bestimmung des Entgelts in Euro nach 9 Tagen für die Varianten 1 bis 4

Tag	Variante 1		Variante 2		Variante 3		Variante 4	
	pro Tag	Ges.	pro Tag	Ges.	pro Tag	Ges.	pro Tag	Ges.
1	333,00	333,00	35,00	35,00	5,00	5,00	0,01	0,01
2	0,00	333,00	35,00	70,00	10,00	15,00	0,02	0,03
3	0,00	333,00	35,00	105,00	15,00	30,00	0,04	0,07
4	0,00	333,00	35,00	140,00	20,00	50,00	0,08	0,15
5	0,00	333,00	35,00	175,00	25,00	75,00	0,16	0,31
6	0,00	333,00	35,00	210,00	30,00	105,00	0,32	0,63
7	0,00	333,00	35,00	245,00	35,00	140,00	0,64	1,27
8	0,00	333,00	35,00	280,00	40,00	180,00	1,28	2,55
9	0,00	333,00	35,00	315,00	45,00	225,00	2,56	5,11

bei 2 linear, bei 3 quadratisch und bei 4 exponentiell. Bei der Betrachtung unterschiedlicher Feriendauern wird insbesondere die Dramatik exponentiellen Wachstums deutlich (vgl. Abb. 2.25 und 2.26[4]).

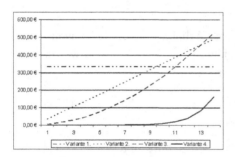

Abb. 2.25: 14-tägiger Einsatz   **Abb. 2.26:** 21-tägiger Einsatz

Ganz offensichtlich kann die Ko-Variation zweier Größen mithilfe von Funktionsgraphen besonders gut anschaulich gemacht werden. Dafür muss allerdings der jeweilige „Bildausschnitt" passend gewählt werden. So wird in Abb. 2.26 die „Überlegenheit" exponentiellen Wachstums gegenüber quadratischem oder linearem besonders deutlich. Dies ließ sich in Abb. 2.25 noch nicht so deutlich erkennen. Dafür wird in Abb. 2.25 sichtbar, dass Variante 3 auf quadratisches Wachstum führt, während in Abb. 2.26 quadratisches und lineares Wachstum (Variante 2) praktisch gleich aussehen.

Möchte man für konkrete Einsatzdauern entscheiden, welche Variante am besten ist, kommt es aber nicht nur auf die Ko-Variation des Entgelts mit der Feriendauer, sondern auch z. B. auf die konkreten Ausgangsbeträge (am ersten Tag) an. Hierfür

---

[4]Bei beiden Schaubildern haben wir nicht lediglich die Punkte für das Entgelt nach n Tagen eingezeichnet, sondern die Funktionsgraphen „durchgezeichnet", also so getan als hätten wir es mit kontinuierlichen Größen (Funktionen von $\mathbb{R}$ nach $\mathbb{R}$) zu tun. Dadurch wird das Ko-Variationsverhalten besonders deutlich sichtbar.

können die ersten Tage einzeln in den Blick genommen werden (Zuordnungsvorstellung) oder man arbeitet z. B. mit den Funktionsgraphen (in hinreichend großen Ausschnitten des Koordinatensystems; Objektvorstellung). Mit den beiden obigen Schaubildern ist eigentlich eine ausreichende Entscheidungsbasis gegeben.

Wie schon Aufgabenstellung (A) kann aber auch (B) gut mithilfe einer Tabelle bearbeitet werden, insbesondere wenn eine Tabellenkalkulation zur Verfügung steht. Dies verdeutlicht der Screenshot in Abb. 2.27.

| H4 ▾ | | | f_x =H3*2 | | | | | |

	Tag	Variante 1.		Variante 2.		Variante 3.		Variante 4.	
		für den Tag	Gesamt	für den Tag	Gesamt	für den Tag	Gesamt	für den Tag	Gesamt
3	1	333,00 €	333,00 €	35,00 €	35,00 €	5,00 €	5,00 €	0,01 €	0,01 €
4	2	0,00 €	333,00 €	35,00 €	70,00 €	10,00 €	15,00 €	0,02 €	0,03 €
5	3	0,00 €	333,00 €	35,00 €	105,00 €	15,00 €	30,00 €	0,04 €	0,07 €
6	4	0,00 €	333,00 €	35,00 €	140,00 €	20,00 €	50,00 €	0,08 €	0,15 €
7	5	0,00 €	333,00 €	35,00 €	175,00 €	25,00 €	75,00 €	0,16 €	0,31 €
8	6	0,00 €	333,00 €	35,00 €	210,00 €	30,00 €	105,00 €	0,32 €	0,63 €
9	7	0,00 €	333,00 €	35,00 €	245,00 €	35,00 €	140,00 €	0,64 €	1,27 €
10	8	0,00 €	333,00 €	35,00 €	280,00 €	40,00 €	180,00 €	1,28 €	2,55 €
11	9	0,00 €	333,00 €	35,00 €	315,00 €	45,00 €	225,00 €	2,56 €	5,11 €
12	10	0,00 €	333,00 €	35,00 €	350,00 €	50,00 €	275,00 €	5,12 €	10,23 €
13	11	0,00 €	333,00 €	35,00 €	385,00 €	55,00 €	330,00 €	10,24 €	20,47 €
14	12	0,00 €	333,00 €	35,00 €	420,00 €	60,00 €	390,00 €	20,48 €	40,95 €
15	13	0,00 €	333,00 €	35,00 €	455,00 €	65,00 €	455,00 €	40,96 €	81,91 €
16	14	0,00 €	333,00 €	35,00 €	490,00 €	70,00 €	525,00 €	81,92 €	163,83 €
17	15	0,00 €	333,00 €	35,00 €	525,00 €	75,00 €	600,00 €	163,84 €	327,67 €
18	16	0,00 €	333,00 €	35,00 €	560,00 €	80,00 €	680,00 €	327,68 €	655,35 €
19	17	0,00 €	333,00 €	35,00 €	595,00 €	85,00 €	765,00 €	655,36 €	1.310,71 €
20	18	0,00 €	333,00 €	35,00 €	630,00 €	90,00 €	855,00 €	1.310,72 €	2.621,43 €
21	19	0,00 €	333,00 €	35,00 €	665,00 €	95,00 €	950,00 €	2.621,44 €	5.242,87 €
22	20	0,00 €	333,00 €	35,00 €	700,00 €	100,00 €	1.050,00 €	5.242,88 €	10.485,75 €

Abb. 2.27: Bearbeitung mit einer Tabellenkalkulation

Aufgabe 2.10 *Stellen Sie die Funktionsterme für die Entgeltvarianten 1 bis 4 auf.*

Wenn der Ko-Variationsaspekt bei dieser Aufgabe intensiv thematisiert wird, kann man in den konkreten Fällen der Entgeltvarianten 2 bis 4 schön einen diskreten Zugang zur Analysis und folgende fundamentale Einsicht gewinnen (vgl. Thies & Weigand (2006)): Mit dem Konzept der *Änderungsrate*, das wir in den Kapiteln 3 und 5 entwickeln werden, kann man sagen, dass lineare Funktionen konstante, quadratische Funktionen lineare und exponentielle Funktionen exponentielle Änderungsraten haben. In der Abb. 2.27 entsprechen die *Änderungsraten* genau den Entgeltbeträgen „für den Tag". △

2.4   Elementare Funktionstypen und ihre Charakteristika

Wenn funktionale Zusammenhänge wie in der Situation 2. in Teilkapitel 2.1 (Abb. 2.1) analog aufgezeichnet und zunächst nur als Funktionsgraph oder als Messwertetabelle vorliegen, so betrachtet man vor allem die Eigenschaften des konkreten funktionalen Zusammenhangs und findet in der Regel kaum abstrakte Gemeinsamkeiten mit anderen funktionalen Zusammenhängen. Eine typische Eigenschaft in Situation 2. wäre das monotone Steigen (des Wasserspiegels bei vollständig geschlossener Staumauer und damit auch) des Funktionsgraphen.

Anders sieht es aus, wenn es z. B. gelingt, funktionale Zusammenhänge zu algebraisieren, insbesondere, wenn sich ein geeigneter Funktionsterm finden lässt. Solche Funktionsterme lassen sich dann algebraisch typisieren (z. B. linear, quadratisch,...) und Funktionstyp für Funktionstyp analysieren. So gibt es jenseits der konkreten Situation und Werte abstrakte Eigenschaften, die alle Funktionen eines Typs aufweisen und die für die Betrachtung der konkreten Situation genutzt werden können.

Im Folgenden stellen wir zunächst einige wichtige elementare, in der Schulmathematik relevante Funktionstypen und deren wesentliche Eigenschaften vor. Anschließend bestücken wir einen „Funktionenbaukasten", mit dem aus möglichst wenigen und möglichst einfachen Funktionen fast alle relevanten Funktionen erzeugt werden können.

2.4.1   Proportionale, antiproportionale und (affin-)lineare Funktionen

Schon in der Grundschule spielen proportionale Zuordnungen beim Sachrechnen eine besondere Rolle:

> *Lisa kauft am Kiosk 3 saure Weingummis und muss dafür 15 Cent bezahlen. Wie viel müsste sie für 6 saure Weingummis bezahlen, wie viel für 12?*

Die Eigenschaften solcher funktionalen Zusammenhänge sind nahe liegend und werden gerade aus dem Sachkontext heraus ganz natürlich angewendet: „Kaufe ich doppelt so viel, muss ich doppelt so viel zahlen. Der Preis für ein(e) ... beträgt ..." (vgl. Abb. 2.28 und Abb. 2.29).

Allerdings sollte man sich davor hüten, ein solches Schema vorschnell z. B. auf alle „Ware-Preis-Zusammenhänge" zu verallgemeinern. In den wenigsten Bäckereien kosten 10 Brötchen doppelt so viel wie 5 Brötchen. Mengenrabatte etc. verhindern in Realsituationen oft exakte Proportionalität. Vor solchen „Störeffekten" geschützt ist man z. B. bei entsprechenden innermathematischen Kontexten. Beim Beispiel 2.7 wurde der Zusammenhang zwischen dem Flächeninhalt eines Recht-

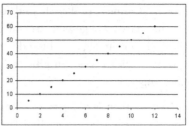

3	6	12	...	...
15 Cent	30 Cent	60 Cent	...	...

Abb. 2.28: Proportionaler Zusammenhang

Abb. 2.29: Zugehöriger Graph

ecks und einer Seitenlänge, bei fixierter zweiter Seitenlänge betrachtet. Hier wird der proportionale Zusammenhang nicht „getrübt".

Im genannten innermathematischen Beispiel 2.7 wurde auch ein antiproportionaler Zusammenhang vorgestellt, nämlich der zwischen den beiden Seitenlängen eines Rechtecks bei fixiertem Flächeninhalt. Dies wird schon am Funktionsterm $A(a,b) = a \cdot b$ sichtbar. Wenn $A(a,b)$ konstant sein soll, muss z. B. b verdoppelt werden, wenn a halbiert wird.[5]

Das „gegensinnige Verändern" gibt einen Anhaltspunkt dafür, in welchen Realsituationen ein antiproportionaler Zusammenhang steckt. Wenn man z. B. bei der gleichen zurückzulegenden Strecke (im Durchschnitt) doppelt so schnell fährt, dann benötigt man nur halb so lange. Abb. 2.30 zeigt eine Untersuchung des Zusammenhangs mithilfe einer Tabellenkalkulation.

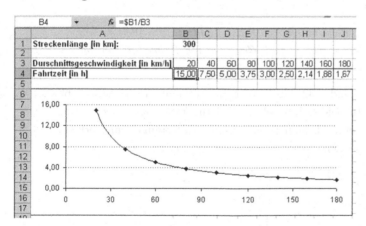

Abb. 2.30: Zusammenhang von Durchschnittsgeschwindigkeit und Fahrtdauer

Rein rechnerisch lässt sich beim Zusammenhang „Durchschnittsgeschwindigkeit und Fahrtdauer" für jede Durchschnittsgeschwindigkeit $x > 0$ eine zugehörige

---

[5] Dieses „gegensinnige Verändern" bei vorgegebenem konstantem Produkt ist eine wichtige Operationseigenschaft der Multiplikation, die ebenfalls schon von Schülerinnen und Schülern in der Grundschule untersucht bzw. entdeckt wird.

Fahrtdauer bestimmen; praktisch sind jedoch durch den Straßenverkehr und das konkrete Auto Grenzen gesetzt (schon die „180" in der Abbildung sind weder realistisch noch vernünftig . . .). In anderen Realsituationen sind diese Grenzen viel enger gesteckt – und vor allem gibt es häufig keinen exakten antiproportionalen Zusammenhang:

> *3 Gerüstbauer benötigen 12 Stunden, um die Sporthalle der Felix-Klein-Schule einzurüsten. Wie lange würden 2, 12, 122, . . . Gerüstbauer benötigen?*

Aufgabe 2.11 *Finden Sie sowohl für proportionale als auch für antiproportionale funktionale Zusammenhänge jeweils außer- und innermathematische Beispiele. Diskutieren Sie bei den außermathematischen Beispielen ggf. die Grenzen des proportionalen bzw. antiproportionalen Modells; geben Sie jeweils eine sinnvolle Definitionsmenge für zugehörige Funktionen an.*

Proportionale und antiproportionale Zuordnung werden in der Schule häufig im Sinne des Sachrechnens, also für außermathematische Situationen, betrachtet. Als mächtiges Werkzeug zur Bearbeitung solcher Situationen wird dann der Dreisatz erarbeitet.

Der erste Funktionstyp, der in der Schule ausführlich mit allen möglichen Darstellungswechseln thematisiert wird, sind die linearen Funktionen. Typische Beispiele hierfür ergeben sich aus proportionalen Zusammenhängen, wenn man noch einen „Sockel" hinzufügt.

> *Stellen Sie sich vor, Birte müsste am Kiosk nicht nur pro Weingummi 5 Cent zahlen, sondern auch noch 5 Cent für die Papiertüte, in der sie die Weingummis bekommt.*

In den Abbildungen 2.31 und 2.32 wird dieser Zusammenhang numerisch bzw. geometrisch dargestellt. In beiden Darstellungen kann man die „Verschiebung " durch den „Sockel" im Vergleich zum proportionalen Zusammenhang erkennen (vgl. Abb. 2.28 und Abb. 2.29).

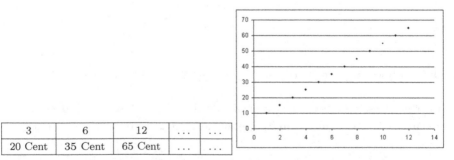

3	6	12	. . .	. . .
20 Cent	35 Cent	65 Cent	. . .	. . .

Abb. 2.31: Linearer Zusammenhang   **Abb. 2.32**: Zugehöriger Graph

Typische außermathematische Beispiele für lineare Zusammenhänge sind Kosten- oder Tarifmodelle mit einer Grundgebühr und einem verbrauchsabhängigen Anteil:

■ Die Stadtwerke bieten den Stromtarif „easy" an, bei dem pro Jahr 100 Euro
Grundgebühr anfallen und zusätzlich 18 Cent pro kWh.

■ Ein Fensterputzer gibt folgendes Angebot ab: Anfahrtspauschale 25 Euro, zusätzlich 27,50 Euro pro Stunde.

Die Abbildungen 2.28 und 2.29 sowie 2.31 und 2.32 für den proportionalen bzw.
linearen Zusammenhang „saure Weingummis" zeigen, dass die beiden zugehörigen
Funktionstypen offensichtlich sehr ähnlich sind. Hierauf gehen wir bei der folgenden algebraischen Charakterisierung von proportionalen, antiproportionalen und
linearen Funktionen ein.

Die Algebraisierung von überschaubaren Sachsituationen wie den obigen, ist
– sofern sie überhaupt mit elementaren Mitteln möglich ist – recht unspektaku-
lär. Dabei versteht man Algebraisierung als Verallgemeinerung von Arithmetik,
sprich die typischen Rechnungen und rechnerischen Eigenschaften werden formalisiert. Bei einem proportionalen Zusammenhang ist typisch, dass der Quotient der
beiden involvierten Größen (z. B. Anzahl saurer Weingummis und Kosten hierfür)
konstant ist (Preis für ein saures Weingummi: 15 Cent : 3 = 5 Cent). Eine Größe
kann aus der anderen dann durch Multiplikation mit der entsprechenden Konstanten berechnet werden ($12 \cdot 5\,$Cent $= 60\,$Cent).

Definition 2.2 (proportionale Funktion)
Eine Funktion $f : \mathbb{R} \to \mathbb{R}$, die sich mithilfe einer geeigneten reellen Konstanten k
schreiben lässt als $f(x) = k \cdot x$, heißt *proportionale Funktion*.   ◆

Die Konstante k einer proportionalen Funktion wird auch *Proportionalitätsfaktor*
genannt. Proportionale Funktionen sind – wie bereits konkret am Beispiel „saure
Weingummis" dargestellt – quotientengleich, d. h. für alle $x \neq 0$ gilt $f(x) : x = k$.
Statt „proportional" wird in einigen Lehrwerken auch die Bezeichnung „direkt
proportional" verwendet.

Bei Charakterisierungen wie den obigen treten die Konstanten im Sinne der
Gegenstandsvorstellung von Variablen auf[6], die unabhängige Variable x hingegen
im Sinne der Einsetzungsvorstellung (siehe Abschnitt 2.3.1).

Beim antiproportionalen Zusammenhang „Durchschnittsgeschwindigkeit und
Fahrtdauer" war die Fahrtstrecke unveränderlich gegeben (300 km). Sie lässt sich
aus den jeweiligen Wertepaaren (z. B. 150 km/h und 2 h) durch Multiplikation
rekonstruieren.

Definition 2.3 (antiproportionale Funktion)
Eine Funktion $f : \mathbb{R}\backslash\{0\} \to \mathbb{R}$, die sich mithilfe einer geeigneten reellen Konstanten
k schreiben lässt als $f(x) = \frac{k}{x}$, heißt *antiproportionale Funktion*.   ◆

---

[6]Solche Variablen heißen auch „Parameter".

Die Konstante k einer antiproportionalen Funktion wird auch *Gesamtgröße* genannt. Antiproportionale Funktionen sind *produktgleich*, d. h. für alle $x \neq 0$ gilt $f(x) \cdot x = k$. Statt „antiproportional" werden in einigen Lehrwerken auch die Bezeichnungen „indirekt proportional" oder „umgekehrt proportional" verwendet.

Für proportionale und antiproportionale Zusammenhänge gibt es ein universelles Rechenverfahren, den *Dreisatz*. Aufgrund der Quotienten- bzw. Produktgleichheit, muss man auf beiden Seiten der Zuordnung – wie in Tab. 2.6 – multiplikativ *gleichsinnig* (proportional) bzw. *gegensinnig* (antiproportional) verändern.

Tab. 2.6: Dreisatz

proportional			antiproportional		
	3 Stück $\hat{=}$ 15 Cent			2,5 h $\hat{=}$ 120 km/h	
: 3 |	1 Stück $\hat{=}$ 5 Cent	| : 3	: 2,5 |	1,0 h $\hat{=}$ 300 km/h	| $\cdot$ 2,5
$\cdot$ 7 |	7 Stück $\hat{=}$ 35 Cent	| $\cdot$ 7	$\cdot$ 2,0 |	2,0 h $\hat{=}$ 150 km/h	| : 2,0

Auch wenn der Dreisatz universell einsetzbar ist, sollte man ihn in zweierlei Hinsicht nicht schematisch verwenden:

1. Wichtig ist zunächst die Vergewisserung, ob bzw. für welche Definitionsmenge der jeweils betrachtete Zusammenhang wirklich sinnvoll proportional oder antiproportional modelliert werden kann, und
2. oft kann man günstige Zahlenkonstellationen als Rechenvorteil nutzen und z. B. direkt vom Preis für 3 Stück auf den Preis für 15 Stück schließen, ohne den Umweg über 1 Stück zu gehen.

Als dritter Funktionstyp in diesem Abschnitt ergeben sich lineare Funktionen schließlich wie im Beispiel „saure Weingummis" aus proportionalen durch Addition eines „Sockels".

Definition 2.4 (lineare Funktion)
Eine Funktion $f : \mathbb{R} \to \mathbb{R}$, die sich mithilfe von geeigneten reellen Konstanten a und b schreiben lässt als $f(x) = a \cdot x + b$, heißt *lineare Funktion*.[7]   ◆

Die Konstanten a und b werden zunächst nicht mit besonderen Namen versehen. Im Rahmen der geometrischen Deutung als Gerade im Koordinatensystem (s. u.) bezeichnet man a als *Steigung* und b als *y-Achsenabschnitt* der Geraden. Für $a = 0$ liegt eine konstante Funktion vor, die überall den Wert b annimmt; für $b = 0$ liegt eine proportionale Funktion vor.

---

[7]Als Abbildungen in der Linearen Algebra würden diese Funktionen affin-linear heißen, während die proportionalen Funktionen dort linear heißen würden. Eine Abbildung heißt linear, wenn für alle x und y sowie für alle Konstanten k gilt: $f(x + y) = f(x) + f(y)$ und $f(k \cdot x) = k \cdot f(x)$.

Der proportionale Anteil in der linearen Funktion vererbt in gewisser Weise eine Quotientengleichheit. Hierfür muss der „Sockel", der die Proportionalität stört, „heraussubtrahiert" werden – oder, anders ausgedrückt, man untersucht, wie sich der Funktionswert ändert, wenn der x-Wert um h ($\neq 0$) verändert wird:

$$f(x + h) - f(x) = a \cdot (x + h) + b - (a \cdot x + b) = a \cdot h \text{ also } \frac{f(x + h) - f(x)}{h} = a \,.$$

Quotienten wie der obige (mit Wert a) werden später bei der Differenzialrechnung (vgl. 3.1 und 5) als *Differenzenquotienten* eine zentrale Rolle spielen. Sie erfassen dann das mittlere Änderungsverhalten der Funktion f im Intervall $[x; x + h]$. So betrachtet ist für lineare Funktionen ein konstantes Änderungsverhalten – mit der Änderungskonstanten a – charakteristisch. Geometrisch entspricht dies gerade der Steigung der zugehörigen *Geraden*.

Innermathematisch ist die „Mathematik der linearen Funktionen" von Bedeutung, da jede beliebige Gerade in der Ebene nach Wahl eines geeigneten Koordinatensystems durch Gleichungen der Form $y = a \cdot x + b$ beschrieben kann. Die Lösungsmenge jeder solchen Gleichung lässt sich als Gerade im Koordinatensystem darstellen. Dieses *Wechselspiel von Geometrie und Algebra* ist in den Abbildungen 2.33 und 2.34 dargestellt.

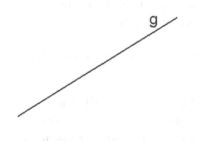

Abb. 2.33: Geometrie   **Abb. 2.34:** Algebra

Wir haben bei der letzten Betrachtung auf der linken Seite der Gleichung bewusst nicht $f(x)$, sondern y geschrieben, da eine Gerade und ihre algebraische Beschreibung im Vordergrund stehen, (zunächst) aber kein funktionaler Zusammenhang. In einigen Schulbüchern wird diese Schreibweise konsequent auch für alle linearen Funktionen anstelle von „$f(x) = \ldots$" verwendet. Dies ist sicherlich nicht falsch, allerdings wird der Zuordnungsaspekt von funktionalen Zusammenhängen sehr suggestiv in der Schreibweise „$f(x) = \ldots$" ausgedrückt. Wir empfehlen daher, die Schreibweise „$y = \ldots$" vor allem dann zu nutzen, wenn das Wechselspiel von Geometrie und Algebra im Vordergrund steht. Für die weitere mathematische Analyse ist es natürlich egal, ob eine Gerade im Koordinatensystem als Funktionsgraph eines linearen funktionalen Zusammenhangs oder direkt als geometrisches Objekt entstanden ist.

2.4.2   Potenz- und Wurzelfunktionen

Wenn man eine Figur oder einen Körper maßstabsgetreu vergrößert oder verkleinert, so kann man ein unterschiedliches Änderungsverhalten von Längen, Flächen und Volumina beobachten. Dies lässt sich besonders einfach und hinreichend exemplarisch an Quadrat und Würfel beobachten und kann auch über drei Dimensionen hinaus verallgemeinert werden. Mit solchen Betrachtungen stoßen wir auf Potenzfunktionen mit natürlichen Exponenten. Wenn wir auch „Umkehrfragen" stellen – wie z. B. „Welche Seitenlänge hat ein Quadrat mit Flächeninhalt x?" –, dann kommen ganz natürlich auch die zugehörigen Umkehrfunktionen ins Spiel, nämlich die *Wurzelfunktionen*.

Der Umfang u und der Flächeninhalt A eines Quadrats mit der Seitenlänge x lassen sich mithilfe der folgenden Funktionen berechen (z. B. mit x und $u(x)$ in cm und $A(x)$ im cm^2):

$$u : \mathbb{R}^+ \to \mathbb{R}^+, \; u(x) = 4 \cdot x, \text{ und } A : \mathbb{R}^+ \to \mathbb{R}^+, \; A(x) = x^2 \,.$$

Wir haben beide Funktionsgraphen mithilfe einer Tabellenkalkulation gemeinsam in Abb. 2.35 dargestellt[8]. Der qualitative Unterschied zwischen linearem und quadratischem Wachstum wird eindrucksvoll verdeutlicht: Auch wenn die Gerade, die den Umfang darstellt, zunächst oberhalb der Parabel liegt, die den Flächeninhalt darstellt, ist quadratisches Wachstum auf Dauer deutlich überlegen.

Aufgabe 2.12 *Für welches x stimmen die Maßzahlen von Umfang und Flächeninhalt überein?*

Möchte man über Längen und Flächeninhalte auch Volumina in den Blick nehmen, so bieten sich Würfel als (räumliche) Untersuchungsobjekte an. Der Oberflächeninhalt O und das Volumen V eines Würfels mit der Kantenlänge x lassen sich mithilfe der folgenden Funktionen berechnen (z. B. mit x in cm, $O(x)$ in cm^2 und $V(x)$ in cm^3):

$$O : \mathbb{R}^+ \to \mathbb{R}^+, \; O(x) = 6 \cdot x^2, \text{ und } V : \mathbb{R}^+ \to \mathbb{R}^+, \; V(x) = x^3 \,.$$

Wir haben wiederum beide Funktionsgraphen mithilfe einer Tabellenkalkulation gemeinsam dargestellt (Abb. 2.36). Hier wird deutlich sichtbar, dass kubisches Wachstum auf Dauer jedem quadratischem Wachstum überlegen ist – unabhängig davon, welche Funktionswerte für „kleine x" angenommen werden.

---

[8]Dabei ist zu beachten, dass hier nur die Maßzahlen von Umfang und Flächeninhalt miteinander verglichen werden. Da beide Größen unterschiedliche Maßeinheiten haben, sind Aussagen wie „der Umfang ist größer als der Flächeninhalt" sinnlos. Das unterschiedliche Änderungsverhalten beider Größen kann aber gut in einem Schaubild kontrastierend dargestellt werden.

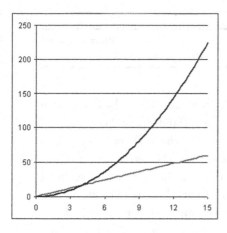

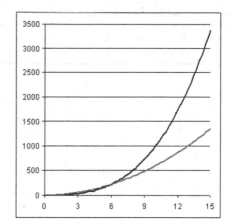

Abb. 2.35: Umfang und Flächeninhalt

Abb. 2.36: Oberflächeninhalt und Volumen

Aufgabe 2.13 *Für welches x stimmen die Maßzahlen von Oberflächeninhalt und Volumen überein?*

Zusammenfassend kann man für die messende Geometrie in Ebene und Raum festhalten: Wenn eine Figur oder ein Körper maßstabsgetreu um den Faktor $k > 0$ vergrößert werden, dann werden alle Längen ebenfalls um den Faktor k, alle Flächeninhalte um den Faktor k^2 und ggf. alle Volumina um den Faktor k^3 vergrößert[9]. Dieses unterschiedliche Änderungsverhalten der Maße kann bei konkreten Aufgaben äußerst nützlich sein, da sich umfassendere Rechnungen vermeiden lassen:

Aufgabe 2.14 *Wolfgang und Andreas trinken Sekt aus kegelförmigen Sektgläsern. Wolfgangs Glas ist bis zum Rand gefüllt, während Andreas' Glas nur bis zur halben Höhe gefüllt ist. Andreas sagt: „Ich muss acht dieser Portionen trinken, bis ich genau soviel wie du habe . . . !" Hat er Recht?*

Bisher sind wir davon ausgegangen, dass Seiten- bzw. Kantenlänge gegeben sind und der Umfang, der Flächeninhalt oder das Volumen von Quadrat bzw. Würfel berechnet werden sollen. Es gibt aber auch Situationen, in denen diese Maße als Zielgrößen vorgegeben sind und gefragt wird, welche Seiten- bzw. Kantenlänge ein entsprechendes Quadrat bzw. ein entsprechender Würfel haben. Diese „Umkehraufgaben" führen auf *Umkehrfunktionen*. Dann wird z. B. bei Quadraten nicht mehr die Zuordnungsrichtung „Seitenlänge → Flächeninhalt", sondern die Zuordnungsrichtung „Flächeninhalt → Seitenlänge" betrachtet (Tab. 2.7).

---

[9]Diese Aussage lässt sich für allgemeine Figuren und Körper z. B. mithilfe der Eigenschaften der zentrischen Streckung, Grundprinzipien des Messens und Intervallschachtelungen (vgl. 4.1.3) beweisen.

Tab. 2.7: Umgekehrte Zuordnungsrichtung

Quadrieren	Seitenlänge	1	2	3	4	5	Wurzel ziehen
↓	Flächeninhalt	1	4	9	16	25	↑

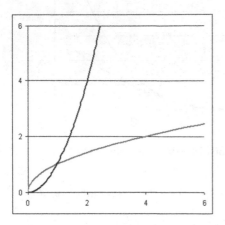

Abb. 2.37: Quadrat- und Wurzelfunktion

Quadrieren kann man kleine Zahlen noch „per Hand"; das Wurzelziehen ist ohne Taschenrechner aber schon deutlich komplizierter! Wir werden mit dem *Heron-Algorithmus* in Abschnitt 4.2.5 ein sehr effizientes Verfahren zum Wurzelziehen vorstellen, das – im Prinzip – auch in Ihrem Taschenrechner implementiert ist.

Die Seitenlänge l eines Quadrats lässt sich bei bekanntem Flächeninhalt x mithilfe der **(Quadrat-)Wurzelfunktion** bestimmen: $l : \mathbb{R}^+ \to \mathbb{R}^+$, $l(x) = \sqrt{x}$. Wenn man diese Funktion zusammen mit der Quadratfunktion (für den Flächeninhalt) graphisch darstellt, ergibt sich die Abb. 2.37.

Auftrag: *Bestimmen Sie den Schnittpunkt der beiden Funktionsgraphen (möglichst exakt).*

Quadrat- und Wurzelfunktion scheinen einander – zumindest in dem hier betrachteten Ausschnitt – sehr ähnlich zu sein. Tatsächlich ergibt sich der eine Funktionsgraph aus dem anderen durch Spiegelung an der 1. Winkelhalbierenden. Dies ist – wie so oft in der Mathematik – kein Zufall, sondern hat System. Quadrieren und Wurzelziehen sind im Bereich positiver reeller Zahlen Umkehroperationen und die oben betrachteten Funktionen in diesem Sinne Umkehrfunktionen (siehe Abschnitt 2.4.5). Wenn z. B. wie in Tab. 2.7 die Seitenlänge 2 gegeben ist, erhält man daraus durch Quadrieren den Flächeninhalt 4. Ist der Flächeninhalt 4 gegeben, erhält man umgekehrt daraus durch Wurzelziehen die Seitenlänge 2. In der Sprache der Funktionen kann man dieses Phänomen mit den obigen Funktionen A und l wie folgt schreiben:

$$l(A(x)) = x \text{ und } A(l(x)) = x.$$

Geometrisch betrachtet erhält man eine Situation wie in Abb. 2.19, wo eine Achsenspiegelung an der 1. Winkelhalbierenden mithilfe der Elementargeometrie durch Vertauschung der Koordinaten realisiert wurde. In der obigen Situation gehören die Punkte $(x|A(x)) = (x|x^2)$ zum Graphen von A und die Punkte $(A(x)|l(A(x))) = (A(x)|x) = (x^2|x)$ – was bei positiven reellen Zahlen äquivalent ist zu $(y|\sqrt{y})$ – zum Graphen von l. Diese geometrische Konstellation ist charakteristisch für die Beziehung von Funktion und Umkehrfunktion.

Die bisherigen Betrachtungen in diesem Abschnitt lassen sich auf zwei Arten verallgemeinern. So können (1) über dreidimensionale Objekte hinaus auch n-dimensionale Objekte mit ihrem n-dimensionalen Rauminhalt untersucht werden[10] und (2) die hier betrachteten Funktionsterme für Rauminhalte auch bei Funktionen, die für alle reellen Zahlen definiert sind, betrachtet werden. Zusammen mit den Umkehrfunktionen führt dies zu *Potenzfunktionen* mit natürlichen Exponenten und mit Stammbrüchen als Exponenten (die *Wurzelfunktionen*):

$$p_n : \mathbb{R} \to \mathbb{R}, \ p_n(x) = x^n, \ \text{und} \ w_n : \mathbb{R}_0^+ \to \mathbb{R}, \ w_n(x) = \sqrt[n]{x} = x^{\frac{1}{n}}, \ n \in \mathbb{N}.$$

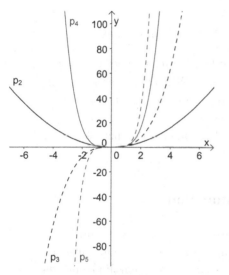

Abb. 2.38: Potenzfunktionen

Wenn man die Funktionsgraphen der Potenzfunktionen betrachtet, liegt eine Klassifikation der Potenzfunktionen nach geraden und ungeraden Exponenten nahe (Abb. 2.38):

Potenzfunktionen mit ungeradzahligen Exponenten nehmen jede reelle Zahl genau einmal als Funktionswert an, und es gilt $p_n(-x) = -p_n(x)$ für alle reellen Zahlen x. Diese Eigenschaft drückt sich geometrisch in der Punktsymmetrie bzgl. des Ursprungs $(0|0)$ aus. Da jede relle Zahl genau einmal als Funktionswert angenommen wird, können die zugehörigen Umkehrfunktionen (Wurzelfunktionen mit ungeradzahligem n) sogar für alle reellen Zahlen definiert werden.

Wie sich auch anhand des Funktionsterms einsehen lässt, nehmen Potenzfunktionen mit geradzahligen Exponenten niemals negative Werte an; jeder positive Funktionswert wird genau zweimal angenommen, da $p_n(x) = p_n(-x)$ für alle reellen Zahlen x gilt. Diese Eigenschaft drückt sich geometrisch in der Achsensymmetrie bzgl. der y-Achse aus. Möchte man eine zugehörige Umkehrfunktion definieren, muss man für diese zunächst die Eindeutigkeit der Zuordnung gewährleisten: Die Umkehrfunktion kann dem Wert $y = p_n(x) = p_n(-x)$ entweder eindeutig den Wert x zuordnen oder eindeutig den Wert $-x$. Bei den geometrischen Be-

---

[10]Wenn man allgemein n-dimensionale Würfel mit ihrem n-dimensionalen Rauminhalt betrachtet, ist das Quadrat als zweidimensionaler Würfel mit abgedeckt: Der Flächeninhalt ist dann der zweidimensionale Rauminhalt.

trachtungen an Quadrat und Würfel haben wir von vorneherein nur die positiven reellen Zahlen als Definitionsmenge betrachtet, da dies dem Kontext angemessen ist. Bei der Quadratwurzel haben wir dann die übliche Konvention genutzt, dass die Quadratwurzel der nichtnegativen Zahl y genau die nichtnegative Zahl x ist, für die gilt $x^2 = y$. Bei geradzahligem Exponenten existiert also für die auf $\mathbb{R}_0^+$ eingeschränkte Funktion p_n (geometrisch gesprochen: der rechte Ast der Parabel) eine Umkehrfunktion; Analoges gilt für die Einschränkung auf $\mathbb{R}_0^-$ (der linken Ast der Parabel).

Wir werden in Abschnitt 4.1.3 mithilfe der Intervallschachtelung zeigen, wie sich auch Potenzen mit reellen Exponenten sinnvoll definieren lassen. Damit lassen sich dann die hier vorgestellten Potenz- und Wurzelfunktionen mit natürlichen Exponenten als spezielle Beispiele *allgemeiner Potenzfunktionen* auffassen.

Definition 2.5 (Potenzfunktion)
Eine Funktion $p_r : \mathbb{R}^+ \to \mathbb{R}$, $p_r(x) = x^r$, mit $r \in \mathbb{R}$, heißt *Potenzfunktion*.   ◆

Für bestimmte Exponenten, z. B. natürliche Zahlen, kann die zugrunde liegende Definitionsmenge auch die 0 oder die negativen reellen Zahlen umfassen. Im allgemeinen Fall muss man sich aber auf die positiven reellen Zahlen beschränken.

Schließt man den Fall $r = 0$ aus, dann existiert zu jeder Potenzfunktion p_r mit $p_r(x) = x^r$ die Umkehrfunktion, die selbst wiederum eine Potenzfunktion ist, nämlich $p_{\frac{1}{r}}$ mit $p_{\frac{1}{r}}(x) = x^{\frac{1}{r}}$.

2.4.3 Exponential- und Logarithmusfunktion

Betrachtet man außermathematische Wachstumsprozesse, dann kann man häufig das Phänomen beobachten, dass ein bestimmter Bestand (z. B. ein Guthaben oder eine radioaktive Substanz) in festen Zeitabständen (z. B. ein Jahr oder die Halbwertszeit) mit einem festen Wachstumsfaktor „wächst" (z. B. 1,03 oder $\frac{1}{2}$). Wir werden dies für „echtes Wachstum" am Beispiel eines Guthabens und für Zerfallsprozesse am Beispiel der Radioaktivität konkretisieren.

Vor Ausbruch der so genannten Wirtschafts- und Finanzkrise ab dem Jahr 2007 konnte man bis zu 6 % Zinsen pro Jahr bei monatlicher Zinsgutschrift erhalten. Das klingt nicht schlecht, aber alleine damit wird man kaum reich werden. Mal angenommen, Sie hätten am 01.02.2004 genau 500€ auf ein entsprechendes Konto eingezahlt. „6 % Zinsen pro Jahr bei monatlicher Zinsgutschrift" bedeutet, dass Ihrem Konto jeden Monat $\frac{1}{12} \cdot 6\,\% = 0,5\,\%$ Zinsen gutgeschrieben und im nächsten Monat bereits mitverzinst werden. Die Rechnung mit einer Tabellenkalkulation (Abb. 2.39) zeigt, wie sich Ihr Kontostand in den ersten 12 Monaten entwickelt

Das Wachstum wirkt sehr moderat, die graphische Darstellung suggeriert geringes lineares Wachstum. Tatsächlich steckt in dieser Situation die volle Dramatik exponentiellen Wachstums, sie wird nur im betrachteten Ausschnitt noch nicht

	C14	▼	ƒx	=C13+B14				
	A	B	C	D	E	F	G	H
1	Datum	Veränderung	Bestand	Kommentar				
2	01.02.2004	500,00 €	500,00 €	Einzahlung				
3	01.03.2004	2,50 €	502,50 €	Zinsen				
4	01.04.2004	2,51 €	505,01 €	Zinsen				
5	01.05.2004	2,53 €	507,54 €	Zinsen				
6	01.06.2004	2,54 €	510,08 €	Zinsen				
7	01.07.2004	2,55 €	512,63 €	Zinsen				
8	01.08.2004	2,56 €	515,19 €	Zinsen				
9	01.09.2004	2,58 €	517,76 €	Zinsen				
10	01.10.2004	2,59 €	520,35 €	Zinsen				
11	01.11.2004	2,60 €	522,96 €	Zinsen				
12	01.12.2004	2,61 €	525,57 €	Zinsen				
13	01.01.2005	2,63 €	528,20 €	Zinsen				
14	01.02.2005	2,64 €	530,84 €	Zinsen				

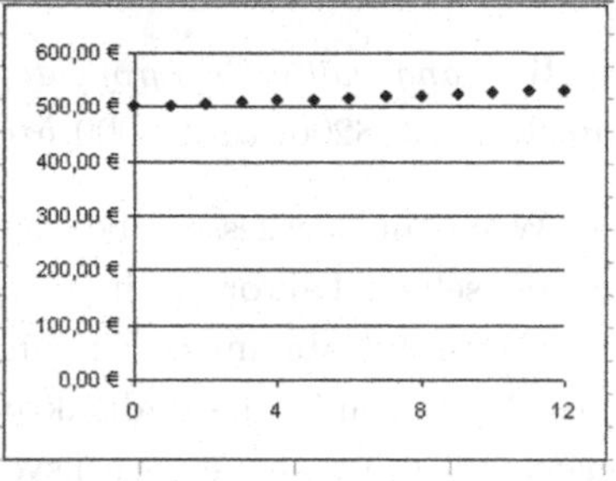

Abb. 2.39: Verzinsung auf einem Konto mit monatlicher Verzinsung

sichtbar. Sie deutet sich aber aufgrund des *Zinseszinseffekts* an: Die monatliche Zinsgutschrift steigt zwar langsam, aber sie steigt.

Aufgabe 2.15 *Setzen Sie die Analyse des obigen Zinseszins-Szenarios fort:*

1. *Berechnen Sie für alle dargestellten Zeitpunkte den Wachstumsfaktor für den jeweiligen Bestand im Vergleich zum Vormonat.*
2. *Wie hoch hätten die Zinsen sein müssen, um bei einer nur jährlichen Zinsgutschrift das gleiche Wachstum zu erzielen?*

Das exponentielle Wachstum wird deutlicher sichtbar, wenn man den Zeitraum erheblich vergrößert. Mal angenommen, Ihr Ururgroßvater hätte am 1. Februar des Jahres 1909 Geld auf einem Konto zu 6 % Zinsen pro Jahr bei monatlicher Zinsgutschrift angelegt. Damit uns in diesem langen Zeitraum nicht Währungsreformen Schererein bereiten, soll er die Geldanlage in den USA getätigt haben – und zwar $500 (Abb. 2.40).

	C1202	▼	ƒx	=C1201+B1202				
	A	B	C	D	E	F	G	H
1	Datum	Veränderung	Bestand	Kommentar				
2	01.02.1909	$500,00	$500,00	Einzahlung				
1189	01.01.2008	$926,59	$186.245,29	Zinsen				
1190	01.02.2008	$931,23	$187.176,52	Zinsen				
1191	01.03.2008	$935,88	$188.112,40	Zinsen				
1192	01.04.2008	$940,56	$189.052,97	Zinsen				
1193	01.05.2008	$945,26	$189.998,23	Zinsen				
1194	01.06.2008	$949,99	$190.948,22	Zinsen				
1195	01.07.2008	$954,74	$191.902,96	Zinsen				
1196	01.08.2008	$959,51	$192.862,48	Zinsen				
1197	01.09.2008	$964,31	$193.826,79	Zinsen				
1198	01.10.2008	$969,13	$194.795,92	Zinsen				
1199	01.11.2008	$973,98	$195.769,90	Zinsen				
1200	01.12.2008	$978,85	$196.748,75	Zinsen				
1201	01.01.2009	$983,74	$197.732,50	Zinsen				
1202	01.02.2009	$988,66	$198.721,16	Zinsen				

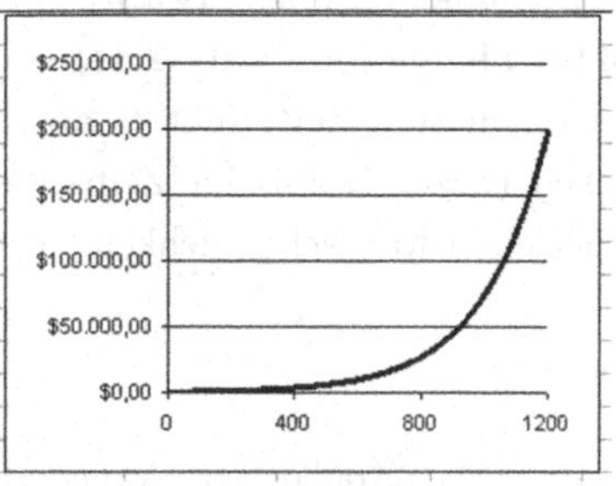

Abb. 2.40: Verzinsung über einen Zeitraum von 1 200 Monaten (= 100 Jahren)

Wenn der Zeitraum der Geldanlage hinreichend groß wird, ist deutlich erkennbar, dass der Zinseszinseffekt ein exponentielles Wachstum bewirkt, das selbst bei noch so geringem Wachstumsfaktor auf Dauer jedem Potenzwachstum überlegen ist – und ca. $200.000 sind doch auch nicht zu verachten.

Auch bei exponentiellem Wachstum sind Umkehrüberlegungen typisch:

Aufgabe 2.16 *Wie lange hätte Ururgroßvaters Geld auf der Bank liegen müssen, damit der Kontostand ca. $200, ca. $2.000 bzw. ca. $20.000 betragen hätte?*

Neben „echten" Wachstumsprozessen, bei denen der Bestand in festen Zeiträumen jeweils um denselben Faktor zunimmt, gibt es auch exponentielle Prozesse, bei denen der Bestand abnimmt. Ein für das Leben auf unserem Planeten höchst relevantes Phänomen ist die Radioaktivität und der zugehörige exponentielle Zerfall. *Leuders* 2006 hat eine eindrucksvolle Simulation hierzu im Unterricht durchgeführt. Schülerinnen und Schüler können dabei zwar nicht erfahren, warum radioaktive Atome zerfallen, aber wie dieser Prozess sich quantitativ darstellt:

Ausgegangen wird dabei von der physikalisch nicht trivialen Modellannahme, dass der Zerfall eines radioaktiven Atoms nicht von den Zuständen anderer Atome abhängt, sondern in einer Zeiteinheit mit einer gewissen Wahrscheinlichkeit passiert[11]. Wenn man dies akzeptiert, kann man z. B. mit vielen Heftzwecken, die jeweils ein radioaktives Atom repräsentieren, würfeln und damit entscheiden, wie viele und welche Atome zerfallen: Sobald eine Heftzwecke auf dem Rücken liegen bleibt, ist sie „zerfallen"[12]. Das Würfeln mit vielen Heftzwecken kann dabei z. B. in einem (Schuh-)Karton stattfinden, wobei „einmal Würfeln" das Verstreichen einer Zeiteinheit simuliert und „zerfallene" Heftzwecken aussortiert werden.

Das stochastisch Interessante bei diesem Prozess ist, dass zwar für jedes einzelne Atom nicht vorhergesagt werden kann, wann es zerfällt, dass für eine große Anzahl von Atomen aber das empirische Gesetz der großen Zahlen gilt und man eine Struktur im fraglichen Prozess beobachten kann, nämlich exponentiellen Zerfall.

Ausgehend von einer Zerfallswahrscheinlichkeit p je Zeiteinheit Δt und n_0 Atomen zum Zeitpunkt t_0 kann man mit einer gewissen Unschärfe[13] davon ausgehen, dass zum Zeitpunkt $t_1 = t_0 + \Delta t$ noch etwa $n_1 = (1 - p) \cdot n_0$ Atome vorhanden sind. Mit der genannten Unschärfe lässt sich dann sagen, dass nach k Zeiteinheiten, also zum Zeitpunkt t_k, noch etwa $n_1 = (1 - p)^k \cdot n_0$ Atome vorhanden sind. Bei der folgenden Simulation (Abb. 2.41) sind wir von einem Bestand von 10^{23} radioaktiven Atomen zum Zeitpunkt t_0 ausgegangen[14] und haben eine Zerfallswahrscheinlichkeit (bezogen auf eine Zeiteinheit für jedes Atom) von $p = 0{,}2$ und somit eine „Überlebenswahrscheinlichkeit" von $1 - p = 0{,}8$ angenommen.

---

[11]Betrachtet man mehrere radioaktive Atome, so sind die Ereignisse „Atom A zerfällt" und „Atom B zerfällt" also für je zwei Atome A und B stochastisch unabhängig.

[12]Wenn man die im Modell betrachtete Zeiteinheit hinreichend groß wählt, ist eine durch die Heftzwecken realisierte Wahrscheinlichkeit durchaus plausibel.

[13]„Unschärfe" deswegen, weil der Prozess stochastisch und nicht deterministisch ist.

[14]Diesen scheinbar großen Anfangsbestand haben wir gewählt, weil man bei Atomen sehr schnell solche Größenordnungen erreicht: Ungefähr $6 \cdot 10^{23}$ Atome sind zusammen „1 Mol", eine vor allem in der Chemie wichtige Einheit. 1 Mol Kohlenstoffatome (genauer des „Nuklids Kohlenstoff-12") hat eine Masse von 12 Gramm.

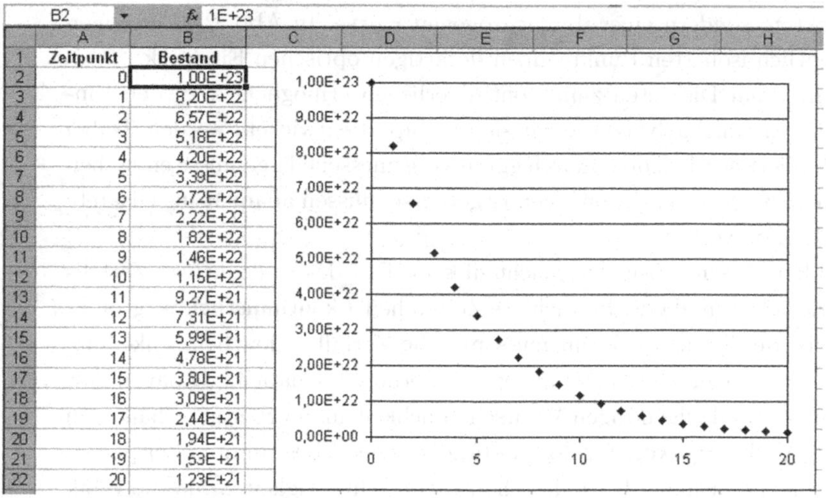

	B2	▼	*fx*	1E+23			
	A	B	C	D	E	F	G	H
1	Zeitpunkt	Bestand						
2	0	1,00E+23						
3	1	8,20E+22						
4	2	6,57E+22						
5	3	5,18E+22						
6	4	4,20E+22						
7	5	3,39E+22						
8	6	2,72E+22						
9	7	2,22E+22						
10	8	1,82E+22						
11	9	1,46E+22						
12	10	1,15E+22						
13	11	9,27E+21						
14	12	7,31E+21						
15	13	5,99E+21						
16	14	4,78E+21						
17	15	3,80E+21						
18	16	3,09E+21						
19	17	2,44E+21						
20	18	1,94E+21						
21	19	1,53E+21						
22	20	1,23E+21						

Abb. 2.41: Simulierter Zerfall radioaktiver Atome

Der Kontext Radioaktivität zeigt erneut, wie wichtig Umkehrbetrachtungen sind. So spielt die „Halbwertszeit" bei der Diskussion um die Nutzung von Radioaktivität eine besondere Rolle.

Aufgabe 2.17 *Nach wie viel Zeiteinheiten beträgt die Anzahl der radioaktiven Atome in der obigen Simulation noch etwa die Hälfte, ein Viertel, ein Achtel ... der Anzahl zum Ausgangszeitpunkt?*

Wenn man zu den beiden obigen Beispielen Funktionsterme aufstellt, so weisen diese eine einfache Struktur auf. Sie berücksichtigen jeweils den Bestand b zu Beginn der Betrachtung, den Wachstumsfaktor pro Zeiteinheit a und die Anzahl der verstrichenen Zeiteinheiten x:

$$f(x) = b \cdot a^x \,.$$

Beim Beispiel des sparsamen Ururgroßvaters wäre x die Anzahl der vergangenen Monate seit Beginn der Geldanlage, $b = 500$ und $a = 1{,}005$. Der Wachstumsfaktor a ergibt sich, da die Zinsen in Höhe von 6 % pro Jahr monatlich gutgeschrieben werden ($\frac{1}{12} \cdot 6\,\% = 0{,}005$).

In der Simulation des radioaktiven Zerfalls lässt sich die erwartete, wenn auch mit zufallsbedingter Unschärfe behaftete, Anzahl der verbliebenen Atome berechnen, wenn x die Anzahl der verstrichenen Zeiteinheiten darstellt und $b = 10^{23}$ sowie $a = 1 - p = 0{,}8$ gilt.

In beiden Fällen ist die Definitionsmenge (streng genommen) $\mathbb{N}_0$, da bei der Modellierung von einem Ausgangszeitpunkt t_0 ausgegangen wurde und ab dann ganze Zeiteinheiten betrachtet wurden. Wie so oft, lässt sich diese eigentlich diskrete Modellierung aber auch kontinuierlich betrachten, d. h. die reellen Zahlen werden als Definitionsmenge angenommen. Dann besteht der Funktionsgraph nicht aus isolierten Punkten, sondern einer durchgezogenen Kurve. In Abb. 2.41 erzeugen schon die eigentlich isolierten Punkte einen derartigen optischen Eindruck.

Der Übergang vom Diskreten zum Kontinuierlichen ermöglicht z. B. den Einsatz der Methoden der Analysis, wie wir sie ab Kap. 3 entwickeln werden. Dabei muss aber reflektiert werden, ob dadurch ggf. unangemessene Ergebnisse entstehen bzw. die im Kontinuierlichen gewonnenen Ergebnisse müssen adäquat ins Diskrete (zurück-)übertragen werden.

Bei den beiden obigen Beispielen macht dies im Fall des radioaktiven Zerfalls keinerlei Schwierigkeiten, da die betrachtete Zeiteinheit t kontinuierlich vergrößert oder verkleinert werden kann. Dann muss nur die Zerfallswahrscheinlichkeit im Modell dieser veränderten Zeiteinheit angepasst werden[15]. Unabhängig davon, mit welcher Zeiteinheit und zugehörigen Wahrscheinlichkeit man arbeitet, erhält man stets denselben Vorhersagewert für den Bestand zu einem bestimmten Zeitpunkt.

Beim Beispiel Verzinsung gibt es da schon mehr Schwierigkeiten, da die Bank hier die elementare Zeiteinheit vorgibt: Zinsen werden am Ende eines jeden Monats gutgeschrieben. Wenn man in der Mitte eines Monats Ururgroßvaters Konto auflösen würden, so bekäme man genau die Hälfte der Zinsen, die am Monatsende gutgeschrieben worden wären, zusammen mit dem Bestand nach der letzten Zinsgutschrift ausbezahlt. Zwischen zwei Zeitpunkten der Zinsgutschrift entwickelt sich der Bestand linear weiter, sodass die exponentielle Modellierung in diesen Zwischenphasen etwas von der Realität abweicht. Diese Abweichung verliert dann an Bedeutung, wenn insgesamt sehr viele Zeiteinheiten betrachtet werden. Beim radioaktiven Zerfall liefert der exponentielle Ansatz – wie wir zuvor ausgeführt haben – ohne Einschränkung ein gutes Vorhersagemodell.

Die Mathematisierung der beiden in diesem Abschnitt betrachteten Beispiele motiviert die folgende Definition und erste Folgerungen.

Definition 2.6 (Exponentialfunktion)
Die Funktion $\exp_a : \mathbb{R} \to \mathbb{R}^+$, $\exp_a(x) = a^x$, mit $a \in \mathbb{R}^+ \backslash \{1\}$, heißt *Exponentialfunktion* mit Basis a. ◆

Im Vergleich zu den oben angegebenen Funktionstermen für die beiden Beispiele fehlt bei dieser „puren" Definition der Exponentialfunktion noch der Faktor, der in den Beispielen den Bestand zum Ausgangszeitpunkt angegeben hat. Die „pure" Exponentialfunktion in der Form der Definition ermöglicht zunächst die Berechnung der Wachstumsfaktoren.

Für $a \in\,]0; 1[$ werden die Funktionswerte mit größer werdendem x kleiner, wie beim radioaktiven Zerfall, und für $a \in\,]1; \infty[$ werden die Funktionswerte mit größer

---

[15]Wenn z. B. die Zerfallswahrscheinlichkeit für ein Atom für die Zeiteinheit 1 Jahr 0,2 beträgt, so beträgt sie für 2 Jahre $1 - (1 - 0{,}2)^2 = 0{,}36$. Diese Berechnung ergibt sich z. B. mit den Pfadregeln für mehrstufige Zufallsexperimente (vgl. Büchter & Henn (2007), 3.2.3).

werdendem x auch größer, wie beim Zinseszins. Da man alle reellen Exponenten zulassen will, muss die Basis positiv sein; $a = 1$ wurde ausgeschlossen, da daraus eine konstante Funktion resultieren würde, die weder Wachstum noch Zerfall modellieren könnte und die grundlegend andere Eigenschaften als Exponentialfunktionen hätte. Exponentialfunktionen können (wegen $a > 0$) nur positive Werte annehmen; sie nehmen jede positive reelle Zahl genau einmal als Funktionswert an.

Aufgabe 2.18 *Zeigen Sie, dass die Funktionsgraphen der Exponentialfunktionen* $\exp_a$ *und* $\exp_{\frac{1}{a}}$ *symmetrisch bezüglich der y-Achse sind.*

Die Umkehrbetrachtungen in den obigen Beispielen führen zur Logarithmusfunktion als Umkehrfunktion der Exponentialfunktion. Die erste Frage aus Aufgabe 2.17 könnte mit $f(x) = 0{,}8^x$ auch übersetzt werden in: „Für welches x gilt $0{,}8^x = 0{,}5$?". Da jede positive reelle Zahl genau einmal als Funktionswert einer Exponentialfunktion auftritt, ist dieses x eindeutig bestimmt und wird mit $\log_{0{,}8}(0{,}5)$ bezeichnet[16].

Definition 2.7 (Logarithmusfunktion)
Seien $a \in \mathbb{R}^+ \setminus \{1\}$ und $x \in \mathbb{R}^+$. Die eindeutig bestimmte Lösung y der Gleichung $a^y = x$ wird mit $\log_a(x)$ bezeichnet; durch $\log_a : \mathbb{R}^+ \to \mathbb{R}$, $x \mapsto \log_a(x)$ wird eine Funktion definiert, die *Logarithmusfunktion* mit Basis a heißt.   ◆

Aufgabe 2.19 *Zeigen Sie, dass die folgenden Eigenschaften von Exponential- und Logarithmusfunktionen (im jeweiligen Definitionsbereich) gelten:*

1. $\exp_a(x + y) = \exp_a(x) \cdot \exp_a(y)$
2. $\log_a(x \cdot y) = \log_a(x) + \log_a(y)$
3. $\log_a(x^b) = b \cdot \log_a(x)$

In den Abschnitten 4.2.5 und 8.1.4 werden wir mit der Euler'schen Zahl e noch eine Basis vorstellen, deren zugehörige Exponential- und Logarithmusfunktionen besondere Eigenschaften haben. Auf Taschenrechnern sind üblicherweise die allgemeine Potenz x^y und die spezielle Exponentialfunktion $\exp_e$ mit Funktionsterm e^x sowie die beiden speziellen Logarithmusfunktionen $\log = \log_{10}$ und $\ln = \log_e$ implementiert. Man nennt die Funktion $\exp_e$ die *e-Funktion*, die Funktion $\log$ den *Zehnerlogarithmus* oder *dekadischen Logarithmus* und die Funktion $\ln$ den *natürlichen Logarithmus*. Wieso zeichnet man gerade diese beiden Basen aus? Mit dem Zehnerlogarithmus kann man auch ohne Rechner relativ einfach umgehen. Für $\log(x) = 2$ berechnet man sofort $x = 10^2 = 100$. Wie wir sehen werden, lassen sich die beiden Funktionen mit der Basis e besonders einfach differenzieren und integrieren, was sie für den Analysis-Kalkül besonders gut handhabbar macht.

---

[16]In Worten bedeutet dies „Logarithmus von 0,5 zur Basis 0,8".

Um mit dem Taschenrechner oder Computer auch andere Basen verwenden können, benötigt man die folgenden Umrechnungsformeln:

$$\log_a(b) = \frac{\log(b)}{\log(a)} = \frac{\ln(b)}{\ln(a)} \, .$$

Aufgabe 2.20 *Leiten Sie die Umrechnungsformeln her und zeigen Sie somit deren Gültigkeit.*

Aus den obigen Umrechnungsformeln folgt insbesondere, dass alle Exponential- und Logarithmusfunktionen „gleichberechtigt" sind, genauer beschreiben die folgenden drei Mengen jeweils die Menge aller Exponentialfunktionen:

$$\{x \mapsto a^x \mid a \in \mathbb{R}^+\} = \{x \mapsto e^{k \cdot x} \mid k \in \mathbb{R}\} = \{x \mapsto 2^{k \cdot x} \mid k \in \mathbb{R}\} \, .$$

Bei der letzten Darstellung wurde die Basis 2 gewählt, die für viele Anwendungen besonders praktisch ist. Schreiben wir

$$2^{k \cdot x} = \begin{cases} 2^{-\frac{x}{T}} & \text{für } k = -\frac{1}{T} < 0 \\ 2^{\frac{x}{T}} & \text{für } k = \frac{1}{T} > 0 \end{cases}$$

und betrachten die unabhängige Variable x als die Zeit, dann hat sich zur Zeit T der Bestand im ersten Fall halbiert und im zweiten Fall verdoppelt; man spricht daher bei T – wie bei der obigen Simulation zum radioaktiven Zerfall – auch ganz anschaulich von der *Halbwerts-* bzw. *Verdoppelungszeit.*

2.4.4   Trigonometrische Funktionen

Inner- oder außermathematische Probleme, die auf Berechnungen am Dreieck führen, können häufig nur dann exakt gelöst werden, wenn die trigonometrischen Funktionen als mathematisches Handwerkszeug zur Verfügung stehen; sie stellen Prototypen für periodische Funktionen dar. In der Schule werden die trigonometrischen Funktionen am Ende der Sekundarstufe I thematisiert, wodurch einerseits die ebene Geometrie am Dreieck vorläufig abgeschlossen und anderseits eine neue Funktionsklasse erschlossen wird. Aus der Schule bekannt sind in der Regel die elementargeometrischen Definitionen von Sinus, Kosinus, Tangens und Kotangens am „Einheitskreis"[17]. Mit der Figur in Abb. 2.42 lassen sich alle trigonometrischen Funktionen eindeutig definieren, wobei die Funktionswerte jeweils als „orientierte"[18] Streckenlängen auftreten.

---

[17]Mit „Einheitskreis" wird ein Kreis mit Radius 1 (maßeinheitenfrei) bezeichnet.

[18]Es können – wie an der Figur leicht ersichtlich ist – auch negative Werte auftreten; das Vorzeichen gibt hierbei die Richtung „nach oben" oder „nach unten", also die „Orientierung" an

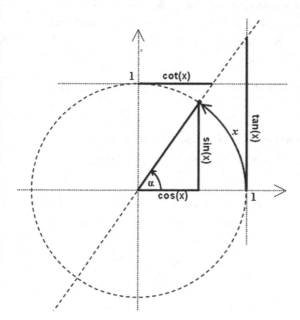

Abb. 2.42: Definition der trigonometrischen Funktionen am Einheitskreis

Der eingezeichnete Winkel kann im *Gradmaß* α oder im *Bogenmaß* x gemessen werden[19]. Der Zusammenhang von Gradmaß und Bogenmaß wird am Einheitskreis festgelegt: Ein Vollkreis hat das Gradmaß 360° und (als Umfang) das Bogenmaß $2 \cdot \pi$, sodass die Umrechnung von Gradmaß auf Bogenmaß eine proportionale Zuordnung mit Proportionalitätsfaktor $\frac{\pi}{180°}$ ist. Im Folgenden werden wir in der Regel mit dem Bogenmaß arbeiten und Ausnahmen explizit kenntlich machen.

Mit der Figur in Abb. 2.42 sind die trigonometrischen Funktion auch für Winkel, die größer als $2 \cdot \pi$ sind, oder für negative Winkel eindeutig definiert: $7 \cdot \pi$ entsprechen 3,5 „Umdrehungen" im mathematisch positiven Sinn (gegen den Uhrzeigersinn) und $-\pi$ einer halben „Umdrehung" im mathematisch negativen Sinn; damit ergibt sich jeweils der gleiche Funktionswert wie für π. Dies deutet bereits darauf hin, dass die *trigonometrischen Funktionen* „periodisch" sind.

---

[19]Insbesondere bei der Verwendung von Taschenrechnern muss genau beachtet werden, in welchem „Modus" man sich befindet, da ansonsten „merkwürdige" Ergebnisse entstehen.

Definition 2.8 (Sinus, Kosinus, Tangens, Kotangens)
Durch die Figur in Abb. 2.42 sind die Funktionen $\sin : \mathbb{R} \to \mathbb{R}$, $\cos : \mathbb{R} \to \mathbb{R}$, $\tan : \mathbb{R} \setminus \{(k + 0,5) \cdot \pi | k \in \mathbb{Z}\} \to \mathbb{R}$ und $\cot : \mathbb{R} \setminus \{k \cdot \pi | k \in \mathbb{Z}\} \to \mathbb{R}$ definiert. Sie heißen *Sinus-, Kosinus-, Tangens-* und *Kotangensfunktion*.   ◆

Definition 2.9 (Periodizität)
Eine Funktion $f : \mathbb{R} \to \mathbb{R}$ heißt *periodisch* mit *Periode* $p \in \mathbb{R}^+$ wenn für alle reellen Zahlen x gilt $f(x + p) = f(x)$.   ◆

Aufgabe 2.21 *Die bisherigen Betrachtungen zu den trigon0metrischen Funktionen stellten bereits eine gut Grundlage dar, um die zugehörigen Funktionsgraphen auf der Basis einiger Funktionswerte zu skizzieren.*

1. *Bestimmen Sie mithilfe der Definition und elementargeometrischer Überlegungen die Funktionswerte der trigonometrischen Funktionen für die folgenden Bogenmaße:*

$$0 ; \frac{\pi}{6} ; \frac{\pi}{4} ; \frac{\pi}{3} ; \frac{\pi}{2} ; \frac{2}{3} \cdot \pi ; \frac{3}{4} \cdot \pi ; \frac{5}{6} \cdot \pi ; \pi$$

2. *Skizzieren Sie die Graphen der vier Funktionen.*

Aufgrund von Abb. 2.42 ist offensichtlich:

1. Sowohl die Sinus- als auch die Kosinusfunktion sind beschränkt und nehmen genau die Zahlen aus dem Intervall $[-1; 1]$ als Funktionswerte an; Tangens- und Kotangensfunktion nehmen hingegen alle reellen Zahlen als Funktionswert an.
2. Die trigonometrischen Funktionen sind periodisch mit kleinster Periode $2 \cdot \pi$ im Fall von Sinus- und Kosinusfunktion bzw. π im Fall von Tangens- und Kotangensfunktion.

Einige typische Eigenschaften der trigonometrischen Funktionen, die mithilfe der Definitionen und elementargeometrischer Überlegungen bewiesen werden können, sind Gegenstand der folgenden Aufgabe:

Aufgabe 2.22 *Zeigen Sie, dass die folgenden Aussagen jeweils für alle Elemente der jeweiligen Definitionsmenge gelten:*

1. $\tan(x) = \frac{\sin(x)}{\cos(x)}$ *2.* $\cot(x) = \frac{\cos(x)}{\sin(x)}$

3. $\cos(x) = \sin\left(x + \frac{\pi}{2}\right)$ *4.* $\sin(-x) = -\sin(x)$

5. $\tan(x) = \frac{\sin(x)}{\sin\left(x + \frac{\pi}{2}\right)}$ *6.* $\cot(x) = \frac{\sin\left(x + \frac{\pi}{2}\right)}{\sin(x)}$

7. $\sin(x + \pi) = -\sin(x)$ *8.* $\cos(-x) = \cos(x)$

9. $\sin(x)^2 + \cos(x)^2 = 1$ *10.* $\cos(x + \pi) = -\cos(x)$

Die Aussagen der Teilaufgaben 3. bis 5. zeigen, dass sich alle trigonometrischen Funktionen auf die Sinusfunktion zurückführen lassen, und die Aussagen der Teilaufgaben 6. und 7. drücken algebraisch aus, dass die Sinusfunktion punktsymmetrisch bzgl. des Ursprungs und die Kosinusfunktion achsensymmetrisch bzgl. der y-Achse sind.

In der Praxis spielen wiederum Umkehrbetrachtungen eine wichtige Rolle. Da alle trigonometrischen Funktionen periodisch sind, nehmen sie jeden Funktionswert unendlich oft an. Möchte man die Existenz von Umkehrfunktionen, die mit dem vorangestellten Wortteil „Arcus" (lat.: „Bogen") bezeichnet werden, erreichen, so muss man die trigonometrischen Funktionen auf geeignete Teilmengen ihrer Definitionsmenge einschränken. Dann ordnet z. B. die „Arcussinusfunktion" einem Funktionswert der Sinusfunktion ein zugehöriges Bogenmaß zu.

Aufgabe 2.23 *Mit den beiden folgenden Aufgabenstellungen sollen Sie die Betrachtung der „Arcusfunktionen"* arcsin, arccos, arctan *und* arccot *fortsetzen:*

1. *Finden Sie für die trigonometrischen Funktionen geeignet eingeschränkte Definitionsmengen, für die die Umkehrfunktion existiert.*
2. *Skizzieren Sie jeweils Funktion und Umkehrfunktion in einem Koordinatensystem.*

2.4.5 Funktionenbaukasten

In den voranstehenden Abschnitten haben wir elementare Funktionstypen in ihrer Grundform dargestellt. „Grundform" soll dabei heißen, dass z. B. in Definition 2.6 zunächst nur Funktionen des Typs „a^x" als Exponentialfunktion bezeichnet wurden und nicht auch die des allgemeinen Typs „$b \cdot a^{c \cdot x} + d$" oder dass nur Potenzfunktionen, nicht aber auch Polynome oder rationale Funktionen thematisiert worden sind. Diese für die Mathematik und ihre Anwendungen wichtigen Funktionstypen werden wir im Folgenden mit unserem „Funktionenbaukasten" erzeugen, der über vier wesentliche Werkzeuge verfügt: Verkettung, Verknüpfung durch die Grundrechenarten, affine Transformationen und Umkehrung.

Definition 2.10 („Funktionenbaukasten")
Gegeben seien die Funktionen $f : \mathbb{R} \to \mathbb{R}$ und $g : \mathbb{R} \to \mathbb{R}$. Dann lassen sich mithilfe der folgenden Operationen neue Funktionen erzeugen:

1. *Verkettung*: $h = g \circ f$, $h(x) = g(f(x))$.
2. *Verknüpfung*: $h = f \otimes g$, $h(x) = f(x) \otimes g(x)$, wobei $\otimes$ für eine der Grundrechenarten ($+$, $-$, $\cdot$, $:$) steht.
3. *Affine Transformation*: $h(x) = a \cdot f(b \cdot x + c) + d$, mit $a, b, c, d \in \mathbb{R}$.
4. *Umkehrung*: f^{-1}, $f^{-1}(f(x)) = x$, wobei f^{-1} *Umkehrfunktion* heißt (sofern existent).

♦

Bemerkungen zur Definition 2.10:

1. Die Verkettung lässt sich allgemein für zwei Funktionen $f : A \to B$ und $g :$
   $C \to D$ definieren, wenn sichergestellt ist, dass alle Funktionswerte von f in
   der Definitionsmenge von g liegen, also $f(A) \subset C$ gilt. Die Verkettung ist dann
   eine Funktion $h = g \circ f : A \to D$. Statt *Verkettung* wird auch anschaulich
   vom „Hintereinanderausführen" – mit obigen Symbolen von „h ist g nach f" –
   gesprochen.

2. Die Verknüpfung von Funktionen im Sinne der Grundrechenarten erfordert,
   dass f und g dieselbe Definitionsmenge haben, die dann für die Grundrechenarten $(+, -, \cdot)$ auch Definitionsmenge der Verknüpfung ist. Im Fall der Division als Verknüpfung, also $h = f : g$, fallen solche x aus der gemeinsamen
   Definitionsmenge heraus, für die $g(x) = 0$ gilt.

3. Möchte man bei affinen Transformationen gewährleisten, dass der Funktionstyp
   von f und h im Wesentlichen übereinstimmt, sollte man den Fall „$a = 0$ oder
   $b = 0$" ausschließen, da h in diesem Fall eine *konstante Funktion* ist, d. h. für
   alle Elemente der Definitionsmenge denselben Funktionswert annimmt.

4. Umkehrfunktionen gibt es, wie wir bei den Funktionstypen aus den Abschnitten
   2.4.2 bis 2.4.4 gesehen haben, nur unter bestimmten Bedingungen:

   – Allgemein ist $f : A \to B$ genau dann umkehrbar, wenn jedes $y \in B$ genau
     einmal als Funktionswert auftritt ($y = f(x)$ für genau ein $x \in A$).

   – Falls jedes $y \in B$ höchstens einmal als Funktionswert auftritt, dann ist f
     umkehrbar, wenn die Zielmenge auf das Bild von A unter f eingeschränkt
     wird, also die Funktion $f : A \to f(A)$ betrachtet wird.

   – Bei Funktionen, wie z. B. $f(x) = x^2$, die zunächst nicht umkehrbar sind,
     weil Funktionswerte mehrfach auftreten, lässt sich die Umkehrbarkeit für
     geeignet eingeschränkte Definitions- und Zielmengen erreichen.

Im Folgenden werden wir zunächst anhand einiger konkreter (meist innermathematischer) Beispiele typische Phänomene vorstellen, die bei Verkettung oder
Verknüpfung von Funktionen auftreten können. Solche Phänomene werden vor allem in der geometrischen Darstellung der Funktionen durch ihre Funktionsgraphen
anschaulich – hierbei werden insbesondere die Ko-Variation der Funktion und die
„Funktion als Ganzes" (*Objektvorstellung*) betrachtet.

Die Untersuchung der affinen Transformationen und Umkehrfunktionen folgt
anschließend im Rahmen von Aufgaben, deren Bearbeitung gut möglich sein sollte.
Darüber hinaus sind Umkehrfunktionen – u. a. aus geometrischer Perspektive –
anhand von Beispielen in den Abschnitten 2.4.2 und 2.4.2 intensiver thematisiert
worden. Auf die affinen Transformationen kommen wir ab Kapitel 5 immer wieder
zurück.

Verkettungen von Funktionen

Die Verkettung von zwei Funktionen kann zu relativ gut überschaubaren neuen Funktionen führen – aber auch zu solchen, deren Eigenschaften erst noch genauer untersucht werden müssen. Zu letzteren gehören z. B. Funktionen, die wir später bei der Theoriebildung zur Differenzial- und Integralrechnung als „pathologische Beispiele" nutzen, die teilweise äußerst unanschauliche Eigenschaften haben.

Im Bereich der linearen Funktionen, Potenzfunktionen & Co. bleibt alles überschaubar: Sei z. B. $f(x) = 2 \cdot x + 3$ und $g(x) = x^2$, dann gilt $h(x) = g(f(x)) = (2 \cdot x + 3)^2 = 4 \cdot \left(x + \frac{3}{2}\right)^2$ und $i(x) = f(g(x)) = 2 \cdot x^2 + 3$.[20]

Weniger übersichtlich sind Verkettungen z. B. mit Exponential- oder trigonometrischen Funktionen. Wir betrachten im Folgenden die beiden möglichen Verkettungen der Funktionen $f(x) = 3^x$ und $g(x) = \sin(x)$, nämlich $h_1 = g \circ f$ und $h_2 = f \circ g$. Die beiden Abbildungen 2.43 und 2.44 zeigen Ausschnitte der Funktionsgraphen.

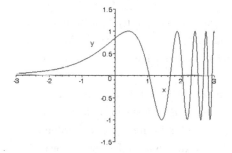

Abb. 2.43: $h_1(x) = \sin(3^x)$ **Abb. 2.44:** $h_2(x) = 3^{\sin(x)}$

Sowohl bei h_1 als auch bei h_2 fällt es zunächst schwer, dem Funktionsgraphen anzusehen, dass eine Exponentialfunktion bei der Verkettung eine Rolle spielt. Die beteiligte Sinusfunktion ist da schon deutlicher zu erkennen. Bei h_2 „vererbt" die Sinusfunktion ihre Periodizität und sogar die Periodenlänge. Dies ist plausibel, wenn man bedenkt, dass in die Exponentialfunktion die Funktionswerte der Sinusfunktion eingesetzt werden, die genau diese Eigenschaft hat. Bei h_1 fallen die ursprünglichen Eigenschaften weniger direkt ins Auge. Auffällig ist aber, dass die Funktionswerte von h_1 alle im Intervall $[-1; 1]$ liegen, was daran liegt, dass die Sinusfunktion nach der Exponentialfunktion angewendet wird. Letztere sorgt dafür, dass h_1 nicht periodisch ist, dass die Exponentialfunktion also den Durchlauf der x-Werte für $x < 0$ „verlangsamt" und für $x > 0$ „beschleunigt".

Die folgenden beiden Abbildungen 2.45 und 2.46 zeigen die beiden Verkettungen der Funktionen $f(x) = \frac{1}{x}$ und $g(x) = \sin(x)$.

---

[20]Die Verkettung ist also ein Beispiel für eine nicht-kommutative Verknüpfung, da im Allgemeinen $g \circ f \neq f \circ g$ gilt.

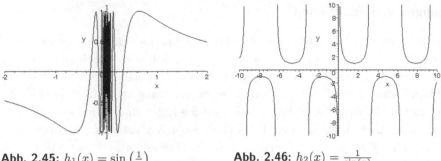

Abb. 2.45: $h_1(x) = \sin\left(\frac{1}{x}\right)$ **Abb. 2.46:** $h_2(x) = \frac{1}{\sin(x)}$

Aufgabe 2.24 *Geben Sie zu den beiden Funktionsgraphen aus Abb. 2.45 und 2.46 besondere Eigenschaften der entstandenen Funktionen an.*

Verknüpfungen von Funktionen

Die Verknüpfung von Funktionen im Sinne der Grundrechenarten ist sowohl inner- als auch außermathematisch von Bedeutung und kann vor allem im Falle der Multiplikation bzw. Division zu Funktionen führen, deren Eigenschaften wieder recht unanschaulich sind.

Bei Multiplikation und Division sind vor allem solche Konstellationen mathematisch interessant und anschaulich schwierig, bei denen die Werte von einer oder von beiden beteiligten Funktionen gegen Null gehen oder immer größer werden. Die hierfür erforderlichen Grenzwertüberlegungen werden wir in Kapitel 4 präzisieren. An dieser Stelle bleiben wir noch auf der Beispielebene (Abb. 2.47 bis 2.49).

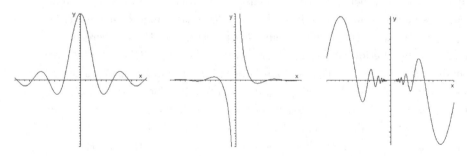

Abb. 2.47: Beispiel 1   **Abb. 2.48:** Beispiel 2   **Abb. 2.49:** Beispiel 3

Aufgabe 2.25 *Die Funktionen, die in den Abbildungen 2.47 bis 2.49 dargestellt sind, sind durch Division oder Multiplikation aus jeweils zwei der folgenden Funktionen entstanden:*

$$f(x) = \frac{1}{x}, \quad g(x) = \frac{1}{x^2}, \quad h(x) = \sin(x), \quad j(x) = \sin\left(\frac{1}{x}\right).$$

1. *Finden Sie heraus, um welche Verknüpfung welcher Funktionen es sich handelt, und ordnen Sie jeder Abbildung einen passenden Funktionsterm zu.*
2. *Untersuchen Sie die weiteren möglichen Verknüpfungen von f, g, h und j.*

Mithilfe der Verknüpfung von Funktionen kann man auch Polynomfunktionen und rationale Funktionen aus Potenzfunktionen erzeugen.

Definition 2.11 (Polynomfunktion, rationale Funktion)
1. Eine Funktion $f : \mathbb{R} \to \mathbb{R}$, $f(x) = a_n \cdot x^n + a_{n-1} \cdot x^{n-1} + \ldots + a_1 \cdot x + a_0$ mit $a_i \in \mathbb{R}$ und $a_n \neq 0$ heißt *Polynomfunktion* vom Grad n.
2. Seien g und h Polynomfunktionen, dann heißt der Quotient $f = \frac{g}{h}$ *rationale Funktion*.

♦

Eine Polynomfunktion $f : \mathbb{R} \to \mathbb{R}$, $f(x) = a_n \cdot x^n + a_{n-1} \cdot x^{n-1} + \ldots + a_1 \cdot x + a_0$ lässt sich aus den Potenzfunktionen $p_1(x) = x$, $p_2(x) = x^2$, $\ldots$, $p_n(x) = x^n$ und den konstanten Funktionen $k_0(x) = a_0$, $k_1(x) = a_1$, $\ldots$, $k_n(x) = a_n$ schrittweise durch paarweise Multiplikation und Addition erzeugen. Rationale Funktionen entstehen aus Polynomfunktionen durch Division. Da $f(x) = 1$ eine Polynomfunktion vom Grad 0 ist, sind Polynomfunktionen insbesondere auch rationale Funktionen. Wenn hier eine explizite Unterscheidung stattfinden soll, spricht man von *ganzrationalen Funktionen*, wenn man Polynomfunktionen meint, und von *gebrochenrationalen Funktionen*, wenn man andere rationale Funktionen meint.

Aufgabe 2.26 *Da bei gebrochenrationalen Funktionen Polynome im Nenner stehen, umfasst die Definitionsmenge im Allgemeinen nicht alle reellen Zahlen: Nullstellen des Nenners sind Definitionslücken.*

1. *Untersuchen Sie an einigen selbst gewählten Beispielen, wie sich die jeweilige gebrochenrationale Funktion in der Nähe solcher Definitionslücken verhält.*
2. *Skizzieren Sie die Graphen der beiden folgenden Funktionen:*

$$f(x) = \frac{x \cdot (x+1) \cdot (x+4)^2 \cdot (x-2)^3}{(x-1) \cdot (x+2)},$$

$$g(x) = \frac{(x-1) \cdot (x+2)}{x \cdot (x+1) \cdot (x+4)^2 \cdot (x-2)^3}.$$

Affine Transformationen und Umkehrungen

Die Eigenschaften affiner Transformationen veranschaulichen wir zunächst – Schritt für Schritt, d. h. für jeden Parameter einzeln – an der Sinusfunktion. Dazu betrachten wir die Graphen der vier Funktionen $f(x) = \sin(x) + 1$, $g(x) = \sin(x + \frac{\pi}{4})$, $h(x) = 2 \cdot \sin(x)$ und $i(x) = \sin(2 \cdot x)$ in den Abbildungen 2.50 bis 2.53.

Alle vier Koordinatensysteme sind gleich skaliert worden; die x-Achse ist jeweils mit Vielfachen von π beschriftet, eine Kästchenbreite beträgt $\frac{\pi}{2}$. Dadurch lässt

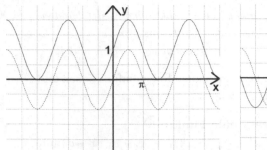

Abb. 2.50: $f(x) = \sin(x) + 1$

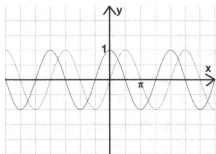

Abb. 2.51: $g(x) = \sin\left(x + \frac{\pi}{4}\right)$

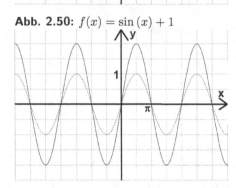

Abb. 2.52: $h(x) = 2 \cdot \sin(x)$

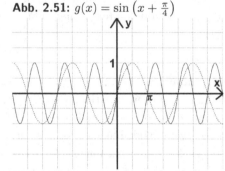

Abb. 2.53: $i(x) = \sin(2 \cdot x)$

sich die Wirkung der jeweiligen Parameter gut nachvollziehen. Gegenüber dem Graphen der Sinusfunktion ist der Graph der Funktion

- $f(x) = \sin(x) + 1$ um 1 nach oben („in y-Richtung") verschoben worden,
- $g(x) = \sin\left(x + \frac{\pi}{4}\right)$ um $\frac{\pi}{4}$ nach links bzw. um $-\frac{\pi}{4}$ nach rechts („in x-Richtung") verschoben worden,
- $h(x) = 2 \cdot \sin(x)$ mit dem Faktor 2 in y-Richtung gestreckt worden,
- $i(x) = \sin(2 \cdot x)$ mit dem Faktor $\frac{1}{2}$ in x-Richtung gestaucht worden.

Die Wirkungen der vier möglichen Parameter einer affinen Transformation der Sinusfunktion heben sich nicht gegenseitig auf – was wir über die obigen anschaulichen Betrachtungen hinaus nicht weiter zeigen werden. Allgemein kann man für die Sinusfunktion feststellen, dass die affine Transformation $a \cdot \sin(b \cdot x + c) + d$ Streckungen bzw. Stauchungen sowie Verschiebungen des zugehörigen Graphen in x- bzw. y-Richtung bewirkt.

Aufgabe 2.27 *Bei der Exponentialfunktion können sich die Wirkungen unterschiedlicher Parameter der affinen Transformation gegenseitig aufheben:*

1. *Zeigen Sie, dass bei Exponentialfunktionen die affine Transformation $g(x) = \exp_a(x + b)$ äquivalent ist mit der affinen Transformation $h(x) = c \cdot \exp_a(x)$, wenn c eine passend gewählte reelle Zahl ist.*
2. *Geben Sie für die folgenden affinen Transformationen das passend gewählte c (siehe 1.) an: $g_1(x) = 2^{x+3}$, $g_2(x) = 3^{x+2}$, $g_3(x) = 10^{x+7}$.*

3. *Zeigen Sie, dass alle linearen Transformationen der Exponentialfunktion* $\exp_a$
   auf Funktionen des Typs $f(x) = b \cdot a^{c \cdot x} + d$ *führen, wobei* a *die Basis der jeweils*
   transformierten Exponentialfunktion ist.

Die Aussagen, die in den Aufgabenteilen 1. und 3. bewiesen werden sollen, bedeuten letztlich, dass bei Exponentialfunktionen Verschiebungen in x-Richtung äquivalent sind mit Streckungen bzw. Stauchungen in y-Richtung.

Aufgabe 2.28 *Die Untersuchung linearer Funktionen zeigt, dass sich die bisher betrachteten Funktionstypen unterschiedlich bei affinen Transformationen verhalten:*

1. *Gegeben ist die lineare Funktion* f *mit* $f(x) = 5 \cdot x + 8$. *Geben Sie mindestens zwei verschiedene 4-Tupel* $(a|b|c|d)$ *an, sodass für die affine Transformationen jeweils gilt:* $a \cdot f(b \cdot x + c) + d = 2 \cdot x + 3$.
2. *Wie viele verschiedene 4-Tupel, die dieses Ergebnis haben, gibt es?*

Aufgabe 2.29 *Für die quadratischen Funktionen*[21] $f(x) = a \cdot x^2 + b \cdot x + c$ *mit* $a \neq 0$ *gilt, dass alle quadratischen Funktionen als affine Transformation von* $g(x) = x^2$ *erzeugt werden können.*

1. *Zeigen Sie, dass die voranstehende Behauptung gilt.*
2. *Geben Sie verschiedene Möglichkeiten für affine Transformationen von* $g(x)$ *an, die das Ergebnis* $f(x) = 2 \cdot x^2 + x - 7$ *haben.*

Aufgabe 2.30 *Auch ohne Kenntnis des Funktionsterms einer Funktion* f *kann man, z. B. bei gegebenem Funktionsgraphen, zumindest qualitativ angeben, wie sich eine lineare Transformation auswirkt.*

1. *Zeichnen Sie „von freier Hand" einen Funktionsgraphen einer Funktion* f *und untersuchen Sie, wie sich die affine Transformation auf den Funktionsgraphen auswirkt.*
2. *Formulieren Sie allgemein, welche Auswirkung jeder der vier Parameter* a, b, c, d *bei der affinen Transformation einer nicht näher bekannten Funktion* f *hat.*

Aufgabe 2.31 *Schließlich hat eine affine Transformation Auswirkungen auf die möglicherweise vorhandene Umkehrfunktion: Untersuchen und formulieren Sie allgemein, welche Auswirkungen eine affine Transformation auf eine vorhandene Umkehrfunktion hat.*

---

[21]Quadratische Funktionen sind genau die Polynomfunktionen vom Grad 2.

In diesem Abschnitt haben wir neue Funktionen mithilfe bekannter Funktionen und bestimmter erzeugender Operationen gewonnen. Wenn man einen möglichst kleinen Funktionenbaukasten zusammenstellen möchte, mit dem man alle oben thematisierten Funktionstypen erzeugen kann, dann kann man die beiden Schubladen „Funktionstypen" und „Funktionserzeugung" wie folgt füllen:

Tab. 2.8: Funktionenbaukasten

Funktionstypen	Funktionserzeugung
Identische Funktion $f(x) = x$	Verkettung
Exponentialfunktionen $\exp_a(x) = a^x$	Verknüpfungen
Sinusfunktion $\sin(x)$	affine Transformation
	Umkehrung

■ Mithilfe der *Identischen Funktion*, deren Graph die erste Winkelhalbierende ist, und der Multiplikation als Verknüpfung lassen sich alle Potenzfunktionen mit natürlichen Exponenten erzeugen.

■ Aus diesen Potenzfunktionen entstehen durch affine Transformationen und die Addition Polynomfunktionen, aus denen sich mithilfe der Division gebrochenrationale Funktionen erzeugen lassen.

■ Mit der Sinusfunktion lassen sich – wie in Aufgabe 2.22 gezeigt wurde – alle trigonometrischen Funktionen erzeugen.

■ Die Logarithmusfunktionen ergeben sich als Umkehrung der Exponentialfunktionen.

■ ...

Auftrag: *Veranschaulichen Sie die Aussagen des voranstehenden Absatzes jeweils mit geeigneten Beispielen.*

Mit dem hier zusammengestellten Handwerkszeug werden wir bei der Entwicklung der Differenzial- und Integralrechnung intensiv arbeiten.

2.4.6   Weitere Funktionen

In diesem Abschnitt stellen wir vier Funktionen in einer Übersicht vor, die jeweils die reellen Zahlen als Definitions- und Zielmenge haben und die wir im Folgenden noch gelegentlich benötigen werden (vgl. Abb. 2.54 bis Abb. 2.57).

■ *Betragsfunktion* $| \cdot |$:

$$|x| = \left\{ \begin{array}{ll} x & \text{für } x \geq 0 \\ -x & \text{für } x < 0 \end{array} \right.$$

Es gilt: $|x| = \sqrt{x^2}$

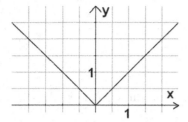

Abb. 2.54: Betragsfunktion

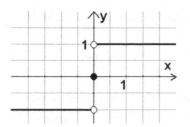

Abb. 2.55: Vorzeichenfunktion

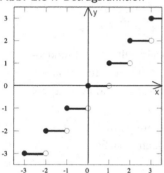

Abb. 2.56: Gaußklammerfunktion

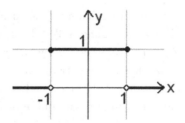

Abb. 2.57: Charakteristische Funktion der Menge $A = [-1; 1]$

- *Vorzeichenfunktion* (auch: „Signumfunktion"[22]) sgn:

$$\text{sgn}(x) = \begin{cases} -1 & \text{für } x < 0 \\ 0 & \text{für } x = 0 \\ 1 & \text{für } x > 0 \end{cases}$$

- *Gaußklammerfunktion* $[\cdot]$:

$$[x] = \max\{k \leq x | k \in \mathbb{Z}\} = \begin{cases} \vdots \\ -1 & \text{für } -1 \leq x < 0 \\ 0 & \text{für } 0 \leq x < 1 \\ 1 & \text{für } 1 \leq x < 2 \\ \vdots \end{cases}$$

Die Gaußklammerfunktion wird auch Abrundungsfunktion genannt. Im Alltag wird in der Regel „kaufmännisch gerundet" – mithilfe der Funktion $[\cdot]$ geschrieben als $[x + 0{,}5]$.

---

[22] *Signum* – lat.: „Vorzeichen"

■ *Charakteristische Funktion* χ_A *einer Menge* $A \subset \mathbb{R}$:

$$\chi_A(x) = \begin{cases} 1 & \text{für } x \in A \subset \mathbb{R} \\ 0 & \text{für } x \in \mathbb{R} \backslash A \end{cases}$$

Die Charakteristische Funktion gibt als *Indikatorfunktion* an, ob eine reelle Zahl in der Menge A liegt oder nicht.

2.4.7 Mit Funktionen arbeiten

Wir hatten in den ersten Teilkapiteln dieses Kapitels dargestellt, dass Funktionen vor allem der Modellierung außer- oder innermathematischer funktionaler Zusammenhänge dienen. Man kann Funktionen zwar auch selbst und kontextfrei zum Gegenstand mathematischer Betrachtungen machen, so wie wir es z. B. in Abschnitt 2.4.5 getan haben, überwiegend bedeutet „Arbeiten mit Funktionen" aber, dass in konkreten Kontexten konkrete Fragestellungen bearbeitet werden sollen:

■ Wie verändert sich der Bremsweg, wenn die Geschwindigkeit sich verdoppelt?

■ Nach welcher Zeit ist eine Dopingsubstanz vollständig abgebaut und kann nicht mehr nachgewiesen werden?

■ Welcher Tarif ist der günstigste?

■ Wie lange dauert es, bis eine Tasse frisch aufgebrühter Tee auf 45 °C abgekühlt ist?

■ Welche Verpackungsform mit einem Volumen von 500 cm^3 hat unter bestimmten Produktionsbedingungen einen minimalen Materialverbrauch?

■ Lässt sich die Veränderung des CO_2-Gehalts in der Atmosphäre in Abhängigkeit von der Zeit hinreichend gut durch elementare Funktionen beschreiben? Ist auf Basis der Daten mithilfe dieser Funktionen eine plausible Prognose möglich?[23]

Wenn derartige Fragestellungen mathematisiert worden sind, resultieren aus ihnen immer wieder gleichartige Betrachtungen an den Funktionen, die als Modelle für die jeweilige Situation dienen. Solche mathematischen Fragen an die jeweiligen Funktionen sind z. B. die Folgenden[24].

---

[23]Es ist eine wichtige Rolle von Modellen, plausible Aussagen über die Zukunft zu treffen.
[24]Die Aufzählung beansprucht weder Vollständigkeit, noch lässt die Reihenfolge der Fragen Rückschlüsse auf ihre Bedeutung zu. Hier soll lediglich das Spektrum typischer Tätigkeiten im Umgang mit Funktionen aufgezeigt werden.

a. Welcher Funktionswert $f(x)$ gehört zu einem konkreten x-Wert?

Bei dieser Frage steht die Zuordnungsvorstellung von Funktionen im Vordergrund. Da f eine Funktion ist, existiert der fragliche Wert für alle Elemente aus der Definitionsmenge und ist eindeutig bestimmt. Wenn für f ein Funktionsterm existiert und bekannt ist, kann diese Frage immer durch Einsetzen (eines konkreten x-Werts a in den Term) und Ausrechnen beantwortet werden. Liegt nur eine Wertetabelle vor, lässt sich die Frage nur dann exakt beantworten, wenn das konkrete Paar $(a|f(a))$ Bestandteil dieser Tabelle ist. Wenn der Funktionsgraph in einem Ausschnitt gegeben ist, der den Punkt $(a|f(a))$ enthält, kann die Frage (zumindest näherungsweise) durch Ablesen beantwortet werden (siehe Abb. 2.58). Im Spezialfall $a = 0$ gibt der Punkt $(0|f(0))$ den Schnittpunkt des Graphen mit der y-Achse an.

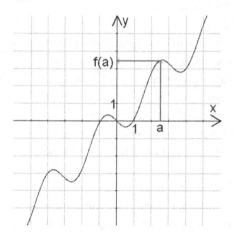

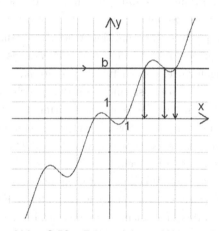

Abb. 2.58: Welcher Funktionswert $f(a)$ gehört zu $a = 2{,}5$?

Abb. 2.59: Für welche x-Werte gilt $f(x) = b = 3$?

b. Für welche x-Werte ist der Funktionswert $f(x)$ gleich einem konkreten y-Wert?

Hierbei steht die umgekehrte Ableserichtung im Vordergrund. Wenn der Funktionsgraph in einem bestimmten Ausschnitt gegeben ist, kann man zu einem gegebenen y-Wert b möglicherweise einen oder sogar mehrere x-Werte mit $f(x) = b$ ablesen, da die Zuordnung in dieser Richtung nicht eindeutig sein muss (vgl. Abb. 2.59). Wenn man aber keine weiteren Informationen über die Funktion hat, können außerhalb des betrachteten Ausschnitts noch beliebig viele weitere x-Werte mit $f(x) = b$ liegen. Diese Betrachtung führt also immer auf eine Gleichung der Art $y = f(x)$, bei der x zu bestimmen ist. Exakt geht das nur selten, numerisch oder durch Ablesen am Graphen mehr oder weniger genau und mit dem Computer bei „vernünftigen" Funktionen mit (fast) beliebiger Genauigkeit.

Es kann natürlich auch vorkommen, dass für ein vorgegebenes b überhaupt kein x-Wert mit $f(x) = b$ existiert (z. B. für $f(x) = \sin(x)$ und $b = 2$). Dies lässt sich für eine Funktion $f : A \to B$ nur dann vermeiden, wenn man $b \in f(A)$ wählt.

Von besonderem Interesse ist der Spezialfall $b = 0$. Dann sucht die oben gestellte Frage nach den Nullstellen der Funktion: Für welche x gilt $f(x) = 0$? Wenn für die Funktion f ein Funktionsterm existiert und bekannt ist, dann führt die Frage nach Nullstellen wieder auf das Lösen von Gleichungen, bei denen auf einer Seite bereits 0 steht. Solche Gleichungen sind für Polynomfunktionen ersten Grades, also lineare Funktionen, leicht zu lösen:

$$r \cdot x + s = 0; \text{ für } r \neq 0 \text{ gilt also } x = \frac{-s}{r}.$$

Für $r = 0$ liegt eine konstante Funktion (eine Polynomfunktion vom Grad 0) vor. Die Gleichung ist dann genau für $s = 0$ lösbar (die Lösungsmenge ist dann gleich der Definitionsmenge) und hat für $s \neq 0$ keine Lösung.

Für quadratische Funktionen lassen sich die entsprechenden quadratischen Gleichungen ebenfalls leicht lösen, z. B. mittels quadratischer Ergänzung oder einer Lösungsformel[25]. Auch für Polynomfunktionen dritten oder vierten Grades existieren noch Lösungsformeln mit denen sich die entsprechenden Gleichungen exakt lösen lassen, die Cardano'schen Formeln (vgl. Henn (2003), S. 130 ff.). Diese Formeln sind allerdings kompliziert, sodass sie in der Schule nicht behandelt werden. Ihr Wert ist eher theoretischer Natur. Die meisten Computer-Algebra-Systeme „kennen" diese Formeln.

Für Polynomfunktionen fünften und höheren Grades existieren keine derartigen Lösungsformeln, für die meisten anderen Funktionstypen ebenfalls nicht. Dann sind graphische oder numerische Verfahren zur näherungsweisen Lösung der Gleichungen wichtig. Ein solches Verfahren ist z. B. der *Newton-Algorithmus*, den wir in Abschnitt 8.2.4 vorstellen.

Exakte Lösungen lassen sich manchmal noch finden, wenn ein Funktionsterm faktorisiert vorliegt und die Faktoren hinreichend einfach strukturiert sind. Wir erläutern dies kurz am Beispiel einer Polynomfunktion fünften Grades:

$$f(x) = 3 \cdot (x - 3)^3 \cdot (x + 4) \cdot x.$$

Der faktorisierte Funktionsterm nimmt genau dann den Wert 0 an, wenn ein Faktor den Wert 0 annimmt. Dies ist offensichtlich für $x \in \{-4; 0; 3\}$ der Fall. Dabei ist 3 eine so genannte dreifache Nullstelle, da dieser Faktor entsprechend häufig auftritt. Hieraus ergeben sich bestimmte Eigenschaften der Funktion, wie wir

---

[25]Da dies in der Schule (häufig zu) intensiv trainiert wird, gehen wir hierauf nicht weiter ein. Lösungsformeln sind z. B. unter den Namen „p-q-Formel" oder „Mitternachtsformel" bekannt. Eine weitere Möglichkeit zur Lösung quadratischer Gleichungen liefert die Aussage des *Satzes von Vieta* über den Zusammenhang zwischen den Koeffizienten einer normierten quadratischen Gleichung und ihren Lösungen.

mithilfe der Differenzialrechnung zeigen können. So führt eine n-fache Nullstelle a dazu, dass auch die ersten $n-1$ Ableitungen an dieser Stelle a eine Nullstelle haben (vgl. 5.2). Das Beispiel zeigt auch, wie unsinnig es häufig ist, einen faktorisierten Term auszumultiplizieren. Nullstellen bei einem ausmultiplizierten Term zu finden, ist eine sehr schwierige, oft praktisch unmögliche Aufgabe. Auf dieser Schwierigkeit beruhen auch im Prinzip die „unknackbaren" Codes in der Nachrichtenübermittlung (vgl. Singh (2001)).

Die allgemeine Frage nach den so genannten a-*Stellen*, an denen die Funktion f den Wert a annimmt, lässt sich zurückführen auf die Suche nach Nullstellen: Wenn x eine a-Stelle der Funktion f ist, dann ist x auch Nullstelle der Funktion g mit $g(x) = f(x) - a$ und umgekehrt.

c. Welche Schnittpunkte haben die Graphen der Funktionen f und g?

Typische Kontexte, die auf diese Frage führen, sind z. B. Tarifvergleiche oder die parallele Betrachtung von Staatsverschuldung und Staatseigentum. Zu den gesuchten Schnittpunkten der jeweiligen Funktionen f und g gehören x-Werte, für die gilt: $f(x) = g(x)$. Da diese Bedingung äquivalent ist zu $0 = f(x) - g(x)$, entspricht die Suche nach Schnittpunkten von f und g also der Suche nach Nullstellen der Funktion h mit $h(x) = f(x) - g(x)$.

d. In welchem y-Bereich liegen die Funktionswerte zu einem gegebenen x-Bereich? Für welche x-Werte liegt $f(x)$ in einem vorgegebenen y-Bereich?

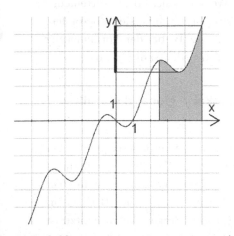

Typische Kontexte und Fragen, die auf solche Betrachtungen führen, sind z. B. „Wie viel müssen wir voraussichtlich bezahlen, wenn wir zwischen 100 m³ und 150 m³ Wasser im Jahr verbrauchen?" oder „An welchen Tagen des vergangenen Jahres lag der Feinstaubwert über dem zulässigen Wert?". Mathematisch formuliert führt die erste Frage auf die Bestimmung der Wertemenge $f(C)$ für eine vorgegebene Teilmenge C der Definitionsmenge. Die zweite Frage führt zu einer Umkehrbetrachtung wie bei b., nur dass hier deutlich mehr „Treffer" zu erwarten sind – und dass im Gegensatz zu b. die Frage nicht auf die Lösung einer Gleichung führt.

Abb. 2.60: In welchem Bereich liegt $f(x)$ für $2{,}5 \leq x \leq 5$?

Beide Fragen sind in der Regel nicht einfach zu beantworten, insbesondere dann, wenn die gegebenen Bereiche Intervalle der reellen Zahlengeraden sind und somit überabzählbar viele Elemente umfassen (vgl. 4.1.4). Antworten lassen sich häufig nur dann finden, wenn viel über die Funktion bekannt ist oder sie „gutmütige" Eigenschaften hat und ihr Funktionsgraph – wie in Abb. 2.60 – gegeben ist.

e. Hat die Funktion Definitionslücken? Wie sieht der maximale Definitionsbereich der Funktion aus, wie der maximale Wertebereich?

In Abbildung 2.46 (S. 62) haben wir den Graphen der (aus einer Verkettung entstandenen) Funktion f mit $f(x) = \frac{1}{\sin(x)}$ betrachtet. Am Funktionsterm lässt sich leicht erkennen, dass die Funktion für die Nullstellen der Sinusfunktion (also für die Menge $\{k \cdot \pi | k \in \mathbb{Z}\}$) nicht definiert ist, wohl aber für alle anderen reellen Zahlen. Analog haben alle gebrochen-rationalen Funktionen die Nullstellen des Nenner-Polynoms als *Definitionslücken*.

Wenn man beachtet, dass Funktionen zunächst mathematische Objekte zur Beschreibung inner- oder außermathematischer Problemstellungen sind, wird klar, dass die maximale Definitionsmenge berücksichtigt werden muss, da sie sozusagen die „größte Reichweite" des Modells angibt. Vor allem bei außermathematischen Fragestellungen sind Funktionen allerdings nur in einem weiter eingeschränkten Bereich ein sinnvolles Modell, z. B. bei Proportionalität (vgl. 2.4.1). Aber auch bei innermathematischen Betrachtungen kann dies der Fall sein, z. B. in der Geometrie, wo man den Definitionsbereich für Längen etc. bei viele Fragen auf positive reelle Zahlen beschränkt.

Auch die maximale Wertemenge ist von großem Interesse – sowohl bei inner- als auch bei außermathematischen Fragestellungen. Wenn die maximale Wertemenge z. B. Teilmenge eines abgeschlossenen Intervalls $[a; b]$ ist, dann ist sie insbesondere beschränkt. Diese Eigenschaft ist innermathematisch z. B. bei der Formulierung von Kriterien für die Integrierbarkeit von Funktionen bedeutsam (vgl. 6.2).

f. An welchen Stellen nimmt die Funktion lokal / global die größten / die kleinsten Werte an?

Die Frage nach lokalen oder globalen Extremstellen ist von besonderer praktischer Bedeutung, z. B. bei Optimierungsproblemen. Optimale Werte – wie minimaler Zeitbedarf, maximaler Gewinn o. Ä. – sind häufig Werte, die zumindest in einer gewissen Umgebung minimal oder maximal sind. Ein anschauliches Beispiel für lokale und globale Maximalstellen auf der Erde liefern Berge: Die Zugspitze ist sicher in einer Umgebung, die Deutschland nicht überschreitet, ein lokaler Hochpunkt, für einen globalen Hochpunkt (auf der Erde) müssen wir aber auf den Mount Everest steigen.

In Abb. 2.58 kann man solche Stellen gut identifizieren. Bei $-0{,}5$ liegt etwa eine *lokale Maximumstelle*, bei $0{,}5$ eine *lokale Minimumstelle*. Der zugehörige y-Wert heißt dann *Maximum* bzw. *Minimum*, der entsprechende Punkt des Graphen *Hochpunkt* bzw. *Tiefpunkt*. Wenn der Funktionsgraph so regelmäßig fällt für x gegen $-\infty$ bzw. steigt für x gegen ∞, wie der Bildausschnitt es andeutet, gibt es weder eine *globale Maximum-* noch eine *globale Minimumstelle*.

Die Analysis stellt mächtige Methoden für die Berechnung von Extremstellen bereit. Hierauf gehen wir in Abschnitt 8.1.1 ein.

g. An welchen Stellen / in welchen Bereichen ist die Zunahme / die Abnahme der Funktionswerte besonders groß / am größten? Wo ist das Änderungsverhalten besonders stark?

Auch das Änderungsverhalten von Funktionen ist in vielen Kontexten von besonderer Bedeutung. Denken Sie z. B. an ein Unternehmen, das zwar kurzfristig verfügbare Guthaben sowie Immobilien und Mobilien auf der Haben-Seite hat, auf der Soll-Seite aber Banken Geld schuldet, in der Regel langfristige Kredite. Solange die Haben-Seite höher ausfällt als die Soll-Seite, ist dies kein prinzipielles Problem. Angenommen, sowohl die Haben- als auch die Soll-Seite steigen. Je nach Änderungsgeschwindigkeit kann dies zu einem Problem werden, nämlich dann, wenn die Soll-Seite schneller steigt als die Haben-Seite.

Man kann aber auch z. B. bei Produktionsprozessen die Produktqualität in Abhängigkeit von den eingesetzten Ressourcen betrachten. Bei vielen Produkten gibt es Bereiche, in denen ein etwas höherer Ressourceneinsatz zu deutlich höherer Qualität führt. Irgendwann tritt aber auch nahezu eine Sättigung ein, sodass ein noch höherer Ressourceneinsatz fast „verpufft". Während im ersten Fall ein höherer Ressourceneinsatz oft lohnenswert ist, wird dies im zweiten Fall selten so sein[26].

In den genannten Beispielen ändern sich die Funktionen kontinuierlich; sie sind *stetig* (vgl. 4.3.3). Es gibt aber auch Kontexte, bei denen es an einigen Stellen sprunghafte Anstiege gibt, etwa bei Tarifen, die „je angefangene Stunde" einen Betrag einfordern. Hier ist es preislich unerheblich, ob man 1 Minute oder 60 Minuten Nutzungsdauer hat, sobald die 61. Minute beginnt, erfolgt aber der nächste Sprung.

Die Frage nach dem Änderungsverhalten und Änderungsraten ist Ausgangspunkt der Analysis (vgl. 3). Für die Berechnung der oben gestellten Fragen entwickelt sie wiederum mächtige Methoden (vgl. 8.1.2)

---

[26]Solche Betrachtungen sollten niemals pauschal erfolgen. Etwa in der Medizin kann es lohnenswert sein, mit einem immensen Mehraufwand eine kleine Qualitätssteigerung zu bewirken.

h. Wie verhalten sich die Funktionswerte $f(x)$, wenn x immer größer oder immer kleiner wird? Wie verhalten sie sich, wenn x einer Definitionslücke oder einer beliebigen anderen Stelle immer näher kommt?

In Abb. 2.46 haben wir eine Funktion mit „Polstellen" betrachtet; *Polstellen* sind Definitionslücken, an denen die Funktion in beliebig kleinen Umgebungen der fraglichen Stelle beliebig große oder beliebig kleine Wert annimmt. Offensichtlich handelt es sich also um einen Bereich, in dem „viel passiert". Es gibt allerdings auch Definitionslücken, die sich vergleichsweise gut „schließen" lassen und an denen kaum Aufregendes passiert. In jedem Fall ist die Untersuchung von Funktionen in der Nähe von Definitionslücken wichtig, wenn man ihr wesentliches Verhalten (und sei es „nur" qualitativ) erfassen möchte.

Neben dieser Grenzwertbetrachtung für eine Stelle (oben: Definitionslücke) ist nicht zuletzt bei außermathematischen Fragestellungen häufig die Frage interessant, wie sich die Funktion für immer kleiner oder immer größer werdende x-Werte („auf lange Sicht") verhält. In Abschnitt 8.1.4 werden wir z. B. exponentielles und polynomiales Wachstum im Vergleich betrachten. Das auf lange Sicht erheblich stärkere exponentielle Wachstum gibt z. B. in der Informatik Anlass zur Suche nach (alternativen) Algorithmen, die „nur" polynomial wachsen.

i. Wie wirken sich Änderungen der relevanten Parameter aus?

Am Beispiel einer linearen Funktion stellen wir dar, worum es bei dieser Frage geht. Lineare Funktionen haben die allgemeine Gleichung $f(x) = a \cdot x + b$, wobei a die *Steigung* und b den *y-Achsenabschnitt* angeben. Viele Stadtwerke bieten verschiedene Stromtarife an, die allesamt gut durch lineare Funktionen beschrieben werden können. Tarife für „Wenignutzer" haben oft eine geringe Grundgebühr ($= y$-*Achsenabschnitt*), dafür aber einen etwas höheren kWh-Preis ($=$ *Steigung*), während Tarife für „Vielnutzer" eine höhere Grundgebühr und einen geringeren kWh-Preis haben. An solchen zwei „Stellschrauben" kann man generell drehen, wenn man Tarife o. Ä., die gut linear modelliert werden können, verändern möchte.

Die Frage des Kunden, welcher Tarif für ihn am günstigsten ist, läuft oft auf Bereichsbetrachtungen (siehe (d)) und Schnittpunktfragen (siehe (c)) hinaus.

j. Ist der Funktionsgraph symmetrisch bzgl. eines Punktes oder einer Geraden?

Hier sind besonders die *Symmetrien* bzgl. der y-Achse und bzgl. des Ursprungs hervorzuheben, da diese ermöglichen, die Funktion für negative bzw. positive Wert zu berechnen, zu skizzieren oder zu zeichnen, wenn dies bereits für positive bzw. negative Werte geschehen ist. Dies gelingt aufgrund der algebraischen Eigenschaften dieser Symmetrien:

- *(Achsen-)Symmetrie* bzgl. der y-Achse: $f(-x) = f(x)$, für alle $x \in \mathbb{R}$ (bzw. der jeweiligen Definitionsmenge),
- *(Punkt-)Symmetrie* bzgl. des Ursprungs: $f(-x) = -f(x)$, für alle $x \in \mathbb{R}$ (bzw. der jeweiligen Definitionsmenge).

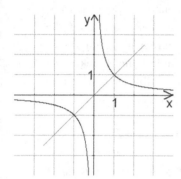

Abb. 2.61: Funktion und Umkehrfunktion zugleich

Aufgrund der geometrischen Beziehung zwischen Funktion und Umkehrfunktion ist auch die Achsensymmetrie bzgl. der 1. Winkelhalbierenden besonders interessant. Funktionen, die über eine solche Symmetrie verfügen, sind zugleich ihre eigenen Umkehrfunktionen. Algebraisch bedeutet dies: $f(f(x)) = x$ für alle $x \in \mathbb{R}$ (bzw. der jeweiligen Definitionsmenge). Ein Beispiel für eine solche Funktion ist die *Kehrwertfunktion* f mit $f(x) = \frac{1}{x}$ mit $x \in \mathbb{R} \backslash \{0\}$, deren Graph eine *Hyperbel* ist.

Aufgabe 2.32 *Die Kehrwertfunktion ist aber nicht die einzige Funktion mit dieser Eigenschaft:*

1. *Zeichnen Sie die Graphen weiterer Funktionen, die zugleich ihre eigene Umkehrfunktion sind.*
2. *Geben Sie die Terme weiterer Funktionen an, die zugleich ihre eigene Umkehrfunktion sind.*

k. Wie können die vorgegebenen Daten / kann der vorgegebene Funktionsgraph möglichst gut durch einen Funktionsterm beschrieben werden?

Abb. 2.62: Windräder

Wir nähern uns diesen Tätigkeiten direkt mit einem Beispiel. Betrachten Sie das Foto mehrerer gleicher Windräder (Abb. 2.62) und wählen Sie das äußere Ende eines Rotors aus. Wir möchten im Folgenden den funktionalen Zusammenhang zwischen der Zeit und der Höhe dieser Rotorspitze über den Boden mathematisieren. Dafür treffen wir zunächst einige Annahmen. Vereinfachend gehen wir davon aus, dass der Wind gleichmäßig weht, die Drehgeschwindigkeit der Rotorspitze also konstant

ist. Der Mittelpunkt des Rotorkreises befinde sich 20 m über dem Boden und der
Rotor sei 12 m lang.

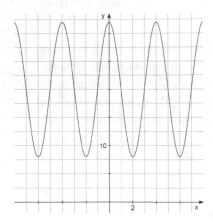

Abb. 2.63: Drehung eines Windrads

Die Rotorspitze bewegt sich auf einer Kreislinie, was an die Definition
der trigonometrischen Funktionen am
Einheitskreis erinnert. Wir gehen davon aus, dass zum Zeitpunkt $x = 0$ die
Rotorspitze an ihrem höchsten Punkt
ist und eine Umdrehung 4 Sekunden
dauert. Damit ergibt sich folgender
Funktionsgraph in Abb. 2.63

Aufgabe 2.33 *Zu dem Funktionsgraphen aus Abb. 2.63 gehört ein Funktionsterm, der sich durch eine affine
Transformation der Sinusfunktion ergibt. Geben Sie diesen Funktionsterm
an.*

Auf die Modellierung von Daten mithilfe von Funktionen auch zum Zwecke der
Prognose, z. B. im Rahmen der Regressionsrechnung (vgl. Büchter & Henn (2007)),
gehen wir hier nicht weiter ein. Stattdessen verweisen wir auf die diversen Beiträge
von *Vogel* (z. B. 2006; 2008; Eichler & Vogel (2009)) und *Engel* (z. B. 2007; 2009).

Wie Methoden der Analysis dazu beitragen, die in diesem Teilkapitel genannten
(und weitere) Fragestellungen zu beantworten, zeigen wir im Anschluss an die
systematische Entwicklung dieser Methoden in Kapitel 8.

2.5   Exkurs: Funktionen und Kurven

In der Schule wird des Öfteren von Funktionsgraphen auch als *Kurven* gesprochen.
Prominentestes Beispiel ist die *Kurvendiskussion*, die in der Regel eine Funktionsuntersuchung mit Methoden der Analysis ist. Wir möchten an dieser Stelle zur
Klärung beitragen und Funktionen bzw. *Funktionsgraphen* und *Kurven* – so gut
es nach dem heutigen „Stand der Kunst" geht – voneinander abgrenzen.

Funktionsgraphen haben wir mathematisch exakt und begrifflich scharf gefasst,
ein Graph ist eine wohldefinierte Punktmenge. Allerdings gibt es einerseits viele
Funktionen (z. B. die Kammfunktion vgl. Abschnitt 4.3.4), deren Graphen höchst
unanschaulich sind, und andererseits sind schon so schöne und anschaulich klare
Kurven wie ein Kreis, eine Ellipse, eine „schief liegende" Parabel oder eine Gerade,
die parallel zur y-Achse ist, keine Funktionsgraphen.

Im Gegensatz zum Begriff des Graphen wird der Begriff der Kurve auch im
Alltagsgebrauch verwendet. Wir bewundern die Kurven einer schönen Frau, be-

schreiben eine Straße als kurvig, und die EU schrieb bis 2009 die Krümmung von Gurken, die verkauft werden dürfen, vor. Die meisten Menschen haben in der Sekundarstufe I den Kreis als Kurve konstanter Krümmung kennen gelernt, die man bei Mittelpunkt $(0|0)$ mit der Kreisgleichung $x^2 + y^2 = r^2$ beschreiben kann. Im Geometrieunterricht werden mithilfe dynamischer Geometrieprogramme Ortskurven gezeichnet. Kurven verbinden also Geometrie, Algebra und Analysis.

Wie kann man den Kurvenbegriff mathematisch so fassen, dass er möglichst viele Aspekte des umgangssprachlichen Kurvenbegriffs erfasst und zu möglichst wenigen, der Anschauung widersprechenden Konstrukten führt? Diese Forderungen lassen sich leider nicht alle unter einen Hut bringen, die Definition einer Kurve ist formal viel schwieriger handhabbar.

Von Kurven erwartet man, dass sie keine Sprungstellen und Löcher haben; ein bewegter Punkt, etwa die Spitze des Bleistifts, fährt die Kurve entlang. Diese anschauliche Idee des bewegten Punktes führt zu der Präzisierung des Kurvenbegriffs zu *Parameterkurven* als Abbildungen eines reellen Intervalls in die Ebene oder den Raum (oder allgemein in einen topologischen Raum). Genauer wird eine Kurve im Falle der Ebene $\mathbb{R}^2$ definiert als eine stetige[27] Abbildung $\gamma : [a; b] \to \mathbb{R}^2$, $t \mapsto (x(t)|y(t))$, wobei a, $b \in \mathbb{R}$ und x und y stetige Funktionen sind. Diese auf *Camille Jordan* (1838 – 1922) zurückgehende Definition ist für inner- und außermathematische Anwendungen besonders wichtig und findet sich z. B. im „Lexikon der Mathematik" (2001) unter dem Stichwort „Kurve". Damit werden erfreulicherweise auch die Graphen aller Funktionen f, die über einem Intervall stetig sind, zu Kurven, man verwende die beiden stetigen Funktionen $x(t) = t$ und $y(t) = f(t)$. Allerdings ist schon der Graph einer Hyperbel mit der Definitionsmenge $\mathbb{R} \backslash \{0\}$ keine Kurve, da die Definitionsmenge kein Intervall ist. Man kann solche Fälle „retten", indem man (bei der Hyperbel) von den beiden Kurvenästen für die Intervalle $\mathbb{R}^-$ und $\mathbb{R}^+$ spricht. Die Differenzialgeometrie verlangt über die Stetigkeit hinaus auch die Differenzierbarkeit der Parameterfunktionen; dieser Kurvenbegriff wird erfolgreich in der Physik verwendet.

Unerfreulicherweise gibt es diesem Begriff entsprechende Kurven, die jeglicher Anschauung widerstreben: *Guiseppe Peano* (1858 – 1932) hat eine stetige Kurve angegeben, deren Bild das gesamte Einheitsquadrat (nicht nur dessen Rand!) ist. Analog kann man das Einheitsintervall stetig auf den Einheitswürfel abbilden! Die anschauliche und für unsere Orientierung in der Welt wichtige Unterscheidung zwischen ein-, zwei- und dreidimensionalen Objekten versagt also.

Die oben angeführte, aus der Schule bekannte Kreisgleichung weist auf einen anderen Kurvenbegriff hin, den Begriff der *algebraischen Kurve*: Eine algebrai-

---

[27]Das Konzept der *„Stetigkeit"* wird bei den Ausführungen in diesem Teilkapitel schon im Vertrauen darauf, dass alle Leserinnen und Leser entsprechende Vorkenntnisse z. B. aus der eigenen Schulzeit mitbringen, verwendet. Im Abschnitt 4.3.3 werden wir den Begriff präzisieren.

sche Kurve in der Ebene ist die Nullstellenmenge eines Polynoms $f(x, y)$ in zwei
Variablen x und y:

$$K = \{(x|y)|f(x, y) = 0\}.$$

Ist das Polynom von Grad zwei, also

$$f(x, y) = a \cdot x^2 + b \cdot x \cdot y + c \cdot y^2 + d \cdot x + e \cdot y + f = 0$$

mit reellen Parameteren a, b, c, d, e und f, so erhalten wir die Kegelschnitte,
insbesondere Ellipse, Parabel, Hyperbel. Der Kreis – als spezielle Ellipe – lässt
sich sowohl als algebraische Kurve zum Polynom $x^2 + y^2 - r^2$ als auch als Parameterkurve

$$K : [0; 2 \cdot \pi] \to \mathbb{R}^2, \ t \mapsto (\cos(t)|\sin(t))$$

beschreiben. Dies ist allerdings keinesfalls immer möglich, der Begriff der algebraischen Kurve unterscheidet sich von dem Begriff der Parameterkurve.

Eine weitere Verallgemeinerung des Kurvenbegriffs ist die topologische Definition, die auf *Karl Menger* (1902 – 1985) und *Pavel Uryson* (1898 – 1924) zurückgeht
(vgl. Weth (1992), S.15 f.). Sie ist allerdings mehr von theoretischer als von praktischer Bedeutung; wir gehen daher nicht weiter auf diesen Kurvenbegriff ein.

Für die Betrachtungen in unserem Buch reicht es aus, mit dem Begriff Funktionsgraph zu arbeiten. Wenn in der Mathematik oder den Anwendungsdisziplinen
die Methoden der Analysis auf „*Kurven*" angewandt werden sollen, so wird in der
Regel im jeweiligen Kontext der Kurvenbegriff präzisiert bzw. auf einen der oben
Genannten zurückgegriffen.

3 Ein anschaulicher Zugang zur Differenzial- und Integralrechnung

Übersicht

3.1 Ableiten: Änderungsraten als fundamentale Idee   81

3.2 Integrieren: Rekonstruktion als fundamentale Idee   92

3.3 Anschaulicher Zusammenhang von „Ableiten" und „Integrieren"   99

3.4 Grenzen der Anschauung 102

Funktionen von $\mathbb{R}$ nach $\mathbb{R}$ sollen, vor allem wenn sie als Modelle für außermathematische Situationen dienen, die Zuordnung zwischen zwei Größen beschreiben, wobei insbesondere das Änderungsverhalten relevant ist.[1] Besonders häufig werden dabei Situationen mithilfe von Funktionen untersucht, in denen eine Größe von der Zeit abhängt:

- die Geschwindigkeit eines (beschleunigenden) Fahrzeugs,
- der Bestand an radioaktiven Atomen,
- der Schuldenstand einer Nation,
- die Höhe einer Rotorspitze eines Windrads über dem Boden.

Während einige Fragen zu Funktionen (vgl. 2.4.7) schon mit Mitteln der Sekundarstufe I beantwortet werden können, führen Fragen nach der „lokalen Änderungsrate" zur Entwicklung der Differenzialrechnung. Wenn man statt der funktionalen Deutung der Änderungsrate eher die geometrischen Deutungen dieser Phänomene am Funktionsgraphen in den Blick nimmt, stößt man auf die Probleme der Konstruktion von Tangenten an einen Graphen.

In manchen Situationen ist aber die lokale Änderungsrate (in Abhängigkeit von der Zeit) direkt gegeben, z. B. die Geschwindigkeit eines Zuges als Änderungsrate des zurücklegten Weges, und man möchte hieraus den Bestand, den zurückgelegten Weg, rekonstruieren. Solche Fragen regen die Entwicklung der Integralrechnung

---

[1]Hätte man es überwiegend mit linearen Funktionen zu tun, wäre der theoretisch-konzeptionelle Aufwand der Funktionenlehre kaum lohnenswert

an. Die geometrische Deutung der Rekonstruktion führt auf die Berechnung des Flächeninhalts von (durch einen Graphen) krummlinig berandeten Flächen.

Quadraturprobleme, d. h. die Umwandlung einer Fläche (z. B. unter einer Parabel) in ein flächengleiches Quadrat, und Tangenten an bestimmte Kurven wurden schon in der Antike beispielsweise von *Archimedes* untersucht. Gegen Mitte des 17. Jahrhunderts wußte man, dass es sich hierbei um zwei zueinander „inverse" Fragestellungen handelt, viele Details der Probleme waren bekannt. Unabhängig voneinander kamen *Isaac Newton* (1643 – 1727) und *Gottfried Wilhelm Leibniz* (1646 – 1716) zu Methoden, wie man die klassischen Probleme lösen, also Flächeninhalte unter und Steigungen von Graphen bestimmen kann.

Newton gelang es, beide Fragestellungen in seiner in den Jahren 1664 bis 1666 entwickelten „Fluxionsmethode" zu verbinden. Ab 1671 lag sein Werk „De Methodis Serierum et Fluxionum" vor, wurde aber erst 1736 posthum als „Methods of Fluxions" gedruckt – mit ein Grund für den Prioritätsstreit zwischen *Newton* und *Leibniz*, der ab 1670 das gleiche Verfahren entwickelte; er nannte es „Differenzialrechnung". *Newton* ging vom physikalischen Prinzip der Momentangeschwindigkeit aus; sein Kalkül war eine wesentliche Grundlage für seine Entwicklung der klassischen Mechanik. *Leibniz* ging hingegen bei seinen Arbeiten vom geometrischen Tangentenproblem aus (vgl. Sonar (1999)).

Die Idee von *Leibniz* war deutlich einfacher als *Newtons* Ansatz. Der von *Leibniz* entwickelte, noch heute verwendete Kalkül erwies sich als sehr mächtig für alle anstehenden Aufgaben. In den auf *Newton* und *Leibniz* folgenden Jahrhunderten wurden ihre Theorien auf eine mathematisch präzise Grundlage gestellt und in vielerlei Hinsicht weiterentwickelt.

Wie jeder andere Kalkül kann auch der Leibniz'sche, wenn er nicht semantisch durch geeignete inhaltliche Anschauung unterstützt wird, schnell zum sinnentstellten Hantieren mit Formeln und Verfahren werden.[2] Lernende sollten also zuerst adäquate Grundvorstellungen der Begriffe der Analysis entwickeln. In diesem Kapitel soll diese inhaltlich-anschauliche Verankerung der grundlegenden Idee der mittleren und der lokalen Änderungsrate, die zur Differenzialrechnung führt, und der Rekonstruktion von Funktionen durch ihre Änderungsraten, die zur Integralrechnung führt, unterstützt werden. Der hier beschriebene Weg soll helfen, ohne jeden Kalkül adäquate Grundvorstellungen zum Begriff der Ableitung und des Intergrals aufzubauen, und verdeutlichen, dass Ableiten und Integrieren in gewissem Sinne Umkehroperationen voneinander sind. Bei diesem Zugang ergibt sich

---

[2]Dies ist einer der größten Problembereiche des Mathematikunterrichts in der Sekundarstufe II. Häufig wird der Kalkül als Selbstzweck entwickelt, trainiert und an komplizierten Funktionen rein innermathematisch angewendet („Kurvendiskussion") – damit werden die historische Entwicklung der Analysis und auch ihre Bedeutung in den Anwendungsdisziplinen konterkariert.

der Hauptsatz der Differenzial- und Integralrechnung, der diese beiden Teile der Analysis verbindet, anschaulich in ganz natürlicher Weise.

Da es auch Funktionen gibt, die sich der Anschauung weitgehend entziehen, gibt es Bedarf über den anschaulichen Zugang hinaus, eine mathematische, sich nicht auf die Anschauung berufende Theorie der Differenzial- und Integralrechnung zu entwickeln, die so mächtig ist, dass alle, auch unanschauliche Funktionen zum Gegenstand der Analyse werden können. Am Ende dieses Kapitel werden wir hierauf eingehen, bevor die dann folgenden Kapitel den Theorieaufbau leisten.

3.1 Ableiten: Änderungsraten als fundamentale Idee

In Abschnitt 2.1.2 (Abb. 2.11) haben wir bereits das folgende Datenblatt betrachtet, in dem die Geschwindigkeit eines ICE-Zugs in Abhängigkeit von der Zeit dargestellt ist. Dabei haben wir Fragen gestellt, die sich nur zum Teil direkt (qualitativ oder quantitativ) anhand des Funktionsgraphen (durch Ablesen am und Deuten des Graphen) beantworten ließen.

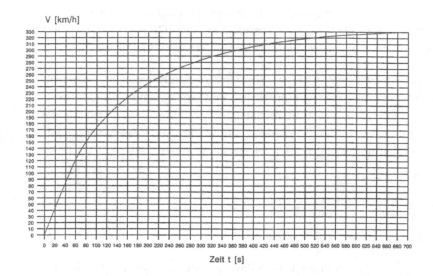

Abb. 3.1: Geschwindigkeit-Zeit-Diagramm eines ICE (Schornstein (2003), S. 147)

Funktional gesehen ist die Geschwindigkeit $v = f(t)$ in Abhängigkeit von der Zeit t angegeben, dabei wird die Zeit t in Sekunden, die Geschwindigkeit v in km/h gemessen. Die Namen t für die Zeit, nach dem lateinischen Wort „tempus", und v für die Geschwindigkeit (nach „velocitas") sind Variablen, bei denen die Einsetzungsvorstellung im Vordergrund steht (vgl. 2.3.1).

Der ICE startet zum Zeitpunkt $t = 0$s und erreicht nach etwa 700 Sekunden seine Höchstgeschwindigkeit von 330 km/h. Das Diagramm kann man dahingehend interpretieren, dass der ICE zu Beginn am stärksten beschleunigt. Dabei ist der Begriff „Beschleunigung" noch nicht mathematisch definiert, sondern wird im umgangssprachlichen Gebrauch verwendet: „Mein neues Auto beschleunigt in 8 Sekunden von 0 auf 100". Solche Aussagen sind für manche Menschen wichtige Kaufargumente; jeder weiß, dass ein Porsche besser beschleunigt als ein Fiat 500. Anschaulich sieht man den Porsche am Fiat 500 vorbeiziehen.

3.1.1   Von der mittleren zur lokalen Änderungsrate

Eine Beschleunigungsaussage für den ICE ist „der ICE beschleunigt in 100 Sekunden von 0 auf 173". Auch die Behauptung, dass der ICE zu Beginn am stärksten beschleunigt, lässt sich mit dem Diagramm in Abb. 3.1 durch Aussagen wie die folgenden untermauern:

1. Im Zeitintervall von 0 s bis 100 s beschleunigt der ICE von 0 km/h auf 173 km/h, die Geschwindigkeit nimmt in diesem Intervall um 173 km/h zu.
2. Im Zeitintervall von 100 s bis 200 s beschleunigt der ICE von 173 km/h auf 245 km/h, die Geschwindigkeit nimmt in diesem Intervall um 72 km/h zu.
3. Im Zeitintervall von 200 s bis 300 s beschleunigt der ICE von 245 km/h auf 285 km/h, die Geschwindigkeit nimmt in diesem Intervall um 40 km/h zu.

Bei der Beschleunigung geht es also um eine Geschwindigkeitszunahme in einem gewissen Zeitintervall, was zur Quantifizierung der Beschleunigung als Geschwindigkeitszunahme um x km/h in dem Zeitintervall y s führt. Dabei wird für die Beschleunigung üblicherweise der Variablen-Name a (für „accelerare") verwendet. Bei unseren drei Zeitintervallen erhalten wir also

1. $a = \frac{173\,\text{km/h}}{100\,\text{s}} = 1{,}73\,\frac{\text{km/h}}{\text{s}}$

2. $a = \frac{245\,\text{km/h} - 173\,\text{km/h}}{200\,\text{s} - 100\,\text{s}} = \frac{72\,\text{km/h}}{100\,\text{s}} = 0{,}72\,\frac{\text{km/h}}{\text{s}}$

3. $a = \frac{285\,\text{km/h} - 245\,\text{km/h}}{300\,\text{s} - 200\,\text{s}} = \frac{40\,\text{km/h}}{100\,\text{s}} = 0{,}40\,\frac{\text{km/h}}{\text{s}}$

Ein Blick auf das Diagramm zeigt, dass diese Zahlen nur mittlere Beschleunigungen für die 100 s-Zeitintervalle sein können, da die Geschwindigkeitszunahme in den 100 s-Intervallen nicht linear ist. Als Einheit für die Beschleunigung haben wir die in diesem Sachzusammenhang anschaulich verständliche Einheit $\frac{\text{km/h}}{\text{s}}$ verwendet, die direkt angibt, um wie viel sich die Geschwindigkeit pro Sekunde vergrößert (oder bei negativem Vorzeichen verringert). Diese „semantische" Einheit wird üblicherweise in die „syntaktische" Einheit $\frac{\text{m}}{\text{s}^2}$ umgewandelt, mit der sich einfacher rechnen lässt, mit der aber keine inhaltliche Vorstellung mehr direkt verbunden ist, z. B.

$$\frac{40\,\text{km/h}}{100\,\text{s}} = \frac{40 \cdot \frac{1000\,\text{m}}{3600\,\text{s}}}{100\,\text{s}} = \frac{40}{360}\,\frac{\text{m}}{\text{s}^2} = \frac{1}{9}\,\frac{\text{m}}{\text{s}^2} \approx 0{,}11\,\frac{\text{m}}{\text{s}^2}\,.$$

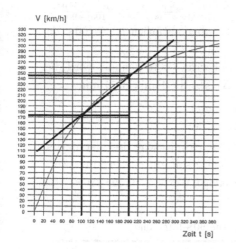

Zeit t [s]

Abb. 3.2: Mittlere Beschleunigung zwischen 100 s und 200 s

Markieren wir in Abb. 3.1 genauer, wie wir die Werte etwa für die mittlere Beschleunigung zwischen 100 s und 200 s erhalten haben, so erhalten wir eine andere Deutung der Beschleunigung (vgl. Abb. 3.2). Wir haben anhand der Datenpunkte $(100\,\text{s}\,|\,v(100\,\text{s}))$ und $(200\,\text{s}\,|\,v(200\,\text{s}))$ die Zunahme der Zeit um $\Delta t = 200\,\text{s} - 100\,\text{s} = 100\,\text{s}$ bzw. der Geschwindigkeit um $\Delta v = 245\,\text{km/h} - 173\,\text{km/h} = 72\,\text{km/h}$ abgelesen und den Quotienten (als mittlere Beschleunigung) gebildet. Diesen Quotienten $a = \frac{\Delta v}{\Delta t}$ können wir auch als Steigung der Geraden durch die beiden Datenpunkte deuten; das eingezeichnete Steigungsdreieck codiert diese Steigung. Eine solche Gerade durch zwei Kurvenpunkte nennt man in Verallgemeinerung des analogen Falls beim Kreis auch eine *Sekante* (bezüglich des Graphen). Rekapitulieren wir, was wir bisher gemacht haben:

- Wir betrachten die Geschwindigkeit $v(t)$ des ICE zum Zeitpunkt t. Zwischen zwei Zeitpunkten t_1 und t_2, also im Zeitintervall $\Delta t = t_2 - t_1$, verändert sich die Geschwindigkeit von $v(t_1)$ auf $v(t_2)$. Die *absolute Änderung* der Geschwindigkeit ist also $\Delta v = v(t_2) - v(t_1)$. Eine absolute Geschwindigkeitszunahme von z. B. $\Delta v = 100\,\text{km/h}$ sagt natürlich nichts über die Beschleunigung aus; es ist ein wesentlicher Unterschied, ob diese Geschwindigkeitszunahme in 10 s oder in 100 s erfolgt ist.

- Für die Beschleunigung ist also die *relative Änderung* der Geschwindigkeit (bezogen auf die benötigte Zeit) relevant, die auch als *mittlere Änderungsrate* bezeichnet wird und im ICE-Beispiel als mittlere Beschleunigung konkretisiert wird. Das Wort „relativ" deutet an, dass wir es hier mit derselben Begriffsbildung wie bei anderen „relativen Größen", wie etwa der Masse pro Volumeneinheit („Dichte") oder den Kosten je Kilogramm („Kilopreis"), zu tun haben. Beim ICE-Beispiel wird die Veränderung der Größe v im Verhältnis zu dem dazu benötigten Zeitraum t betrachtet.

- Allgemein geht es um die (absolute) Veränderung Δy einer (abhängigen) Größe $y = f(x)$ im Verhältnis zur zugrunde liegenden Änderung (der unabhängigen Größe) Δx von x, also $\frac{\Delta y}{\Delta x} = \frac{y_2 - y_1}{x_2 - x_1} = \frac{f(x_2) - f(x_1)}{x_2 - x_1}$. Dieses Verhältnis nennt man die *mittlere Änderungsrate* der Größe y im Intervall $[x_1; x_2]$.

Zurück zum ICE-Beispiel: Die mittlere Änderungsrate der Geschwindigkeit im Intervall von $0\,$s bis $100\,$s beträgt $1{,}73\,\frac{\text{km/h}}{\text{s}}$, im Intervall von 100 bis $200\,$s beträgt sie $0{,}72\,\frac{\text{km/h}}{\text{s}}$. Eine genauere Aussage über das Beschleunigungsverhalten in einer Umgebung von $t = 100\,$s bekommt man durch mittlere Beschleunigungen für kleinere Intervalle, d. h. mittlere Änderungsraten wie $\frac{v(110\,\text{s})-v(100\,\text{s})}{110\,\text{s}-100\,\text{s}}$, $\frac{v(100\,\text{s})-v(90\,\text{s})}{100\,\text{s}-90\,\text{s}}$ oder allgemein $\frac{v(t_1)-v(100\,\text{s})}{t_1-100\,\text{s}}$ mit t_1 nahe bei $100\,$s, aber natürlich $t_1 \neq 100\,$s, da der Ausdruck sonst nicht definiert ist.

Anschaulich ist klar: Je kleiner das Zeitintervall wird, desto genauer wird die (lokale) Beschleunigungsaussage. Für ein festes Δt gibt die Funktion $\bar{a}$ mit

$$\bar{a}(t) = \frac{\Delta v}{\Delta t} = \frac{v(t + \Delta t) - v(t)}{\Delta t}$$

die mittlere Änderungsrate oder hier genauer die durchschnittliche Beschleunigung im Intervall $[t,\ t + \Delta t]$ an. Der Querstrich auf dem a soll auf diesen Mittelwert hinweisen. Aus dem ICE-Diagramm kann man einige Werte z. B. für $\Delta t = 50\,$s ablesen (Tab. 3.1).

Tab. 3.1: Mittlere ICE-Beschleunigung für verschiedene 50 s-Intervalle

t in s	$[t;\ t + 50]$	$v(t)$ in km/h	$v(t + \Delta t)$ in km/h	$\bar{a}(t)$ in $\frac{\text{km/h}}{\text{s}}$
0	$[0; 50]$	0	105	2,10
100	$[100; 150]$	173	215	0,84
200	$[200; 250]$	245	268	0,46
300	$[300; 350]$	285	295	0,20
400	$[400; 450]$	305	312	0,14
500	$[500; 550]$	319	323	0,08
600	$[600; 650]$	327	329	0,04

Auf der Basis der obigen Wertetabelle nähern wir uns in Abb. 3.3 dem Graphen der Funktion $\bar{a}$. Dabei sind die „dicken Punkte" die Werte aus der Tabelle, die vermutlich durch einen „stetigen" Graphen verbunden werden können[3].

Der $\bar{a}$-Wert zu einem t-Wert gibt an, um wie viel km/h sich die Geschwindigkeit pro Sekunde bei diesem t-Wert ungefähr vergrößert. Das Wort „ungefähr" bezieht sich auf $\Delta t = 50\,$s, das Zeitintervall, zu dem wir die mittleren Änderungsraten betrachtet haben. Will man die Aussage verbessern, so muss man das Intervall Δt immer kleiner wählen. Anschaulich bedeutet das

- den Übergang von der mittleren zur lokalen Beschleunigung oder
- allgemeiner: den Übergang von der *mittleren* zur *lokalen Änderungsrate* bzw.
- in der geometrischen Deutung: den Übergang von der Steigung der *Sekante* zur Steigung der *Tangente*.

---

[3]Hierfür könnte man für weitere Werte t zwischen $0\,$s und $600\,$s jeweils die durchschnittliche Beschleunigung im Intervall $[t,\ t + 50]$ ermitteln und eintragen.

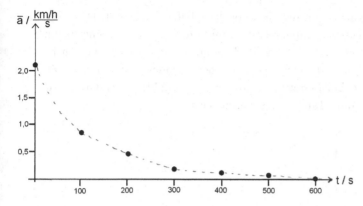

Abb. 3.3: Graph der Funktion $\bar{a}$ für $\Delta t = 50\,\mathrm{s}$

Das Wort „lokal" bezieht sich darauf, dass wir für den hier ganz anschaulich gedachten Grenzübergang $\Delta t \to 0$ die Änderungsrate exakt und „lokal" an der einen Stelle t haben. In der geometrischen Deutung bezieht sich der Übergang von der Sekante zur Tangente auf die Abb. 3.2. Der Begriff „Tangente", der in der Geometrie der Sekundarstufe I nur beim Kreis definiert wird, wird hier anschaulich und unpräzise verwendet. In Abschnitt 5.1.4 präzisieren wir mit Methoden der Analysis, was eine Tangente an einen Funktionsgraphen ist.

Mathematisch gesehen sind wir bei der Suche nach der lokalen Beschleunigung auf ein Grenzwert-Problem gestoßen, das wir hier propädeutisch wie folgt notieren:

$$a(t) = \lim_{\Delta t \to 0} \frac{v(t + \Delta t) - v(t)}{\Delta t}, \ \Delta t \neq 0\,.$$

Einerseits ist dieser Grenzwert anschaulich mit dem geometrischen Hintergrund des Übergangs einer Sekante zu einer „Tangente" unproblematisch. Andererseits führt aber der Gedankengang $\Delta t \to 0$ bei dem Quotienten $\frac{v(t+\Delta t)-v(t)}{\Delta t}$ aus den v- und den t-Differenzen zu dem undefinierten Ausdruck $\frac{0}{0}$. Der Frage, ob bzw. unter welchen Bedingungen ein solcher Grenzwert tatsächlich existiert, gehen wir beim Theorieaufbau in den Kapiteln 4 und 5 nach.

3.1.2 Lokale Änderungsrate und lokale Linearität

Im Beispiel der Geschwindigkeitszunahme eines ICE ist die Existenz dieses Grenzwerts zumindest anschaulich klar und unproblematisch. Wenn wir in Abb. 3.2 die Sekante für $t = 100\,\mathrm{s}$ und $\Delta t = 50\,\mathrm{s}$, $10\,\mathrm{s}$, ... zeichnen, so wird man zwischen den Abszissenwerten t und $t + \Delta t$ die Sekante immer weniger vom Graphen unterscheiden könnten. Man sagt, dass der Graph *lokal linear* ist, d. h. beim „Zoomen" auf einen immer kleiner werdenden Teil des Graphen sind Graph und Gerade zunächst immer weniger und schließlich gar nicht mehr zu unterscheiden. Damit ist auch anschaulich klar, was „die Tangente in einem Punkt an den Graphen" sein soll. Mit Abb. 3.4 verdeutlichen wir das Konzept der lokalen Linearität: Das erste Bild zeigt den „wild gezackten" Graphen einer Funktion. Dann wird immer mehr auf den Nullpunkt gezoomt. Beim letzten Bild unterscheidet sich der Graph in einer Umgebung der Stelle $x = 0$ nicht mehr von einer Geraden; lokale Linearität bedeutet anschaulich, dass bei hinreichend großem „Zoomfaktor" der Graph zu einer Geraden wird, die dann „Tangente" genannt wird.

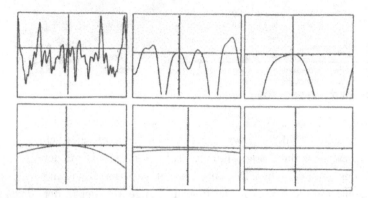

Abb. 3.4: Lokale Linearität

Solche „wild gezackten" Graphen, die sich beim Zoomen als lokal linear erweisen, können Sie leicht vom Ihrem Computer zeichnen lassen[4]: Geeignet sind Funktionsterme wie

$$f(x) = \sin(x) + 2 \cdot \sin(3 \cdot x - 4) + 1{,}5 \cdot \sin(5{,}2 \cdot x) \,.$$

Auftrag: *Experimentieren Sie selbst und erzeugen Sie weitere „wild gezackte" Graphen.*

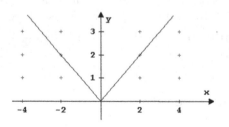

Abb. 3.5: Graph der Betragsfunktion

Nicht jeder Funktionsgraph hat die schöne Eigenschaft, überall lokal linear zu sein. Das einfachste Beispiel ist die Betragsfunktion (Abb. 3.5). Zoomen Sie in Gedanken auf den Punkt $(0|f(0))$ des Graphen. In diesem Punkt liegt keine lokale Linearität vor! Natürlich ist die Betragsfunktion, da ihr Graph aus zwei Halbgeraden besteht, in jedem anderen Punkt lokal linear.

---

[4] Bei der Realisierung solcher Zooms z. B. mithilfe eines Funktionenplotters oder eines Computer-Algebra-Systems kann man bei besonders „wild gezackten" Graphen allerdings an die Grenze der Darstellbarkeit oder Rechengenauigkeit stoßen. Einige in diesem Sinne unbequeme Funktionen werden wir im Weiteren noch kennenlernen.

Weitere Graphen, die sich zwar einfach von „freier Hand" zeichnen lassen, aber augenscheinlich an einigen Stellen keine Tangente haben können, liefern beispielsweise die Funktionsterme $f(x) = \text{sgn}(x)$, $f(x) = |x - 3|$, $f(x) = \sqrt{|x|}$, $f(x) = |x^2 - 1|$ oder auch $f(x) = |\sin(x)|$.

Auftrag: *Untersuchen Sie die Graphen der zuvor genannten Funktionen und erzeugen Sie weitere Beispiele.*

Ein komplexeres Beispiel ist die *Schneeflockenkurve* (Abb. 3.6). Man startet mit einem gleichseitigen Dreieck D_1 der Kantenlänge 1. Die weiteren Figuren werden dann dadurch erzeugt, dass jeweils die Seiten gedrittelt werden und das mittlere Stück durch ein nach außen aufgesetztes gleichseitiges Dreieck (ohne Basis) ersetzt wird.

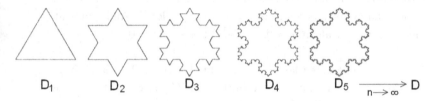

Abb. 3.6: Schneeflockenkurve

Der schwedische Mathematiker *Helge von Koch* (1870 – 1924) hat die Schneeflockenkurve im Jahr 1906 erfunden. Sein Ziel war es, eine Kurve zu finden, die überall stetig, aber nirgends differenzierbar ist (auf diese Aspekte werden wir in Abschnitt 5.1.3 genauer eingehen). Die Schneeflockenkurve ist in keinem Punkt lokal linear, es gibt also keine einzige Stelle, an der man eine Tangente anlegen kann.

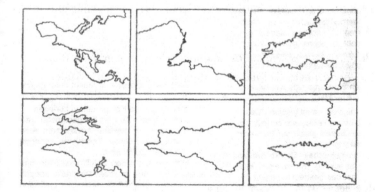

Abb. 3.7: Küstenlinien als Fraktale

Auch die Zoom-Sequenz in der nächsten Abb. 3.7 gehört zu dieser Klasse von Beispielen: Egal wie stark man vergrößert, der Graph bleibt immer „gezackt", es liegt anscheinend keine lokale Linearität vor. Wenn Sie die diese Bilderserie

genau studieren, können Sie erkennen, dass es jeweils „auf dem Kopf" stehende
Landkartenausschnitte sind, die mit Europa anfangen und bei denen dann immer
mehr auf den Pointe du Raz im Westen der Bretagne gezoomt wird.

Man nennt Graphen mit einem Verhalten, wie es die Schneeflockenkurve und
die Küstenlinie haben, *Fraktale*, ein auch für die Schule schönes Thema, auf das
wir hier leider nicht genauer eingehen können.[5]

3.1.3 Von lokalen Änderungsraten zur Ableitungsfunktion

Beim ICE-Beispiel haben wir die Beschleunigung mithilfe von Änderungsraten der
Geschwindigkeit modelliert:

- $\frac{v(t+\Delta t)-v(t)}{\Delta t}$ beschreibt die mittlere Änderungsrate im Intervall von t bis $t+\Delta t$.
- Der anschaulich klare Grenzübergang $\Delta t \to 0$ liefert die lokale Änderungsrate,
  hier propädeutisch notiert als $a(t) = \lim\limits_{\Delta t \to 0} \frac{v(t+\Delta t)-v(t)}{\Delta t}$, $\Delta t \neq 0$.

Mit den lokalen Änderungsraten lässt sich eine Funktion $a : \mathbb{R} \to \mathbb{R}$, $t \mapsto a(t)$
definieren. Diese Änderungsratenfunktion codiert beim ICE-Beispiel das „lokale"
Beschleunigungsverhalten des ICE.

Der mathematische Kern dieser Begriffsbildungen ist natürlich unabhängig vom
ICE-Beispiel. Für eine beliebige Funktion f (von der wir im Augenblick nur verlangen, dass ihre Definitionsmenge „sinnvoll" ist) definiert

- der Quotient von y- und x-Differenzen $\frac{f(x+\Delta x)-f(x)}{\Delta x}$, die mittlere Änderungsrate im Intervall $[x;\ x+\Delta x]$, und heißt ganz anschaulich *Differenzenquotient*,
  und
- der *Grenzwert* die lokale Änderungsrate $\lim\limits_{\Delta x \to 0} \frac{f(x+\Delta x)-f(x)}{\Delta x}$, $\Delta x \neq 0$, wobei
  wir uns im Augenblick mit einem „anschaulichen" Grenzwert mit „genügend
  kleinem"[6] Δx begnügen müssen.

Dieser Grenzwert heißt auch *Differenzialquotient* oder *Ableitung* von f an der
Stelle x und wird mit $f'(x)$ bezeichnet; die Funktion, die jedem x die lokale Änderungsrate $f'(x)$ zuordnet, heißt die *Ableitungsfunktion* von f, kurz die *Ableitung*
f' von f.

---

[5]Für eine genauere Analyse der *Fraktale* in dieser Bilderserie und auch der Schneeflockenkurve vgl. Henn (1995a).

[6]Was „genügend klein", ist hängt jeweils von der vorliegenden Funktion und der gewünschten Genauigkeit ab. Es gibt Funktionen, bei denen dieser Ansatz nicht tragfähig ist,
dies sind aber in der Regel keine, die für Anwendungen wie im ICE-Beispiel oder für andere einfache Anwendungen in der Realität relevant sind. Beim Aufbau der mathematischen
Theorie spielen solche Beispiele aber eine wichtige Rolle, da sie dazu beitragen, eine möglichst
allgemeine Theorie zu entwickeln.

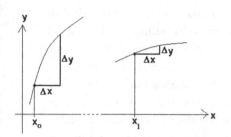

Abb. 3.8: Ableitung an einer Stelle

Die Ableitung codiert also das lokale Änderungsverhalten der Funktion f. Möchte man diesen Wert an zwei verschiedenen Stellen $x_0 \neq x_1$ abschätzen und ist der Graph von f in einem entsprechenden Ausschnitt bekannt, wird für einen „genügend kleinen" Wert Δx jeweils ein Steigungsdreieck eingezeichnet (vgl. Abb. 3.8).

Der Quotient $\frac{\Delta y}{\Delta x}$ gibt dann einen guten Näherungswert für die Ableitung an der Stelle, in der Figur also $f'(x_0) \approx 3$ und $f'(x_1) \approx 0{,}4$ (wobei wir voraussetzen, dass x- und y-Achse gleich skaliert sind). Gibt man einen größeren Ausschnitt eines Graphen vor, so kann man durch einfaches „graphisches Ableiten" einen guten Eindruck über den Graphen der Ableitungsfunktion gewinnen. In Abb. 3.9 sind drei Funktionsgraphen gegeben.

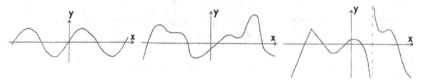

Abb. 3.9: Einige Funktionsgraphen

An Stellen, an denen die Tangenten an den Graphen waagerecht verlaufen, ist die Änderungsrate Null; diese Punkte des Ableitungsgraphen werden als erstes notiert. Zwischen zwei so gewonnenen Nullstellen der Ableitungsfunktion kann man dann qualitativ den Graphen ergänzen. Der rechte Graph ist in einigen Bereichen stückweise linear, in diesen Abschnitten ist die Ableitung also konstant; bei der Polstelle[7] des rechten Graphen geht die Änderungsrate gegen $-\infty$. Das insgesamt auf diesem Weg gewonnene Resultat des graphischen Ableitens zeigt Abb. 3.10.

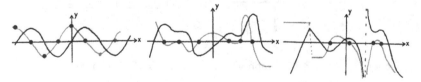

Abb. 3.10: Graphisch gewonnene Ableitung

---

[7]Eine Polstelle ist eine Stelle, an der (1) die Funktion nicht definiert ist und (2) die Funktionswerte beliebig groß oder beliebig klein werden (man sagt auch „gegen ∞" oder „gegen $-\infty$" gehen), wenn man sich der Stelle von rechts oder links nähert. Solche Polstellen sind typisch für gebrochenrationale Funktionen (vgl. 2.4.5): Wenn das Polynom im Nenner, nicht aber das Polynom im Zähler x als Nullstelle hat, dann ist x eine Polstelle.

Dieses qualitative *graphische Ableiten* lässt sich zu einem *numerischen Ableiten* verbessern, wenn man den Graphen z. B. auf Karo- oder Millimeter-Papier gezeichnet vorliegen hat (Abb. 3.11). Die Karo-Kantenlänge möge die Einheit 1 sein. Dann kann man an den Stellen $x_0 = -2$, -1, 0, 1, 2, ... das Steigungsdreieck für $\Delta x = (x_0 + 1) - x_0$ einzeichnen, den zugehörigen Wert Δy als Funktionswert der Ableitung an der Stelle x_0 ablesen und als Punkt in das Schaubild eintragen. In Abb. 3.12 ist dies für $x_0 = 4$ eingezeichnet worden. Die Verbindung dieser Punkte in „in libero manus ductu", wie es *Euler* sagte, gibt dann eine gute Näherung des Graphen der Ableitungsfunktion f'.

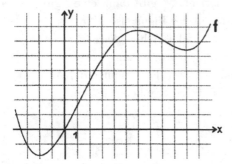
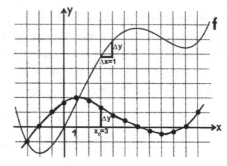

Abb. 3.11: Graph der Funktion f   **Abb. 3.12:** Graph von f'

Aufgabe 3.1 *Die folgenden drei Funktionsgraphen (Abb. 3.13 bis 3.15) finden Sie auf den Internetseiten zu diesem Buch (http://www.elementare-analysis.de/) auch als größere Druckvorlagen. Versuchen Sie für alle drei Funktionen einen möglichst genauen Graphen der Ableitungsfunktion (in dasselbe Koordinatensystem) zu zeichnen.*

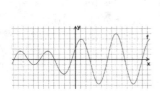
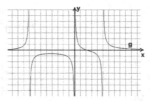
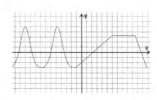

Abb. 3.13: Graph von f **Abb. 3.14:** Graph von g **Abb. 3.15:** Graph von h

Für die praktische Anwendung des Konzeptes „Ableitung" ist von entscheidender Bedeutung, dass man im fraglichen Kontext eine angemessene inhaltliche Vorstellung von den jeweiligen Größen hat. Dieser Aspekt kommt in Schule wie Hochschule häufig zu kurz.

Aufgabe 3.2 *Die folgenden Aufgaben[8] fokussieren hingegen auf die inhaltliche Interpretation der involvierten Größen.*

1. $K = f(A)$ *beschreibt die Kosten K in Euro zum Bau eines Hauses mit A* m^3 *umbautem Raum. Welche inhaltliche Bedeutung hat die Ableitung* $f'(A)$*?*
2. *Die Förderungen von T Tonnen Kupfer verursachen in einer Mine Kosten (in Euro) von* $K = f(T)$*. Was bedeutet* $f'(2000) = 100$*?*
3. $f(x)$ *ist die Höhe (ü. N. N.) des Rheinufers in x km Entfernung von der Quelle des Rheins. Welche Einheit hat* $f'(x)$*? Kann man etwas über das Vorzeichen von* $f'(x)$ *sagen?*
4. *Ein Kuchen wird zum Backen um 10:00 Uhr in den vorgeheizten Ofen gestellt.* $T = f(t)$ *beschreibt die Temperatur des Kuchens in °C in Abhängigkeit von der Zeit t in Stunden seit 10:00 Uhr. Nachdem der Kuchen fertig ist, wird er auf den Balkon zum Abkühlen gebracht und bei Erreichen der Zimmertemperatur auf den Kaffeetisch gestellt. Zeichnen Sie einen Graphen von f (unter Festlegung sinnvoller Daten!). Was ist die Einheit von* $f'(t)$*? Kann man etwas über das Vorzeichen von* $f'(x)$ *sagen? Was bedeutet die Angabe* $f'(0{,}3) = 500$*?*
5. *In Deutschland muss man bei einem Einkommen von x € eine im Einkommensteuergesetz beschriebene Steuer von* $t(x)$ *€ bezahlen. Was bedeutet* $t'(x)$*?*
6. *Die Stückzahl q, die von einer Ware verkauft werden kann, hängt u. a. von dem Verkaufspreis p Euro pro Stück dieser Ware ab, d. h.* $q = f(p)$*. Erläutern Sie die wirtschaftliche Bedeutung der beiden Aussagen* $f(10) = 240\,000$ *und* $f'(10) = -29\,000$*.*
7. *Das Bevölkerungswachstum von China kann für den Zeitraum seit 1993 näherungsweise durch die Funktion b mit* $b(t) = 1{,}15 \cdot 1{,}014^t$ *(b in Milliarden, t in Jahren seit 1993) beschrieben werden. Wie schnell wächst nach diesem Modell die Bevölkerung von Anfang 1993 bis Anfang 1995.*

Neben den kontextbezogenen Kompetenzen im Umgang mit der Ableitungsfunktion gibt es natürlich auch eine innermathematische „Sicht der Dinge", die für ein erfolgreiches Arbeiten mit Funktionen und ihren Ableitungen wichtig sind. Die folgenden beiden Aufgaben dienen insbesondere der innermathematischen Abgrenzung der Bedeutung der Funktionswerte von der Bedeutung der Werte der Ableitungsfunktion und dem Wechselspiel zwischen Funktion und Ableitungsfunktion. Wir können konkrete Informationen über die Ableitungsfunktion aus der ursprünglich gegebenen Funktion aber auch umgekehrt gewinnen.

Aufgabe 3.3 *Zeichnen Sie in (Abb. 3.16) Punkte A, B, ..., G in den Graphen von f ein, die den neben der Abbildung stehenden Anforderungen genügen.*

---

[8]Wertvolle Anregungen zu diesen und zu anderen Aufgaben haben wir in Hughes-Hallett et al. (1998) gefunden.

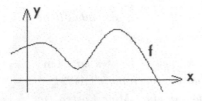

- im Punkt A ist der Funktionswert negativ,
- im Punkt B ist der Funktionswert am größten,
- im Punkt C ist die Ableitung negativ,
- im Punkt D ist die Ableitung am größten,
- im Punkt E ist die Ableitung Null und
- in den (verschiedenen) Punkten F und G ist die Ableitung gleich.

Abb. 3.16: Graph von f

Aufgabe 3.4 *Der Graph einer Funktion f ist monoton wachsend und konvex (linksgekrümmt).*[9] *Es gelte $f(5) = 2$ und $f'(5) = 0{,}5$. Zeichnen Sie einen möglichen Graphen! Wie viele Nullstellen hat f und wo liegen sie? Kann man etwas über $f(x)$ aussagen, wenn $x \to \infty$ geht?*

3.2   Integrieren: Rekonstruktion als fundamentale Idee

Wir versuchen im Folgenden, mithilfe des Datenblatts des ICE (Abb. 3.1) Aussagen über den nach 500 Sekunden zurückgelegten Weg s zu machen. Der übliche Variablen-Name s für den Weg leitet sich vom lateinischen Wort *„spatium"* ab. Bei konstanter Geschwindigkeit v gilt der wohlbekannte Zusammenhang $v = \frac{s}{t}$, wobei s der in der Zeit t zurückgelegte Weg ist. Es gilt dann also $s = v \cdot t$. Nun ist die Geschwindigkeit des ICE keineswegs konstant. Wir können trotzdem durch eine einfache Überlegung obere und untere Abschätzungen für den zurückgelegten Weg angeben.[10]

3.2.1   Von der Änderungsrate zum Bestand

Der ICE hat in den ersten 500 Sekunden sicher mehr als $0\,\mathrm{m}$ ($= 0\,\mathrm{km/h} \cdot 500\,\mathrm{s}$) und weniger als $44{,}31\,\mathrm{km}$ ($\approx 319\,\mathrm{km/h} \cdot 500\,\mathrm{s}$) zurückgelegt. Diese Überlegung mit der minimalen und maximalen Geschwindigkeit in einem Intervall lässt sich verallgemeinern und damit die Abschätzung genauer machen: Wenn während der Zeit $\Delta t = t_2 - t_1$ die Geschwindigkeit mindestens v_1 und höchstens v_2 betragen hat, so ist $v_1 \cdot \Delta t$ eine untere und $v_2 \cdot \Delta t$ eine obere Schranke für den zurückgelegten Weg. Für die ersten 500 Sekunden erhält man bei Zeitschritten von $\Delta t = 100\,\mathrm{s}$

---

[9]Das Konzept „Krümmung" kann hier intuitiv-anschaulich verwendet werden. In Abschnitt 8.1.2 werden wir es dann präzisieren.

[10]Natürlich könnte man auch anders vorgehen – und z. B. den gesuchten Wert direkt schätzen, statt ihn von oben und unten einzugrenzen. Der von uns gewählte Weg stellt sich im Weiteren aber als formal gut handhabbar heraus.

die (immer noch recht grobe) Abschätzung für den vom ICE zurückgelegten Weg in Tab. 3.2.

Tab. 3.2: Abschätzung des in 500 Sekunden zurückgelegten Weges mit $\Delta t = 100\,\mathrm{s}$

Zeit t in s	Untere Abschätzung		Obere Abschätzung	
	v in km/h	s in m	v in km/h	s in m
0 - 100	0	0	173	4806
100 - 200	173	4806	245	6806
200 - 300	245	6806	285	7917
300 - 400	285	7917	305	8472
400 - 500	305	8472	319	8861
Gesamtweg		28001		36862

Die Terme „$s = v \cdot \Delta t$", die den Wegzuwachs in den Zeitschritten Δt angeben, können wir graphisch durch Rechtecke darstellen, deren Flächeninhalte die untere und obere Abschätzung des Wegzuwachses in der Zeit Δt darstellen, also die Differenz $s(t + \Delta t) - s(t)$. Diese Differenz ist die absolute Änderung der Wegfunktion s. In Abb. 3.17 sind diese Rechtecke $v_{min} \cdot \Delta t$ als untere Abschätzung und $v_{max} \cdot \Delta t$ als obere Abschätzung eingezeichnet.[11]

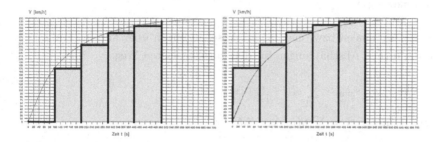

Abb. 3.17: Untere und obere Abschätzung des Weges

Die Abbildung legt die Verbesserung der Wegabschätzung durch Verkleinerung der Zeitintervalle Δt nahe. Zumindest in Gedanken können wir das „Optimum" wieder durch einen Grenzübergang $\Delta t \to 0$ erwarten, was geometrisch-anschaulich zum Flächeninhalt unter diesem Graphen führt. In Abb. 3.17 hatten wir das Zeitintervall von $0\,\mathrm{s}$ bis $500\,\mathrm{s}$ in 5 gleich große Intervalle der Größe $\Delta t = \frac{500\,\mathrm{s}}{5} = 100\,\mathrm{s}$ eingeteilt. Eine Verbesserung wäre z. B. die Einteilung in 10 Intervalle $\Delta t = \frac{500\,\mathrm{s}}{10} = 50\,\mathrm{s}$.[12] Diese Idee der Wegabschätzung hängt natürlich nicht von der „Endzeit" $t = 500\,\mathrm{s}$ ab. Für eine andere Endzeit T könnten wir den im Zeitintervall von $0\,\mathrm{s}$

---

[11] Eine alternative Schätzmethode wäre z. B. das Ännähern der Flächen unter dem Graphen im jeweiligen Intervall durch ein etwa gleichgroßes Trapez.

[12] Eine andere Idee wäre eine nicht-äquidistante Einteilung des Zeitintervalls, bei der berücksichtigt wird, dass der „Messfehler" von oberer und unterer Abschätzung an „steilen"

bis T zurückgelegten Weg in analoger Weise abschätzen: Wir teilen das fragliche Zeitintervall von $0\,$s bis T in n gleich große Intervalle der Länge $\Delta t = \frac{T}{n}$, die sich als $[(i-1)\cdot\Delta t;\, i\cdot\Delta t]$, $i = 1,\,\ldots,\,n$, schreiben lassen. Da in unserem ICE-Beispiel die Geschwindigkeit kontinuierlich zunimmt[13], findet sich die kleinste Geschwindigkeit jeweils an der linken Intervallgrenze und die größte Geschwindigkeit an der rechten Intervallgrenze. In Abb. 3.18 ist dies für das zweite Intervall von Δt bis $2\cdot\Delta t$ dargestellt.

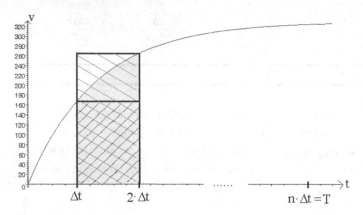

Abb. 3.18: Abschätzungen

Die Summen der minimalen bzw. maximalen Abschätzungen über alle Intervalle liefern damit die beiden Abschätzungen für den zurückgelegten Weg:

- Untere Abschätzung $s_{\min} = \sum\limits_{i=1}^{n} v((i-1)\cdot\Delta t)\cdot\Delta t,$

- obere Abschätzung $s_{\max} = \sum\limits_{i=1}^{n} v(i\cdot\Delta t)\cdot\Delta t.$

Der anschaulich gedachte Grenzübergang $\Delta t \to 0$ liefert dann den genauen Wert des zurückgelegten Wegs, graphisch dargestellt durch den Flächeninhalt, den die t-Achse und der Graph einschließen. In Abb. 3.18 ist der entsprechende Flächenanteil von Δt bis $2\cdot\Delta t$ grau markiert. Dieser exakte Wert, der gewissermaßen eine Summe aus unendlich vielen Summanden ist, wurde von *Leibniz* mit dem Symbol $\int\limits_{0}^{T} v(t)dt$ bezeichnet. Dabei ist das *Integralzeichen* $\int$ als verallgemeinertes

---

Stellen des Funktiongraphen größer ist als an „flachen". Mit dieser Überlegung könnte man das Zeitintervall von $0\,$s bis $500\,$s z. B. durch die Zwischenpunkte $5\,$s, $10\,$s, $20\,$s, $40\,$s, $75\,$s, $100\,$s, $200\,$s, $300\,$s und $400\,$s, unterteilen. Die äquidistante Einteilung hat hingegen den Vorteil, dass die Unterteilung algebraisch einfacher beschrieben werden kann – und diesen Vorteil werden wir im Folgenden nutzen.

[13] Präziser sagt man auch, die Geschwindigkeitsfunktion ist (im betrachteten Ausschnitt) „monoton wachsend" (vgl. 8.1.1).

Summen-Zeichen gedacht. Integrieren ist in diesem Sinne also eine verallgemeinerte Addition. Die Grenzen des fraglichen Intervalls $[0; T]$ stehen unten und oben am Integralzeichen. Der Term $v(t)dt$ verallgemeinert die Produkte $v(i \cdot \Delta t) \cdot \Delta t$, wobei der Faktor Δt zum „infinitesimalen" (und noch undefinierten) dt geworden ist.

Rekapitulieren wir, was wir ausgehend vom Datenblatt des ICE (Abb. 3.1) gemacht haben. Drei Größen interessieren beim ICE: die durch den Graphen gegebene Geschwindigkeit $v(t)$, die Beschleunigung $a(t)$, die in Teilkapitel 3.1 als Änderungsratenfunktion (oder: Ableitung) von v konstruiert wurde, und der Weg $s(t)$. Hätten wir die Wegfunktion s gegeben gehabt, so hätten wir mittlere Geschwindigkeiten $\frac{\Delta s}{\Delta t}$ betrachten können und wären zur Geschwindigkeitsfunktion v als Änderungsratenfunktion (oder: Ableitungsfunktion) der Wegfunktion gestoßen, also $v(t) = s'(t)$. Aufgrund unserer „Datenlage" haben wir es aber gerade umgekehrt gemacht: Aus der gegebenen Geschwindigkeitsfunktion haben wir in Zeitintervallen von t bis $t + \Delta t$ untere und obere Abschätzungen für die Wegzunahme in diesem Zeitintervall gefunden, wobei diese Rekonstruktion durch den (zunächst noch anschaulichen) Grenzübergang $\Delta t \to 0$ zur exakten Rekonstruktion geführt hat. Wir haben also aus den in v codierten Änderungsraten der *Bestandsfunktion* s diesen Bestand rekonstruiert.

3.2.2 Bestandsfunktionen als Rekonstruktionen aus Änderungsraten

Die Rekonstruktion der (unbekannten) Bestandsfunktion F aus der (bekannten) Änderungsratenfunktion f ist natürlich – wie schon der Weg von der mittleren zur lokalen Änderungsratenfunktion – nicht an das ICE-Beispiel gebunden! Abb. 3.19 zeigt links den Graphen einer Funktion f, die die Änderungsratenfunktion einer Funktion F sein möge. Diese Funktion F wird im rechten Teil der Abbildung aus f rekonstruiert.

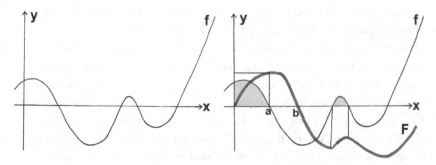

Abb. 3.19: Rekonstruktion des Bestandes aus den Änderungsraten

Wir beginnen willkürlich an der Stelle 0. Zwar ist $f(0) > 0$, dies gibt aber keine Flächeninformation, sodass wir ebenfalls willkürlich mit $F(0) = 0$ beginnen. Hilfreich für die qualitative Rekonstruktion ist die Flächenvorstellung: Von $x = 0$ bis $x = a$ nimmt der Flächeninhalt zu, also wächst die Funktion F. Der Funktionswert $F(a) = c$ entspricht genau dem Flächeninhalt, den der Graph von f und die x-Achse im Intervall von 0 bis a einschließen. Ab $x = a$ wird f negativ, die „Summenstückchen" $f(x)\,dx$ sind jetzt negativ, und der Funktionswert von F nimmt ab. Wie lassen sich negative Änderungsraten und negative Flächenstückchen z. B. im ICE-Kontext interpretieren? Wir haben die Geschwindigkeitsfunktion als Änderungsratenfunktion betrachtet; negative Änderungsraten sind in diesem Kontext dann negative Geschwindigkeiten, die ausdrücken, dass sich die Entfernung zu dem Startpunkt nicht vergrößert, sondern verringert. Dies ist z. B. möglich, wenn man einen Pendelverkehr zwischen zwei Städten A und B und die „orientierte Geschwindigkeit" von A nach B betrachtet. Fährt der Zug von A nach B, so hat er eine positive Geschwindigkeit, die Entfernung zum Startort A vergrößert sich. Fährt er in Richtung A, so hat er eine negative Geschwindigkeit und die Entfernung verringert sich. Weiter zur Rekonstruktion der Funktion F! Bei $x = b$ möge der Flächeninhalt des f-Flächenstücks oberhalb der x-Achse zum Intervall $[0;\ a]$ gleichgroß sein wie das f-Flächenstück unterhalb der x-Achse zum Intervall $[a;\ b]$; also gilt $F(b) = 0$.

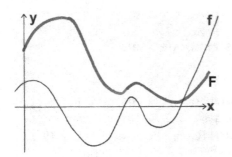

Abb. 3.20: „verschobene" Bestandsfunktion

Wird die Rekonstruktion mit einem anderen Wert für $F(0)$ begonnen – im Kontext des ICE befindet sich der Zug zum Zeitpunkt $t = 0$ bereits an einem Punkt zwischen A und B – so wird der Graph von F wie in Abb. 3.20 parallel zur y-Achse verschoben.

Im folgenden Beispiel von Abb. 3.21 ist die *Änderungsratenfunktion* in einem Schaubild mit einem vorgegebenen 1×1-Gitter gegeben. Wie beim „numerischen Ableiten" (vgl. 3.1.3) kann man jetzt recht genau „numerisch Integrieren": Wir konstruieren eine untere Abschätzung F_u und eine obere Abschätzung F_o der Bestandsfunktion F. Wir wählen der Einfachheit halber als Schrittweite $\Delta x = 1$ und setzen willkürlich den Wert $F(0) = 0$ fest. Damit starten wir auch die Rekonstruktion mit $F_u(0) = F_o(0) = 0$. In jedem Schritt von 0 bis 1, von 1 bis 2, ... nimmt die Funktion F mindestens um den Flächeninhalt $f_{\min} \cdot \Delta x = f_{\min}$, höchstens um $f_{\max} \cdot \Delta x = f_{\max}$ zu, wobei $f_{\min}$ bzw. $f_{\max}$ der minimale bzw. maximale Funktionswert von f im jeweiligen Intervall ist. So entstehen die dick gezeichneten Punkte der Graphen, die dann „stetig" verbunden werden. Hätten wir mit einem anderem Funktionswert a von F an der Stelle Null begonnen, so müssten die beiden rekonstruierten Schrankenfunktionen gerade um diesen Wert a nach oben oder nach unten verschoben werden.

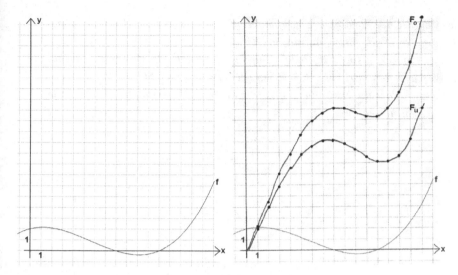

Abb. 3.21: Rekonstruktion des Bestands aus den Änderungsraten

Aufgabe 3.5 *Die folgenden drei Funktionsgraphen (Abb. 3.22 bis 3.24) finden Sie auf den Internetseiten zu diesem Buch (http://www.elementare-analysis. de/) auch als größere Druckvorlagen. Versuchen Sie für alle drei Funktionen möglichst genau obere und untere Schrankenfunktionen für die Bestandsfunktion (in dasselbe Koordinatensystem) zu zeichnen.*

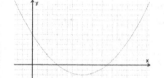   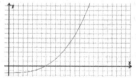   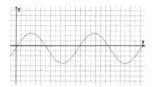

Abb. 3.22: Graph von f **Abb. 3.23:** Graph von g **Abb. 3.24:** Graph von h

Aufgabe 3.6 *Bei der Erschließung einer Ölquelle gibt es zwei Kostentypen: Fixkosten, die unabhängig von der Tiefe des Bohrlochs sind, und die eigentlichen Bohrkosten, die entscheidend von der jeweiligen Bohrtiefe abhängen. Sie werden durch die Grenzkosten, d. h. die Kosten für den nächsten Bohrmeter bei einer schon erreichten Tiefe von x Metern, beschrieben. In Saudi-Arabien geht man von 1 000 000 Dollar Festkosten aus. Die Grenzkosten in Dollar betragen in einer Modellrechnung $G(x) = 4\,000 + 10 \cdot x$. Wie hoch sind die Gesamtkosten für ein Bohrloch der Tiefe h?*

Aufgabe 3.7 *Ein Heißluftballon startet zum Zeitpunkt $t = 0$ vom Boden. Die Geschwindigkeit des Ballons wird in vertikaler Richtung durch das Diagramm in Abb. 3.25 beschrieben (Zeit t in min, Geschwindigkeit v in $\frac{m}{min}$).*

1. *Beschreiben Sie den Bewegungsablauf qualitativ. Wann war die Beschleunigung positiv, negativ, Null, maximal, minimal?*

2. *Bestimmen Sie eine sinnvolle Schätzung für die nach 30 Minuten erreichte Höhe. Was war die maximale Höhe, wann wurde sie erreicht?*

3. *Wieso ist klar, dass die Ballonfahrt an einem höher gelegenen Ort endete? Wie viel höher liegt dieser Ort?*

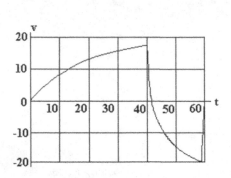

Abb. 3.25: Ballonfahrt

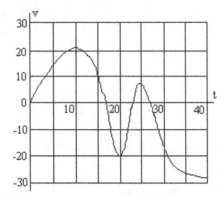

Abb. 3.26: Maus in der Röhre

Aufgabe 3.8 *Eine Maus rennt in einer tunnelförmigen Röhre – angelockt durch Köder, die abwechselnd in das linke und rechte Tunnelende gesteckt werden – hin und her. Das Diagramm in Abb. 3.26 zeigt die Geschwindigkeit v der Maus, wobei positives v die Bewegung nach rechts, negatives v nach links bedeutet. Die Maus möge zum Zeitpunkt $t = 0$ in der Mitte der Röhre starten (v in $\frac{cm}{s}$, t in s). Geben Sie Schätzungen für die folgenden Fragen an:*

1. *Zu welchen Zeitpunkten ändert die Maus ihre Richtung?*

2. *Wann hat sie die größte Geschwindigkeit nach rechts (nach links) erreicht?*

3. *Wann ist sie am weitesten rechts (links) von der Mitte, wie weit ist diese Entfernung jeweils?*

4. *Wann wird die Maus langsamer?*

5. *Wann ist die Maus in der Mitte der Röhre?*

6. *Wie groß ist ihre Durchschnittsgeschwindigkeit im betrachteten Zeitintervall?*

Aufgabe 3.9 *Jahrelang hatte eine Papierfabrik am Sioux Lake in Süddakota mit Tetrachlorkohlenstoff (CCl_4) verseuchtes Abwasser, ca. $12\,m^3$ pro Jahr, in den See geleitet. Als die Umweltbehörde darauf aufmerksam wurde, musste mit dem Einbau von Filtern begonnen werden, was aber erst nach 3 Jahren einen ersten Erfolg zeigte. Ab dann bis zum völligen Ende der Schadstoffeinleitung war die jährliche Schadstoffrate noch $0{,}75 \cdot (t^2 - 14 \cdot t + 49)$ (Rate in m^3 pro Jahr, Zeit t in Jahren seit Entdeckung der Problematik durch die Behörde). Zeichnen Sie einen zugehörigen Funktionsgraphen! Wie viele Jahre nach dem Eingriff durch die*

Behörde endete die Schadstoffeinleitung und wie viel Schadstoff ist in dieser Zeit noch in den See geleitet worden?

3.3 Anschaulicher Zusammenhang von „Ableiten" und „Integrieren"

In Teilkapitel 3.1 haben wir zu einer vorgegebenen Funktion f die lokalen Änderungsraten und hiermit die Ableitung f' von f bestimmt. In Teilkapitel 3.2 haben wir zu einer gegebenen Änderungsratenfunktion f durch Rekonstruktion des Bestandes aus den lokalen Änderungsraten die Integralfunktion F gewonnen. Dabei haben wir auf Seite 95 ausgeführt, dass man die Geschwindigkeitsfunktion des ICE auch als Ableitung hätte gewinnen können, wenn die Wegfunktion gegeben gewesen wäre. Ableiten und Integrieren scheinen also eng zusammenzuhängen. In Abb 3.27 wird beides hintereinander ausgeführt.

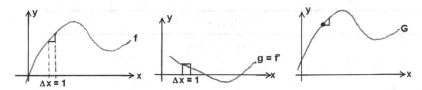

Abb. 3.27: Ableiten und Integrieren

Links ist der Graph der Funktion f gegeben. Aus ihm wird mit der Schrittweite $\Delta x = 1$ die mittlere Änderungsrate $\frac{\Delta f}{\Delta x}$ als Näherungswert für die lokalen Änderungsrate $f'(x)$ entnommen und hiermit der Graph der Ableitung $g = f'$ von f im mittleren Bild gewonnen.

Aus dem Graphen von g im mittleren Bild werden wiederum sukzessive die Werte $g(x) \cdot \Delta x$ entnommen und damit der Graph der Bestandsfunktion G im rechten Bild rekonstruiert. Bis auf eine eventuelle Verschiebung parallel zur y-Achse stimmen die Graphen von f und G in etwa überein, Ableiten und Integrieren sind also anschaulich Umkehroperationen zueinander!

Aufgabe 3.10 *Die drei Funktionsgraphen in den Abbildungen 3.28 bis 3.30 finden Sie auch als größere Druckvorlagen auf den Internetseiten zu diesem Buch (*http://www.elementare-analysis.de/*). Versuchen Sie, bei den drei Funktionen zunächst die Änderungsratenfunktionen (in ein neues Koordinatensystem) zu zeichnen. Danach sollen Sie zu diesen Änderungsratenfunktionen passende Bestandsfunktionen rekonstruieren (möglichst ohne auf die ursprünglichen Funktionsgraphen zu schauen). Wenn Sie noch Mitstreiter beim Durcharbeiten dieses Buchs haben, können Sie auch „Stille Post" spielen. Spieler 1 bekommt einen Ausgangsgraphen und erstellt dazu die Ableitungsfunktion. Spieler 2 rekonstruiert* *hieraus eine passende Bestandsfunktion, ohne den Ausgangsgraphen zu kennen. Spieler 3 bekommt nur diese Bestandsfunktion vorgelegt und soll wieder einen Ableitungsfunktion erstellen. Spieler 4 . . . . Vergleichen Sie am Ende die verschiedenen Graphen miteinander.*

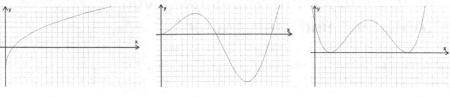

Abb. 3.28: Graph von f　　　**Abb. 3.29:** Graph von g　　　**Abb. 3.30:** Graph von h

Wir stellen *Ableiten* und *Integrieren* mit ihren verschiedenen Aspekten für ein Geschwindikeit-Zeit-Diagramm bzw. Beschleunigung-Zeit-Diagramm in Tab. 3.3 noch einmal gegenüber.

Tab. 3.3: Ableiten und Integrieren

Ableiten	Integrieren
Geschwindigkeit / v Δv Δt Zeit t $t+\Delta t$	Beschleunigung a t $t+\Delta t$ T Zeit
mittlere Änderungsrate: $a = \frac{\Delta v}{\Delta t}$	Geschwindigkeitsgewinn $\approx a(t) \cdot \Delta t$
lokale Änderungsrate für $\Delta t \to 0$, geometrische Deutung: „Steigung der Tangente"	Für „genügend kleines" Δt gilt: neue Geschwindigkeit $v(t + \Delta t)$ $=$ alte Geschw. $v(t)$ + Zuwachs $a(t) \cdot \Delta t$ $= v(t) + \frac{\Delta v}{\Delta t} \cdot \Delta t = v(t) + \Delta v$ Rekonstruktion der Geschwindigkeitsfunktion aus den Änderungsraten $v(t) = v(0) + \int\limits_0^T a(t)dt$, wobei $v(0)$ der „Bestand" zum Zeitpunkt $t = 0$ ist.
Geschwindigkeitsfunktion v $\to$ Beschleunigungsfunktion $a = v'$	Beschleunigungsfunktion a $\to$ Geschwindigkeitsfunktion $v = \int a$
Allgemein: Bestandsfunktion F $\to$ Änderungsratenfunktion $f = F'$	Allgemein: Änderungsratenfunktion f $\to$ Bestandsfunktion $F = \int f$ $F(x) = F(x_0) + \int\limits_{x_0}^{x} f(t)dt$

Anschaulich ist also klar, dass Ableiten und Integrieren *Umkehroperationen* sind. Dieses Resultat halten wir hier (kurz geschrieben) fest als

Hauptsatz der Differenzial- und Integralrechnung

1. $F'(x) = (\int\limits_a^x f(t)dt)' = f(x)$ und

2. $F(x) = F(a) + \int\limits_a^x f(t)dt$

Im Anschluss an die mathematische Präzisierung der Differenzial- und Integralrechnung in den Kapiteln 5 und 6, für die wir Grenzwerte von Funktionen benötigen, die in Kapitel 4 bereitgestellt werden, werden wir den Hauptsatz in Kapitel 7 auf der Grundlage der bis dahin entwickelten Theorie präzise formulieren und dann auch beweisen. Bevor wir im letzten Teil dieses Kapitels die Grenzen der Anschauung bei der Betrachtung von Funktionen, und damit auch die Grenzen des anschaulichen Zugangs in diesem Kapitel, thematisieren, möchten wir Sie dazu anregen, Ihre inhaltlichen Vorstellungen von „Bestand und Veränderung" zu erweitern. Den Theorieaufbau ab Kapitel 5 werden wir – beruhend auf solchen inhaltlichen Vorstellungen – weitgehend innermathematisch vollziehen und nicht jeweils neu durch Anwendungssituationen motivieren.

Die beiden Tabellen 3.4 und 3.5 enthalten verschiedene Kontexte mit Konkretisierungen des Übergangs von der Bestandsfunktion zur Änderungsrate und von der Änderungsrate zur Bestandsfunktion.

Tab. 3.4: Von der Funktion zur Ableitung

Bedeutet $f(x)$ ...	... , dann bedeutet $f'(x)$ ...
die Ordinate des Punktes auf dem Graphen von f mit der Abszisse x.	die Steigung des Graphen in diesem Punkt.
den vom Start bis zum Zeitpunkt x zurückgelegten Weg.	die Geschwindigkeit zu diesem Zeitpunkt.
die Einkommensteuer beim zu versteuernden Einkommen x.	den Grenzsteuersatz bei diesem Einkommen, d. h. „den für den letzten Euro zu zahlenden Steuersatz".
die vom Anfangspunkt bis zur Wegstelle x verrichtete Arbeit.	die an dieser Stelle wirkende Kraft.
das Volumen einer Kugel mit Radius x.	den Oberflächeninhalt dieser Kugel.
die Länge eines Drahtes bei der Temperatur x.	den Ausdehnungskoeffizienten bei dieser Temperatur.
das Integral $\int\limits_a^x g(u)du$ der Funktion g über dem Intervall $[a;\,x]$.	den Funktionswert $g(x)$.

Auftrag: *Begründen Sie die Angaben in den beiden Tabellen. Ergänzen Sie die Tabellen durch weitere Beispiele!*

Tab. 3.5: Von der Funktion zum Integral

Bedeutet $f(x)$ für $a \leq x \leq b$ ...	... , dann bedeutet $\int\limits_{a}^{b} f(x)\,dx$ ...
die Ordinate des Punktes auf dem Graphen von f mit der Abszisse x.	den orientierten Flächeninhalt zwischen dem Graphen und der x-Achse von $x = a$ bis $x = b$.
die Geschwindigkeit zum Zeitpunkt x.	den zwischen den Zeitpunkten a und b zurückgelegten Weg.
den Grenzsteuersatz beim einem Einkommen x.	den Zuwachs der zu zahlenden Einkommensteuer bei einem Einkommenszuwachs von a auf b.
die an der Wegstelle x wirkende Kraft.	die zwischen den Stellen a und b verrichtete Arbeit.
den Oberflächeninhalt einer Kugel mit Radius x.	das Volumen der Kugelschale mit innerem Radius a und äußerem Radius b.
den Ausdehnungskoeffizienten eines Drahtes bei der Temperatur x.	die Längenänderung eines Drahts, wenn die Temperatur von a auf b steigt.
die Ableitung der Funktion F an der Stelle x.	Die Differenz $F(b) - F(a)$ der Funktionswerte $F(a)$ und $F(b)$.

3.4   Grenzen der Anschauung

Da wir zuvor schon den Hauptsatz der Differenzial- und Integralrechnung auf anschaulicher Basis formuliert haben, könnte man meinen, der wesentliche Teil einer Einführung in die Analysis sei erledigt. Dass dies nicht so ist, liegt vor allem an Funktionen, die derart „unschöne" Eigenschaften haben, dass die Anschauung versagt – und somit unser anschaulicher Zugang nicht ausreicht, um Ableiten und Integrieren mathematisch präzise und hinreichend allgemein durchführen zu können.

Bei unserem ICE-Beispiel hatten wir es mit einer sehr „gutmütigen" Funktion zu tun, die monoton wachsend war und weder Sprung- noch Knickstellen hatte. Zur Kontrastierung betrachten wir noch eine Funktion, die später gemeinsam mit einer Schar ähnlich „gebauter" Funktionen noch genauer bzgl. Stetigkeit (vgl. 4.3.3) und Differenzierbarkeit (vgl. 5.1.1) untersucht wird:

$$f(x) = \begin{cases} \sin\left(\frac{1}{x}\right) & \text{für } x \neq 0 \\ 0 & \text{für } x = 0\,. \end{cases}$$

Die Abbildung 3.31 zeigt den Funktionsgraphen in verschiedenen Zoomstufen jeweils mit dem Ursprung als Zentrum und auf der x-Achse „hereingezoomt".

Aussagen z. B. über die Änderungsrate bei $x = 0$ sind alleine aufgrund des Funktionsgraphen nicht möglich – zumal der hier verwendete Funktionenplotter offensichtlich deutlich an seinen Grenzen stößt. Auch anhand der obigen Definition der Funktion dürfte dies mehr als schwer fallen. Klar ist lediglich, dass die Funktion immer schneller oszilliert, je näher sie an 0 herankommt: In jeder noch so

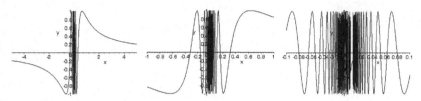

Abb. 3.31: Grenzen des anschaulichen Zugangs

kleinen Umgebungen von 0 sind unendlich viele Hoch- und Tiefpunkte der Funktion. Damit ist auch klar, warum jeder Funktionenplotter an dieser Stelle „versagt".

Wenn wir unsere Konzepte „Ableiten" und „Integrieren" auch auf solch unanschauliche Funktionen anwenden möchten, müssen wir also eine – zwar in der Anschauung verankerte, aber nicht mehr nur auf der Anschauung fußende – Theorie „Differenzial- und Integralrechnung" entwickeln. Im folgenden Kapitel werden wir die hierfür erforderlichen mathematischen Grundlagen bereitstellen.

4 Mathematische Grundlagen der Analysis

Übersicht

4.1 Die vollständige Zahlengerade: reelle Zahlen 107

4.2 Folgen und ihre Grenzwerte 135

4.3 Grenzwerte von Funktionen und Stetigkeit 173

Das Ziel dieses Buchs ist die Entwicklung einer nützlichen und in der Anschauung verankerten, aber nicht mehr an die Anschauung gebundenen Theorie der Differenzial- und Integralrechnung (einer reellen Veränderlichen). Damit wir vom anschaulichen Zugang in Kapitel 3 aus dorthin gelangen können, benötigen wir noch mathematische Grundlagen, die in diesem Kapitel bereitgestellt werden.

Beim anschaulichen Zugang zum Ableiten und Integrieren war ein Grenzübergang der unabhängigen Variablen („$\Delta t \to 0$") jeweils der wesentliche gedankliche Schritt. Da wir es beim ICE-Beispiel mit einer „gutmütigen" Funktion zu tun hatten, konnten wir statt des exakten Grenzübergangs auch mit „genügend kleinem" Δt arbeiten. Damit wir eine Theorie entwickeln können, mit deren Hilfe möglichst viele Funktionen analysiert werden können, müssen wir aber weitere Arbeit investieren und Grenzwerte von Funktionen präzisieren (4.3). Dies gelingt anschaulich und gut nachvollziehbar durch eine Rückführung auf Grenzwerte von Folgen (4.2). Damit für jede *konvergente* Folge tatsächlich ein Grenzwert existiert, muss der zugrunde liegende Zahlenraum *vollständig* sein. Da die rationalen Zahlen nicht über diese Eigenschaft verfügen, werden wir die benötigten reellen Zahlen als Grundlage für den Theorieaufbau mithilfe von Intervallschachtelungen „konstruieren" (4.1).

Möglicherweise werden Sie einwenden, dass wir doch in den ersten zwei Kapiteln dieses Buchs schon überwiegend mit reellen Zahlen oder reellen Intervallen als Definitions- und Zielmengen von Funktionen gearbeitet haben. Das stimmt zwar, aber wir haben die reellen Zahlen dabei ganz naiv als die Menge der Punkte auf der Zahlengeraden mit ihren anschaulichen Eigenschaften genutzt. Diese geometrische Anschauung der lückenlosen Zahlengeraden war bis ins 19. Jahrhundert hinein in der Mathematik vorherrschend. Arithmetisch werden die Punkte auf dem Zahlenstrahl durch Dezimalzahlen beschrieben.

Obwohl schon die Pythagoräer im 5. vorchristlichen Jahrhundert die Existenz nicht-rationaler Punkte auf dem Zahlenstrahl entdeckt und damit die „erste Grundlagenkrise" der Mathematik ausgelöst hatten, wurden irrationale Zahlen erst Ende des 16. Jahrhunderts im Zusammenhang mit der Einführung von Dezimalzahlen näher betrachtet. Die Dezimalzahlen ihrerseits traten bei der Einführung von Logarithmen (vgl. 2.4.3) auf. Die Mathematiker operierten mit diesem Zahlbegriff, ohne allzu viel über eine Begründung nachzudenken. Erst in der zweiten Hälfte des 19. Jahrhunderts zwangen neue Erkenntnisse sowie wirkliche und scheinbare Widersprüche – man spricht von der „zweiten Grundlagenkrise" der Mathematik – dazu, die zugrunde liegende Theorie der Zahlen weiterzuentwickeln und insbesondere die reellen Zahlen auf arithmetischer Grundlage zu präzisieren. Das Erfassen von und Umgehen mit unendlich großen und unendlich kleinen Dingen, also die Grenzübergänge zum Unendlichen, sind es, was die Präzisierung der Grundlagen so schwierig machte und was oft im Widerspruch zu naiven anschaulichen Vorstellungen steht (vgl. Beutelspacher & Weigand (2002); Mason & Klymchuk (2009)). Erst eine nach heutigen Ansprüchen befriedigende Theorie der reellen Zahlen erlaubte es, den Begriff des Grenzwertes von Folgen exakt zu fassen. Die dynamisch anschauliche und heuristisch ungeheuer fruchtbare, aber vage Vorstellung „eine Zahl geht gegen ..." wird ersetzt durch die nachprüfbare, arithmetische Frage, ob eine Zahl in einer gewissen Menge liegt. Nichts ist praktischer als eine gute Theorie, sagte *Einstein*, und die Theorie erwies sich als äußerst erfolgreich: Wie zuerst *Cauchy* zeigte, erlaubte der Grenzwertbegriff eine mathematisch genaue Fassung der grundlegenden Begriffe wie stetig, differenzierbar und integrierbar, was zu einem ungeheuren Fortschritt der Mathematik im Wechselspiel von angewandter und reiner Mathematik führte.

Für die Schule reicht im Prinzip die anschauliche Auffassung von reellen Zahlen als Punkte auf der Zahlengeraden aus, mit der auch die Mathematik-Koryphäen der Barockzeit erfolgreich gearbeitet haben. Die Notwendigkeit, genauer hinzuschauen, ergibt sich aber – zumindest für den Lehrer – eigentlich schon bei der Einführung der unendlich periodischen Dezimalzahlen: Wieso gilt $0,999\ldots = 1$? Und: Was bedeutet eigentlich die allgemeine Potenz a^b, wobei $a > 0$ und b reelle Zahlen sind – insbesondere, wenn b „irrational" ist? Wieder sollte zumindest der Lehrer wissen, was der Taschenrechner im Prinzip macht, wenn man ihn eine solche Potenz berechnen lässt. Ein letztes Beispiel sei uns an dieser Stelle erlaubt: Nimmt eine „vernünftige" Funktion positive und negative Werte an, so muss der Graph irgendwo die x-Achse schneiden, d. h. die Funktion muss auch den Wert Null annehmen. Dies ist nach Zeichnen eines Graphen anschaulich evident Aber ohne die reellen Zahlen stimmt dieser *Nullstellensatz von Bolzano* weder für die Funktion f mit $f(x) = x^2 - 2$ noch für die Kosinusfunktion, obwohl letztere sogar unendlich viele Nullstellen haben müsste. Mit den reellen Zahlen ist dieser grundlegende Satz gültig für die *stetig* genannten „vernünftigen" Funktionen (vgl. 4.3).

Eine exakte Einführung der reellen Zahlen mit allen Details ist sehr langwierig und schwierig (und etwas langweilig) und wird in der Regel auch in mathematischen Diplom- oder BA/MA-Studiengängen nicht genauer ausgeführt. Auch in diesem Text geht es um die Idee, nicht um die exakte Ausführung. Die Untersuchung der oft extrem unanschaulichen Eigenschaften der reellen Zahlen ist dagegen spannend (siehe z. B. Henn (2003), S. 192 f.); einige Beispiele werden auch hier diskutiert werden.

4.1 Die vollständige Zahlengerade: reelle Zahlen

In der Mathematik werden neue Objekte in der Regel aus schon vorhandenen konstruiert. In der Schule gewinnt man z. b. die Brüche und die negativen Zahlen aus den natürlichen Zahlen. In Verallgemeinerung der Darstellung der rationalen Zahlen als endliche oder periodische Dezimalbrüche werden in der Schule die reellen, nicht-rationalen Punkte als unendliche, nichtperiodische Dezimalzahlen verstanden. Wieso reichen eigentlich die rationalen Zahlen nicht aus, obwohl sie *dicht* auf dem Zahlenstrahl liegen, d. h. obwohl man zwischen zwei verschiedenen rationalen Zahlen immer unendlich viele weitere rationale Zahlen finden kann? Der zweieinhalb Tausend Jahre alte Grund ist die Entdeckung nicht-rationaler Punkte auf dem Zahlenstrahl durch die altgriechischen Pythagoräer. Eine Möglichkeit, die „neuen" Zahlen arithmetisch zu beschreiben, ist die Einführung von Intervallschachtelungen mit rationalen Zahlen, ein hinreichend anschauliches und vor allem mathematisch zufrieden stellendes Verfahren. Zudem liefern die Grenzen der jeweiligen Intervalle numerische Abschätzungen für die nicht-rationalen Zahlen. Die für die Analysis wesentliche Eigenschaft der reellen Zahlen ist ihre *Vollständigkeit*: Anschaulich gesprochen füllen die reellen Punkte die Zahlengerade jetzt vollständig aus, man spricht vom *Zahlen-Kontinuum*.

4.1.1 Ein kurzer historischer Überblick

Abb. 4.1: *Pythagoras von Samos*

Pythagoras von Samos (570 – 497 v. Chr.) und seine Schüler glaubten in ihrer „rationalen Auffassung" der Natur, dass die natürlichen Zahlen das Maß aller Dinge sind und dass sich alles auf Verhältnisse natürlicher Zahlen zurückführen lässt. Aus der philosophischen Lehre des *Pythagoras* ergab sich zwingend, dass zwei beliebige Strecken a und b immer *kommensurabel* sein müssen, d. h. sich als ganzzahlige Vielfache einer kleineren Strecke e darstellen lassen: $a = n \cdot e$ und $b = m \cdot e$ mit natürlichen Zahlen n und m. Anders ausgedrückt müssen die Längen von a und b in einem rationalen Verhältnis stehen: $\frac{a}{b} = \frac{n}{m}$. Die Entdeckung *inkommensurabler Strecken* wurde von dem Pythagoräer *Hippasos von Metapont* im 5. Jahrhundert v. Chr. gemacht, der damit die Grundlage der pythagoräischen Philo-

sophie erschütterte. Seine „Sektenbrüder" warfen ihn der Sage nach „zum Dank"
dafür ins Meer. Damit steckte die Mathematik kurz nach ihrer Geburt in ihrer
„ersten Grundlagenkrise": Alle Beweise, die auf der Grundlage kommensurabler
Strecken geführt worden waren, brachen auf einmal zusammen (vgl. Meyer (2005)).

Ein Jahrhundert später entwickelte *Eudoxos von Knidos* (408 – 355 v. Chr.) den
pythagoräischen Ansatz in seiner Größen- und Proportionenlehre sowie mit der
Exhaustionsmethode weiter und hat damit den ersten Schritt zu einer Theorie der
reellen Zahlen gemacht: *Eudoxos* wusste, dass es inkommensurable Strecken gibt.
Er verwendete daher die nach *Archimedes* benannte, aber auf ihn zurückgehende Idee, dass man bei zwei gegebenen Strecken auf einer Geraden stets mit der
kleineren die größere übertreffen kann, wenn man sie nur oft genug abträgt. Dies
ist die adäquate Verallgemeinerung der ursprünglichen pythagoräischen Idee der
Kommensurabilität! Wir sprechen dabei heute vom *Archimedischen Axiom*, das
auch wir bei unserem Theorieaufbau häufiger verwenden werden[1]:

Zu zwei positiven Größen $x > y > 0$ gibt es eine natürliche Zahl n mit $n \cdot y > x$.

In seiner Größenlehre subsumierte *Eudoxos* u. a. die Konzepte *Länge* und *Zeit*,
die jeweils ein Kontinuum darstellten und nach *Hippasos'* Entdeckung auch nicht-
rationale Maßzahlen umfassten. Seine Proportionenlehre umfasste dementsprechend auch nicht-rationale Größenverhältnisse. Die Exhaustionsmethode ist aus
heutiger Sicht Grundlage jeder Messung. Insbesondere für die Integralrechnung
ist die Exhaustionsmethode (von *exhaurire* – lat. „herausnehmen", „ausschöpfen",
„vollenden") besonders interessant. Sie umfasst z. B. das „Ausschöpfen" von nicht
elementar bestimmbaren Flächeninhalten mithilfe von (immer kleiner werdenden)
bekannten Figuren. In einer Weiterentwicklung dieses Ansatzes hat *Archimedes*
(287 – 212 v. Chr.) bei der „Parabelquadratur" die Fläche unter einer Parabel
durch „Ausschöpfen mit Dreiecken" exakt bestimmt – und damit bereits eine wesentliche Kernidee der Integralrechnung entwickelt.

Simon Stevin (1548 – 1620) entwickelte dann im 16. Jahrhundert die Vorstellung, dass jedem Punkt der Zahlengeraden genau eine reelle Zahl zugeordnet werden kann. Er führte 1585 die Dezimalschreibweise ein. Diese wurde für die in
derselben Epoche entwickelten Logarithmen (vgl. 2.4.3) verwendet.

Aufbauend auf den Arbeiten vieler Vorläufer wurde im 17. Jahrhundert durch
Isaac Newton (1643 – 1727) und *Gottfried Wilhelm Leibniz* (1646 – 1716) unabhängig voneinander die Differenzial- und Integralrechnung entwickelt und gleich
mit großem Erfolg angewandt. Ein bekanntes Beispiel ist *Newtons* Theorie der
Planetenbewegung. *Newton* war die Natur der Grundbegriffe wohl nicht bekannt;
daher auch der Name „Calculus": Es funktioniert, aber keiner wusste so richtig,
warum. Von *Leibniz* lässt sich das wohl nicht mehr sagen; er nutzte im Prinzip

---

[1]Wir werden später auch noch andere Formulierungen des *Archimedischen Axioms* vorstellen.

schon den Cauchy'schen Grenzwertbegriff (auch wenn er es so nicht publiziert hat). Die Analysis entwickelte sich im 18. und 19. Jahrhundert sehr schnell und äußerst erfolgreich, ohne dass ihre Grundlagen (reelle Zahlen, Grenzwerte) geklärt wurden. Insbesondere *Leonhard Euler* (1707 – 1783) ging souverän mit Grenzwerten und unendliche Reihen um. Die *Vollständigkeit* der reellen Zahlen wurde naiv verwendet, anschauliche, graphisch motivierte Zwischenwertargumente wurden angewandt. Erst Ende des 19. Jahrhunderts wurde (insbesondere anhand von Funktionen mit höchst unanschaulichen Eigenschaften) klar, dass eine Weiterentwicklung der Theorie nur nach Klärung ihrer fundamentalen Grundbegriffe möglich war; die „zweite Grundlagenkrise" der Mathematik war gekommen.

Abb. 4.2: (v. l. n. r.) *Gauss, Bolzano, Cauchy*

Nach Vorarbeiten von *Carl Friedrich Gauß* (1777 – 1855), B*ernhard Bolzano* (1781 – 1848) und *Augustin Louis Cauchy* (1789 – 1857) lieferten vor allem *Eduard Heine* (1821 – 1881), *Richard Dedekind* (1831 – 1916), *Georg Cantor* (1845 – 1918) und *David Hilbert* (1882 – 1943) wichtige Beiträge zu einer Theorie der reellen Zahlen und zu den Grundlagen der Analysis.

Abb. 4.3: (v. l. n. r.) *Heine, Dedekind, Cantor, Hilbert*

So entstand die auch heutigen Ansprüchen genügende Grundlegung der Analysis (vgl. Deiser (2007)). Die wesentliche mathematische Leistung war die „Arithmetisierung der Analysis": Die Grundbegriffe der Analysis wurden auf den Grenzwertbegriff reduziert. Konvergenz und Grenzwert, bisher anschaulich und dynamisch mit „geht gegen" gesehen, wurden durch die Formulierung exakter, mit Mitteln der Arithmetik formulierbarer (statischer) Konvergenzkriterien präzisiert (vgl. 4.2.2). Entsprechend wurde der Stetigkeitsbegriff formalisiert (vgl. 4.3). Grundlegend hierfür war die exakte Begründung der reellen Zahlen (vgl. 4.1.3).

Zwar sind die reellen Zahlen eine unverzichtbare Grundlage zur Entwicklung der Analysis und zum Beweis ihrer Sätze – fürs „tägliche Leben" braucht man sie aber nicht. *Felix Klein* (1849 – 1925) unterscheidet im ersten Band seiner berühmten Vorlesungen über „Elementarmathematik vom höheren Standpunkte aus" zwischen „Präzisionsmathematik" und „Approximationsmathematik" und schreibt: „Für die Praxis kann man also irrationale Zahlen unbedenklich durch rationale ersetzen." (Klein (1908; 1909), S. 39). Diese „Praxis" umfasst auch die Lösung von Problemen mithilfe der Differenzial- und Integralrechnung z. B. mit numerischen Methoden, die (computergestützt) nur endliche Dezimalzahlen , also rationale Zahlen, verwenden.

4.1.2 Die Entdeckung der irrationalen Zahlen

Abb. 4.4: *Euklid*

Es gilt als historisch sicher, dass die alten Griechen nicht-kommensurable Strecken, und damit die *Irrationalität*, entdeckt haben. Nicht sicher dagegen ist, mit welcher Problemstellung *Hippasos* seine Entdeckung gelungen ist. *Euklid von Alexandria* (ca. 325 – 265 v. Chr.) hat in den 13 Bänden seiner „Elemente" das mathematische Wissen seiner Zeit gesammelt[2]. In den „Elementen" findet sich der folgende Nachweis der Existenz irrationaler Zahlen, den Sie vielleicht aus der Schule kennen. *Euklid* zeigt, dass $\sqrt{2}$ eine nicht-rationale Zahl ist: Gesucht wird die Seitenlänge eines Quadrat, dessen Flächeninhalt doppelt so groß ist wie der des Einheitsquadrats. Die Konstruktion gelingt leicht.

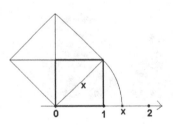

Abb. 4.5: Verdopplung des Quadrates

In Abb. 4.5 wird mit einem Quadrat der Seitenlänge 1 (in einer beliebigen Einheit gemessen) gestartet. Dann wird mit Hilfe der Diagonalen ein Quadrat mit der Seitenlänge x und doppeltem Inhalt konstruiert. Diesem x kann man sofort umkehrbar eindeutig durch Zeichnen des Kreises mit Mittelpunkt $O(0|0)$ und Radius x einen Punkt auf dem Zahlenstrahl zwischen 1 und 2 zuordnen. Nun wird bewiesen, dass x keine

---

[2]Unklar ist, ob *Euklid* tatsächlich eine historische Person ist und die „Elemente" (vollständig) selbst verfasst hat. Es gibt Vermutungen, dass er der Kopf einer Gruppe von Mathematikern war, die gemeinsam und auch über seinen Tod hinaus die „Elemente" geschrieben haben, oder dass er möglicherweise nie gelebt hat und „Euklid" nur das Pseudonym einer Mathematikergruppe war (vgl. http://www.et.fh-koeln.de/ia/ma/euklid.html).

rationale Zahl sein kann. Man nimmt hierzu das Gegenteil an, also dass sich x darstellen lässt als

$$x = \frac{a}{b} \text{ mit } a, b \in \mathbb{N}.$$

Quadrieren und das geometrische Ausgangsproblem in Abb. 4.5 liefern

$$2 = x^2 = \frac{a^2}{b^2} \Rightarrow 2 \cdot b^2 = a^2.$$

Nun kann man mit dem *Satz von der eindeutigen Primfaktorzerlegung* argumentieren (vgl. Padberg (2008), S. 63): Jede natürliche Zahl besitzt eine bis auf die Reihenfolge eindeutige Primfaktorzerlegung. In der obigen Gleichung $2 \cdot b^2 = a^2$ wird links und rechts vom Gleichheitszeichen solange in Faktoren zerlegt, bis man beidseitig eine Zerlegung in Primfaktoren gefunden hat. Nun betrachtet man die Primzahl 2. Die beiden Quadrate a^2 und b^2 haben jeweils eine gerade Anzahl von Zweien in ihrer Primfaktorzerlegung, zusammen taucht also der Primfaktor 2 links vom Gleichheitszeichen ungeradzahlig oft auf, rechts vom Gleichheitszeichen geradzahlig oft. Dies ist aber ein Widerspruch. Unsere Annahme, dass x eine rationale Zahl ist, ist folglich falsch. Die durch einen Punkt auf dem Zahlenstrahl repräsentierte neue Zahl x wird mit dem Symbol $\sqrt{2}$ als „Wurzel 2" bezeichnet. Dieses Symbol wird im Sinne der *Gegenstandsvorstellung* von Variablen (vgl. 2.3.1) verwendet.

Euklid selbst hat etwas anders argumentiert: Er setzt zusätzlich $\mathrm{ggT}(a, b) = 1$ voraus, was keine keine Einschränkung der Allgemeinheit darstellt[3], und verwendet den Satz „Wenn eine Primzahl ein Produkt teilt, so auch einen der Faktoren"(vgl. Padberg (2008), S. 71) – in Formeln „$p \,|\, a \cdot b \Rightarrow p \,|\, a$ oder $p \,|\, b$". Nun schließt *Euklid* aus der Darstellung $2 \cdot b^2 = a^2$, dass gilt $2 \,|\, a^2 = a \cdot a$, also auch $2 \,|\, a$ und somit $a = 2 \cdot A$ mit einem weiteren Faktor A. Einsetzen liefert $2 \cdot b^2 = a^2 = (2 \cdot A)^2 = 4 \cdot A^2$. Nach Kürzen gilt nun aber $b^2 = 2 \cdot A^2$, und nach demselben Argument folgt auch $2 \,|\, b$. Dies ist aber ein Widerspruch dazu, dass a und b teilerfremd sind!

Aufgabe 4.1 *Die Betrachtung von „$\sqrt{2}$" ist das schulische Standardbeispiel für die Irrationalität einer Zahl. Mit ähnlichen Mittel lassen sich allerdings viele weitere Zahlen untersuchen.*

1. *Untersuchen Sie in analoger Weise die Seitenlänge eines Quadrats des Inhalts 3, 4, 5 und 6. Wie konstruiert man die entsprechenden Quadrate?*
2. *p und q seien Primzahlen. Untersuchen Sie die Seitenlänge der Quadrate vom Inhalt p und vom Inhalt $p \cdot q$.*
3. *Wie kann man prüfen ob Zahlen wie $\sqrt{2} + \sqrt{3}$ rational sind oder nicht?*

---

[3]Wäre der größte gemeinsame Teiler $\mathrm{ggT}(a, b)$ noch nicht 1, so kürzt man eben solange, bis die Bedingung erfüllt ist.

Die übliche Methode, das „gemeinsame Maß" zweier Strecken a_1 und b_1 zu finden, war bei den alten Griechen die „Wechselwegnahme": Man beginnt mit den beiden Strecken a_1 und b_1 mit $a_1 > b_1$, geht dann über zu $a_2 = a_1 - b_1$, $b_2 = b_1$ und so weiter, bis irgendwann einmal die kleinere Strecke in der größeren ganzzahlig enthalten ist (was ja nach der Philosophie der Pythagoräer der Fall sein musste). Damit ist das gemeinsame Maß e gefunden. Im folgenden Bild ist das gemeinsame Maß mit $e = a_5 = b_5$ gefunden.

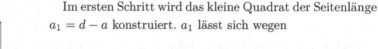

Abb. 4.6: Wechselwegnahme

Vermutlich ist *Hippasos* mit dem Verfahren der Wechselwegnahme auf das Problem der Inkommensurabilität gestoßen. Wir verdeutlichen dies mithilfe der Seite a eines Quadrats und seiner Diagonalen d (vgl. Abb. 4.7), deren Inkommensurabilität wir wiederum mit einer indirekten Beweisführung zeigen: Angenommen, die Seite und Diagonale sind kommensurabel, haben also ein gemeinsames Maß e; für geeignete natürliche Zahlen n und m gilt dann $a = n \cdot e$ und $d = m \cdot e$.

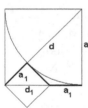

Im ersten Schritt wird das kleine Quadrat der Seitenlänge $a_1 = d - a$ konstruiert. a_1 lässt sich wegen

$$a_1 = d - a = m \cdot e - n \cdot e = (m - n) \cdot e$$

auch durch e messen. Außerdem ist $a_1 < \frac{d}{2}$. Die drei in der Abbildung dick gezeichneten Seiten sind alle gleich lang, da rechts ein Drachenviereck entstanden ist. Also gilt für die Diagonale des kleinen Quadrats

Abb. 4.7: Diagonale und Seite

$$d_1 = a - a_1 = n \cdot e - (m - n) \cdot e = (2 \cdot n - m) \cdot e,$$

sie lässt sich folglich auch durch e messen. Es gilt ebenfalls $d_1 < \frac{d}{2}$. Die Fortsetzung des Verfahrens liefert eine Folge von immer kleiner werdenden Quadraten mit beliebig kleinen Strecken a_i und d_i, die alle das gemeinsame Maß e haben, was der gewünschte Widerspruch ist, da sie insbesondere kleiner als jedes festgelegte e werden. Also sind a und d inkommensurabel.

Eudoxos von Knidos (ca. 410 – 355 v. Chr.) hat diese Exhaustionsmethode, wohl wissend, dass sie nicht abbrechen muss, weiterentwickelt und hat gewissermaßen zur damaligen Zeit eine Grenzwertmethode ohne Grenzwert erhalten. Diese Methode ist die Grundlage jeder Messung: Wollen wir z. B. eine Strecke messen, so legen wir solange ein Metermaß an, bis es nicht mehr ganz in das Reststück passt. Dann teilen wir das Metermaß mithilfe der Mathematik in 10 kongruente Teile, die damit alle das Maß 1 dm haben, und messen das Reststück weiter usw.

Manche Mathematiker vermuten, dass die Pythagoräer das Phänomen der Inkommensurabilität nicht zuerst an der Diagonalen im Einheitsquadrat, sondern an ihrem Ordenszeichen, dem Pentagramm (Abb. 4.8), entdeckt haben. Die Ecken des Pentagramms bilden ein regelmäßiges Fünfeck (Abb. 4.9). Bei *Euklid* wird erklärt, wie man das regelmäßige Fünfeck konstruieren kann.

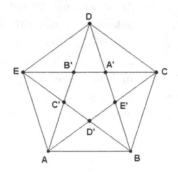

Abb. 4.8: Pentagramm

Abb. 4.9: Fünfeck

Aufgabe 4.2 *Wenden Sie das Verfahren der Wechselwegnahme analog zum zuvor besprochenen Quadratbeispiel auf die Seite und die Diagonale des regelmäßigen Fünfecks in Abb. 4.9 an. Zeigen Sie so, dass auch hier Seite und Diagonale inkommensurabel sind.*

4.1.3 Konstruktion der reellen Zahlen durch Intervallschachtelungen

In der Schule geht man beim Aufbau des Zahlensystems davon aus, dass „alle" Zahlen schon da sind, sie sind auf der Zahlengeraden „versteckt". Die Kinder müssen sie entdecken, sie konstruktiv erschließen und mit ihnen rechnen lernen. Beim Wechsel von der Grundschule in die Sekundarstufe I sind den Kindern die natürlichen Zahlen und ihre Rechenregeln bekannt. Dann beginnt der Aufbau des Zahlensystems durch verschiedene Zahlbereichserweiterungen. Innermathematische Motivation zur „Entdeckung" neuer Zahlen auf dem Zahlenstrahl kann sein, dass bisher unlösbare Gleichungen lösbar werden sollen[4]. Beispielsweise ist die Gleichung $4 \cdot x = 3$ in $\mathbb{N}$ nicht lösbar. Nach Einführung der positiven Brüche ist nicht nur diese Gleichung, sondern jede analoge Gleichung lösbar. Die neuen Zahlen werden relativ einfach auf der Zahlengeraden identifiziert und mit neuen Symbolen benannt, wie z. B. $\frac{3}{4}$ oder 0,75.

---

[4]Altersangemessen wird man zu Beginn der Sekundarstufe I allerdings von Realsituationen ausgehen, die auf die Frage nach der Lösung solcher Gleichungen führen, z. B. wenn vier Kinder drei Pizzen gerecht untereinander aufteilen wollen.

Abb. 4.10: *Hankel*

Die Definition der Rechenoperationen erfolgt nach dem 1867 von *Hermann Hankel* (1839 – 1873) formulierten *Permanenzprinzip*: Die Verknüpfungen „+" und „·" und die Anordnung „<" für die neuen Zahlen müssen so erklärt werden, dass die „alten" Rechenregeln (z. B. Kommutativ-, Assoziativ- und Distributivgesetze für Addition und Multiplikation, Transitivität bei der Anordnung) gültig bleiben. In diesem Buch gehen wir davon aus, dass wir schon die rationalen Zahlen $\mathbb{Q}$ und ihre Gesetze für Addition, Multiplikation und Anordnung kennen (genaueres hierzu siehe Henn (2003), S. 163 f.). Die Anordnung von $\mathbb{Q}$ ist *archimedisch*, d. h. es gilt das bereits in Abschnitt 4.1.1 (S. 108) erwähnte – von den natürlichen Zahlen „vererbte" – *Archimedische Axiom*:

1. Zu zwei positiven rationalen Zahlen $x > y > 0$ gibt es eine natürliche Zahl n mit $n \cdot y > x$.
   Heute verwendet man eher die folgende Formulierung:
2. Zu jeder positiven rationalen Zahl r gibt es eine natürliche Zahl n mit $n > r$.
   Insbesondere sind die natürlichen Zahlen nach oben unbeschränkt. Äquivalent ist die folgende Aussage:
3. Zu jeder positiven rationalen Zahl r gibt es eine natürliche Zahl n mit $\frac{1}{n} < r$.

Die Stammbrüche werden demnach beliebig klein, bilden also – was wir später noch präzisieren werden – eine *Nullfolge*.

Aufgabe 4.3 *Führen Sie diese Aussagen 1., 2. und 3. für die rationalen Zahlen auf die entsprechende Eigenschaft der natürlichen Zahlen zurück und zeigen Sie die Äquivalenz der drei Aussagen untereinander!*

Das *Archimedische Axiom* ist nur scheinbar trivial; es spielt eine fundamentale Rolle beim Aufbau der reellen Zahlen. Es sichert uns beliebig große und damit auch beliebig kleine positive Zahlen zu, was wir später für die Untersuchung von Folgen auf Konvergenz oder Divergenz verwenden werden. Für die Differenzial- und Integralrechnung ist dies insofern von Bedeutung, als wir beim anschaulichen Grenzübergang („$\Delta t \to 0$") in Kapitel 3 schon davon ausgegangen sind, dass wir der Null (von rechts) beliebig nahe kommen können.

Rationale Zahlen lassen sich eindeutig als gekürzte Brüche oder als endliche oder unendlich periodische Dezimalzahlen darstellen.[5]. Im letzten Abschnitt haben wir mit $x^2 = 2$ eine Gleichung gefunden, die keine Lösung in $\mathbb{Q}$ hat. Durch ein geometrisches Argument haben wir aber einen Punkt auf der Zahlengeraden gefunden, der x darstellt (vgl. Abb. 4.5). Diese Identifikation von Zahlen, auch der neuen

---

[5]Eine Sonderrolle spielen die 9er-Perioden (z. B. $1 = 0,\overline{9}$); Hierauf werden wir auf S. 125 genauer eingehen.

nicht-rationalen, als Punkte auf der Zahlengeraden ist zwar eine gute Grundvorstellung, sagt jedoch noch nichts darüber aus, wie man diese Zahlen erfassen und wie man mit ihnen rechnen kann. Für die erforderliche Präzisierung der neuen Zahlen, werden so genannte *Intervallschachtelungen* aus rationalen Zahlen eingeführt. Anschließend werden der für den weiteren Theorieaufbau fundamentale *Satz vom Supremum* auf der Basis von Intervallschachtelungen bewiesen und wichtige Anwendungen von Intervallschachtelungen in der Sekundarstufe I vorgestellt.

Die Idee der Intervallschachtelung

Wir haben gezeigt, dass die Diagonale im Einheitsquadrat die Länge x mit $x^2 = 2$ hat, die keiner rationalen Zahl entspricht, aber als Punkt auf dem Zahlenstrahl eindeutig identifiziert ist. Wie kann diese neue Zahl dargestellt werden? Eine Idee ist, sie durch immer bessere obere und untere Abschätzungen durch rationale Zahlen einzuschachteln. Mithilfe eines Taschenrechners erhalten wir

1^2	$=$	$1,$	2^2	$=$	$4,$	also $\quad 1 \le \quad x \quad \le 2$
$1,4^2$	$=$	$1,86,$	$1,5^2$	$=$	$2,25,$	also $\quad 1,4 \le \quad x \quad \le 1,5$
$1,41^2$	$=$	$1,9881,$	$1,42^2$	$=$	$2,0164,$	also $\quad 1,41 \le \quad x \quad \le 1,42$
$1,414^2$	$=$	$1,999396,$	$1,415^2$	$=$	$2,002225,$	also $\quad 1,414 \le \quad x \quad \le 1,415$

Das Verfahren liefert einen für praktische Zwecke ausreichenden rationalen Näherungswert, was zwar schön ist, unserem Erkenntnisinteresse aber noch nicht entspricht: Wir wollen ja nicht nur wissen, welchen Wert die Zahl x ungefähr hat, sondern die Zahl x als solche exakt erfassen. Zumindest theoretisch kann das obige Verfahren beliebig oft fortgesetzt werden. Dies führt zu einer Folge ineinander geschachtelter Intervalle, deren Länge bei jedem Schritt auf den 10. Teil schrumpft:

$$I_1 = [1; 2] \supset I_2 = [1,4; 1,5] \supset I_3 = [1,41; 1,42] \supset I_4 = [1,414; 1,415] \supset \dots$$

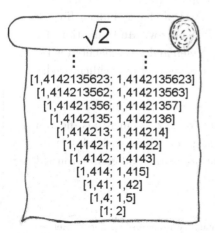

Abb. 4.11: Intervallschachtelung von $\sqrt{2}$

Man spricht ganz anschaulich von einer *Intervallschachtelung*. Der obige Vorgang kann von Schritt zu Schritt einfach als „Zoomen" mit Faktor 10 am Zahlenstrahl (auf die Zahl x) verstanden werden.

Unsere fragliche Zahl x, dargestellt als Punkt auf der Zahlengeraden, liegt in jedem dieser Intervalle, es ist sogar der einzige! Wäre nämlich noch ein zweiter Punkt $y \ne x$ in jedem Intervall, so würden wir sofort einen Widerspruch bekommen. Es würde dann $|x - y| > 0$ gelten. Da aber die Intervalllänge bei jedem Schritt um den

Faktor $\frac{1}{10}$ abnimmt, wird die Intervalllänge notwendig irgendwann kleiner als der Abstand $|x - y|$. Die Gesamtheit aller Intervalle „konstruiert" also eindeutig die gesuchte Zahl x; zur Darstellung dieser Zahl gehören alle Intervalle. Ein passendes Bild hiervon ist die Vorstellung der Intervallschachtelung als „nicht endende Klorolle", auf der unendlich viele Intervalle stehen, die aber nur ein Objekt darstellt, nämlich die Zahl x (Abb. 4.11).

Nach dem obigen Verfahren kann man zu jedem Punkt der Zahlengeraden, sowohl rationalen als auch nicht-rationalen, eine Intervallschachtelung aus rationalen Zahlen konstruieren. Dabei entspricht die Darstellung einer rationalen Zahl als Intervallschachtelung der Einbettung der alten Zahlen in die neu konstruierte Zahlenmenge.[6] Wir betrachten ein Beispiel: Die Zahl 0,5 wird als Intervallschachtelung z. B. durch

$$I_1 = [0{,}4; 0{,}5] \supset I_2 = [0{,}49; 0{,}5] \supset I_3 = [0{,}499; 0{,}5] \supset I_4 = [0{,}4999; 0{,}5] \supset \ldots,$$

aber auch durch

$$I_1 = [0{,}5 - \frac{1}{2}; 0{,}5 + \frac{1}{2}] \supset I_2 = [0{,}5 - \frac{1}{3}; 0{,}5 + \frac{1}{3}] \supset I_3 = [0{,}5 - \frac{1}{4}; 0{,}5 + \frac{1}{4}] \supset \ldots,$$

definiert – und jedesmal geht die Länge der Intervalle gegen Null. Viele weitere Intervallschachtelungen sind ebenfalls denkbar. Dies zeigt schon eine wichtige Eigenschaft der Darstellung von Zahlen durch Intervallschachtelungen: Diese neue Darstellungsart ist nicht eindeutig.

Aufgabe 4.4 *Geben Sie zur Übung für einige Zahlen, z. B. für $\sqrt{3}$, 0,13 und $\frac{1}{3}$, jeweils mindestens zwei verschiedene Intervallschachtelungen an!*

Es ist noch klären, wie man mit Intervallschachtelungen rechnen kann, d. h. wie für Zahlen, die durch Intervallschachtelungen dargestellt sind, Addition und Multiplikation sowie deren Anordnung definiert sind.

Betrachten wir für die Grundrechenarten die Beispiele $\sqrt{2} + \sqrt{3}$ und $\sqrt{2} \cdot \sqrt{3}$. Ausgehend von zwei wie zu Beginn gewonnenen Intervallschachtelungen für $\sqrt{2}$ und $\sqrt{3}$ gewinnen wir wie in Abb. 4.12 durch Addition bzw. Multiplikation der linken und der rechten Intervallgrenzen neue Folgen ineinander geschachtelter Intervalle; für diese Folgen muss noch geklärt werden, ob es sich tatsächlich wieder um Intervallschachtelungen handelt.

Weiterer Klärungsbedarf besteht bezüglich der *Anordnung* von Intervallschachtelungen, d. h. warum ist die Intervallschachtelung von $\sqrt{2}$ „kleiner" als die von $\sqrt{3}$? Ein Merkmal für $\sqrt{2} \leq \sqrt{3}$ ist, dass jede linke Intervallgrenze der Intervallschachtelung von $\sqrt{2}$ kleiner als die entsprechende rechte Intervallgrenze von $\sqrt{3}$

---

[6]Eine solche Einbettung findet z. B. auch beim Übergang von den natürlichen Zahlen zu den positiven Bruchzahlen statt, wenn etwa die natürliche Zahl $2 = \frac{4}{2}$ als Bruch geschrieben wird.

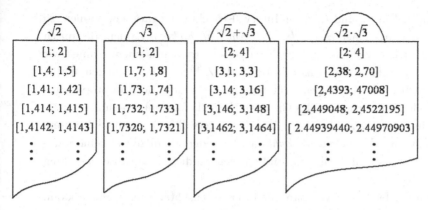

Abb. 4.12: Addition und Multiplikation von Intervallschachtelungen

ist. Die an dieser Stelle anschaulich vorbereiteten Resultate werden im Folgenden präzisiert.

Bei unseren bisherigen Überlegungen zu Intervallschachtelungen spielt die Dezimaldarstellung von Zahlen eine wesentliche Rolle: Wenn man z.B. bei der zu Beginn bestimmten Dezimal-Intervallschachtelung für $x = \sqrt{2}$ nur auf die jeweils linke Ecke des Intervalls schaut, so erhält man eine Folge rationaler Zahlen, die eine unendliche Dezimalzahl festlegen:

$$1,\ 1\,4,\ 1\,41,\ 1\,414,\ \ldots \to \sqrt{2} = 1\,414\ldots\,.$$

Diese Darstellung kann nicht abbrechen und nicht periodisch werden (sonst wäre $\sqrt{2}$ eine rationale Zahl). Auch wenn man immer nur endlich viele der unendlich vielen Nachkommastellen angeben kann, ist diese Darstellung sehr nützlich, um z.B. Näherungswerte von $\sqrt{2}$ für praktische Anwendungen anzugeben. Unklar bleibt bei dieser Darstellung jedoch, wie man mit den Zahlen rechnen kann.

Mathematische Präzisierung

Die Idee der Intervallschachtelungen führt zu einer exakten Begründung der reellen Zahlen, was in diesem Abschnitt skizziert wird. Eine detaillierte Darstellung findet man in dem schon etwas älteren Buch von *Mangoldt & Knopp* (1980). Wir gehen aus von der Menge $\mathbb{Q}$ der rationalen Zahlen mit ihren Eigenschaften.

Definition 4.1 (Intervallschachtelung)
Eine *Intervallschachtelung* ist eine Folge $[a_1;\ b_1],\ [a_2;\ b_2],\ [a_3;\ b_3],\ [a_4;\ b_4],\ \ldots$ von Intervallen mit Ecken a_n und b_n derart, dass die Intervalle jeweils „aufeinander folgend ineinander liegen" und ihre Länge gegen Null geht; genauer gilt also

$$[a_n, b_n] \supseteq [a_{n+1}, b_{n+1}] \text{ für alle } n \in \mathbb{N} \text{ und } b_n - a_n \to 0 \text{ für } n \to \infty.$$

Abkürzend schreibt man diese Folge als $([a_n, b_n])_{n \in \mathbb{N}}$. ◆

Sind sämtliche Ecken a_n und b_n einer Intervallschachtelung rationale Zahlen, so spricht man auch von einer *rationalen Intervallschachtelung*. Zahlen, die durch solche rationalen Intervallschachtelungen dargestellt werden können, nennen wir schon jetzt (vor Abschluss der Konstruktion) reelle Zahlen. Wir verwenden hierbei den Konvergenzbegriff „geht gegen 0 für n gegen unendlich" noch in propädeutischer Weise. Die Exaktifizierung des Grenzwertbegriffs folgt im Abschnitt 4.2.2.

Wenn es eine *rationale Zahl* gibt, die in jedem Intervall liegt, dann stellt unsere Intervallschachtelung diese *rationale Zahl* dar. Im anderen Fall gibt es keine *rationale Zahl*, die in jedem Intervall liegt, und wir nennen diese Intervallschachtelung dann „irrationale Zahl" x.

Nun müssen wir festlegen, wie man mit Intervallschachtelungen rechnen kann. Dafür seien x und y zwei reelle Zahlen, die durch die rationalen Intervallschachtelungen $([a_n; b_n])_{n \in \mathbb{N}}$ bzw. $([c_n; d_n])_{n \in \mathbb{N}}$ dargestellt werden. Addition $x + y$ und Multiplikation $x \cdot y$ definieren wir wie bei unserer anschaulichen Überlegung auf S. 116 durch „gliedweise" Verknüpfung der Intervallgrenzen zu neuen Intervallen

$$[a_n + c_n; \ b_n + d_n] \ \text{bzw.} \ [a_n \cdot c_n; \ b_n \cdot d_n].$$

Jetzt müssen wir zunächst zeigen, dass die neuen Intervalle wieder eine Intervallschachtelung bilden, was wir hier nur für die Addition nachrechnen:

Aus den Eigenschaften der gegebenen Intervallschachtelung folgt für alle $n \in \mathbb{N}$

$$a_n + c_n \leq a_{n+1} + c_{n+1} \leq b_{n+1} + d_{n+1} \leq b_n + d_n \,,$$

sodass in der Tat eine Folge ineinanderliegender Intervalle vorliegt. Die Intervalllänge

$$(b_n + d_n) - (a_n + c_n) = \underbrace{(b_n - a_n)}_{\to 0} + \underbrace{(d_n - c_n)}_{\to 0} \,,$$

geht für $n \to \infty$ ebenfalls gegen Null, sodass die Definition wirklich eine *rationale Intervallschachtelung* liefert.

Die gleichen Eigenschaften lassen sich für die Multiplikation zeigen, was aber etwas komplizierter ist, da Fallunterscheidungen notwendig werden. Für Intervallschachtelungen mit ausschließlich positiven Ecken, ist der Nachweis Gegenstand der nächsten Aufgabe.

Aufgabe 4.5 *Seien $([a_n; b_n])_{n \in \mathbb{N}}$ und $([c_n; d_n])_{n \in \mathbb{N}}$ zwei Intervallschachtelungen mit ausschließlich positiven Ecken. Zeigen Sie, dass durch $([a_n \cdot c_n; b_n \cdot d_n])_{n \in \mathbb{N}}$ ebenfalls eine Intervallschachtelung definiert ist.*

Schließlich müssen wir noch die Anordnung der reellen Zahlen definieren, d. h. wir müssen festlegen, wann $x \leq y$ gelten soll. Auch hier weisen die anschaulichen Überlegungen den Weg: Wir definieren $x \leq y$, wenn für die zugehörigen Intervallschachtelungen $a_n \leq d_n$ für alle $n \in \mathbb{N}$ gilt – und wir haben auch diesen Schritt erledigt.

Unsere anschaulichen Vorüberlegungen haben verdeutlicht, dass verschiedene Intervallschachtelungen dieselbe Zahl darstellen können[7]. Für einen formalen Aufbau der Theorie der reellen Zahlen muss man also (1) alle Intervallschachtelungen, die zum selben Punkt gehören, in geeigneter Weise identifizieren und (2) zeigen, dass die Definition von Addition, Multiplikation und Anordnung nicht von den speziell gewählten Intervallschachtelungen abhängt. Abschließend ist gemäß dem Hankel'schen Permanenzprinzip zu zeigen, dass die beiden Verknüpfungen und die Anordnung alle Gesetze der Addition, Multiplikation, Anordnung und das Archimedische Axiom erfüllen, wie es schon für die Menge der rationalen Zahlen der Fall ist. Der Nachweis dieser Eigenschaften ist ziemlich langwierig, sodass wir hierauf mit dem erneuten Verweis auf *Mangoldt & Knopp* (1980) verzichten. Zusammenfassend haben wir folgendes Ergebnis erhalten:

> Zu jeder Intervallschachtelung $([a_n;\ b_n])_{n\in\mathbb{N}}$ gibt es genau eine reelle Zahl c derart, dass $a_n \leq c \leq b_n$ für alle $n \in \mathbb{N}$ gilt. Diese Zahl wird mit der Intervallschachtelung identifiziert. Damit ist die Zahlengerade vollständig mit Zahlen ausgefüllt, d. h. jeder Punkt der Zahlengeraden entspricht umkehrbar eindeutig einer reellen Zahl.

Verwendet man zur Darstellung einer irrationalen Zahl eine Dezimal-Intervallschachtelung, so kann man hieraus eine Darstellung der Zahl als unendliche, nichtperiodische Dezimalzahl entwickeln. Diese Darstellung ist zum näherungsweisen Rechnen (mit den ersten n Stellen) sehr praktisch, zur „exakten" Addition und Multiplikation von reellen Zahlen ist sie aber nicht geeignet. Die Dezimaldarstellungen der rationalen Zahlen sind hingegen übersichtlicher, da sie entweder endlich sind oder nach einer Vorperiode mit endlich vielen Stellen periodisch werden. Zusammenfassend lässt sich also feststellen, dass man alle Punkte auf dem Zahlenstrahl umkehrbar eindeutig (bis auf die noch zu besprechenden Neunerperioden) mit einer Dezimalzahl identifizieren kann (Abb. 4.13).

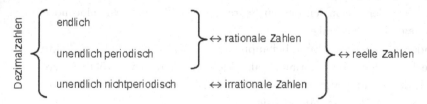

Abb. 4.13: Systematik der Dezimalzahlen

Es ist recht einfach, Dezimalentwicklungen irrationaler Zahlen anzugeben. Beispielsweise ist die Zahl 0,101001000100001... zwar „regelmäßig" aufgebaut, aber

---

[7]Dies ist nicht erst eine Eigenschaft der so konstruierten reellen Zahlen, sondern entspricht den verschiedenen Darstellungen für eine rationale Zahl, etwa $0{,}4 = \frac{4}{10} = \frac{2}{5} = \dots$.

sicher nichtperiodisch und damit irrational. Schöne Beispiele irrationaler Dezimalzahlen geben *Humenberger & Schuppar* (2006) an. Wenn man dagegen auf eine
bestimmte Zahl stößt, z. B. als Länge einer konstruierten Strecke, ist es allerdings
oft alles andere als leicht, zu entscheiden, ob sie rational oder irrational ist! Nicht
immer ist es so „einfach" wie beim Nachweis der Irrationalität von $\sqrt{2}$ und selbst
dort ist es nur scheinbar einfach, da wir einen entsprechenden Beweis schon aus
der Schule kennen. Bevor dies durch *Euklids* „Elemente" zu Lehrwissen wurde,
stellte diese Aufgabe eine große Herausforderung dar. Zwei für die Mathematik
wichtigen Zahlen, die Euler'sche Zahl e und die Kreiszahl π, sind irrational, was
wir aber hier nicht beweisen können (vgl. Aigner & Ziegler (2004), S.33 f.).

Der Satz vom Supremum

Wenn man eine endliche Menge von Zahlen betrachtet, so ist klar, welches Element
das größte, also das Maximum ist. Analoges gilt für das Minimum. Anders sieht
es schon bei nicht-abgeschlossenen Intervallen wie $A = [1; 2[$ aus, das zwar ein
kleinstes Element, die Zahl 1, als Minimum enthält, aber kein größtes Element
(die Zahl 2 gehört ja nicht zum Intervall). Beim Intervall $B = [0; \infty[$ gibt es
ebenfalls kein größtes Element. Trotzdem gibt es einen wesentlichen Unterschied
zwischen A und B: Das erste Intervall ist beschränkt und die Zahl 2 ist in gewisser
Weise ein „größtes Element", während das zweite Intervall unbeschränkt ist.

Bei nach oben beschränkten Zahlenmengen gibt es offensichtlich Zahlen, die
größer als alle Elemente der Menge sind. Bei unserem Intervall A beschränken
z. B. auch die Zahlen 3 oder 1000 das Intervall von oben. Das Besondere ist aber,
dass es eine „optimale", d. h. kleinste obere Schranke gibt, nämlich die Zahl 2.
Eine solche Schranke nennt man dann das *Supremum* der fraglichen Menge.

Betrachten wir noch ein Beispiel: Die Menge $C = \{x \in \mathbb{Q} | x^2 < 2\}$ ist nach oben
beschränkt, z. B. sind die Zahlen 1,42 oder 2 oder 10 obere Schranken. Jedoch
existiert für C nur in $\mathbb{R}$, nicht aber in $\mathbb{Q}$ eine „kleinste obere Schranke", nämlich
die Zahl $\sqrt{2}$. Zu jeder rationalen oberen Schranke von C finden wir eine noch
kleinere rationale obere Schranke.

Der folgende *Satz vom Supremum* behauptet nun, dass es für jede beschränkte
Teilmenge reeller Zahlen diese optimale, also kleinste obere bzw. größte untere
Schranke gibt; diese sind gewissermaßen ein Ersatz für Maxima bzw. Minima. Im
Folgenden werden die Begriffe nun präzisiert.

Definition 4.2 (Supremum und Infimum)
A sei eine nicht-leere Teilmenge der reellen Zahlen.

1. Eine Zahl $r \in \mathbb{R}$ heißt *obere Schranke* von A, wenn $a \leq r$ für alle $a \in A$ gilt.
   Wenn es eine obere Schranke gibt, so heißt A *nach oben beschränkt*.
2. Eine Zahl $s \in \mathbb{R}$ heißt *Supremum* von A (kurz: $s = \sup(A)$), wenn gilt:

   – s ist obere Schranke von A,

- wenn r eine weitere obere Schranke von A ist, so gilt $s \leq r$.

3. Analoges gilt für *untere Schranken*, für nach *unten beschränkte* Teilmengen A von $\mathbb{R}$ und für die größte untere Schranke, das *Infimum* von A (kurz $\inf(A)$).

♦

Aufgabe 4.6 *Zeigen Sie, dass das Supremum und das Infimum einer nicht-leeren Teilmenge $A \subset \mathbb{R}$ – sofern überhaupt existent – eindeutig bestimmt sind.*

Der folgende *Satz von Supremum* behauptet nun, dass es für jede nach oben beschränkte Teilmenge A eine solche kleinste obere Schranke gibt. Diesen Satz werden wir im nächsten Teilkapitel über Grenzwerte benötigen. Er ist von großer theoretischer Bedeutung beim Aufbau der reellen Zahlen, beispielsweise wird bei deren axiomatischem Aufbau oft die Aussage dieses Satzes als Axiom gefordert. Wir haben anschaulich gesehen (und damit implizit axiomatisch gefordert), dass jede rationale Intervallschachtelung genau einen Punkt einfängt, also genau eine reelle Zahl darstellt, und gehen von dieser Formulierung des *Vollständigkeitsaxioms* aus. Mit dieser Grundlage und dem Archimedischen Axiom können wir die Aussage bzgl. des Supremums als Satz formulieren und beweisen.

Satz 4.1 (Satz vom Supremum und vom Infimum)
1. Jede nicht-leere, nach oben beschränkte Teilmenge A von $\mathbb{R}$ besitzt ein Supremum $\sup(A)$.
2. Jede nicht-leere, nach unten beschränkte Teilmenge A von $\mathbb{R}$ besitzt ein Infimum $\inf(A)$.

□

Man hätte für das Supremum (und analog für das Infimum) auch formulieren können: „Wenn es für die nicht-leere Menge A reeller Zahlen eine obere Schranke gibt, dann auch eine kleinste obere Schranke". Sollten das Supremum oder das Infimum sogar Elemente der Menge A sein, so sind sie natürlich identisch mit dem Maximum bzw. Minimum.

Beweis (von Satz 4.1)
1. Mit Blick auf die Definition haben wir die Aussage des Satzes über das Supremum bewiesen, wenn wir zu einer solchen Menge A eine Zahl $s \in \mathbb{R}$ finden, für die gilt:

- $a \leq s$ für alle $a \in A$ (*obere Schranke*) und
- aus $a \leq r$ für alle $a \in A$ folgt $s \leq r$ (*kleinste obere Schranke*).

Da wir von Intervallschachtelungen ausgehen, liegt der Versuch nahe, für diese Zahl s eine geeignete Intervallschachtelung zu konstruieren. Sei hierzu n eine ganze Zahl derart, dass es keine Zahl aus A gibt, die größer als $n + 1$ ist, dass es aber (mindestens) eine Zahl aus A gibt, die zwischen n und $n + 1$ liegt. Da A nicht leer und nach oben beschränkt ist, existiert eine solche Zahl n wegen des Archimedischen Axioms. Also ist $n + 1$ eine obere Schranke von A. In der folgenden Abbildung deuten wir die Menge A durch die dicken Striche auf dem Zahlenstrahl an.

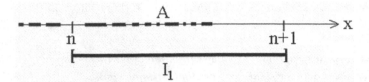

Abb. 4.14: Intervallschachtelung für $\sup(A)$, 1. Schritt

Von diesem ersten Intervall $I_1 = [n, n + 1]$ gehen wir aus. Nun wird dieses Intervall in 10 gleich große Teile

$$[n, n + \frac{1}{10}], \quad [n + \frac{1}{10}, n + \frac{2}{10}], \quad \ldots, \quad [n + \frac{9}{10}, n + 1]$$

zerlegt. Als zweites Teilintervall I_2 wählen wir dasjenige, in dem als letztem von links nach rechts gesehen noch Zahlen aus A liegen.

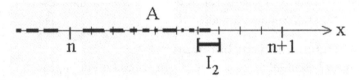

Abb. 4.15: Intervallschachtelung für $\sup(A)$, 2. Schritt

Dieses Verfahren wird fortgesetzt, und wir erhalten eine Folge $I_1, I_2, \ldots$ ineinander liegender Intervalle, deren Länge jeweils um den Faktor $\frac{1}{10}$ abnimmt, die also eine rationale Intervallschachtelung bildet. Wegen der Vollständigkeit von $\mathbb{R}$ gibt es genau eine reelle Zahl s, die in allen Intervallen liegt. Diese ist nach Konstruktion das Supremum von A.

2. Die Aussage des Satzes über das Infimum folgt analog.

$\blacksquare$

Konstruktiver vs. axiomatischer Aufbau der reellen Zahlen

Wir sind beim Aufbau der reellen Zahlen konstruktiv vorgegangen, haben ausgehend von anschaulichen Überlegungen auf der Grundlage des Archimedischen Axioms Intervallschachtelungen entwickelt und anschließend Verknüpfungen und Anordnung in naheliegender Weise von den rationalen Zahlen übertragen. In vielen Vorlesungen und Lehrwerken wird beim formalen Aufbau der reellen Zahlen anders vorgegangen, nämlich axiomatisch: Man definiert die reellen Zahlen als eine nicht-leere Menge mit einer Addition, Multiplikation und Anordnung mit den üblichen Rechengesetzen. Dazu verlangt man die Gültigkeit des *Archimedischen Axioms* und des *Vollständigkeitsaxioms*, das die reellen Zahlen von den rationalen Zahlen unterscheidet.

Das Vollständigkeitsaxiom kann auf unterschiedliche Weise definiert werden, z. B. durch die von unserem Aufbau vertraute Forderung, dass jede Intervallschachtelung genau eine reelle Zahl darstellt. Beim axiomatischen Vorgehen werden jedoch oft andere Formulierungen des Vollständigkeitsaxioms bevorzugt, was zu etwas anderen Wegen des weiteren Theorieaufbaus, aber natürlich am Ende zu gleichen Ergebnissen führt. So haben wir beispielsweise den *Satz vom Supremum* mithilfe von *Intervallschachtelungen* (und auf der Grundlage des *Archimedischen Axioms*) gefolgert. Man könnte stattdessen aber auch zunächst den *Satz vom Supremum* als Axiom verlangen und dann hieraus das *Archimedische Axiom* und die Eigenschaften der *Intervallschachtelungen* ableiten.

Beim Aufbau der reellen Zahlen über ein Axiomensystem ist zunächst nicht klar, ob es überhaupt „Modelle" dafür gibt, d. h. ob man Mengen angeben kann, die alle Axiome erfüllen. Bei dem von uns skizzierten Weg baut man auf den rationalen Zahlen auf und konstruiert durch die rationalen Intervallschachtelungen eine Menge, die alle Axiome erfüllt, also ein „Modell der reellen Zahlen" darstellt. Danach bleibt zu zeigen, dass die reellen Zahlen „einmalig" sind, d. h. dass es nur ein einziges Modell gibt, das alle Axiome der reellen Zahlen erfüllt. Man sagt hierfür, dass das Axiomensystem für die reellen Zahlen „kategorisch" ist.

Der Theorieaufbau, der mit dem Axiomensystem beginnt, geschieht letztlich immer ex post: Axiomensysteme sind in der Regel vorläufige Endpunkte in der Genese einer Theorie, die zuvor konstruktiv entwickelt wurde. Niemand würde den Aufwand betreiben und ein größeres Axiomensystem aufstellen, ohne davon überzeugt zu sein, dass tatsächlich auch Modelle hierfür existieren. Für Lernprozesse ist es in der Regel förderlich den konstruktiven Weg einzuschlagen, da er in der Regel von der Anschauung zur Theorie führt und das Axiomensystem an seinem Ende geradezu natürlich erscheint, während Axiomensysteme als Ausgangspunkt häufig künstlich wirken.

Anwendungen von Intervallschachtelungen in der Sekundarstufe I

Bereits in der Sekundarstufe I werden Intervallschachtelungen implizit an vielen Stellen benötigt. Deshalb müssen sie nicht im Unterricht thematisiert werden, sie bilden aber ein notwendiges Hintergrundwissen für die Lehrkräfte. An drei ausgewählten Problemstellungen der Sekundarstufe I – dem Flächeninhalt eines Rechtecks mit reellen Seitenlängen, der Frage der Neunerperioden und der Definition der allgemeinen Potenz – werden wir zeigen, wie grundlegend Intervallschachtelungen für den Aufbau der mathematischen Theorie an diesen Stellen sind.

Der Flächeninhalt eines Rechtecks

„Der Flächeninhalt eines Rechtecks mit den Seiten a und b ist $A = a \cdot b$." Das ist „Alltagswissen". Haben Sie aber schon einmal darüber nachgedacht, wieso dieser

Satz gilt? Gibt es hier überhaupt etwas zum Nachdenken? Dieser Satz ist ein wunderbares Beispiel für das Spiralprinzip[8]!

Ist in der Grundschule der Flächeninhalt eines Rechtecks mit den Seitenlängen 3 cm und 4 cm zu bestimmen (Abb. 4.16), so legen die Kinder das Rechteck mit Einheitsplättchen (1 cm × 1 cm) aus und kommen zum Ergebnis „3 · 4 Plättchen = 12 Plättchen", wobei 1 Plättchen genau 1 cm² repräsentiert[9]. Durch Auslegen mit Einheitsplättchen kommen sie also bei Rechtecken mit ganzzahligen Seitenlängen zu unserem Satz.

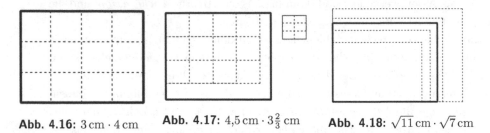

Abb. 4.16: 3 cm · 4 cm   **Abb. 4.17:** 4,5 cm · $3\frac{2}{3}$ cm   **Abb. 4.18:** $\sqrt{11}$ cm · $\sqrt{7}$ cm

Wenn zu Beginn der Sekundarstufe I die Bruchzahlen eingeführt werden, können die Schülerinnen und Schüler auch Rechtecke mit nicht-ganzzahligen, genauer: mit rationalen Seitenlängen untersuchen. Wie kann man den Inhalt eines Rechtecks mit den Seiten 4,5 cm und $3\frac{2}{3}$ cm bestimmen (Abb. 4.17)? Nach dem Auslegen mit 3 · 4 Plättchen bleibt noch etwas übrig! Jetzt hilft eine wichtige geometrische Idee: Die Seiten eines Einheitsplättchens, rechts in der Abbildung, werden in 2 bzw. 3 gleichlange Strecken zerlegt. Damit wird das Einheitsplättchen in 6 kongruente Rechtecke zerlegt. Ein wichtiges Prinzip des Messens ist es, dass kongruente Figuren gleiches Maß haben und dass das Maß des Ganzen die Summe der Maße seiner Teile ist. Also haben die kleinen Plättchen das Maß $\frac{1}{6}$ eines Einheitsplättchens oder nach unserer Festlegung $\frac{1}{6}$ cm². Die Bruchrechnung liefert wegen $\frac{1}{2}$ cm · $\frac{1}{3}$ cm = $\frac{1}{6}$ cm² unsere Formel für die kleinen Plättchen. Mit den kleinen Plättchen kann jetzt das ganze Rechteck ausgelegt werden, und man gewinnt wieder die gewünschte Formel!

Werden nun im späteren Verlauf der Sekundarstufe I die reellen Zahlen eingeführt, entsteht fast zwangsläufig die Frage, wie man z. B. den Flächeninhalt eines Rechtecks mit den (konstruierbaren) Seitenlängen $\sqrt{11}$ cm und $\sqrt{7}$ cm bestimmen

---

[8]Das Spiralprinzip als didaktisches Prinzip fordert, dass der Unterricht mit (langfristigem) Blick auf kumulatives Lernen so angelegt ist, dass (1) die Art und Weise der Mathematisierung von außer- und innermathematischen Phänomen zu einem bestimmten Zeitpunkt anschlussfähig für spätere Vertiefungen auf höherem Niveau sein muss, also nicht durch Elementarisierungen verfälschen darf, und (2) solche Vertiefungen auf höherem Niveau auch tatsächlich stattfinden, bestimmte Kontexte also wieder und wieder aufgegriffen werden und damit auch die Kumulativität des mathematischen Theorieaufbaus erfahrbar machen.

[9]„1 cm²" wird dabei nicht im Sinne eines Produkts thematisiert, sondern direkt als elementare Flächeneinheit vorgegeben.

kann. Jetzt stößt das konkrete Auslegen an seine Grenzen, liefert aber wiederum die anschauliche Idee für eine mögliche Verallgemeinerung: Man kann zu jeder der beiden irrationalen Zahlen eine rationale Intervallschachtlung angeben, etwa

$$a_1 < a_2 < a_3 < \ldots < \sqrt{11} < \ldots < b_3 < b_2 < b_1,$$
$$c_1 < c_2 < c_3 < \ldots < \sqrt{7} < \ldots < d_3 < d_2 < d_1.$$

Für jedes Rechteck mit den Seiten a_i und c_i bzw. b_i und d_i gilt die Flächenformel; es sind ja rationale Zahlen. Denken wir uns diese Rechtecke, wie in Abb. 4.18 angedeutet, ineinander gezeichnet, so greift wieder ein wichtiges Prinzip des Messens: Ist ein Objekt Teilmenge eines anderen Objekts, so ist das Maß des ersten kleiner als oder gleich wie das Maß des zweiten Objekts. Wir haben also eine Ungleichungskette

$$a_1 \cdot c_1 \leq a_2 \cdot c_2 \leq a_3 \cdot c_3 \leq \ldots \leq b_3 \cdot d_3 \leq b_2 \cdot d_2 \leq b_1 \cdot d_1,$$

und wieder haben wir eine neue rationale Intervallschachtelung gefunden. Die reelle Zahl, die durch sie darstellt wird, definieren wir als den Inhalt des Rechtecks. Nach der Definition des Produkts der jeweils durch Intervallschachtelungen dargestellten Zahlen $\sqrt{11}$ und $\sqrt{7}$ haben wir auch in diesem Fall wieder die Produktformel $\sqrt{11} \cdot \sqrt{7}$ für das Rechteck gewonnen. Wenn man genau hinschaut, so steckt hinter den scheinbar einfachsten Dingen doch eine ganze Menge Mathematik!

Neunerperioden

„Was gilt: $0,\bar{9} < 1$ oder $0,\bar{9} = 1$"? An dieser wichtigen Frage darf eigentlich keine Schülerin und kein Schüler einfach so vorbeigehen, ohne sich intensiv mit ihr auseinanderzusetzen (vgl. Eisenmann (2005); Richman (1998)). Nachdenken über solche Fragen hilft dabei, wichtige Vorstellungen von den neuen Zahlbereichen – hier beim Übergang von $\mathbb{Q}$ nach $\mathbb{R}$ – aufzubauen. Ohne solche Reflexionen und entsprechende Vorstellungen können die Schülerinnen und Schüler sich die „neuen Zahlen" kaum adäquat aneignen und bleiben häufig auf dem Niveau der Grundschularithmetik mit den natürlichen Zahlen und den Grundrechenarten stehen.

Aber wie kommt es überhaupt zu der obigen Frage? Rationale Zahlen kann man auf verschiedene Weise darstellen, als Bruch oder als Dezimalzahl, wir haben also zwei typische Symbole für rationale Zahlen. Bei der Umwandlung des Bruchs $\frac{a}{b}$ in eine Dezimalzahl führt man die Division $a : b$ mit den folgenden beiden Möglichkeiten durch:

1. Im ersten Fall bricht die Division nach endlich vielen Stellen ab, nämlich dann, wenn irgendwann der Rest 0 auftritt.

2. Im zweiten Fall bricht die Division nie ab. Irgendwann kommt man bei der fortgesetzten Division zu dem Fall, dass man für den nächsten Schritt der Division „die Null herunter holt". Jetzt taucht aber nach höchsten b Schritten ein Rest $\neq 0$ zum zweiten Mal auf, und ab jetzt wird die weitere Division periodisch. Da wir unendlich viele Dezimalstellen weder hinschreiben können noch wollen, hat man die Schreibweise mit dem Periodenstrich erfunden, z. B. $1,\bar{6}$ oder $32{,}479\overline{102}$.

Umgekehrt kann man eine endliche oder unendlich periodische Dezimalzahl zurück in einen Bruch verwandeln, z. B.

$$1,\bar{6} = 1 + \frac{6}{9} \text{ oder } 32{,}479\overline{102} = 32 + \frac{479}{1000} + \frac{102}{999000}.$$

Das kann man so lernen und problemlos anwenden (wenn man das überhaupt einmal braucht!). Und dann kommt jemand und schreibt die unendlich periodische Dezimalzahl $0,\bar{9}$ hin. Welche rationale Zahl wird hier dargestellt?

Wer brav seine Regel gelernt hat, schreibt $0,\bar{9} = \frac{9}{9} = 1$ hin und geht ohne weiter nachzudenken zur nächsten Aufgabe über. Wer aber die Regel nicht kennt oder wer kritisch nachdenkt, der hat sehr oft große Probleme damit, dass diese Zahl gleich 1 sein soll. Eine typische Idee ist: „$0,\bar{9}$ entsteht durch die Folge $0{,}9; 0{,}99; 0{,}999; \ldots$; alle diese Zahlen sind kleiner als 1. Also muss auch $0,\bar{9} < 1$ sein." Diese merkwürdige Zahl wird gewissermaßen als die „letzte Zahl vor der 1" gesehen. Der tiefere Grund für diese „Fehlvorstellung" ist, dass schon an dieser im Schulunterricht frühen Stelle im Prinzip ein Grenzwert versteckt ist, und sich die typische Dualität zwischen dynamischer und statischer Sichtweise, zwischen Prozess und Ergebnis bei Grenzwerten ergibt (vgl. Bender (1991)).

Als Lehrerin oder Lehrer sollten Sie Kindern der 6. Klasse helfen, diesen Denkkonflikt zu überwinden – natürlich mit anschaulichen Argumenten und nicht mit formalen Beweisen! In der folgenden Liste werden einige Argumente aufgeführt; welches Argument wen überzeugt, hängt von individuellen Denkstrukturen ab:

- Das erste – eher formale – Argument ist die Umwandlungsregel $0,\bar{9} = \frac{9}{9} = 1$.
- Ein inhaltliches Argument liefert Nachrechen: $\frac{1}{9} = 0,\bar{1}$, $\frac{2}{9} = 0,\bar{2}$, $\frac{3}{9} = 0,\bar{3}, \ldots$ also ist auch $\frac{9}{9} = 0,\bar{9}$.
- Überzeugend – wenn auch hinsichtlich der verwendeten „Ziffernrechnung" formal problematisch – ist oft folgende Rechnung: $10 \cdot 0,\bar{9} = 9,\bar{9}$, also gilt, $9 \cdot 0,\bar{9} = (10-1) \cdot 0,\bar{9} = 10 \cdot 0,\bar{9} - 1 \cdot 0,\bar{9} = 9,\bar{9} - 0,\bar{9} = 9$, woraus wieder wie gewünscht $0,\bar{9} = 1$ folgt.

Die beiden folgenden Argumente sind sicher für die 6. Klasse nicht geeignet:

- Wir führen einen Widerspruchsbeweis und nehmen an, dass $0,\bar{9} < 1$ gilt, also etwa $0 < 1 - 0,\bar{9} =: a$. Weiter gilt für die Dezimalzahlen mit endlich vielen Neunern:

$$1 - 0{,}9 = \frac{1}{10}; 1 - 0{,}99 = \frac{1}{100} = \left(\frac{1}{10}\right)^2; \ldots; 1 - 0{,}\underbrace{99\ldots9}_{n} = \left(\frac{1}{10}\right)^n.$$

Die Zahl $\left(\frac{1}{10}\right)^n$ wird mit wachsendem n aber immer kleiner und ist irgendwann sicher kleiner als die fragliche Zahl a, was der gewünschte Widerspruch ist.

- Schließlich verwenden wir die Summenformel für geometrische Reihen (vgl. Satz 4.4, S. 139: Wir definieren $a_n := 0,\underbrace{999\ldots9}_{n}$. Damit gilt

$$
\begin{aligned}
a_n &= 9 \cdot \left(\frac{1}{10} + \left(\frac{1}{10}\right)^2 + \ldots + \left(\frac{1}{10}\right)^n\right) = 9 \cdot \left(\frac{1 - \left(\frac{1}{10}\right)^{n+1}}{1 - \left(\frac{1}{10}\right)} - 1\right) \\
&= 9 \cdot \left(\frac{10 \cdot \left(1 - \left(\frac{1}{10}\right)^{n+1}\right)}{9} - 1\right) = 9 \cdot \left(\frac{10 - \left(\frac{1}{10}\right)^{n+2} - 9}{9}\right) \\
&= 1 - \left(\frac{1}{10}\right)^{n+2}.
\end{aligned}
$$

Wenn n nur beliebig groß wird, geht der letzte Bruch gegen Null, und wieder haben wir unser gewünschtes Ergebnis nachgerechnet, auch wenn hier natürlich etwas mit Kanonen auf Spatzen geschossen wurde! Schließlich wird durch $([a_n, b_n])_{n\in\mathbb{N}}$ mit $a_n = 0,\underbrace{999\ldots9}_{n}$ und $b_n = 1$ eine rationale Intervallschachtelung definiert, die genau den Punkt 1 einfängt!

Zusammenfassend haben wir zwei eindeutige Darstellungen für rationale Zahlen:

1. Jede rationale Zahl lässt sich eindeutig als vollständig gekürzter Bruch mit einer natürlichen Zahl im Nenner schreiben:

$$
r = \frac{a}{b} \text{ mit } a \in \mathbb{Z},\ b \in \mathbb{N};\text{ und } \mathrm{ggT}(a,b) = 1.
$$

2. Die zweite eindeutige Darstellung erhalten wir, wenn wir mit Blick auf die Problematik der zwei möglichen Darstellungen $0,\overline{9} = 1$ endliche Dezimalzahlen verbieten. Dann ersetzen wir z.B. 0,123 durch die unendlich periodische Darstellung $0,122\overline{9}$ desselben Zahlwerts mit einer Neunerperiode: Jede rationale Zahl lässt sich eindeutig als unendlich periodische Dezimalzahl schreiben.[10]

Definition der allgemeinen Potenz a^r

Die Einführung der Potenzen und die Erweiterung der Definitionsmenge für Basis und Exponent sind ein weiteres hervorragendes Beispiel für das Spiralprinzip!

---

[10]Die Eindeutigkeit der Darstellung könnte man genauso gut durch ein „Unterdrücken" von Neunerperioden erreichen. Unser Weg führt dazu, dass alle reellen Zahlen als unendliche Dezimalzahlen dargestellt werden, was sich z.B. beim Beweis von Satz 4.3 als nützlich erweisen wird. Genau genommen müssen auch noch „Nullerperioden" – bis auf eine Ausnahme – verboten sein. Die Ausnahme ist die Zahl „0", die nur diese eine Dezimaldarstellung hat.

Schon in der Grundschule werden Potenzen (z. B. im Zusammenhang mit Quadratzahlen oder Flächen- und Volumenmessung) als abkürzende Schreibweise für Produkte mit mehreren gleichen Faktoren propädeutisch thematisiert. Dabei sind a eine natürliche Zahl und r eine natürliche Zahl > 1. Mit dieser Kenntnis kommen die Kinder in die Sekundarstufe I. Dort entdecken sie – mittlerweile als Jugendliche – die Potenzgesetze, also

$$a^n \cdot a^m = a^{n+m}, \ (a \cdot b)^n = a^n \cdot b^n \text{ und } (a^n)^m = a^{n \cdot m}$$

für die „erlaubten" Variablenbelegungen. Jetzt werden die Definitionsbereiche der Variablen erweitert, wobei das Permanenzprinzip beachtet wird; insbesondere sollen die Potenzgesetze weiter gelten. Problemlos ist die Erweiterung der Basis auf beliebige rationale Zahlen, solange der Exponent eine natürliche Zahl > 1 ist.

Die Potenz a^1 hat bisher keinen Sinn, da es kein Produkt aus nur einem Faktor gibt. Wenn aber $a \cdot a \cdot a = a^{1+2} = a^1 \cdot a^2 = a^1 \cdot a \cdot a$ gelten soll, so muss notwendig $a^1 = a$ definiert werden. Mit einem analogen Argument muss $a^0 = 1$ definiert werden, wobei aber $a \neq 0$ sein muss. Nun wird die Definitionsmenge für den Exponenten erweitert: $a^{-n} := \frac{1}{a^n}$ erfüllt für $a \neq 0$ die Potenzgesetze, ebenso auch die Definition $a^{\frac{1}{n}} := \sqrt[n]{a}$, jetzt muss aber für geradzahlige n die Basis $a \geq 0$ sein, während für ungeradzahlige n der Term stets definiert ist.

Zusammen ergibt sich die Definition der Potenz mit einem rationalen Exponenten r. Diesen stellt man als Bruch $r = \frac{p}{q}$ mit ganzzahligem p und natürlichem q dar und definiert $a^r := \sqrt[q]{a^p}$. Was darf man für a einsetzen? Einerseits sollen die Potenzgesetze gelten, andererseits ist die Darstellung von r als Bruch nicht eindeutig. Orientieren wir uns an einem Beispiel:

$$-2 = (-8)^{\frac{1}{3}} = (-8)^{\frac{2}{6}} = \left((-8)^2\right)^{\frac{1}{6}} = 64^{\frac{1}{6}} = 2.$$

Jedes Gleichheitszeichen ist korrekt gesetzt, aber das Ergebnis ist unsinnig, was an den unterschiedlichen Bruchdarstellungen des Exponenten liegt. Damit die Definition der Potenz nicht von der speziellen Bruchdarstellung abhängt, muss die Basis positiv sein (auch wenn man in Ausnahmefällen negative Basen zulassen könnte, vgl. Averbukh & Günther (2008)).

Nach der Zahlbereichserweiterung von den rationalen auf die reellen Zahlen stellt sich erneut die Frage nach der Erweiterung der Definitionsbereiche für die allgemeine Potenz. Für die Basen definiert man problemlos $0 < a \in \mathbb{R}$. Welchen Sinn sollte aber z. B. $3^{\sqrt{2}}$ haben? Jetzt schlägt die Stunde der Intervallschachtelungen! Wir wählen eine rationale Intervallschachtelung für $\sqrt{2}$, z. B.

$$1 < 1{,}4 < 1{,}41 < 1{,}414 < \ldots \sqrt{2} \ldots < 1{,}415 < 1{,}42 < 1{,}5 < 2.$$

Für jede rationale Intervallgrenze ist die Potenz definiert, und wegen der *strengen Monotonie* (vgl. 8.1.1) der Exponentialfunktion $x \mapsto 3^x$ gilt[11]

$$3^1 < 3^{1,4} < 3^{1,41} < 3^{1,414} < \ldots < 3^{1,415} < 3^{1,42} < 3^{1,5} < 3^2,$$

und es entsteht wieder eine Intervallschachtelung! Da jede Intervallschachtelung genau eine reelle Zahl „einfängt", wird diese als $3^{\sqrt{2}}$ definiert!

Genauso geht man mit jeder anderen Potenz mit reellem Exponenten vor. Natürlich müsste man noch nachweisen, dass jede Intervallschachtelung für den fraglichen Exponenten zu einer „Potenz-Intervallschachtelung" führt, die dieselbe reelle Zahl darstellt, aber darauf wollen wir verzichten.

Die einzige offene Frage ist, was die Potenz „0^0" sein soll. Tippt man das in einen Taschenrechner ein, so bekommt man je nach Typ die Antwort „0" oder „1" oder „ERROR". Dieser Frage werden wir später in Abschnitt 4.3.2 (S. 181) nachgehen. Im Augenblick können wir nur sagen, dass dieser Ausdruck nicht definiert und damit seine Verwendung beim Theorieaufbau verboten ist!

4.1.4 Die Mächtigkeit von $\mathbb{R}$

Die reellen Zahlen entsprechen – ganz anschaulich – umkehrbar eindeutig den Punkten auf der Zahlengeraden. So einfach und übersichtlich dies klingt, so kompliziert kann es werden, wenn man die Eigenschaften der reellen Zahlen genauer fassen möchte. Ein erstaunlicher, aber noch recht gut nachvollziehbarer Aspekt ist die so genannte *Mächtigkeit* von $\mathbb{R}$. Die Mächtigkeit ist die „Anzahl" der Elemente einer Menge und wird *Kardinalzahl* genannt.

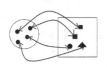

Abb. 4.19: Mengen mit vier Elementen

Diesen Zahlaspekt lernen Kinder schon in der Grundschule (für endliche Mengen) kennen, er ist ein wesentlicher Bestandteil des „Anfangsunterrichts", in dem sich die Kinder schrittweise den (abstrakten) Zahlbegriff aneignen. Wenn die Menge endlich ist, ist die Mächtigkeit einfach durch Abzählen der Elemente dieser Menge zu bestimmen. In Abb. 4.19 muss man jeweils von 1 bis 4 zählen. Die Mächtigkeit der Menge der Seiten in diesem Buch ist durch die Seitenpaginierung abgezählt. Die natürlichen, die ganzen, die rationalen und die reellen Zahlen haben aber jeweils unendlich viele Elemente – und unendlich viele Elemente kann man sicherlich nicht in endlich vielen Schritten abzählen.

Im letzten Viertel des 19. Jahrhunderts fand *Georg Cantor*, aufbauend auf Vorarbeiten von *Bolzano* und anderen, eine Präzisierung des Begriffs „unendlich".

---

[11]Hier benötigt man nur die strenge Monotonie für rationale Exponenten, sodass kein Zirkelschluss der Art „Exponentialfunktion mit reellem Exponenten begründet reelle Exponenten" vorliegt.

Sein Ansatz war so revolutionär, dass er von vielen Mathematikern seiner Zeit bekämpft wurde. Vielleicht wurde *Cantor* deshalb 1884 manisch-depressiv.

Cantor zeigte, dass es unterschiedliche Qualitäten von unendlich gibt. Hierzu musste er zuerst die noch vagen Begriffe „endlich" und „unendlich" präzisieren. Zwei endliche Mengen sind *gleichmächtig*, wenn man beide abzählt und beides Mal bei derselben Endzahl landet. Durch Abzählen vergleichen schon kleine Kinder gleichmächtige Mengen. Mathematisch kann man diesen Vorgang dadurch beschreiben, dass es eine umkehrbar eindeutige oder bijektive Abbildung zwischen den beiden Mengen gibt, die jedem Element der einen genau ein Element der anderen zuordnet und umgekehrt. In Abb. 4.19 ist dies zwischen beiden (gleichmächtigen) Mengen mit je vier Elementen durch die Doppelpfeile angedeutet. Wenn man bei der einen Menge ein Element hinzufügt, gibt es keine solche umkehrbare Abbildung mehr.

Ausgehend von der Idee der bijektiven Zuordnung definierte *Cantor* die Mächtigkeit von Mengen wie folgt:

Definition 4.3 (Mächtigkeit von Mengen)
1. Zwei Mengen heißen *gleichmächtig*, wenn es eine bijektive Abbildung der einen Menge in die andere gibt.
2. Eine Menge M heißt *unendlich*, wenn es eine bijektive Abbildung zwischen M und einer echten Teilmenge $N \subset M$, $N \neq M$, gibt, sonst heißt M *endlich*.

◆

Die Definition zeigt, wie grundlegend der Funktionsbegriff (hier mit der Bezeichnung „Abbildung") für den Aufbau der Mathematik ist. Die erste Festlegung der obigen Definition ist leicht zu verstehen, die zweite scheint jedoch unmöglich zu sein – und ist es in der Tat auch bei den Mengen, die wir schon in naiver Weise als „endlich" bezeichnen!

Testen wir den Gehalt vom zweiten Teil dieser Definition bei der Menge $\mathbb{N}$ der natürlichen Zahlen, die ja die „einfachste" unendliche Menge ist, der man in der Schule schon früh begegnet. Die umkehrbar eindeutige Abbildung

$$\mathbb{N} \to \{\text{Quadratzahlen}\}, \ n \mapsto n^2$$

von $\mathbb{N}$ auf die echte Teilmenge der Quadratzahlen beweist, dass $\mathbb{N}$ auch im Sinne der Cantor'schen Definition unendlich ist! Übrigens hat sich schon *Galileo Galilei* (1564 – 1642) in seiner berühmten Abhandlung „Discorsi e dimostrazioni matematiche" („Unterredungen und mathematische Demonstrationen") aus dem Jahr 1638 über diesen scheinbaren Widerspruch gewundert, dass es einerseits mehr natürliche Zahlen als Quadratzahlen, andererseits aber auch die obige eineindeutige gegenseitige Zuordnung gibt.

Man hätte auch die Menge der geraden Zahlen und die Abbildung $n \mapsto 2 \cdot n$, oder, da es nach *Euklid* unendlich viele Primzahlen gibt, die Abbildung

$$\mathbb{N} \to \mathbb{P}, \ n \mapsto n\text{-te Primzahl}$$

nehmen können, oder die einfache „Verschiebung" $n \mapsto n+1$, oder ....

Die Cantor'sche Begriffsbildung führt zu der merkwürdigen, völlig unanschaulichen Feststellung wie „es gibt genauso viele gerade Zahlen (oder Primzahlen oder ...) wie natürliche Zahlen überhaupt". Mengen, die gleichmächtig zu $\mathbb{N}$ sind, erhalten die „kleinste Unendlichkeit", bezeichnet mit $\aleph_0$ (Aleph-Null nach dem hebräischen Buchstaben Aleph[12]) und heißen *abzählbar (unendlich)*. Die bijektiven Abbildungen

$$
\begin{array}{cccccc}
1 & 2 & 3 & 4 & 5 & 6 & \cdots \\
\downarrow & \downarrow & \downarrow & \downarrow & \downarrow & \downarrow \\
0 & 1 & 2 & 3 & 4 & 5 & \cdots
\end{array}
\qquad \text{und} \qquad
\begin{array}{cccccc}
1 & 2 & 3 & 4 & 5 & 6 & \cdots \\
\downarrow & \downarrow & \downarrow & \downarrow & \downarrow & \downarrow \\
0 & -1 & 1 & -2 & 2 & -3 & \cdots
\end{array}
$$

zeigen, dass $\mathbb{N}$, $\mathbb{N}_o$ und $\mathbb{Z}$ gleichmächtig sind. Dies war eine der großen Entdeckungen, die *Cantor* 1873 gemacht hat. Sein folgendes Resultat aus demselben Jahr ist anschaulich noch viel weniger verständlich:

Satz 4.2 (Mächtigkeit von $\mathbb{Q}^+$)
Die Menge $\mathbb{Q}^+$ der positiven rationalen Zahlen ist abzählbar. □

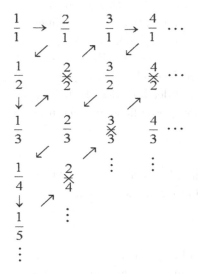

Abb. 4.20: Abzählbarkeit von $\mathbb{Q}^+$

Beweis
Der Beweis heißt „erstes Cantor'sche Diagonalverfahren": Die positiven rationalen Zahlen werden – wie in Abb. 4.20 angedeutet – als Brüche in einer nach zwei Richtungen unendlichen Matrixform hingeschrieben. Da alle rationalen Zahlen als Bruch darstellbar sind, wird jede rationale Zahl irgendwann „abgezählt". Da verschiedene Brüche dieselbe rationale Zahl darstellen können, werden rationale Zahlen, die schon abgezählt sind, wie z. B. $\frac{2}{2}$, dabei einfach übersprungen. Damit ist die gewünschte bijektive Abbildung zwischen der Menge der natürlichen und der Menge der positiven rationalen Zahlen angegeben, und beide Mengen sind gleichmächtig. ∎

---

[12] Die Schreibweise Aleph-Null, Aleph-Eins, ... hat *Georg Cantor* in seiner wichtigen Arbeit „Beiträge zur Begründung der transfiniten Mengenlehre" als Mächtigkeiten unendlicher Mengen eingeführt. *Cantor* sah die Reihe seiner Alephs als „etwas Heiliges, als die Stufen, die zum Throne Gottes hinführen" (man beachte, dass sich *Cantor* sehr ausführlich mit dem Verhältnis von Mathematik, Metaphysik und Theologie beschäftigt hat).

Aufgabe 4.7 *Zeigen Sie, dass auch $\mathbb{Q}$ gleichmächtig zu $\mathbb{N}$ ist.*

Das Ergebnis, dass $\mathbb{N}$ und $\mathbb{Q}$ gleichmächtig sind, ist umso erstaunlicher, als die natürlichen Zahlen in diskreten Punkten im Abstand 1 auf der Zahlengeraden liegen, wohingegen die rationalen Zahlen dicht sind. Das bedeutet, dass zwischen zwei verschiedenen rationalen Zahlen stets noch unendlich viele weitere rationale Zahlen liegen.

Aufgabe 4.8 *Bei der Zahlbereichserweiterung von den ganzen Zahlen zu den rationalen und später zu den reellen Zahlen muss man bestimmte Vorstellungen aufgeben bzw. anpassen – denn in den neuen Zahlbereichen hat eine Zahl z. B. keine eindeutig bestimmte Vorgängerin oder Nachfolgerin mehr:*

1. *Zeigen Sie, dass die rationalen Zahlen dicht auf der Zahlengerade liegen, also insbesondere zwischen je zwei verschiedenen rationalen Zahlen unendlich viele weitere rationale Zahlen liegen.*
2. *Zeigen Sie auch, dass zwischen je zwei verschiedenen reellen Zahlen beliebig viele rationale Zahlen liegen („$\mathbb{Q}$ liegt dicht in $\mathbb{R}$.")*

Obwohl die rationalen Zahlen den Zahlenstrahl dicht ausfüllen, haben wir mit den irrationalen Punkten weitere Zahlen gefunden. Erst die rationalen und irrationalen Zahlen zusammen füllen den Zahlenstrahl vollständig aus[13]. Die bisherigen unendlichen Mengen waren alle abzählbar, also gleichmächtig mit $\mathbb{N}$. Was kann man über die Menge $\mathbb{R}$ der reellen Zahlen sagen? Es war eine weitere große Entdeckung von *Cantor*, dass die reellen Zahlen eine andere Qualität von *unendlich* haben, sie sind nicht abzählbar, sondern, wie man sagt, *überabzählbar*. Den folgenden Beweis der Nichtabzählbarkeit von $\mathbb{R}$ hat *Cantor* im Jahr 1891 auf der Naturforschertagung in Halle vorgetragen. Hierzu hatte er seine geniale, weil verblüffend einfache Idee des „zweiten Diagonalverfahrens" entwickelt:

Satz 4.3 (Mächtigkeit von $\mathbb{R}$)
Die Menge $\mathbb{R}$ der reellen Zahlen ist nicht abzählbar. Man nennt diese „größere Unendlichkeit" *überabzählbar* und bezeichnet die Mächtigkeit der reellen Zahlen mit $\aleph_1$ (aleph eins). □

Beweis
Wir nehmen an, die reellen Zahlen seien doch abzählbar, d. h. wir führen einen Widerspruchsbeweis. Um die Idee von *Cantor* klar zu machen, betrachten wir zunächst nur die reellen Zahlen zwischen 0 und 1, die wir uns in einer Abzählung

---

[13]Bei einem rein anschaulichen Verstehen der Begriffe „dicht" und „vollständig" wird möglicherweise der wesentliche Unterschied nicht klar. Da wir mit diesen Konzepten zwar auf die Zahlengerade Bezug nehmen, aber auf abstraktere Begriffsbildungen zielen, ist es wichtig, *vollständig* im Sinne der neuen Qualität von $\mathbb{R}$ gegenüber $\mathbb{Q}$ zu verstehen (z. B. durch die Aussage des *Satzes vom Supremum* oder durch unsere Konstruktion mittels Intervallschachtelungen).

der Reihe nach aufgeschrieben denken.[14] Damit jede Zahl eindeutig dargestellt ist, schreiben wir dabei endliche Dezimalzahlen als unendlich periodische Dezimalzahlen mit Neunerperiode. Diese Abzählung möge wie folgt beginnen:

1. Zahl: 0,1256734...
2. Zahl: 0,4745016...
3. Zahl: 0,3848991...
usw.

Nun schreiben wir eine weitere Zahl hin, deren 1. Nachkommastelle verschieden von der 1. Nachkommastelle der 1. aufgezählten Zahl ist; wir wählen z. B. die Ziffer 2. Die 2. Nachkommastelle wählen wir verschieden von der 2. Nachkommastelle der 2. aufgezählten Zahl, also etwa die Ziffer 8 usw. Unsere weitere Zahl beginnt also mit 0,28.... Da sich unsere neue Zahl aber mindestens an der n-ten Stelle von der n-ten aufgezählten Zahl unterscheidet, haben wir eine Zahl zwischen 0 und 1 gefunden, die garantiert nicht in der Aufzählung vorkommt, und wir haben einen Widerspruch zur Annahme der Abzählbarkeit von $\mathbb{R}$ erhalten.

Gehen wir denselben Gedankengang nochmals in allgemeiner Schreibweise durch: Wenn die reellen Zahlen abzählbar sind, so lassen sie sich der Reihe nach als unendliche Dezimalzahlen aufschreiben (wieder stellen wir „endliche Dezimalzahlen" unendlich mit 9-er Perioden dar und erreichen so die Eindeutigkeit der Darstellung einer reellen Zahl durch eine Dezimalzahl).

$$r_1 = a_1, b_{11}b_{21}b_{31}\ldots$$
$$r_2 = a_2, b_{12}b_{22}b_{32}\ldots$$
$$r_3 = a_3, b_{13}b_{23}b_{33}\ldots$$
$$\vdots$$

Dabei ist $a_n \in \mathbb{Z}$ der Vorkommaanteil von r_n und $b_{mn} \in \{0, 1, \ldots, 9\}$ die m-te Nachkommastelle der reellen Zahl r_n. Nun definieren wir eine spezielle Zahl $s \in \mathbb{R}$ durch

$$s := 0, c_1 c_2 c_3 \ldots \text{ mit } c_n = \begin{cases} 1 & \text{falls } b_{nn} \neq 1 \\ 0 & \text{falls } b_{nn} = 1 \end{cases}.$$

Da s eine wohl bestimmte reelle Zahl ist, müsste s in der obigen Aufzählung enthalten sein. Aufgrund der Konstruktion von s kann diese Zahl aber nicht in der Aufzählung r_1, r_2, r_3, ... enthalten sein, da sich s von jeder Zahl r_n mindestens an der Dezimalstelle n unterscheidet. Unsere Dezimaldarstellung ist aber (durch die obige Vermeidung „endlicher Dezimalzahlen") eindeutig, sodass die Annahme

---

[14]Wir beschränken uns hier der einfachen Notation wegen auf diesen Bereich, was für den angestrebten Beweis unschädlich ist: Wenn schon die reellen Zahlen zwischen 0 und 1 nicht abzählbar sind, dann erst recht nicht alle reellen Zahlen.

der Abzählbarkeit von $\mathbb{R}$ zu einem Widerspruch geführt hat. Notwendigerweise haben wir also eine neue Qualität von „unendlich" gefunden.   ∎

Cantor konnte noch viele weitere erstaunliche Resultate beweisen. Verwunderlich, aber einfach zu zeigen ist, dass alle reellen Strecken mit Längen a und b gleichmächtig sind; eine zugehörige bijektive Abbildung zeigt die Strahlensatzfigur in Abb. 4.21. Dass auch die reellen Zahlen gleichmächtig zum Intervall $]-\frac{\pi}{2}; \frac{\pi}{2}[$ und damit ebenfalls zu allen offenen Intervallen sind, beweist der Graph der Tangens-Kurve in Abb. 4.22.

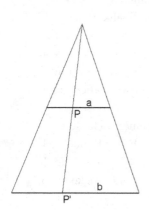

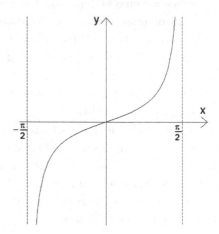

Abb. 4.21: Gleichmächtigkeit 1   **Abb. 4.22:** Gleichmächtigkeit 2

Aufgabe 4.9 *Geben Sie den Term einer bijektiven Abbildung zwischen dem Intervall $[0; 1]$ und einem beliebigen Intervall $[a; b]$ mit $a < b$ an. Versuchen Sie auch zu zeigen, dass die Intervalle $[a; b]$, $]a; b[$, $[a; b[$ und $]a; b]$ gleichmächtig sind – was sich als schwieriger erweisen kann als man zunächst annimmt ...*

Was aber die Mathematiker seiner Zeit stark ins Grübeln gebracht hat, ist die Tatsache, dass *Cantor* auch zeigen konnte, dass die reellen Zahlen, die Zahlenebene, das Einheitsquadrat, der Einheitswürfel und sogar der ganze Raum alles gleichmächtige Punktmengen sind! Entsprechende Beweise finden Sie auf den Internetseiten zu diesem Buch (http://www.elementare-analysis.de/).

Bei seinem berühmten Vortrag im Jahr 1900 aus Anlass des 1st *International Congress of Mathematicians* in Paris hat *David Hilbert* 23 Probleme aufgezählt, deren Lösung er als die herausragende Aufgabe der Mathematiker für das 20. Jahrhundert gesehen hat. Einige dieser Probleme sind bis heute gelöst worden, einige harren immer noch ihrer Lösung. Das erste dieser Probleme war die *Cantor'sche Kontinuumshypothese* aus dem Jahr 1878, die besagt, dass es keine Mächtigkeiten zwischen $\aleph_0$ von $\mathbb{N}$ und $\aleph_1$ von $\mathbb{R}$ gibt. „Größere" Mächtigkeiten konnte schon *Cantor* angeben: Hat die Menge M die Mächtigkeit $\aleph_n$, so hat ihre Potenzmenge die nächste Mächtigkeit $\aleph_{n+1}$. Diese Tatsache soll hier aber nicht bewiesen werden!

Lange nach *Cantors* Tod beschäftige sich *Kurt Gödel* (1906 – 1978) mit der Hypothese und leistete wertvolle Vorarbeiten. Die Grundfesten des Hilbert'schen Denkens, dass jeder vernünftig formulierte mathematische Satz oder sein logisches Gegenteil bewiesen werden kann, erschütterte *Gödel* im Jahr 1931 mit seinem Unvollständigkeitssatz: Es gibt Aussagen im Kalkül der elementaren Arithmetik, die weder bewiesen noch widerlegt werden können. Schließlich konnte *Paul Cohen* (1934 – 2007), ein junger Assistent von *Gödel*, im Jahr 1963 beweisen, dass auch die Kontinuumshypothese unentscheidbar ist, d. h. dass innerhalb des Axiomensystems der Mengenlehre weder die Gültigkeit noch die Falschheit dieser Hypothese bewiesen werden kann. Ohne zu Widersprüchen zu kommen, kann man sie als Axiom hinzunehmen oder auch nicht! Dieses Ergebnis ist in seiner Aussage und seiner Auswirkung mit der Problematik des Parallelenaxioms vergleichbar (vgl. Henn (2003), S. 1 f.).

4.2 Folgen und ihre Grenzwerte

Konvergenz und Grenzwerte sind zentrale Konzepte der Analysis. Für Grenzwerte haben wir durchaus ein naives Gefühl, ähnlich den anschaulichen Vorstellungen zum Ableiten und Differenzieren (vgl. 3.1 und 3.2). Aus dem Archimedischen Axiom folgt, dass es zu jeder positiven reellen Zahl ε einen kleineren Stammbruch gibt (vgl. S. 114). Also nähert sich die Folge $\frac{1}{2}, \frac{1}{3}, \frac{1}{4}, \frac{1}{5}, \ldots$ der Stammbrüche immer mehr der Null und kommt ihr sogar beliebig nahe; die Folge hat ganz anschaulich den Grenzwert Null. Beschreibt man einem Kreis ein regelmäßiges n-Eck ein und lässt die Anzahl der Ecken gegen unendlich gehen, so nähern sich die n-Ecke dem Kreis als Grenzwert. Wenn bei der Normalparabel mit Gleichung $y = x^2$ die unabhängige Variable x gegen 2 geht, so geht die abhängige Variable y gegen 4. So weit, so gut! Jedoch führt diese anschaulich-dynamische Sicht von Grenzwerten, wie wir noch sehen werden, manchmal zu widersprüchlichen Aussagen, nämlich dann, wenn die Anschauung „dank" komplizierter Beispiele versagt.

Als Grundbegriff der Analysis muss der Grenzwertbegriff also präzisiert werden. Hierfür fassen wir zunächst den Begriff der Folge exakt, wobei wir auf vielfältigen Vorerfahrungen aus der Sekundarstufe I aufbauen können. Dann wird der Begriff der Konvergenz von Folgen präzisiert, statt des dynamischen „geht gegen" werden wir eine arithmetische Bedingung vorschreiben. Die Untersuchung von Folgen auf Konvergenz und konkrete Grenzwerte würde sich im konkreten Fall allerdings oft zu mühsam gestalten, wollte man direkt mit der Definition arbeiten. Wir werden daher Kriterien erarbeiten, mit denen wir aus bekannten Grenzwerten auf unbekannte schließen können. Drei Beispiele für die zumindest implizite Anwendung von Folgen in der Sekundarstufe I schließen dieses Teilkapitel dann ab.

4.2.1 Folgen

Aus Intelligenztests sind Aufgaben vom Typ „Bestimme die nächste Zahl" bekannt. Beispielsweise wird bei der Aufgabe „2, 5, 10, 17 – Was ist die nächste Zahl?" die Zahl 26 erwartet[15]. Diese Art der Fragestellungen ist an sich unsinnig, da ja kein Bildungsgesetz vorgeschrieben ist, sodass jede beliebige Zahl die nächste sein könnte. Sinnvoll – zumindest aus Sicht des Mathematikunterrichts – sind dagegen Fragestellungen, wie sie z. B. auch beim „Mathekoffer" (Büchter & Henn (2008)) verwendet werden[16]:

Aufgabe 4.10 *Versuchen Sie, bei den folgenden Beispielen eine möglichst einfache Formel zu finden, nach der die Folge gebildet sein könnte!*

- 2, 5, 10, 17, 26, 37, 50
- 2, 8, 7, 28, 27, 108, 107, 428
- 1, 2, 3, 10, 11, 12, 13, 20, 21
- 1, 2, 6, 24, 120, 720
- 1, 3, 11, 67, 535
- 1, 7, 23, 55, 109, 191
- 2, 7, 14, 23, 34
- 0, 3, 24, 91, 768

Auch Dezimalbrüche sind schon bekannte Beispiele für Folgen. Die Schreibweise $\frac{1}{3} = 0,\overline{3} = 0{,}333\ldots$ hat einen dynamischen Aspekt als Anweisung zur Durchführung eines Grenzwertprozesses und einen statischen Aspekt als Resultat. Wir können $\frac{1}{3}$ als Grenzwert der Folge 0,3, 0,33, 0,333,... mit einem noch naiven Grenzwertbegriff verstehen. Und auch jede Intervallschachtelung $([a_n, b_n])_{n \in \mathbb{N}}$ (vgl. 4.1.3) ist durch zwei Folgen definiert: die Folge a_1, a_2, a_3,... der linken und die Folge b_1, b_2, b_3,... der rechten Intervallgrenzen. Die Intervalllängen $b_n - a_n$ werden für größer werdendes n immer kleiner, bilden also eine *Nullfolge*. Jedes Mal haben wir reelle Zahlen, die der Reihe nach mit 1, 2, 3,... abgezählt werden. Jeder natürlichen Zahl n wird dabei die reelle Zahl a_n zugeordnet. Damit ist klar, dass man eine Folge als eine spezielle Funktion auffassen kann.

Definition 4.4 (Folge)
Eine *Folge* ist eine Funktion von $\mathbb{N} \to \mathbb{R}$, $n \mapsto a_n$. Folgen werden mit $(a_n)_{n \in \mathbb{N}}$ bezeichnet oder kurz nur mit (a_n).   ◆

---

[15]Intelligenztestaufgaben aus diesem Bereich sind in der Regel so konzipiert, dass im konkreten Beispiel nur das Bildungsgesetz „n-te Zahl ist $n^2 + 1$" zugelassen wird. Dabei wären auch viele andere theoretisch denkbar und damit „sinnvoll".

[16]Der amerikanische Mathematiker *Neil J. A. Sloane* betreibt „The On-Line Encyclopedia of Integer Sequences": Nach der Eingabe der ersten Glieder einer Folge aus natürlichen Zahlen wird (in der Regel) ein mögliches Bildungsgesetz gefunden (vgl. http://www.research.att.com/~njas/sequences/).

Genau genommen haben wir es hier mit *Zahlenfolgen* zu tun. Es gibt natürlich auch Folgen, die aus anderen mathematischen Objekten gebildet werden (z. B. Intervallschachtelungen als Folgen von Intervallen, Funktionenfolgen, Polygonfolgen,...). Dann ist jeweils die Zielmenge geeignet abzuändern. Da in unserem Kontext aber kaum Verwechslungsgefahr besteht, sprechen wir hier kurz von Folgen.

Die für Funktionen festgelegten Begriffe wie Graph, Monotonie (vgl. Kap. 2 und 8) und Beschränktheit können natürlich auch bei Folgen (als speziellen Funktionen) angewandt werden. Wir fassen zusammen:

Definition 4.5 (Graph, Monotonie und Beschränktheit von Folgen)
Der *Graph* der Folge $(a_n)_{n \in \mathbb{N}}$ besteht aus den Punkten (n, a_n) für $n = 1, 2, 3, \ldots$. Eine Folge heißt *monoton wachsend*, wenn $a_{n+1} \geq a_n$ für alle $n \in \mathbb{N}$ gilt. Gilt jedes Mal sogar „$>$", so heißt die Folge *streng monoton wachsend*. Analog ist *(streng) monoton fallend* definiert. Eine Folge heißt *beschränkt*, wenn es eine positive reelle Zahl c gibt mit $|a_n| < c$ für alle $n \in \mathbb{N}$. ♦

Bevor wir uns mit der Frage befassen, wie sich die Konvergenz von Folgen präzise fassen lässt und welchen Grenzwert eine konvergente Folgen hat, führen wir einige wichtige Prototypen von Folgen ein und zeigen, wie man aus zwei Folgen eine neue Folge erzeugen kann.

Aufgabe 4.11 *Bestimmen Sie bei den folgenden Beispielen für Folgen $(a_n)_{n \in \mathbb{N}}$ jeweils mehrere Glieder der Folge und zeichnen Sie den Graphen. Haben Sie eine Idee, „wie es weiter geht"? Ist die jeweilige Folge (streng) monton wachsend oder fallend, ist sie beschränkt? Was passiert, wenn n „immer größer" wird?*

1. $a_n = n$ *(„Folge der natürlichen Zahlen")*
2. $a_n = n^2$ *(„Folge der Quadratzahlen")*
3. $a_n = n$-te Primzahl *(„Folge der Primzahlen")*
4. $a_n = \frac{1}{n}$ *(„Folge der Stammbrüche")*
5. $a_n = \frac{1}{n^2}$
6. $a_n = \sqrt{n}$

In vielerlei Hinsicht (mathematisch) interessant sind *alternierende Folgen*, bei denen sich das Vorzeichen von Glied zu Glied ändert. Einfachste Beispiele dieser Art sind $a_n = (-1)^n$ und $a_n = \frac{(-1)^n}{n}$. Der folgende Graph der zweiten Folge ist mit dem Computer gezeichnet worden.

In der Analysis hat man es darüber hinaus immer wieder mit *arithmetischen* und

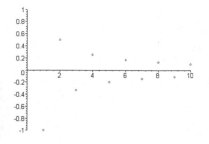

Abb. 4.23: Alternierende Folge

geometrischen Folgen zu tun – zwei Folgentypen, die schon von Kindern in der

Grundschule (implizit) untersucht werden, da sie besonders einfach mithilfe der Grundrechenarten konstruiert sind:

Arithmetische Folgen sind differenzengleich, d. h. die Differenz zweier aufeinander folgender Glieder ist konstant. Ein Beispiel ist die Folge 1, 3, 5, 7, 9,... der ungeraden Zahlen. Eine arithmetische Folge ist eindeutig definiert, wenn man ihr erstes Glied a_1 und die konstante Differenz $\Delta = a_{n+1} - a_n$ (für alle $n \in \mathbb{N}$) kennt:

$$a_1, \ a_2 = a_1 + \Delta, \ a_3 = a_2 + \Delta = a_1 + 2 \cdot \Delta, \ldots, a_n = a_1 + (n-1) \cdot \Delta, \ldots$$

Geometrische Folgen sind dagegen quotientengleich, d. h der Quotient zweier aufeinander folgender Folgenglieder ist konstant. Insbesondere sind alle Folgenglieder ungleich Null. Ein Beispiel ist die Folge 3, 6, 12, 24, 48,.... Eine geometrische Folge ist somit bekannt, wenn man ihr erstes Glied a_1 und den konstanten Quotienten $q = \frac{a_{n+1}}{a_n}$ (für alle $n \in \mathbb{N}$) kennt:

$$a_1, \ a_2 = a_1 \cdot q, \ a_3 = a_2 \cdot q = a_1 \cdot q^2, \ldots, a_n = a_1 \cdot q^{n-1}, \ldots$$

Arithmetische und geometrische Folgen können aufgrund ihrer algebraischen Struktur und ihrer Eigenschaften als „Verwandte" von linearen (vgl. 1.4.1) und Exponentialfunktionen (vgl. 1.4.3) betrachtet werden[17].

Beim anschaulichen Zugang zum Integrieren spielen vor allem Summen die entscheidende Rolle, das Integralzeichen selbst soll als verallgemeinertes Summenzeichen verstanden werden. Beim Grenzübergang („$\Delta t \to 0$") nimmt die Zahl der Summanden unbegrenzt zu. Addiert man endlich viele Glieder einer Folge, so erhält man eine Summe $a_1 + a_2 + a_3 + \ldots + a_n = \sum_{i=1}^{n} a_i$. Durch Bildung solcher Summen aus einer gegebenen Folge $(a_n)_{n \in \mathbb{N}}$, entsteht eine neue Folge $(b_n)_{n \in \mathbb{N}}$ mit $b_n = \sum_{i=1}^{n} a_i$,. Die Folge (b_n) heißt dann die zur Folge (a_n) gehörige *Reihe*. Auch Reihen sind (implizit) schon aus der Primarstufe bekannt: Beispielsweise ergibt die aus der Folge der natürlichen Zahlen gebildete Reihe die Folge der „Dreieckszahlen" (diese Bezeichnung wird mit Abb. 4.24 verständlich).

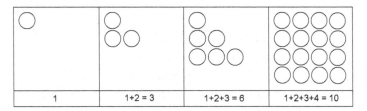

| 1 | 1+2 = 3 | 1+2+3 = 6 | 1+2+3+4 = 10 |

Abb. 4.24: (Die ersten vier) Dreieckszahlen

---

[17]Genau genommen kann man die Folgen aus den entsprechenden Funktionen erzeugen, indem man die Definitionsmenge auf die natürlichen Zahlen einschränkt.

In diesem Fall kann man für das n-te Reihenglied b_n eine explizite Formel angeben (siehe Anhang im Internet):

$$b_1 = 1, \ b_2 = 1+2 = 3, \ b_3 = 1+2+3 = 6, \ldots, b_n = 1+2+3+\ldots+n = \frac{n \cdot (n+1)}{2}, \ldots$$

Aus *arithmetischen* bzw. *geometrischen Folgen* gebildete Reihen heißen ganz nahe liegend *arithmetische* bzw. *geometrische Reihen*. Das n-te Glied dieser Reihen lässt sich ebenfalls recht einfach berechnen:

Satz 4.4 (n-tes Glied der arithmetischen und geometrischen Reihe)
1. Die Folge $(b_n)_{n \in \mathbb{N}}$ sei die aus der arithmetischen Folge $(a_n)_{n \in \mathbb{N}}$ gebildete Reihe. Dann gilt

$$b_n = n \cdot a_1 + \frac{(n-1) \cdot n}{2} \cdot \Delta.$$

2. Die Folge $(b_n)_{n \in \mathbb{N}}$ sei die aus der geometrischen Folge $(a_n)_{n \in \mathbb{N}}$ gebildete Reihe. Dann gilt für $q \neq 1$

$$b_n = a_1 \cdot \frac{1 - q^n}{1 - q}.$$

Für $q = 1$ ist die geometrische Folge konstant; für das n-te Glied der zugehörigen Reihe gilt also $b_n = n \cdot a_1$.

$\square$

Beweis
Die Aussagen des Satzes können direkt nachgerechnet werden:

1. Es gilt:

$$\begin{aligned}
b_n &= a_1 + a_2 + a_3 + \ldots + a_n \\
&= a_1 + (a_1 + \Delta) + (a_1 + 2 \cdot \Delta) + \ldots + (a_1 + (n-1) \cdot \Delta) \\
&= n \cdot a_1 + \Delta \cdot (1 + 2 + \ldots + (n-1)).
\end{aligned}$$

Mithilfe der Summenformel für die ersten $n - 1$ natürlichen Zahlen (siehe Anhang im Internet) folgt die Behauptung.

2. Jetzt gilt.

$$\begin{aligned}
b_n &= a_1 + a_2 + a_3 + \ldots + a_n \\
&= a_1 + a_1 \cdot q + a_1 \cdot q^2 + \ldots + a_1 \cdot q^{n-1} \\
&= a_1 \cdot (1 + q + q^2 + \cdot + q^{n-1}),
\end{aligned}$$

und die Behauptung folgt für $q \neq 1$ mithilfe der Formel für die Summe der fraglichen Potenzen (siehe Anhang im Internet). Für $q = 1$ gilt $b_n = n \cdot a_1$, da $a_n = a_1$ für alle Folgenglieder gilt.

■

Im Abschnitt 2.4.5 haben wir einen „Funktionenbaukasten" bereitgestellt, mit dem man aus gegebenen Funktionen neue Funktionen erzeugen kann. Da Folgen spezielle Funktionen sind, kann man diese Ideen natürlich übertragen. Besonders wichtig wird im Folgenden die Verknüpfung von Folgen durch die Grundrechenarten sein.

Wenn $(a_n)_{n\in\mathbb{N}}$ und $(b_n)_{n\in\mathbb{N}}$ zwei gegebene Folgen sind, dann ergeben sich die verknüpften Folgen über die jeweilige Verknüpfung der n-ten Folgenglieder:

- die *Summenfolge* $(c_n)_{n\in\mathbb{N}}$ mit $c_n = a_n + b_n$ für alle $n \in \mathbb{N}$,
- die *Differenzfolge* $(c_n)_{n\in\mathbb{N}}$ mit $c_n = a_n - b_n$ für alle $n \in \mathbb{N}$,
- die *Produktfolge* $(c_n)_{n\in\mathbb{N}}$ mit $c_n = a_n \cdot b_n$ für alle $n \in \mathbb{N}$,
- die *Quotientenfolge* $(c_n)_{n\in\mathbb{N}}$ mit $c_n = \frac{a_n}{b_n}$ für alle $n \in \mathbb{N}$, wobei hier $b_n \neq 0$ für alle $n \in \mathbb{N}$ gelten muss.

Transformationen von Folgen, wie die Addition oder Multiplikation mit einer festen Zahl r, erhält man aus den obigen Verknüpfungen, wenn man z. B. $(b_n)_{n\in\mathbb{N}}$ als konstante Folge wählt.

Wenn man eine neue – durch ein Bildungsgesetz gegebene – Folge oder Reihe untersucht, ist es in der Regel hilfreich, zunächst einige Glieder auszurechnen, um ein Gespür für das Verhalten und die algebraische Struktur zu bekommen. Dabei ist es auch sinnvoll, sich den Graphen der Folge anzusehen, da aus dieser Darstellung oft anschauliche Vermutungen über das Verhalten der Folge entstehen. Bei solchen Erkundungen ist es hilfreich, wenn man über einen geeigneten Rechner oder ein geeignetes Programm verfügt, das schnell zwischen den verschiedenen Darstellungen der Folge bzw. Reihe als Term, Wertetabelle und Graph wechseln kann. Letztendlich darf man aber nicht vergessen, dass bei Folgen weniger die ersten Folgenglieder mathematisch interessieren, sondern was für „größer werdendes n" passiert. Dieses Verhalten wird im folgenden Abschnitt untersucht.

4.2.2   Konvergenz von Folgen

Wenn man Abb. 4.23 betrachtet, so sieht man, dass die Punkte des Graphen immer näher an die x-Achse heranrücken. Wenn n gegen Unendlich geht, so wird der Nenner des $\frac{(-1)^n}{n}$ beliebig groß. Der Zähler ist jeweils 1 oder -1, d. h. der Bruch geht gegen Null. Man sagt auch „die Folge konvergiert gegen Null" oder „die Folge hat den Grenzwert Null"; dabei wird „Konvergenz" an dieser Stelle noch anschaulich verwendet und begründet – in Definition 4.6 (S. 145) werden wir diesen Begriff präzisieren.

Das geht natürlich nicht immer so einfach. Zeichnet man z. B. den Graphen der Folge mit $a_n = \frac{2n-7}{3n+4}$ (Abb. 4.25, linker Graph), so scheinen sich die Folgenglieder auch einem festen Wert zu nähern. Aber wie kann man da ganz sicher sein – zumal Graphen von Logarithmus- oder Wurzelfunktionen, die bekanntlich unbeschränkt wachsen, ähnlich aussehen? Und wenn man den Term nur ein wenig zur Folge mit

$a_n = \frac{2n-7}{3n+4} \cdot \cos(\frac{100}{n})$ ändert und dann den Graphen zeichnet (Abb. 4.25, rechter Graph), so „tanzen die Punkte wild herum". Man könnte natürlich jeweils mehr als 20 Punkte zeichnen lassen, etwa 200, der Computer macht das schnell. Aber sicher, ob die jeweilige Folge sich einer bestimmten Zahl beliebig genau nähert, kann man nur aufgrund der Anschauung hier nicht sein.

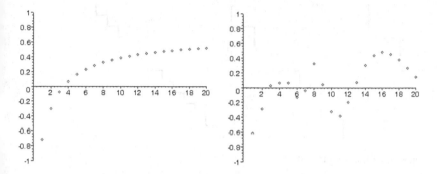

Abb. 4.25: Liegt Konvergenz vor?

Eine andere *konvergente* Folge ist aus der Sekundarstufe I bekannt: Die Approximation eines Kreises durch einbeschriebene n-Ecke (Abb. 4.26). Der Flächeninhalt und der Umfang der n-Ecke scheinen als Grenzwerte für $n \to \infty$ die entsprechenden Größen des Kreises zu haben. Es bleibt aber unklar, wie dieses anschauliche Ergebnis präzisiert werden kann. In Abschnitt 4.2.5 werden wir dieses Problem nochmals aufgreifen.

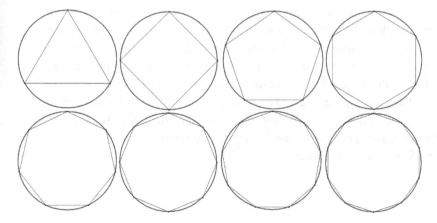

Abb. 4.26: Approximation eines Kreises durch n-Ecke

Das Unangenehme bei Grenzübergängen – sei es unendlich groß, wie das n bei Folgen, oder unendlich klein, wie das Δt in den Teilkapiteln 3.1 und 3.2 – ist, dass uns hier Anschauung und Intuition oft verlassen. Zwar nicht bei der Approximation des Kreises, aber schon bei anderen geometrisch-anschaulichen Phänomenen kann man überrascht werden. Einige Beispiele mögen dies verdeutlichen:

1. Die Diagonale im Einheitsquadrat hat – wie die Pythagoräer leidvoll erfahren haben – die Länge $\sqrt{2} \approx 1{,}4$. In Abb. 4.27 sind im Einheitsquadrat diagonale Treppen zunehmender Stufenanzahl gezeichnet. Wenn die Stufenanzahl gegen unendlich geht, geht die Treppe in die Diagonale über. Nun ist aber die Länge jeder Treppe, unabhängig von der Anzahl ihrer Stufen, immer gleich 2!

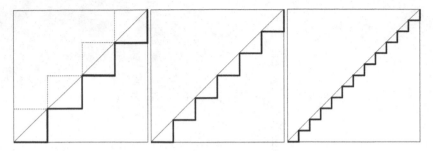

Abb. 4.27: Treppen im Einheitsquadrat

2. Wenden wir bei Abb. 4.27 dieselbe Idee auf den Flächeninhalt der beiden Flächenstücke an, in die unsere Treppe das Einheitsquadrat zerlegt. Je feiner die Treppe ist, desto weniger unterscheiden sich die beiden Flächenstücke. Das kann man genauer sagen: Im linken Bild ist das obere Flächenstück um vier Quadrate der Seitenlänge $\frac{1}{4}$ größer als das untere, also um $4 \cdot \left(\frac{1}{4}\right)^2 = \frac{1}{4}$ des Einheitsquadrats. Im mittleren Bild sind es sechs Quadrate der Seitenlänge $\frac{1}{6}$, das obere Flächenstück ist also um $\frac{1}{6}$ des Einheitsquadrats größer. Und so geht das weiter: Je feiner die Treppe ist, desto weniger unterscheiden sich die beiden Flächenstücke; wenn die Anzahl n der Treppenstufen gegen unendlich geht, werden beide Flächenstücke gleich groß. Wieso scheint die Anschauung bei den Flächen ein sinnvolles Ergebnis zu ergeben, bei der Länge aber nicht?

3. Wir erzeugen die Figuren in Abb. 4.28, indem wir für $n = 1$ mit einem gleichseitigen Dreieck der Kantenlänge 1 starten und dann sukzessive Teildreiecke umklappen. Die Länge des dick gezeichneten gezackten Linienzuges beträgt in jeder Figur 2, obwohl dieser Linienzug gegen die Basislinie, die die Länge 1 hat, *konvergiert*. Dagegen scheint der Inhalt der eingeschlossenen Dreiecksflächen gegen Null zu konvergieren.

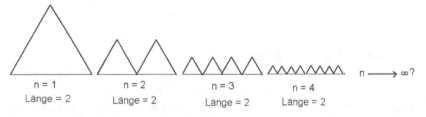

Abb. 4.28: „Sägeblatt"

4. Der griechische Philosoph *Zenon von Elea* (ca. 490 – 425 v. Chr.) hat mit seinem berühmten Paradoxon von Achilles und der Schildkröte Jahrhunderte lang Philosophen und Mathematiker beschäftigt (vgl. Bender (1991); McLaughlin (1995); Pöppe (2004)): Der altgriechische Held Achilles, der auch ein berühmter Läufer war, veranstaltet mit einer Schildkröte ein Wettrennen. Als fairer Kämpfer gibt er der Schildkröte einen Vorsprung von 100 m.

Abb. 4.29: Achilles und die Schildkröte

Obwohl Achilles, sagen wir, 10-mal so schnell wie die Schildkröte ist, kann er – zumindest nach *Zenons* Argumentation – die Schildkröte niemals einholen. Denn: Wenn Achilles den Startpunkt der Schildkröte erreicht hat, hat sich diese schon ein Stückchen der Länge 10 m weiterbewegt. In der Zeit, die Achilles für die 10 m benötigt, hat sich die Schildkröte wiederum 1 m weiter bewegt und liegt damit vor Achilles. So geht das immer weiter, und Achilles kann nie die Schildkröte einholen! Aber das kann doch gar nicht sein . . . .

Die Beispiele 1., 2. und 3. werden wir in Abschnitt 4.2.3 (S. 148) aufgreifen und vertiefen; dem griechischen Helden Achilles und seiner gepanzeren Kontrahentin werden wir uns auf S. 151 erneut widmen!

Man muss also beim Umgehen mit dem Unendlichen stets sehr vorsichtig sein. Anschauung und Intuition, die insbesondere beim mathematischen Erkunden (zumindest subjektiv) unbekannter Phänomene so wichtig sind, können hier manchmal aufs Glatteis führen. Das bedeutet nicht, dass wir bei Fragen von Grenzübergängen ohne diese beiden fleißigen Helfer auskommen müssen, wir müssen die Ergebnisse des Anschaulichen aber hinterfragen und versuchen, auch auf anderem Wege (nicht anschauungsbasiert) abzusichern!

Insbesondere muss der subtile *Grenzwertbegriff* präzisiert werden und das anschauliche „geht gegen" durch eine exakt nachprüfbare Bedingung ersetzt werden. Diese Präzisierung wurde erst im 19. Jahrhundert geleistet. *Galilei* und seine Nachfolger hatten also noch einen gefühlsmäßig vollzogenen Grenzwertbegriff, der an die aus der Realität stammenden Größen Zeit und Weg gebunden war. Eigentlich war es *Cauchy*, der den richtigen Weg gewiesen hat, aber er drückte sich in aus heutiger Sicht weitschweifigen und unbestimmten Worten aus. Erst *Weierstraß* fasste den Grenzwertbegriff in den auch in der heutigen Mathematik noch verwendeten rigiden „ε-δ-Kalkül" – wofür eine exakte Definition der reellen Zahlen nötig war!

Wir werden hier den formalen Kalkül in einer semantisch gebundenen Form, also inhaltlich-anschaulich motiviert, einführen, da an kaum einer anderen Stelle als der „Epsilontik" die folgende Warnung von *Immanuel Kant* (1724 – 1804) so klar

wird: „Begriffe ohne Anschauung sind leer, Anschauung ohne Begriffe ist blind."
Beim Aufbau neuer Theorien müssen also immer Semantik und Syntax in einem
sinnvollen Wechselverhältnis verbunden werden.

Auf dem Weg zu einer präziseren Fassung des „Grenzwerts einer Folge" gehen
wir in Abb. 4.30 vom Graphen einer Folge aus. Die Folge springt hin und her,
scheint sich aber einer festen Zahl a zu nähern. In Abb. 4.30 (b) ist als visuelle
Hilfe die Gerade $y = a$ gezeichnet.

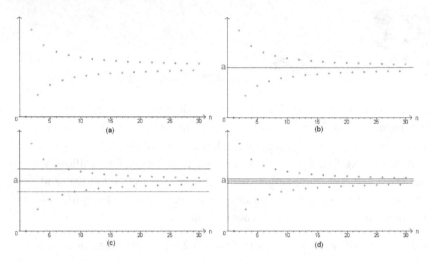

Abb. 4.30: Grenzwert und ε-Schlauch

Zur genaueren Beschreibung des „geht gegen" wird ein „Schlauch" symmetrisch
um die Gerade gezeichnet, die den vermuteten Grenzwert darstellt (Abb. 4.30 (c)).
Ab einer gewissen Nummer liegen alle Folgenglieder in dem Schlauch! Macht man
den Schlauch enger (Abb. 4.30 (d)), so muss man halt die „gewisse Nummer" etwas größer wählen. Egal, wie eng der Schlauch auch immer gewählt wird: Wenn die
Folgenglieder der Zahl a tatsächlich beliebig nahe kommen, liegen ab einer gewissen Nummer stets alle Folgenglieder im Schlauch – insbesondere liegen nur endlich
viele, nämlich höchstens die bis zu dieser Nummer, außerhalb des Schlauchs.

Diese anschauliche Beobachtung birgt schon die gesamte Idee des wichtigen mathematischen Begriffs „Grenzwert einer Folge" in sich. Und auf diesen anschaulich gewonnenen Begriff lassen sich (im Prinzip) alle in diesem Buch behandelten
Grundbegriffe der Analysis zurückführen! Ähnlich wie bei der Bourbaki'schen Definition einer Funktion, ergibt sich beim Grenzwert einer Folge eine Präzisierung,
indem ein dynamischer Sachverhalt (dort die Zuordnung, hier das „geht gegen")
durch ein „statisches Kriterium" erfasst wird:

Der dynamische Aspekt „die Folge (a_n) konvergiert gegen die Zahl $a \in \mathbb{R}$, wenn
die Differenz $a_n - a$ gegen Null geht" lässt sich wie folgt „statisch" fassen: Im Graph
der Folge bedeutet das, dass in jedem (noch so engen) „ε-Schlauch" um a ab einer
(vom jeweiligen ε abhängigen) Nummer n_ε alle weiteren Folgenglieder liegen. Dass
wir statt einfach von einem Schlauch nun von einem ε-Schlauch sprechen, ist eine

mathematische Gewohnheit. Das ε steht (im Zusammenhang mit Grenzwerten) in der Regel für eine positive Zahl, die beliebig klein sein kann. Bei unserem Folgenbeispiel misst sie die „Dicke" des Schlauchs, aus Symmetriegründen ist diese Dicke immer $2 \cdot \varepsilon$ (Abb. 4.31).

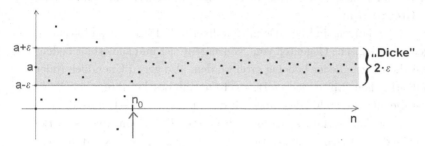

Abb. 4.31: ε-Schlauch

Was ist an dieser Betrachtung nun statisch? Das „geht gegen" wird gegen die „Enthalten-Sein-Betrachtung" ersetzt, ob ab einem gewissen n alle Folgenglieder in der Menge $[a - \varepsilon; a + \varepsilon]$ liegen. Die anschauliche Vorstellung, die wir entwickelt haben, wird in der folgenden Definition mathematisch präzise formuliert:

Definition 4.6 (Konvergenz von Folgen)

1. Die Folge (a_n) *konvergiert* gegen die reelle Zahl a für n gegen Unendlich, geschrieben $(a_n) \to a$ für $n \to \infty$, wenn für jede noch so kleine reelle Zahl $\varepsilon > 0$ eine Nummer n_ε existiert, sodass $|a_n - a| < \varepsilon$ für alle $n \geq n_\varepsilon$ gilt. Die Zahl a wird dann *Grenzwert* der Folge (a_n) genannt.
2. Eine Folge, die nicht konvergiert, heißt *divergent*.

◆

Die Konvergenz einer Folge (a_n) gegen einen Grenzwert a für n gegen Unendlich wird auch mit den beiden folgenden Schreibweisen notiert:

- $\displaystyle\lim_{n \to \infty} a_n = a$ („Der *Limes* von a_n für n gegen Unendlich ist die Zahl a.") und
- $a_n \overset{n \to \infty}{\longrightarrow} a$ („a_n geht gegen a für n gegen Unendlich".).

Aufgabe 4.12 *Zeigen Sie, dass die folgenden Formulierungen äquivalent zur Definition der Konvergenz sind. Für jede noch so kleine ε-Umgebung von a*

1. *liegen fast alle[18] Folgenglieder a_n im ε-Schlauch,*
2. *liegen nur endlich viele Folgenglieder außerhalb des ε-Schlauchs,*
3. *liegen alle a_n ab einer gewissen Nummer n_ε im ε-Schlauch.*

---

[18]„Fast alle" ist hierbei mathematisch zu verstehen als „alle bis auf endlich viele".

Es gibt zwar konvergente Folgen, bei denen der Grenzwert auch als Folgenglied vorkommt[19], dies ist aber weder erforderlich noch typisch. Im Gegenteil: Beispielsweise kommen die meisten von uns betrachteten Nullfolgen (z. B. die Intervalllängen der Intervallschachtelung von $\sqrt{2}$, die Folge der Stammbrüche) dem Grenzwert zwar beliebig nahe, nehmen ihn aber nie als Folgenglied, sondern nur beim Grenzübergang als Grenzwert an.

Nicht-konvergente Folgen sind laut Definition divergent. Dabei ist zu beachten, dass „divergent" das logische Gegenteil von „konvergent" ist und keinesfalls bedeuten muss, dass die Folgenglieder beliebig groß werden, also gegen Unendlich (oder minus Unendlich) gehen. Ein einfaches Beispiel für eine beschränkte, aber divergente Folge ist die alternierende Folge (a_n) mit $a_n = (-1)^n$, also $-1, 1, -1, 1, \ldots$ Diese Folge ist nicht konvergent, sondern nach unserer Definition divergent. Bei Folgen, deren Glieder unbeschränkt wachsen, schreibt man $a_n \overset{n\to\infty}{\longrightarrow} \infty$. Manchmal schreibt man auch etwas schlampig $\lim_{n\to\infty} a_n = \infty$, was eigentlich Unfug ist, da „∞" natürlich ein Symbol und keine Zahl ist! Dennoch ist auch diese Schreibweise klar verständlich. Bei solchen Folgen liegen für jeden ε-Schlauch mit beliebig großem[20] ε ab einer bestimmten Nummer n_ε alle Folgenglieder oberhalb des Schlauchs. Analoges gilt für „$-\infty$" und beliebig kleines ε (< 0). Schließlich gibt es unbeschränkte divergente Folgen, die weder gegen ∞ noch gegen $-\infty$ gehen, z. B. die Folge mit $a_n = (-1)^n \cdot n$.

Da Grenzübergänge – wie wir bereits mehrfach dargelegt haben – recht unanschaulich sein können, ist man vor allem in der Schule immer wieder auf der Suche nach anschaulichen Formulierungen. Dies ist ein hehres Anliegen, kann allerdings manchmal auch durch falsche Elementarisierungen[21] zur Entwicklung von „Fehlvorstellungen" beitragen. Wir zeigen dies an zwei Beispielen:

- „... kommt immer näher ..."
  Das ist zwar notwendig für die Konvergenz gegen einen Grenzwert, aber noch nicht hinreichend: Die Folge $\left(1 - \frac{1}{n}\right)$ kommt der Zahl 2 immer näher, hat aber stets einen Abstand von mehr als 1 von ihr. Keinesfalls ist 2 der Grenzwert!
- „... kommt beliebig nah, ohne je zu erreichen ..."
  Das kann zwar der Fall sein, etwa bei der Folge $\frac{1}{n}$ der Stammbrüche, ist aber nicht charakteristisch für Konvergenz gegen einen Grenzwert: Die konstante Folge (a_n) mit $a_n = 2$ für alle n konvergiert natürlich gegen 2.

Zum Abschluss dieses Abschnitts stellen wir in einem kurzen Exkurs noch „Cauchy-Folgen" vor. Eine Folge ist eine *Cauchy-Folge*, wenn für jede noch so kleine reelle Zahl $\varepsilon > 0$ eine Nummer n_ε existiert, sodass $|a_n - a_m| < \varepsilon$ für alle

---

[19]Das einfachste Beispiel sind hier konstante Folgen.
[20]Hier ist eine der wenigen Stellen, wo unser ε beliebig groß wird.
[21]Wohlverstanden bedeutet „elementarisieren" nichts anderes als „vereinfachen, ohne zu verfälschen".

$n, m \geq n_\varepsilon$ gilt. Anders als bei der Betrachtung des ε-Schlauchs um den Grenzwert konvergenter Folgen werden hier alle möglichen Differenzen von Folgengliedern ab einer bestimmten Nummer betrachtet. Die ε-Betrachtung bei Cauchy-Folgen geht also nicht von einem schon bekannten Grenzwert aus, während unsere Definition von Konvergenz direkt auf dem Grenzwert a aufbaut.

Cauchy-Folgen aus rationalen Zahlen müssen keinesfalls (in $\mathbb{Q}$) konvergieren. Man kann sich aber analog zu den Intervallschachtelungen anschaulich vorstellen, dass sich die Cauchy-Folgen auf einen Punkt der Zahlengeraden, ihren *Grenzwert*, zusammenzieht. Mit dieser Idee kann man die reellen Zahlen auch aus Cauchy-Folgen konstruieren. Die Vollständigkeit der reellen Zahlen ist dann gleichbedeutend damit, dass jede Cauchy-Folge konvergiert (vgl. Henn (2003), S. 182 f.).

Wir verdeutlichen dies, indem wir das Konzept „Cauchy-Folge" auf unsere Intervallschachtelung (mit rationalen Intervallgrenzen) für $\sqrt{2}$ (siehe S. 115 f.) anwenden. Dort bildeten sowohl die rechten als auch die linken Intervallgrenzen jeweils Folgen, deren Folgenglieder $\sqrt{2}$ beliebig nahe kommen und die somit auf jeden Fall Cauchy-Folgen sind[22]. Wegen $\sqrt{2} \notin \mathbb{Q}$ existiert aber für keine der beiden Folgen ein Grenzwert in $\mathbb{Q}$, d. h. sie konvergieren in $\mathbb{Q}$ nicht – wohl aber in $\mathbb{R}$.

4.2.3 Beispiele konvergenter und divergenter Folgen

Im voranstehenden Abschnitt haben wir definiert, wann eine Folge konvergent ist. Diese Definition enthält zwar ein arithmetisches Kriterium, dennoch ist der direkte Nachweis der Konvergenz nicht bei allen Folgen ohne weiteres möglich. Daher werden wir im Abschnitt 4.2.4 Kriterien für die Konvergenz von Folgen und Regeln für die Bestimmung von Grenzwerten erarbeiten. Vorher stellen wir in diesem Abschnitt aber einige typische Beispiele für konvergente und divergente Folgen vor und zeigen zu Beginn auch, wie man bei hinreichend einfachen Folgen direkt mit der Definition zum Konvergenznachweis kommt.

Dieses konkrete Nachrechnen der Konvergenzbedingung demonstrieren wir bei der Folge mit $a_n = \frac{n}{2n+1}$. Im ersten Schritt müssen wir eine konkrete Vermutung entwickeln, welche Zahl der Grenzwert sein könnte. Das Einsetzen großer Zahlen für n liefert z. B. $a_{100} = 0{,}4975\ldots$ und $a_{1000} = 0{,}4997\ldots$ und führt zu der Vermutung, dass $a = \frac{1}{2}$ der gesuchte Grenzwert ist. Zu vorgelegtem $\varepsilon > 0$

---

[22]Dies lässt sich einfach wie folgt zeigen: (x_n) sei die Folge der linken, (y_n) die Folge der rechten Intervallgrenzen. Zu vorgegebenem $\varepsilon > 0$ ist ab einer Nummer n_ε die Differenz $y_n - x_n < \varepsilon$, da die Intervalllängen eine Nullfolge bilden. Dann ist aber für $m > n$ erst recht $|x_m - x_n| < \varepsilon$, und (x_n) ist eine Cauchy-Folge. Analog schließt man für (y_n).

muss nun durch algebraische Umformung eine Zahl n_ε gefunden werden, ab der die Bedingung $|a_n - a| < \varepsilon$ gilt:

$$|a_n - a| = \left| \frac{n}{2n+1} - \frac{1}{2} \right| < \varepsilon \Leftrightarrow \left| \frac{-1}{4n+2} \right| < \varepsilon \Leftrightarrow 4n+2 > \frac{1}{\varepsilon} \Leftrightarrow n > \frac{1}{4\varepsilon} - \frac{1}{2}.$$

Zu jedem ε wird also ein n_ε bestimmbar; für $\varepsilon = 10^{-3}$ könnte man $n_\varepsilon = 250$, aber natürlich auch $n_e = 1000$ wählen. Beim Nachweis der Konvergenz kommt es überhaupt nicht darauf an, ein „optimales" n_ε zu finden!

Aufgabe 4.13 *Untersuchen Sie die Folgen auf Konvergenz, geben Sie ggf. den Grenzwert an und versuchen Sie auch eine Formel aufzustellen, mit der man für ein vorgegebenes $\varepsilon > 0$ ein n_ε im Sinne der Definition bestimmen kann.*

1. $a_n = \frac{1-n}{4n-1}$ *2.* $a_n = \frac{-4 \cdot n}{2-n^2}$ *3.* $a_n = \frac{-4 \cdot n^2}{2-n}$

4. $a_n = \frac{2-n}{-4 \cdot n^2}$ *5.* $a_n = \frac{4n-1}{1-n}$ *6.* $a_n = \frac{2-n^2}{-4 \cdot n}$

Untersuchen Sie auch weitere, selbst gewählte Beispiele.

Folgen, die den Grenzwert Null haben, heißen ganz anschaulich *Nullfolgen*. Die immer wieder benötigte Standard-Nullfolge ist die Folge $a_n = \frac{1}{n}$ der Stammbrüche.

Auftrag: *Rechnen Sie nach, dass diese Folge nicht nur anschaulich, sondern auch nach der Definition der Konvergenz gegen Null konvergiert.*

Weitere Nullfolgen sind z. B. durch folgende Terme definiert: $\frac{1}{n^2}$, $\frac{(-1)^n \cdot 10^{23}}{n^3}$.

Weniger zugänglich sind Folgen, bei denen die Terme mithilfe trigonometrischer Funktionen gebildet sind. Entsprechende Beispiele sollen Sie in der nächsten Aufgabe untersuchen.

Aufgabe 4.14 *Untersuchen Sie die Folgen auf Konvergenz und geben Sie ggf. den Grenzwert an.*

1. $a_n = \cos(2 \cdot n \cdot \pi)$ *2.* $a_n = \sin\left(\frac{2n+1}{2} \cdot \pi\right)$

3. $a_n = \sin(n)$ *4.* $a_n = \cos(n)$

5. $a_n = \cos\left(\frac{-4 \cdot n}{2-n^2}\right)$ *6.* $a_n = \frac{1}{(\sin(n))^2 + (\cos(n))^2}$

Untersuchen Sie auch weitere, selbst gewählte Beispiele mit trigonometrischen Funktionen.

Bei den einführenden Beispielen auf S. 141 sind wir bei anschaulicher, dynamisch gedachter Konvergenz manchmal zu Widersprüchen gekommen. So hatten wir beim Quadrat in Abb. 4.27 die merkwürdige Vermutung, dass die Treppe gegen die Diagonale konvergiert, obwohl alle Treppen die Länge 2 haben. Prüfen wir mit der Definition der Konvergenz: Die n-te Treppe hat die Länge $a_n = 2$, der vermutete Grenzwert ist $a = \sqrt{2}$. Nun ist aber der fragliche Term $|a_n - a|$

stets größer als 0,5; es kann also keine Rede von Konvergenz sein![23] Dagegen ist das durch die n-te Treppe gebildete obere Flächenstück stets um n halbe Quadrate der Seitenlänge $\frac{1}{n}$ größer als das durch die Diagonale gebildete Dreieck. Ist A_n der Flächeninhalt des oberen Flächenstücks und $A = \frac{1}{2}$ der Flächeninhalt des Dreiecks, so gilt

$$|A_n - A| = \left(\frac{1}{2} + n \cdot \frac{1}{2} \cdot \left(\frac{1}{n}\right)^2\right) - \frac{1}{2} = \frac{1}{2n},$$

und jetzt ist die Erfüllung der Konvergenzbedingung evident.

Ähnlich behandeln wir die Folge der heruntergeklappten Dreiecke in Abb. 4.28: Bei den Längen der Linien folgt die Nicht-Konvergenz wie eben; bei den Flächeninhalten schließt man wie folgt: Der Flächeninhalt eines gleichseitigen Dreiecks mit der Kantenlänge a ist $\frac{\sqrt{3}}{2} \cdot a^2$. Die Dreiecke in der n-ten Figur haben jeweils die Seitenlänge $\frac{1}{n}$; n davon bilden die entsprechende Fläche mit dem Inhalt $A_n = n \cdot \frac{\sqrt{3}}{2} \cdot \left(\frac{1}{n}\right)^2 = \frac{\sqrt{3}}{2n}$ – eine Folge, die gegen Null konvergiert.

Bereits in Abschnitt 4.2.1 haben wir einige Folgen, denen in der Mathematik eine besondere Bedeutung zukommt, speziell bezeichnet, so z. B. die *geometrischen* und *arithmetischen Folgen* und *Reihen*. Über deren Konvergenz gibt der folgende Satz Auskunft.

Satz 4.5 (Grenzwerte von arithm. und geometr. Folgen und Reihen)
1. Für $\Delta \neq 0$ divergieren arithmetische Folgen und Reihen. Für $\Delta = 0$ sind arithmetische Folgen konvergent, die arithmetische Reihe ist dann für $a_1 = 0$ konvergent mit Grenzwert 0 und für $a_1 \neq 0$ divergent.
2. Für $|q| < 1$ konvergieren geometrische Folgen mit Grenzwert 0, geometrische Reihen mit Grenzwert $a_1 \cdot \frac{1}{1-q}$. Für $q = 1$ ist die geometrische Folge eine konstante Folge und die geometrische Reihe ist divergent. Für $q = -1$ und für $|q| > 1$ sind geometrische Folgen und die Reihen divergent.

□

Beweis
1. Für eine arithmetische Folge (a_n) gilt $a_n = a_1 + (n - 1) \cdot \Delta$.
   Wenn $\Delta \neq 0$ ist, divergiert die Folge immer gegen $+\infty$ oder gegen $-\infty$. Das Gleiche gilt dann erst recht für eine arithmetische Reihe (b_n), für die ja nach Satz 4.4 gilt

$$b_n = n \cdot a_1 + \frac{(n - 1) \cdot n}{2} \cdot \Delta.$$

---

[23]Wie kann man sich dieses Resultat, das der Intuition und Anschauung zunächst widerspricht, erklären? Wesentlich ist, dass wir es hier nicht mit einem, sondern mit zwei Grenzübergängen gleichzeitig zu tun haben: Die Anzahl der Treppenstufen wird immer größer, deren Länge geht zugleich gegen Null. Die Verknüpfung konvergenter und divergenter Folgen wird auf S. 156 vertieft.

Wenn $\Delta = 0$ ist, liegt für (a_n) der Trivialfall einer konstanten Folge mit $a_n = a_1$ vor, für die Reihe (b_n) gilt dann $b_n = n \cdot a_1$, woraus direkt die Behauptung folgt.

2. Für eine geometrische Folge (a_n) gilt $a_n = a_1 \cdot q^{n-1}$. Für geometrische Folgen haben wir $a_1 \neq 0$ vorausgesetzt.

Für $|q| > 1$ werden die Folgenglieder beliebig groß (positiv oder negativ), und die Folge divergiert.

Für $|q| < 1$ ist anschaulich klar, dass die Potenz q^n und damit die Folge den Grenzwert 0 hat.

Für $q = 1$ ist die Folge konstant mit Grenzwert $a = a_1$, für $q = -1$ ist sie divergent und alternierend $a_1, -a_1, a_1, -a_1, \ldots$

Für eine geometrische Reihe (b_n) kennen wir für $q \neq 1$ nach Satz 4.4 die Formel $b_n = a_1 \cdot \frac{1-q^{n+1}}{1-q}$.

Für $|q| > 1$ werden die Folgenglieder beliebig groß (positiv oder negativ), und die Reihe divergiert ebenfalls.

Für $|q| < 1$ ist anschaulich klar, dass die Potenz q^{n+1} gegen Null konvergiert, und die geometrische Reihe hat den Grenzwert $b = a_1 \cdot \frac{1}{1-q}$.

Für $q = 1$ gilt $b_n = n \cdot a_1$, und die Reihe divergiert.

Der Fall $q = -1$ ist aus historischen Gründen besonders interessant: Zunächst haben wir jetzt einfach die divergente geometrische Reihe $a_1, 0, a_1, 0, \ldots$, und unser Satz ist bewiesen. Im 17. und 18. Jahrhundert betrachtete man zunächst die zugehörige Folge mit $a_1 = 1$, also die Folge $+1, -1, +1, -1, \ldots$ mit etwas anderen Augen. Für den Reihengrenzwert setzte man einfach in die obige Formel ein und erhielt den *Grenzwert* $\frac{1}{1-(-1)} = \frac{1}{2}$. Andererseits klammerte man die unendliche Reihe auf verschiedene Weisen:

a) $(1-1) + (1-1) + (1-1) + (1-1) + \ldots = 0 + 0 + 0 + \ldots = 0$,

b) $1 + (-1+1) + (-1+1) + (-1+1) + (-1+1) + \ldots = 1 + 0 + 0 + 0 + \ldots = 1$.

Dass in der ach so logischen Mathematik so etwas möglich sei, war für den großen *Leonhard Euler* ein Beweis für die Allmacht Gottes!

Bei der Konvergenz der geometrischen Folge und Reihe für $|q| < 1$ haben wir zunächst anschaulich argumentiert. Da wir aber auch betont haben, dass die Anschauung beim Umgang mit dem Unendlichem manchmal versagt, holen wir den formalen Nachweis der ε-Schlauch-Bedingung im Sinne der Definition von Konvergenz am Beispiel der geometrischen Reihe nach:

Wir müssen hierzu zeigen, dass der Abstand $|b_n - b|$ kleiner wird als jede beliebige vorgegebene positive Schranke ε. Hierfür müssen wir eine Zahl n_ε angeben, ab der gilt

$$|b_n - b| = \left| a_1 \cdot \frac{1-q^{n+1}}{1-q} - a_1 \cdot \frac{1}{1-q} \right| = |a_1| \cdot \frac{|q|^{n+1}}{1-q} < \varepsilon.$$

Die letzte Ungleichung kann mithilfe des Logarithmus nach n aufgelöst werden:

$$|q|^{n+1} < \varepsilon \cdot \frac{1-q}{|a_1|}, \quad also \quad (n+1) \cdot \log(|q|) < \log\left(\varepsilon \cdot \frac{1-q}{|a_1|} \right),$$

wobei log der (auch auf dem Taschenrechner vorhandene) Logarithmus mit Basis 10 ist[24]. Bei der Division durch die negative Zahl $\log(|q|)$ ändert sich das Ungleichheitszeichen, und wir erhalten das Ergebnis

$$n > \frac{\log\left(\varepsilon \cdot \frac{1-q}{|a_1|}\right)}{\log(|q|)} - 1.$$

Jede natürliche Zahl, die diese Ungleichung erfüllt, können wir also als die verlangte Zahl n_ε verwenden.

Auftrag: *Bestimmen Sie für die Konvergenz der geometrischen Folge in analoger Weise bei vorgegebenem $\varepsilon > 0$ eine Bedingung für n_ε.*

∎

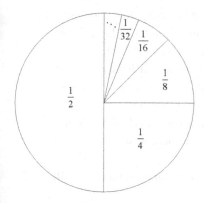

Abb. 4.32: „Geometrische Torte"

Eine schöne Veranschaulichung der Konvergenz der geometrischen Reihe mit $a_1 = \frac{1}{2}$ und $q = \frac{1}{2}$, also der Reihe $\frac{1}{2} + \frac{1}{4} + \frac{1}{8} + \dots$ sehen Sie in Abb. 4.32.

Wir kommen nun mit dem Wissen über geometrische Reihen noch einmal auf das weiter oben vorgestellte *Paradoxon von Achilles und der Schildkröte* zurück und bieten zunächst eine einfach Lösung des Problems mithilfe linearer Funktionen an. Achilles ist 10-mal so schnell wie die Schildkröte. Der Startabstand sei die Strecke, für die Achilles eine Zeiteinheit benötigt.

In Abb. 4.33 sind die Weg-Zeit-Diagramme von Achilles und „seiner" Schildkröte gezeichnet. Für Achilles gilt $s(t) = t$; für „seine" Schildkröte gilt $s(t) = 1 + 0{,}1 \cdot t$. Den Schnittpunkt der beiden Geraden mit den Koordinaten $(t_0|s(t_0))$ erhalten wir z. B. durch Gleichsetzen der beiden Funktionsterme. Es ergibt sich der Zeitpunkt $t_o = \frac{10}{9} = 1,\overline{1}$; genau zu diesem Zeitpunkt hat Achilles die Schildkröte eingeholt und einen Augenblick später hat er sie überholt.

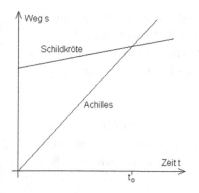

Abb. 4.33: Weg-Zeit-Diagramm

---

[24]An dieser Stelle wäre jede andere Basis genauso sachdienlich.

Wir betrachten den Wettlauf nun noch einmal aus der Perspektive von *Zenons* Darstellung: Zum Zeitpunkt $t_1 = 1$ hat Achilles den Startpunkt der Schildkröte erreicht, die zwischenzeitlich aber 0,1 Wegeinheiten hinter sich gebracht hat. Diesen Punkt erreicht Achilles zum Zeitpunkt $t_2 = 1 + 0{,}1 = 1{,}1$. Mit der fortgesetzten Überlegung ergeben sich für Achilles die Zeitpunkte

$$t_3 = 1 + 0{,}1 + 0{,}01 = 1{,}11; \ t_4 = \ldots = 1{,}111; \ \ldots; \ t_n = \sum_{i=1}^{n} 0{,}1^{i-1} \,.$$

Der durch die funktionale Betrachtung ermittelte Einholzeitpunkt $1,\overline{1}$ ist zwar der Grenzwert t der geometrischen Reihe (t_n) gemäß $\frac{1}{1-0{,}1} = \frac{1}{0{,}9} = 1,\overline{1}$, wird aber nie durch ein Folgenglied erreicht.

Was passiert bei *Zenons* Darstellung? Stellen Sie sich einen Film vor, der vom Wettlauf gedreht wird und genau zu jedem Zeitpunkt t_1, t_2, t_3, $\ldots$ ein Bild macht. Nach *Zenons* Darstellung würde dieser Film nun „in Zeitlupe" mit zunehmender Verlangsamung[25] gezeigt, sodass der Einholzeitpunkt in „unendliche Ferne" rückt.

Zum Abschluss dieses Abschnitts betrachten wir noch einmal die Untersuchung von vorgegebenen Folgen und Reihen. Da die Untersuchung auf Konvergenz mithilfe der arithmetischen Bedingung der Definition sehr kompliziert sein kann, sind numerische Experimente mit dem Computer oft hilfreich, um zumindest zu Vermutungen zu kommen. Das folgende Beispiel der *harmonischen Reihe* (vgl. Stammbach (1999)) zeigt abermals, dass solche Explorationen auch zu falschen Vermutungen führen können.

Die harmonische Reihe ist die aus der Folge der Stammbrüche entstehende Reihe, es gilt also

$$b_1 = \frac{1}{1}, \ b_2 = \frac{1}{1} + \frac{1}{2}, \ b_3 = \frac{1}{1} + \frac{1}{2} + \frac{1}{3}, \ b_4 = \frac{1}{1} + \frac{1}{2} + \frac{1}{3} + \frac{1}{4}, \ \ldots, \ b_n = \sum_{i=1}^{n} \frac{1}{i}, \ \ldots$$

Der Name *„harmonisch"* kommt daher, dass jedes Glied das harmonische Mittel des links und rechts stehenden Glieds ist (vgl. Büchter & Henn (2007), S. 69). Für den Graphen in Abb. 4.34 wurden die ersten 300 Glieder der harmonischen Reihe mithilfe eines Computers bestimmt, die waagerechte Gerade stellt einen vermuteten Grenzwert dar.

Mit dem Computer kann man natürlich auch leicht 3 000 oder 30 000 oder mehr Glieder berechnen und graphisch darstellen lassen. Allerdings kann dann auch das beste Programm nicht mehr exakt rechnen, sondern muss (wie ein Taschenrechner) gerundet rechnen. Es ergibt sich immer ein Bild, das auf Konvergenz schließen

---

[25]In gewisser Weise handelt es sich hier um eine „logarithmische Skalierung" des Films: Die erste Zeiteinheit des gezeigten Films entspricht einer Zeiteinheit des gedrehten Films, die zweite Zeiteinheit des gezeigten Films entspricht einer Zehntel Zeiteinheit des gedrehten Films usw.

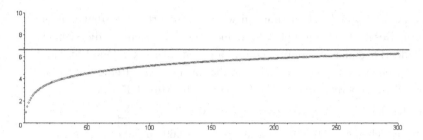

Abb. 4.34: Harmonische Reihe

lässt, ggf. verschiebt sich „die waagerechte Gerade" zunächst noch ein wenig nach oben.

Tatsächlich divergiert die harmonische Reihe; die Divergenz ist aber so langsam, dass beim „Addieren" mit dem Computer durch die Rechenungenauigkeiten für große n oft eine „Rechner-Konvergenz" mit „Flattern" der Summe um einen endlichen Wert auftritt. Da der Rechner nur endlich viele Zahlen darstellen kann, werden die Zahlen $\frac{1}{n}$ irgendwann für den Rechner zu Null.

Der Computer kann also nicht helfen – aber ein genauerer Blick auf die Struktur der Reihe. Die Summanden können nämlich geeignet zusammengefasst werden:

$$1 + \underbrace{\frac{1}{2}}_{} + \underbrace{\frac{1}{3} + \frac{1}{4}}_{>\frac{1}{4}+\frac{1}{4}=\frac{1}{2}} + \underbrace{\frac{1}{5} + \frac{1}{6} + \frac{1}{7} + \frac{1}{8}}_{>\frac{1}{8}+\frac{1}{8}+\frac{1}{8}+\frac{1}{8}=\frac{1}{2}} + \underbrace{\frac{1}{9} + \ldots + \frac{1}{16}}_{>8\cdot\frac{1}{16}=\frac{1}{2}} + \ldots$$

Diese Zusammenfassung von Summanden funktioniert allgemein:

$$\frac{1}{2^n + 1} + \frac{1}{2^n + 2} + \ldots + \frac{1}{2^n + 2^n} > \frac{1}{2^{n+1}} + \frac{1}{2^{n+1}} + \ldots + \frac{1}{2^{n+1}} = 2^n \cdot \frac{1}{2^{n+1}} = \frac{1}{2}$$

Da man immer wieder Abschnitte der Reihe mit Summe $> \frac{1}{2}$ dazu addiert, müssen die Folgenglieder der harmonischen Reihe gegen ∞ gehen. Damit ist der folgende Satz bewiesen:

Satz 4.6 (Divergenz der harmonischen Reihe)
Die harmonische Reihe $\sum\limits_{i=1}^{n} \frac{1}{i}$ divergiert für $n \to \infty$ ebenfalls gegen ∞. $\qquad\square$

Dieser Satz kann später im Rahmen der Integralrechnung mit Logarithmusfunktionen (vgl. 8.1.4) noch einmal auf anderem Wege bewiesen werden.

Der erste bekannte Beweis der Divergenz der harmonischen Reihe stammt aus dem Jahr 1350 von *Nicole Oresme* (1323 – 1382). Der Beweis, den wir geführt haben, geht im Prinzip auf *Jakob Bernoulli* (1654 – 1705) aus dem Jahr 1689 zurück. Die harmonische Reihe steht in enger Beziehung zu einer der berühmtesten Funktionen der Mathematik, zu der *Riemann'schen Zeta-Funktion*. Diese ist definiert als $\zeta(x) = \sum\limits_{i=1}^{\infty} \frac{1}{i^x}$; die harmonische Reihe ergibt sich für $x = 1$. Mit der Zeta-Funktion, genauer: mit ihren Nullstellen, beschäftigt sich die derzeit wohl berühmteste, bis heute unbewiesene Vermutung der Mathematik, die „Riemann'sche Vermutung" (vgl. Aigner & Ziegler (2004), S. 48).

Wenn man die harmonische Reihe nur ein wenig verändert, so gelangt man sofort zu anderen Resultaten. Wir betrachten hier noch die Reihen, die sich aus der alternierenden Folge der Stammbrüche und aus den reziproken Quadratzahlen ergeben. Beide Reihen sind zwar ähnlich wie die harmonische Reihe aufgebaut, zeigen aber ein ganz anderes numerisches Verhalten. In Abb. 4.35 sind die ersten 300 Folgenglieder der *alternierenden harmonischen Reihe* $c_n = \sum\limits_{i=1}^{n} \frac{(-1)^{i+1}}{i}$ dargestellt. Die Glieder scheinen sich einem Grenzwert $c \approx 0{,}69$ zu nähern. Der Graph in Abb. 4.36 gehört zur Reihe $d_n = \sum\limits_{i=1}^{n} \frac{1}{i^2}$ der reziproken Quadratzahlen (dies führt zum Funktionswert der Riemann'schen Zeta-Funktion für x=2); die Reihe scheint gegen einen Grenzwert $d \approx 1{,}64$ zu konvergieren.

Leonhard Euler konnte im 19. Jahrhundert zeigen, dass beide Reihen konvergieren und dass gilt $c = \ln(2)$ (ln steht für den natürlichen Logarithmus zur Basis e, vgl. 4.2.5) und $d = \frac{\pi^2}{6}$. Auf die Beweise müssen wir hier verzichten (vgl. Aigner & Ziegler (2004), S. 41).

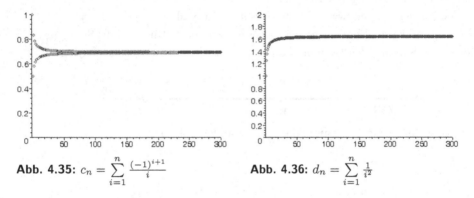

Abb. 4.35: $c_n = \sum\limits_{i=1}^{n} \frac{(-1)^{i+1}}{i}$ **Abb. 4.36:** $d_n = \sum\limits_{i=1}^{n} \frac{1}{i^2}$

Offensichtlich kann die konkrete Untersuchung einer Folge auf Konvergenz recht kompliziert sein. Wenn man hierbei nur auf die Definition der Konvergenz zurückgreifen kann und die dort formulierte Bedingung nachweisen muss, ist es zudem erforderlich, dass man schon den (vermuteten) Grenzwert kennt. Im nächsten Abschnitt werden wir einige allgemeine Sätze herleiten, mit denen die Untersuchung auf Konvergenz und die Bestimmung von Grenzwerten einfacher werden.

4.2.4 Sätze über Existenz und Bestimmung von Grenzwerten

Wir versuchen, uns den versprochenen Kriterien für die Existenz und Regeln für die Bestimmung von Grenzwerten anschaulich zu nähern und sie anschließend präzise zu fassen und abzusichern.

Zunächst einmal ist anschaulich klar, dass eine unbeschränkte Folge keinen Grenzwert haben kann. Beschränktheit ist also eine notwendige Bedingung für die Existenz von Grenzwerten:

Satz 4.7 (Notwendige Bedingung für Konvergenz)
Wenn eine Folge konvergiert, d. h. $a_n \overset{n \to \infty}{\longrightarrow} a$, so ist (a_n) beschränkt. □

Die Umkehrung ist natürlich falsch: Dass die Beschränktheit einer Folge keineswegs ein hinreichendes Kriterium für Konvergenz ist, haben wir am Ende 4.2.2 anhand der Folge (a_n) mit $a_n = (-1)^n$ gezeigt.

Beweis (von Satz 4.7)
Wir wählen $\varepsilon = 1$ und bestimmen ein zugehöriges n_ε mit $|a_n - a| < 1$ für $n > n_\varepsilon$. Dann betrachtet man die endlich vielen Zahlen

$$a_1, a_2, \ldots, a_{n_\varepsilon}, a + 1, a - 1.$$

Das Minimum und das Maximum dieser Zahlen schließen alle Glieder der Folge ein! Also ist wie behauptet die Folge beschränkt. ∎

Am Ende von Abschnitt 4.2.1 haben wir die Verknüpfung von Funktionen auf Folgen übertragen und so eine Möglichkeit gefunden, aus zwei oder mehr gegebenen Folgen neue Folgen zu konstruieren. Umgekehrt lassen sich kompliziert gebaute Folgen als Verknüpfung von zwei oder mehr Folgen darstellen und dadurch Grenzwerte bestimmen. In diesem Sinne ist der folgende Satz typisch für die Genese mathematischen Wissens: Unbekanntes wird auf Bekanntes zurückgeführt. Die Grenzwerte von Folgen, die sich als Verknüpfungen konvergenter Folgen auffassen lassen, ergeben sich dabei in natürlicher Weise:

Satz 4.8 (Grenzwerte verknüpfter Folgen)
Gegeben seien zwei konvergente Folgen (a_n) und (b_n) mit Grenzwerten a bzw. b. Dann konvergieren auch die Summen-, Differenzen- und Produktfolge sowie im Fall $b \neq 0$ auch die Quotientenfolge, und es gilt für die

1. Summenfolge $\lim\limits_{n \to \infty} (a_n + b_n) = a + b$ 2. Differenzenfolge $\lim\limits_{n \to \infty} (a_n - b_n) = a - b$
3. Produktfolge $\lim\limits_{n \to \infty} (a_n \cdot b_n) = a \cdot b$ 4. Quotientenfolge $\lim\limits_{n \to \infty} \frac{a_n}{b_n} = \frac{a}{b}$

□

Beweis (von Satz 4.8)
Wir führen den Beweis nur für die Addition und Multiplikation.

Auftrag: *Führen Sie die analogen Beweise für die Subtraktion und Division selbst durch.*

1. Summenfolge: Wir zeigen, dass der vermutete Grenzwert $a + b$ der Definition des Grenzwertes genügt.

$$
\begin{aligned}
|c_n - (a + b)| &= |(a_n + b_n) - (a + b)| \\
&= |(a_n - a) + (b_n - b)| \\
&\leq |a_n - a| + |b_n - b|.
\end{aligned}
$$

Die letzte Umformung benutzt die Regel „der Betrag einer Summe ist kleiner oder gleich der Summe der Beträge", die auch als *Dreiecksungleichung* bekannt ist. Jeder der beiden letzten Summanden wird beliebig klein. Für vorgegebenes $\varepsilon > 0$ und geeignete n_{ε_1} und n_{ε_2} wird für $n > \max\{n_{\varepsilon_1}; n_{\varepsilon_2}\} = n_\varepsilon$ jeder Summand kleiner als $\frac{\varepsilon}{2}$ und damit die Summe kleiner als das (beliebig klein) vorgegebene ε.

2. Produktfolge: Wieder gehen wir vom vermuteten Grenzwert $a \cdot b$ aus.

$$
\begin{aligned}
|c_n - a \cdot b| &= |a_n \cdot b_n - a \cdot b| \\
&\overset{(1)}{=} |a_n \cdot b_n - a_n \cdot b + a_n \cdot b - a \cdot b| \\
&\overset{(2)}{=} |a_n \cdot (b_n - b) + (a_n - a) \cdot b| \\
&\overset{(3)}{\leq} |a_n| \cdot |b_n - b| + |a_n - a| \cdot |b|
\end{aligned}
$$

Die Umformung (1) ist ein oft angewandter Trick: Um im nächsten Schritt a_n ausklammern zu können, subtrahiert man den Term „$a_n \cdot b$" und addiert ihn gleich wieder. So kann man bei (2) einmal a_n und einmal b ausklammern. Bei (3) wendet man wieder die Eigenschaften des Betrags an. In dem letzten Term ist $|a_n|$ beschränkt, da (a_n) eine konvergente Folge ist, $|b|$ ist eine Konstante und $|b_n - b|$ und $|a_n - a|$ sind wegen der Konvergenz beides Nullfolgen. Also wird der gesamte Term beliebig klein; die Behauptung ist bewiesen.

Für einen mehr formalen Beweis für die Produktfolge können Sie – wie bei der Summenfolge – von einem vorgegebenen $\varepsilon > 0$ ausgehen und hierfür ein n_ε bestimmen.

∎

Bei der Formulierung von Satz 4.8 musste der Fall $b = 0$ für die Quotientenfolge ausgeschlossen werden. Für die Differenzialrechnung sind aber – wie wir beim Grenzübergang „$\Delta t \to 0$" in Teilkapitel 3.1 gesehen haben – gerade Quotienten interessant, die beide „gegen Null gehen" und anschaulich doch als Quotient einen „vernünftigen" Wert a annehmen.

Wir zeigen hier für Folgen exemplarisch, dass der Quotient zweier Nullfolgen, tatsächlich gegen einen solchen Wert a konvergieren kann. Gegeben seien hierfür die Folgen (b_n) mit $b_n = \frac{a}{n}$ und (c_n) mit $c_n = \frac{1}{n}$. Bei der Quotientenfolge (d_n) mit $d_n = \frac{b_n}{c_n}$ stehen nun in Zähler und Nenner offensichtlich jeweils Nullfolgen – zugleich ist (d_n) aber konstant mit $d_n = a$.

Die Quotientenfolgen zweier Nullfolgen können aber auch divergent sein, wie das analoge Beispiel mit $b_n = \frac{1}{n}$ und $c_n = \frac{1}{n^2}$ zeigt. Hieraus resultiert die divergente Folge mit $d_n = n$. Grenzübergänge von Quotienten, bei denen Zähler und Nenner beide gegen Null gehen, werden wir dann bei Grenzwerten von Funktionen, insbesondere im Rahmen der Differenzialrechnung, intensiver untersuchen.

Aufgabe 4.15 *Suchen Sie Beispiele von Folgen* (a_n) *und* (b_n), *bei denen eine konvergent, eine divergent oder beide divergent sind, und wo die mit* $* \in \{+, -, \cdot, :\}$ *verknüpfte Folge konvergent ist. Wenn Sie zu einem Fall keine Beispiele finden, sollten Sie beweisen, dass es keine solchen Beispiele gibt.*

In der Praxis kommen oft Folgen vom Typ $a_n = \frac{f(n)}{g(n)}$ vor, wobei f und g Polynome sind. Der Folgenterm ist also durch einen rationalen Ausdruck definiert. Die Grenzwerte ergeben sich – wie man auch anschaulich vermuten würde – so, wie es in Satz 4.9 beschrieben ist.

Satz 4.9 (Grenzwerte von Folgen mit rationaler Termstruktur)
Die Folge $(a_n)_{n \in \mathbb{N}}$ sei definiert durch $a_n = \frac{f(n)}{g(n)} = \frac{b_s \cdot n^s + \ldots + b_0}{c_t \cdot n^t + \ldots + c_0}$. Die Koeffizienten b_i und c_i sind reelle Zahlen mit b_s, $c_t \neq 0$. Dann gilt für den Grenzwert

$$a_n \overset{n \to \infty}{\longrightarrow} \begin{cases} \frac{b_s}{c_t} & \text{für } s = t \\ \pm\infty & \text{für } s > t \\ 0 & \text{für } s < t, \end{cases}$$

wobei das Vorzeichen für $s > t$ gleich dem Vorzeichen des Produkts $b_s \cdot c_t$ ist.

$\square$

Der Kernaussage des Satzes lässt sich in aller Kürze so auf den Punkt bringen: Es kommt nur auf die beiden Glieder mit der höchsten n-Potenz in Zähler und Nenner an.

Beweis (von Satz 4.9)
Teilt man Zähler und Nenner durch n^t, so erhält man $a_n = \frac{b_s \cdot n^{s-t} + \ldots + b_0 \cdot n^{-t}}{c_t + c_{t-1} \cdot \frac{1}{n} + \ldots + c_0 \cdot \frac{1}{n^t}}$. Nun betrachtet man den Zähler und den Nenner getrennt: Der Nenner ist eine Summenfolge aus der konstanten Folge c_t und aus Nullfolgen, also konvergiert der Nenner stets gegen $c_t \neq 0$. Analog gilt für den Zähler:

$$\text{Zähler} \overset{n \to \infty}{\longrightarrow} \begin{cases} b_s & \text{für } s = t \\ \pm\infty & \text{für } s > t \\ 0 & \text{für } s < t, \end{cases}$$

wobei das Vorzeichen für $s > t$ vom Vorzeichen von b_s stammt. Zusammen mit dem Grenzwertsatz 4.8 ergibt sich die Aussage des Satzes. $\blacksquare$

Die Überprüfung der Konvergenz einer Folge mithilfe der Definition ist, wie wir schon bemerkt haben, nur möglich, wenn man den Grenzwert schon kennt (oder zumindest vermutet). Das ist natürlich im Allgemeinen nicht der Fall! Daher ist es hilfreich, dass man bei manchen Folgen auch die Konvergenz nachweisen kann, ohne den Grenzwert zu kennen. Ein wichtiges Beispiel sind monotone Folgen, deren Konvergenz, wenn sie beschränkt sind, aus den Eigenschaften der reellen Zahlen folgt.

Satz 4.10 (Konvergenz von monotonen Folgen)

Ist die Folge $(a_n)_{n \in \mathbb{N}}$ monoton steigend und nach oben beschränkt, so ist (a_n) konvergent. Die analoge Aussage gilt auch für monoton fallende Folgen, die nach unten beschränkt sind. $\qquad \square$

Beweis

Dieser Satz folgt aus den Eigenschaften der reellen Zahlen: Die Menge $\{a_n | n \in \mathbb{N}\}$ der Folgenglieder ist nach Vorausetzung des Satzes beschränkt, hat also nach Satz 4.1 ein Supremum a. Dieses erfüllt dann insbesondere die Grenzwert-Definition, ist also der Grenzwert von (a_n). $\qquad \blacksquare$

Aufgabe 4.16 *Führen Sie den obigen Beweis von Satz 4.10 etwas formaler mithilfe der Definition von Konvergenz, also für beliebig klein vorgegebenes $\varepsilon > 0$.*

Beispiel 4.1 (Grenzwert einer monotonen Folge)

Die Folge $(a_n)_{n \in \mathbb{N}}$ wird definiert durch

$$a_1 = \sqrt{3}, \ a_2 = \sqrt{3 + \sqrt{3}}, \ a_3 = \sqrt{3 + \sqrt{3 + \sqrt{3}}}, \ a_n = \underbrace{\sqrt{3 + \sqrt{3 + \ldots + \sqrt{3}}}}_{n \ Wurzeln}.$$

Wir berechnen zuerst einige Folgenwerte, um ein Gefühl für das Verhalten der Folge zu bekommen:

$$a_1 \approx 1{,}732; \ a_2 \approx 2{,}175; \ a_3 \approx 2{,}275; \ a_4 \approx 2{,}297 \text{ und } a_5 \approx 2{,}301.$$

Die Folge scheint monoton zu wachsen und ist vielleicht nach oben beschränkt. Schaut man die Definition der Folgenglieder genauer an, so erkennt man, dass die Folge rekursiv definiert werden kann:

$$a_2 = \sqrt{3 + a_1}, \ a_3 = \sqrt{3 + a_2}, \ldots, a_{n+1} = \sqrt{3 + a_n}.$$

Die beiden Vermutungen der Monotonie und der Beschränktheit beweisen wir durch *vollständige Induktion* (vgl. Anhang im Internet):

Monotonie: Es gilt $a_2 > a_1$, womit der Induktionsbeweis verankert ist. Es gelte nun für eine beliebige Zahl $n > 2$, dass ebenfalls $a_n > a_{n-1}$ ist. Dann gilt $a_{n+1} = \sqrt{3 + a_n} > \sqrt{3 + a_{n-1}} = a_n$, womit der Induktionsschluss gezeigt ist.

Beschränktheit: Wir zeigen, dass $\sqrt{3}+1$ eine obere Schranke ist. Die Verankerung $a_1 = \sqrt{3} < \sqrt{3}+1$ ist klar. Es gelte für eine beliebige Zahl $a_n < \sqrt{3}+1$. Dann gilt

$$a_{n+1} = \sqrt{3 + a_n} < \sqrt{3 + \sqrt{3} + 1} < \sqrt{3 + 2\sqrt{3} + 1} = \sqrt{(\sqrt{3}+1)^2} = \sqrt{3}+1$$

und wieder ist der Induktionsschluss gelungen.

Nach Satz 4.10 hat unsere Folge (a_n) also einen Grenzwert g, von dem wir aber im Augenblick nur wissen, dass $2{,}3 < a_5 < g < \sqrt{3}+1 < 2{,}8$ gilt. Betrachten wir nochmals den Rekursionsterm $a_{n+1} = \sqrt{3 + a_n}$, der für jede natürliche Zahl n gilt. Dann muss aber auch für den Grenzwert g die Gleichung $g = \sqrt{3 + g}$ gelten. Dies führt nach Quadrieren auf die quadratische Gleichung $g^2 = g+3$ bzw. $g^2 - g - 3 = 0$. Die Lösungsformel liefert die beiden Lösungen $g_{1,2} = \frac{1 \pm \sqrt{13}}{2}$. Da der Grenzwert positiv ist, haben wir also die Lösung $g = \frac{1 + \sqrt{13}}{2} \approx 2{,}303$ gefunden. $\qquad \triangle$

In Abschnitt 3.1.2 haben wir bereits Bekanntschaft mit der optisch ansprechenden und mathematisch höchst ergiebigen Schneeflockenkurve gemacht. Sie sollen diese im Folgenden untersuchen.

Aufgabe 4.17 *Man startet bei der Schneeflockenkurve (Abb. 4.37) mit einem gleichseitigen Dreieck D_1 der Kantenlänge 1. Die weiteren Figuren werden dann dadurch erzeugt, dass jeweils die Seiten gedrittelt werden und das mittlere Stück durch ein außen aufgesetztes gleichseitiges Dreieck, dessen „Basis" fehlt, ersetzt wird. Betrachten Sie die beiden Folgen (a_n) und (b_n), wobei a_n der Umfang und b_n der Inhalt der n-ten Figur D_n ist. Untersuchen Sie beide Folgen auf Konvergenz.*

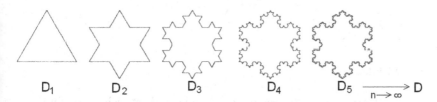

$$D_1 \qquad D_2 \qquad D_3 \qquad D_4 \qquad D_5 \xrightarrow[n \to \infty]{} D$$

Abb. 4.37: Schneeflockenkurve

Wie die bisherigen Beispiele von Folgen gezeigt haben, kann schon bei einfachen Termen die Untersuchung auf Konvergenz sehr kompliziert sein! Gerade bei Folgen, die von großer mathematischer Relevanz sind, helfen die in diesem Abschnitt formulierten Kriterien und Regeln weiter. Im folgenden Abschnitt stellen wir einige solcher Probleme vor, die die Wirkungskraft der bisher entwickelten Methoden zeigen.

4.2.5   Anwendungen von Folgen in der Sekundarstufe I

Wie Intervallschachtelungen werden auch Folgen schon in der Sekundarstufe I implizit an vielen Stellen benötigt und bilden daher ebenfalls ein notwendiges Hintergrundwissen für Lehrkräfte. Für Schülerinnen und Schüler gehört die Thematik des unendlich Großen und unendlich Kleinen eher in die Sekundarstufe II.

An drei ausgewählten Problemstellungen der Sekundarstufe I – Bestimmung der *Kreiszahl* π, *Heron-Algorithmus* zur Berechnung von Quadratwurzeln und *Euler'sche Zahl e* – werden wir zeigen, wie Folgen schon vor Beginn der Sekundarstufe II im Unterricht präsent sind.

Bestimmung der Kreiszahl π

Schon zu Beginn der Sekundarstufe I können Schülerinnen und Schüler propädeutisch den Durchmesser, den Umfang und den Flächeninhalt des Kreises erkunden: Sie messen z.B. die Umfänge und Durchmesser kreisförmiger Gegenstände und stellen – im Rahmen der Messgenauigkeit – fest, dass sich Umfang und Durchmesser von Kreisen proportional zueinander verhalten. So können sie zur Formel $U = \pi \cdot d\ (= 2 \cdot \pi \cdot r)$. gelangen[26], wobei π den nur ungefähr ermittelten Proportionalitätsfaktor bezeichnet. Zur Flächeninhaltsformel $A = \frac{\pi}{4} \cdot d^2\ (= \pi \cdot r^2)$ gelangen sie dann z. B. durch die „Tortenstück-Methode" (Abb. 4.38).

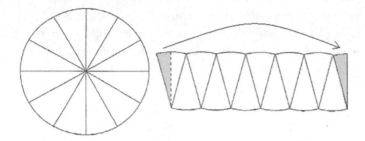

Abb. 4.38: Tortenstück-Methode

Wenn die Zahl der „Tortenstücke" gegen unendlich geht, nähert sich die rechte Figur immer mehr einem Rechteck mit den Seitenlängen r und $r \cdot \pi$ (dem halben Umfang des Kreises) und dem Flächeninhalt $r^2 \cdot \pi$ hat.

Mit dem Konzept der Ähnlichkeit kann man die Formeln, insbesondere die Verwendung derselben Konstanten π in beiden Formeln, tiefer gehend begründen. Hierbei verwendet man:

■ Alle Kreise sind ähnlich und
■ bei Streckung um den positiven Faktor r werden Längen r-mal länger und
■ Flächeninhalte r^2-mal so groß.

Geht man nun vom Einheitskreis (mit Radius 1) aus und bezeichnet dessen Halbumfang mit dem Namen π sowie dessen Flächeninhalt mit dem Namen Π, so erhält man für beliebige Kreise mit dem Radius r die beiden Formeln $U = r \cdot 2 \cdot \pi$ und $A = r^2 \cdot \Pi$. Die beiden Namen π und Π sind hier wieder Variablen im Sinne der Gegenstandsvorstellung (vgl. 2.3.1).

Aufgabe 4.18 *Bei der hier angeführten Ähnlichkeitsbetrachtung zeigt eine anschauliche Grenzwertüberlegung mit der Tortenstück-Methode, dass $\pi = \Pi$ dieselbe reelle Zahl darstellen. Begründen Sie dies im Detail.*

---

[26]Der Durchmesser kann direkt am Kreis gemessen werden, sodass sich im Unterricht der Durchmesser als Referenzmaß bei der Betrachtung des Umfangs zunächst anbietet. Dies hat allerdings den im Folgenden sichtbaren Nachteil, dass hieraus bei der Betrachtung des Flächeninhalts eine andere Konstante, nämlich $\frac{\pi}{4}$, resultiert. Eine für Schülerinnen und Schüler zu Beginn der Sekundarstufe I nachvollziehbare Legitimation für die direkte Verwendung des Radius als Referenzmaß ist die Konstruktion von Kreisen (z. B. mithilfe eines Zirkels). Hier wird in der Regel der Radius benötigt.

Ein Mangel bei der Ähnlichkeitsargumentation bleibt: Das Verhalten von Längen und Flächeninhalten bei zentrischer Streckung wird in der Sekundarstufe I höchstens für Strecken und für n-Ecke bewiesen, hier aber für „krumme" Linien und Flächen verwendet. Dies kann man legitimieren, indem man z. B. wie in Abb. 4.39 in einen Kreis regelmäßige n-Ecke einbeschreibt (und ebenfalls regelmäßige n-Ecke umbeschreibt, siehe Abb. 4.40) – und hier kommen Folgen als Folgen der Umfänge und Inhalte der n-Ecke ins Spiel. Für die n-Ecke gilt das Ähnlichkeitsargument; da die n-Ecke für wachsendes n immer besser den Kreis annähern, gilt das Ähnlichkeitsargument auch für den Kreis. Bei diesen anschaulichen Argumenten bleibt man in der Regel in der Schule stehen.

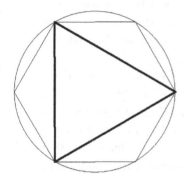   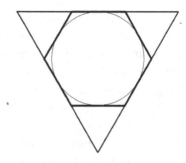

Abb. 4.39: Einbeschriebene n-Ecke   **Abb. 4.40:** Umbeschriebene n-Ecke

Mit unseren Methoden der Analysis können wir die Argumentation auf elementargeometrischer Grundlage präzisieren: Anschaulich wachsen die Umfänge der einbeschriebenen n-Ecke und nähern sich immer mehr dem Kreisumfang. Kann man dies auch begründen? Wieso sollte der Umfang des 6-Ecks größer als der Umfang des 5-Ecks sein? Wieso sollte der Flächeninhalt des 6-Ecks größer als der des 5-Ecks sein? Beide n-Ecke lassen sich gar nicht so ohne weiteres miteinander vergleichen. Anders sieht es aus, wenn wir z. B. ein einbeschriebenes Dreieck und ein 6-Eck vergleichen (Abb. 4.39).

Jetzt ist wegen der Dreiecksungleichung die Dreiecksseite kürzer als zwei 6-Eckseiten, der 6-Ecksumfang wird also größer. Die Dreiecksfläche ist Teilmenge der Sechsecksfläche, der Flächeninhalt nimmt also auch zu. Analoge Überlegungen gelten, wenn man vom 6-Eck auf das 12-Eck, allgemein vom $3 \cdot 2^n$-Eck zum $3 \cdot 2^{n+1}$-Eck übergeht. Bezeichnen wir mit a_n den Umfang, mit A_n den Inhalt des einbeschriebenen $3 \cdot 2^n$-Ecks, so ist schon damit bewiesen, dass beide Folgen monoton wachsend sind. Eine analoge Überlegung gilt für die umbeschriebenen n-Ecke (Abb. 4.40). Bezeichnen wir mit b_n den Umfang, mit B_n den Inhalt des $3 \cdot 2^n$-Ecks, so sind beide Folgen monoton fallend. Der anschauliche Befund, dass alle Folgen durch den Umfang bzw. Flächeninhalt des Kreises beschränkt sind, und der Satz über monotone und beschränkte Folgen gewährleisten uns die Konvergenz der Folgen. Wenn wir noch zeigen können, dass die Differenzen $b_n - a_n$ und $B_n - A_n$ Nullfolgen sind, so haben wir zwei Intervallschachtelungen gefunden, die die „Mittelstufen-Argumente" untermauern.

An dieser Stelle möchten wir die konkreten Rechnungen nicht durchführen, da sie zwar elementargeometrisch, aber doch ziemlich kompliziert sind. Interessenten können diese Rechnungen auf den Internetseiten zu diesem Buch (`http://www.elementare-analysis.de/`) finden. Dort wird auch der wichtige Unterschied zwischen „algebraischer" und „numerischer" Konvergenz diskutiert. Für den Nachweis, dass bei der obigen Betrachtung eine Intervallschachtelung vorliegt, wird u. a. eine Rekursionsformel hergeleitet, wie man die Seitenlänge des $2 \cdot n$-Ecks aus der Seitenlänge des n-Ecks berechnen kann. Übrigens hat *Archimedes* genau dies gemacht und ausgehend vom 6-Eck bis zum 96-Eck gerechnet. Damit hat er seine berühmte und schon erstaunlich genaue Abschätzung $3{,}1408\ldots = 3\frac{10}{71} < \pi < 3\frac{10}{70} = 3{,}1428\ldots$ erhalten.

Wenn man heute für genauere Näherungen von π weitere n-Ecke behandeln will, so verwendet man natürlich den Computer. Egal, wie man die Formel für den Zusammenhang n-Eck-Seitenlänge und $2 \cdot n$-Eck-Seitenlänge aufschreibt, stets konvergiert die Folge der Umfänge der n-Ecke gegen den Umfang des Kreises – zumindest algebraisch. Nun kann aber kein Computer diese Rechnungen exakt algebraisch ausführen, sondern muss runden und numerisch rechnen (unabhängig davon, ob man mit 10 oder mit 10 000 Nachkommastellen rechnet). Und dabei passiert Folgendes: Je nachdem, wie man die Rekursionsformel für den Zusammenhang von n-Eck und 2n-Eck schreibt, bekommt man bessere Näherungswerte für π oder erhält völlig unsinnige Ergebnisse (vgl. Henn (2004), S. 212). Die numerische Konvergenz hängt von der algebraischen Schreibweise ab[27].

Der Heron-Algorithmus zur Bestimmung von Quadratwurzeln

Haben Sie schon einmal darüber nachgedacht, wie Ihr Taschenrechner z. B. Quadratwurzeln berechnet? Vielleicht schlägt er sie in einer Tabelle nach …? Aber nein: Der Taschenrechner kann schließlich auch beliebige Potenzen a^b, Sinuswerte usw. berechnen, wo sollte das alles gespeichert sein? Macht er vielleicht doch seinem Namen alle Ehre – und rechnet? In der Tat verwendet der Taschenrechner jeweils einen geeigneten Algorithmus, d. h. er berechnet jeden dieser Werte im Prinzip durch eine rekursive Folge solange, bis seine Rechengenauigkeit erreicht ist.

---

[27]Da alle Berechnungen, egal ob es sich um statische Berechnungen für die Tragfähigkeit von Brücken oder um Wahrscheinlichkeitsaussagen für die Sicherheit von Kernkraftwerken handelt, numerisch durchgeführt werden müssen, ist eine Analyse der zugrunde liegenden Algorithmen eine extrem relevante – und oft vernachlässigte – Aufgabe.

Wir untersuchen hier den einfachsten Fall, die Berechnung von Quadratwurzeln $\sqrt{a}$ für reelle Zahlen $a \geq 0$. Hierfür entwickeln wir eine Folge, die sehr schnell recht genaue Näherungswerte liefert. Interessanterweise wurde dieses Verfahren vor ca. 2000 Jahren von dem griechischen Mathematiker *Heron von Alexandria* entwickelt. Seine genauen Lebensdaten sind unklar, vermutlich lebte er aber im ersten nachchristlichen Jahrhundert. *Heron* selbst kannte noch nicht die im Folgenden entwickelte Iteration mit Dezimalzahlen sondern drückte, wie es bei den alten Griechen üblich war, das Problem in geometrischer Form aus: Es war die Aufgabe, ein gegebenes Rechteck in ein flächengleiches Quadrat umzuwandeln. Dies geht natürlich auch mit dem Höhensatz, aber wir suchen eine Darstellung mit rationalen Zahlen.

Da es (zunächst) nicht auf die spezielle Zahl a ankommt, starten wir mit $a = 2$ und suchen eine Zahlenfolge x_1, x_2, $x_3, \ldots$, die die Seitenlänge eines Quadrats mit Flächeninhalt 2 immer besser annähert, d.h. wir suchen eine Zahlenfolge mit Grenzwert $x = \sqrt{2}$. Eine solche Folge hatten wir schon Abschnitt 4.1.3 mit der Dezimalschachtelung für $\sqrt{2}$ betrachtet. Drei wichtige Eigenschaften machen das Verfahren von *Heron* zu einem auch heute noch praktisch bedeutsamen Algorithmus: (1) Die Folge (x_n) ist sehr einfach zu berechnen, (2) das Verfahren ist direkt auf beliebiges a zu verallgemeinern und (3) der Algorithmus liefert sehr schnell recht genaue Näherungswerte. Die Kernidee des Algorithmus wird in Abb. 4.41 visualisiert.

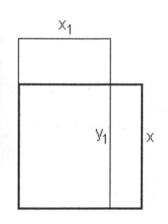

Abb. 4.41: Heron-Algorithmus

1. Schritt: Starte mit einem Schätzwert für $x = \sqrt{2}$, z.B. mit $x_1 = 1$. Dieser Wert ist zu klein, denn es gilt $x_1 \cdot x_1 < 2$. Möchte man anstelle des eigentlich angestrebten Quadrates zumindest ein Rechteck mit Flächeninhalt 2 haben, so muss für die zweite Seite y_1 gelten $x_1 \cdot y_1 = 2$, also $y_1 = \frac{2}{x_1} = \frac{2}{1} = 2$.

2. Schritt: Eine Rechteckseite ist zu klein, die andere ist zu groß; dann ist aber das arithmetische Mittel $x_2 = \frac{x_1 + y_1}{2} = \frac{1+2}{2} = \frac{3}{2}$ ein besserer Schätzwert! Wieder gilt $x_2 \cdot x_2 \neq 2$, aber es gibt eine Zahl y_2 mit $x_2 \cdot y_2 = 2$, nämlich $y_2 = \frac{2}{x_2} = \frac{2}{1,5} = \frac{4}{3} = 1{,}3333333$, wobei die letzte Dezimalzahl die Taschenrechnerangabe ist.

3. Schritt: Wieder ist eine Zahl zu groß, eine zu klein und wieder wird das arithmetisches Mittel $x_3 = \frac{x_2 + y_2}{2} = 1{,}4166667$ als besserer Schätzwert genommen. Auch für diesen Wert gilt $x_3 \cdot x_3 \neq 2$. Der Wert y_3 mit $x_3 \cdot y_3 = 2$ ergibt sich zu $y_3 = \frac{2}{x_3} = 1{,}4117647$.

4. Schritt: Auch jetzt ist eine Zahl zu groß und eine zu klein und wieder nehmen wir das arithmetische Mittel $x_4 = \frac{x_3 + y_3}{2} = 1{,}4142157$ als nächste x-Schätzung und

$y_4 = \frac{2}{x_4} = 1{,}4142114$ als nächste y-Schätzung. Der Unterschied zwischen x_4 und y_4 ist sehr klein geworden!

5. Schritt: Jetzt erhalten wir mit $x_5 = \frac{x_4+y_4}{2} = 1{,}4142136$ und $y_5 = \frac{2}{x_5} = 1{,}4142136$ dieselben Zahlen. Da wir wissen, dass $x = \sqrt{2}$ irrational ist, bedeutet dies, dass im Rahmen der Taschenrechner-Genauigkeit in nur 5 Schritten der beste Näherungswert gefunden ist. Würden wir mit größerer Genauigkeit rechnen, so könnte man den Algorithmus fortsetzen.

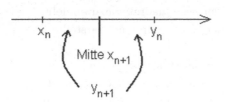

Abb. 4.42: Von n zu $n{+}1$

Der Heron-Algorithmus liefert also eine Folge von immer besser werdenden Näherungswerten; die zugehörigen Intervalle $[x_n; y_n]$ (bzw. $[y_n; x_n]$, falls $y_n < x_n$ ist) liegen nach Konstruktion jeweils ineinander und werden mindestens um den Faktor $\frac{1}{2}$ kleiner (vgl. Abb. 4.42). Sie bilden also eine Intervallschachtelung. Die Folgen $(a_n)_{n\in\mathbb{N}}$ der linken und $(b_n)_{n\in\mathbb{N}}$ der rechten Intervallgrenzen bestehen aus den Zahlen x_n und y_n. Sie sind monoton wachsend bzw. fallend, und ihre Differenzfolge ist eine Nullfolge. Beide konvergieren also nach dem Satz über monotone und beschränkte Folgen und haben denselben Grenzwert A. Damit ist auch die Folge $(x_n)_{n\in\mathbb{N}}$, für die $a_n \le x_n \le b_n$ gilt, konvergent und hat ebenfalls den Grenzwert A. Wegen

$$x_{n+1} = \frac{1}{2}(x_n + y_n) = \frac{1}{2}\left(x_n + \frac{2}{x_n}\right)$$

gilt auch

$$A = \frac{1}{2}\left(A + \frac{2}{A}\right),$$

woraus $A^2 = 2$ und wegen $A > 0$ wie gewünscht $A = \sqrt{2}$ folgt.

Dieselbe Vorgehensweise mit einer anderen Zahl $a > 0$ anstelle von 2 führt zur analogen Folge $x_{n+1} = \frac{1}{2}\left(x_n + \frac{a}{x_n}\right)$ mit Grenzwert $A = \sqrt{a}$.

Auftrag: *Führen Sie den Algorithmus für verschiedene Zahlen a aus. Variieren Sie dabei die Güte der ersten Näherung durch die Wahl der Startzahl x_1.*

Aufgabe 4.19 *In Abb. 4.43 wurden die Funktionsgraphen zu $f(x) = \frac{a}{x}$ und $g(x) = x$ in ein Koordinatensystem gezeichnet. Des Weiteren wurden – passend zum Heron-Algorithmus – Werte x_1, y_1, ... und zusätzliche Konstruktionslinien eingezeichnet. Erläutern Sie, warum diese Abbildung den Heron-Algoritmus visualisiert. Welche Bedeutung hat in diesem Zusammenhang der Schnittpunkt von f und g? Begründen Sie die Bedeutung des Schnittpunkts auf unterschiedlichen Wegen – algebraisch, geometrisch und mit Ihrem Wissen über Funktionen.*

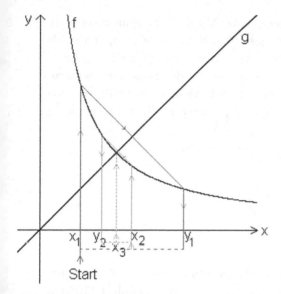

Abb. 4.43: Visualisierung des Heron-Algorithmus

Die Rekursionsformel des Algorithmus $x_{n+1} = \frac{1}{2}\left(x_n + \frac{a}{x_n}\right)$ ist sehr gut zum Rechnen mit Taschenrechnern oder Computern geeignet, um Näherungswerte für Quadratwurzeln zu bestimmen; es ist der *Heron-Algorithmus*. Vergleichen Sie dagegen die mühevolle Rechnung zur Gewinnung der Dezimalschachtelungen für die Quadratwurzel von 2 auf S. 115. Programmiert man den Heron-Algorithmus, so kann man immer mit dem Startwert $x_1 = 1$ beginnen. Wie schnell das Verfahren konvergiert, zeigt das Beispiel für $a = 10$ in Abb. 4.44.

$x1 := 1$
$x2 = 5.5000000000000000000$
$x3 := 3.6590909090909090909$
$x4 := 3.1960050818746470920$
$x5 = 3.1624556228038900971$
$x6 := 3.1622776651756748352$
$x7 := 3.1622776601683793360$
$x8 := 3.1622776601683793320$
$x9 := 3.1622776601683793320$

Abb. 4.44: Konvergenzverhalten

Gerechnet wurde mit 20 Nachkommastellen, also mit $A \approx 3{,}1622776601683793320$. Wir starten mit $x_1 = 1$. Schon der 5. Wert ist ziemlich genau. Bei jedem weiteren Schritt verdoppelt sich in etwa die Zahl der „gültigen Ziffern"[28], bis x_8 und x_9 gleich sind.

Man spricht aus nahe liegenden Gründen bei dieser „Konvergenzgeschwindigkeit" auch von „quadratischer Konvergenz". Die Güte und die Schnelligkeit der Approximation sind also sehr viel besser als bei der Dezimalschachtelung. Eine weitere Rechnung ist jetzt nur sinnvoll,

---

[28] Auf die hier angesprochenen Konzepte der numerischen Mathematik (vgl. Herget (1999)), wie „gültige Ziffern", „Konvergenzgeschwindigkeit", „Selbstkorrektur" oder „Abbruchbedingung" gehen wir nicht ein; ihre Bezeichnung sind ohnehin so suggestiv, dass Sie schon auf dieser Basis eine anschauliche Bedeutung damit verbinden.

wenn man die Zahl der Nachkommastellen erhöht. Mit dem Taschenrechner hätte man mit einem besseren Schätzwert für x_1 begonnen, mit dem Computer spielt dies keine Rolle[29]! Übrigens hat der Heron-Algorithmus die schöne Eigenschaft, „selbstkorrigierend" zu sein: Wenn man sich bei Verwendung eines Taschenrechners einmal vertippt, anschließend aber richtig weiterrechnet, so erhält man das richtige Ergebnis – eventuell muss man aber ein paar Schritte länger rechnen.

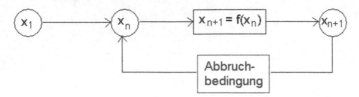

Abb. 4.45: Flussdiagramm

Die beim Programmieren für Algorithmen übliche Darstellung mit einem Flussdiagramm zeigt die zugrunde liegende Struktur besonders schön (Abb. 4.45): Man beginnt mit einem Startwert x_1, aus dem durch eine Verarbeitungsanweisung f der nächste Wert x_2 (funktional) folgt. Nun wird x_2 verarbeitet und x_3 berechnet usw. Die beim Heron-Algorithmus zugrunde liegende Verarbeitungsanweisung ist

$$f(x_n) = \frac{1}{2}\left(x_n + \frac{a}{x_n}\right).$$

Wenn die gewünschte Genauigkeit erreicht wird, stoppt das Verfahren, und der letzte Wert wird angegeben oder z. B. als Wurzelwert im Taschenrechner angezeigt. Es ist allerdings alles andere als einfach, eine geeignete Abbruchbedingung zu formulieren. Beispielsweise ist es in der Regel nicht sinnvoll, als Abbruchbedingung „$x_{n+1} = x_n$" vorzuschreiben. Aufgrund interner – nicht überschaubarer – Rundungen führt das meistens dazu, dass das Programm überhaupt nicht stoppt. Möglich wäre eine Abbruchbedingung der Art $|x_{n+1} - x_n| < \varepsilon$, wobei ε eine geeignete positive, sehr kleine Zahl ist.

Eine letzte Bemerkung zum Heron-Algorithmus: Das Verfahren ist zweitausend Jahre alt und betrifft zunächst nur eine etwas singuläre Aufgabe, das näherungsweise Berechnen von Quadratwurzeln[30]. Jedoch gibt es eine Verallgemeinerung, das aus der zweiten Hälfte des 17. Jahrhunderts stammende *Newton-Verfahren*.

---

[29]Eine Verbesserung des Startwerts ist vor allem dann relevant, wenn die Quadratwurzel aus sehr großen oder sehr kleinen Zahlen gezogen werden soll. Eine solche Verbesserung kann aufgrund der Eigenschaften des (Quadrat-)Wurzelziehens bzw. Quadrierens z. B. so erreicht werden: Bei der Wurzel aus $1{,}2 \cdot 10^{12}$ wäre etwa $1{,}2 \cdot 10^6$ ein deutlich besserer Startwert; bei $1{,}2 \cdot 10^{-12}$ wäre es z. B. $1{,}2 \cdot 10^{-6}$. Generell kann man bei sehr großen oder sehr kleinen Zahlen einen besseren Startwert bekommen, wenn man in der Dezimaldarstellung den Abstand der führenden Ziffer (der Ausgangszahl) zum Komma ungefähr halbiert.

[30]Der Heron-Algorithmus lässt sich aber einfach auf die Berechnung von n-ten Wurzeln übertragen – führen Sie dies zur Übung durch!

Es erlaubt, Lösungen einer Gleichung $f(x) = 0$ näherungsweise zu bestimmen (vgl 8.2.4). Verwendet man die Gleichung $f(x) = x^2 - a$, so erhält man für $a > 0$ genau den Heron-Algorithmus zur Quadratwurzelberechnung.

Zinseszins und die Euler'sche Zahl e

Abb. 4.46: *Euler*

Einige auch in der Schule bekannte, irrationale Zahlen sind so wichtig, dass sie im Sinne der Gegenstandsvorstellung von Variablen (vgl. 2.3.1) eine eigene Bezeichnung bekommen. Beispiele sind die Quadratwurzel aus 2, kurz mit $\sqrt{2}$ abgekürzt, oder die Kreiszahl π. Beide haben einfache geometrische Deutungen, die erste als Seite eines Quadrats mit Flächeninhalt 2, die zweite als Quotient von Umfang und Durchmesser bei Kreisen. Eine weitere auch in der Schulmathematik besonders wichtige irrationale Zahl ist die so genannte *Euler'sche Zahl e*. Allerdings gibt es für e ($\approx$ 2,7) keine einfache geometrische Deutung.

In diesem Abschnitt konstruieren wir eine Intervallschachtelung, die zur Zahl e führt. Dies ist mit einigem Aufwand verbunden und benötigt die bisher entwickelte Theorie, insbesondere auch die Ergebnisse über die Konvergenz von Folgen. Die vorgestellte Konstruktion geht auf den Schweizer Mathematiker *Jakob Bernoulli* (1654 – 1705) zurück und startet mit einem ganz anschaulichen, damals und heute relevanten Problem, nämlich der Verzinsung von Kapital (vgl. auch die „Zinsaufgabe" in Abschnitt 2.4.3).

Stellen Sie sich vor, Sie verfügen über ein Kapital in Höhe von K_0, das Sie für einige Jahre bei einer Bank zum Jahreszinssatz p festlegen wollen. Nach dem ersten Jahr besteht Ihr Kontostand K_1 aus dem Anfangskapital K_0 und den Zinsen, also

$$K_1 = K_0 + K_0 \cdot p = K_0 \cdot (1+p).$$

Nach dem zweiten Jahr gilt Analoges, nur liegt zu Beginn des zweiten Jahres das Kapital K_1 auf dem Konto, also

$$K_2 = K_1 + K_1 \cdot p = K_1 \cdot (1+p) = K_0 \cdot (1+p) \cdot (1+p) = K_0 \cdot (1+p)^2.$$

Bleibt das Anfangskapital n Jahre auf dem Konto liegen, so verfügen Sie am Ende über ein Kapital von

$$K_n = K_0 \cdot (1+p)^n.$$

Dies ist die aus der Sekundarstufe I bekannte Zinseszinsformel. $1 + p$ ist der Zinsfaktor, um den sich das Kapital nach einem Jahr vergrößert hat, $(1 + p)^n$ der entsprechende Zinsfaktor nach n Jahren.

Manche Banken bieten auch eine „unterjährige Verzinsung" an: Z. B. bietet die Bank A einen Jahreszins von $p = 6\%$ an, die Bank B dagegen eine monatliche Verzinsung von $0,5\%$[31]. Welche Bank sollten Sie wählen? Monatlich bedeutet, dass schon nach jedem Monat das einliegende Kapital mit $0,5\%$ verzinst wird. Es gibt also 12 Perioden, und nach jeder vergrößert sich das einliegende Kapital um den Zinsfaktor $1 + 0,5\% = 1 + \frac{0,5}{100}$. Auf den ersten Blick könnte man meinen, dass die Wahl der Bank egal ist – schließlich gilt $12 \cdot 0,5 = 6$. Führt man die Rechnungen aber konkret durch, zeigt sich, dass die Bank B ein besseres Angebot unterbreitet:

$$\text{Bank } A : \left(1 + \frac{6}{100}\right)^1 = 1{,}06; \quad \text{Bank } B : \left(1 + \frac{0,5}{100}\right)^{12} = 1{,}005^{12} \approx 1{,}0617.$$

Unterjährige Verzinsung ist also – zumindest bei diesem Beispiel – günstiger. Und wie wäre es, wenn wöchentlich mit $\frac{p}{52}$, täglich mit $\frac{p}{365}$ oder ... verzinst wird[32]? Für eine mathematische Untersuchung der verschiedenen unterjährigen Verzinsungen treffen wir die folgende einfache Modellannahme: Wir wählen einen Jahreszins von $100\% = \frac{100}{100} = 1$. Zinssätze in dieser Größenordnung waren im Mittelalter durchaus nicht unüblich und gibt es auch heute noch in Ländern mit rapider Geldentwertung. Jetzt berechnen wir den Zinsfaktor a_n nach einem Jahr für verschiedene Arten von unterjähriger Verzinsung, n bedeutet jetzt die Anzahl der Zinsperioden, in die ein Jahr eingeteilt wird. Nach jeder Periode werden Zinsen mit einem Zinssatz von $p = \frac{1}{n}$ gutgeschrieben.

- ▶ Jährliche Verzinsung : $\quad a_1 \;=\; (1+1)^1 \qquad\quad = 2$
- ▶ Halbjährliche Verzinsung : $\quad a_2 \;=\; (1+\frac{1}{2})^2 \qquad\; = 2{,}25$
- ▶ Monatliche Verzinsung : $\quad a_{12} \;=\; \left(1+\frac{1}{12}\right)^{12} \quad = 2{,}613\ldots$
- ▶ Tägliche Verzinsung : $\quad a_{365} \;=\; \left(1+\frac{1}{365}\right)^{365} = 2{,}714\ldots$

Der Vorteil wächst augenscheinlich mit kleiner werdenden Zinsperioden; jedoch schwächt sich dieser Trend zunehmend ab. Jetzt erlauben wir uns eine typische mathematische Denkweise: Was ist, wenn die Anzahl n der Zinsperioden im Jahr noch mehr wächst, wenn n gegen unendlich geht? Diese Frage hat nichts mehr mit realen Verzinsungsproblemen zu tun; es gibt keine Bank, die etwa eine Million Zinsperioden anbietet. Die allgemeine Frage nach n Zinsperioden mit $a_n = \left(1 + \frac{1}{n}\right)^n$ oder gar die Frage nach der Existenz eines Limes $a_\infty = \lim\limits_{n \to \infty} \left(1 + \frac{1}{n}\right)^n$ sind also zunächst nur von akademischem Interesse. Oder?

---

[31]Diese Monatszinsvariante wird häufig auch wie folgt beschrieben: 6% ($= 12 \cdot 0,5\%$) Zinsen pro Jahr bei monatlicher Zinsgutschrift.

[32]Dies sind keine akademischen Fragen, auf manchen Konten wird in der Tat täglich abgerechnet.

Wie könnte man „$n \to \infty$" inhaltlich deuten? Es wäre eine „gleichmäßige Verzinsung" und damit beschreiben die Biologen das „natürliche Wachstum" in der Natur.[33] Wichtige Modelle in den Naturwissenschaften beschreiben Wachstum mit einer solchen „gleichmäßigen" oder „stetigen" Verzinsung; dies ist ein Grund, weshalb der in der Tat existierende Grenzwert von a_n für $n \to \infty$ eine so wichtige Zahl ist.

Um ein Gefühl für das Wachsen von a_n zu bekommen, berechnen wir einige weitere Potenzen mit dem Taschenrechner; dabei lassen wir n in 10er-Potenzschritten wachsen:

n	a_n	n	a_n
10	2,5937425	10^5	2,7182682
10^2	2,7048138	10^6	2,7182805
10^3	2,7169239	10^7	2,7182817
10^4	2,7181459	10^8	1

Zunächst wachsen die Werte monoton, aber immer langsamer, sodass die Vermutung eines Grenzwertes bei 2,718... entsteht. Wie ist aber der letzte Wert zu verstehen? Ein bisschen Nachdenken hilft schnell: Der Taschenrechner rechnet intern nur mit einer gewissen Stellenanzahl. Bei der letzten Aufgabe treten in der Klammer beim Summanden $\frac{1}{n}$ so kleine Zahlen auf, dass sie der Taschenrechner als Null darstellt. Damit wird die Basis der Potenz zu 1 und jede Potenz bleibt 1. Wenn Sie mit Ihrem Taschenrechner experimentieren, erhalten Sie eventuell andere Werte, irgendwann jedoch ermittelt auch Ihr Rechner $a_n = 1$.

Aufgrund der Taschenrechnerexperimente sind wir sicher, dass die fragliche Folge a_n monoton steigt und konvergiert und dass der Grenzwert ungefähr 2,718 ist. Dies müssen wir „nur noch" beweisen. Die folgende mathematische Analyse ist etwas aufwändiger, benötigt aber nur elementare Algebra.

Die grundlegende Idee ist es, eine Intervallschachtelung für den Grenzwert zu konstruieren. Für die Folge (a_n) vermuten wir, dass sie monoton wachsend ist, sie bietet sich also als Folge der linken Intervallecken an. Die Folge für die rechten Intervallecken lässt sich leider nicht so einfach finden. Mit einem gewissen Maß an Genialität, Erfahrung oder einer guten Vorlage[34] gelingt es, eine zugehörige monoton fallende Folge (b_n) zu definieren, die zusammen mit (a_n) eine Intervallschachtelung bildet.

---

[33]Zur Verdeutlichung denke man z. B. an eine Bakterienkultur, die sich während der „exponentiellen Wachstumsphase" alle T Tage verdoppelt. Hier findet die „Verzinsung" fortlaufend statt, da sich praktisch zu jedem Zeitpunkt zumindest einige der Bakterien durch Zellteilung vermehren.
[34]Wir Autoren wählten den Weg der guten Vorlage ...

Interessanterweise reicht eine kleine Änderung an dem Term, der a_n definiert: Wir definieren die Folge (b_n) durch $b_n = \left(1 + \frac{1}{n}\right)^{n+1}$. Die Berechnung einiger Glieder erhärtet die Vermutung, dass beide Folgen zusammen eine Intervallschachtelung bilden:

$$a_n = \left(1 + \frac{1}{n}\right)^n, \; a_1 = 2, \; a_2 = 2{,}25, \; a_3 = 2{,}370\ldots, \; a_4 = 2{,}441\ldots$$

$$b_n = \left(1 + \frac{1}{n}\right)^{n+1}, \; b_1 = 4, \; b_2 = 3{,}375, \; b_3 = 3{,}370\ldots, \; b_4 = 3{,}052\ldots$$

Satz 4.11 (Intervallschachtelung für e)
Mit den obigen Festlegungen gilt: (a_n) ist monoton steigend, (b_n) ist monoton fallend und $(b_n - a_n)$ bildet eine Nullfolge, d. h. $([a_n; b_n])_{n \in \mathbb{N}}$ ist eine Intervallschachtelung. Damit gilt weiter

$$2 = a_1 < a_2 < a_3 < \ldots < e < \ldots < b_3 < b_2 < b_1 = 4$$

mit einem gemeinsamen Grenzwert, den wir die Euler'sche Zahl e nennen und für den gilt

$$\lim_{n \to \infty} a_n = \lim_{n \to \infty} b_n = e \approx 2{,}718$$

$\square$

Beweis
Wir werden die Aussagen des Satzes im Folgenden schrittweise beweisen. Zunächst zeigen wir, dass die Folgen (a_n) und (b_n) der rechten bzw. linken Intervallecken streng monoton wachsend bzw. fallend sowie beschränkt sind, also beide konvergieren. Schließlich zeigen wir, dass die Intervalllängen eine Nullfolge bilden und somit eine Intervallschachtelung vorliegt. Die dadurch dargestellte Zahl wird Euler'sche Zahl e genannt. Für den Beweis benötigen wir die *Bernoulli'sche Ungleichung* (vgl. Anhang im Internet):

Für alle natürlichen Zahlen $n \geq 2$ und alle reellen Zahlen a mit $a > 0$ oder $-1 < a < 0$ gilt die Abschätzung: $(1 + a)^n > 1 + n \cdot a$.

1. Die Folge (a_n) ist streng monoton wachsend: Für $n > 1$ gilt

$$\frac{a_n}{a_{n-1}} = \frac{\left(1 + \frac{1}{n}\right)^n}{\left(1 + \frac{1}{n-1}\right)^{n-1}} = \frac{\left(\frac{n+1}{n}\right)^n}{\left(\frac{n}{n-1}\right)^{n-1}} = \frac{(n+1)^n \cdot (n-1)^{n-1}}{n^n \cdot n^{n-1}}$$

$$= \frac{(n^2 - 1)^n}{(n^2)^n} \cdot \frac{n}{n-1} = \left(1 + \left(-\frac{1}{n^2}\right)\right)^n \cdot \frac{n}{n-1}$$

$$> \left(1 + \left(-\frac{1}{n^2}\right) \cdot n\right) \cdot \frac{n}{n-1} = \left(1 - \frac{1}{n}\right) \cdot \frac{n}{n-1}$$

$$= \frac{n-1}{n} \cdot \frac{n}{n-1} = 1,$$

wobei „>" aus der Bernoulli'schen Ungleichung für „$-1 < a = -\frac{1}{n^2} < 0$" folgt. Also gilt $a_{n-1} < a_n$ für alle natürlichen Zahlen $n > 1$.

2. Die Folge (b_n) ist streng monoton fallend: Für n > 1 gilt

$$
\begin{aligned}
\frac{b_{n-1}}{b_n} &= \frac{\left(1 + \frac{1}{n-1}\right)^n}{\left(1 + \frac{1}{n}\right)^{n+1}} = \frac{\left(\frac{n}{n-1}\right)^n}{\left(\frac{n+1}{n}\right)^{n+1}} = \frac{n^n \cdot n^{n+1}}{(n-1)^n \cdot (n+1)^{n+1}} \\
&= \left(\frac{n^2}{n^2-1}\right)^{n+1} \cdot \frac{n-1}{n} = \left(1 + \frac{1}{n^2-1}\right)^{n+1} \cdot \frac{n-1}{n} \\
&> \left(1 + (n+1) \cdot \frac{1}{n^2-1}\right) \cdot \frac{n-1}{n} \\
&= \left(1 + \frac{n+1}{n^2-1}\right) \cdot \frac{n-1}{n} = \left(1 + \frac{1}{n-1}\right) \cdot \frac{n-1}{n} = \frac{n \cdot (n-1)}{(n-1) \cdot n} = 1,
\end{aligned}
$$

wobei „>" aus der Bernoulli'schen Ungleichung für „$a = \frac{1}{n^2-1} > 0$" folgt. Also gilt $b_{n-1} > b_n$ für alle natürlichen Zahlen $n > 1$.

3. Beide Folgen sind beschränkt: Es gilt

$$
0 < a_n < a_n \cdot \left(1 + \frac{1}{n}\right) = b_n \underset{nach\ (2.)}{<} b_1 = 4\,;
$$

. also sind (a_n) und (b_n) beschränkt.

4. Die Differenzenfolge $(b_n - a_n)$ ist eine Nullfolge: Es gilt

$$
\begin{aligned}
b_n - a_n &= \left(1 + \frac{1}{n}\right)^{n+1} - \left(1 + \frac{1}{n}\right)^n = \left(1 + \frac{1}{n}\right)^n \cdot \left(1 + \frac{1}{n} - 1\right) \\
&= \left(1 + \frac{1}{n}\right)^n \cdot \frac{1}{n} = a_n \cdot \frac{1}{n}.
\end{aligned}
$$

Der erste Faktor im letzten Produkt ist nach 3. eine beschränkte Folge, der zweite eine Nullfolge, sodass – wie behauptet – eine Nullfolge vorliegt.

Damit ist bewiesen, dass die beiden Folgen eine Intervallschachtelung bilden. Der gemeinsame Grenzwert der Folgen (a_n) und (b_n) wird mit e bezeichnet; diese Bezeichnung geht auf *Leonard Euler* (1707 – 1783) selbst zurück.   ■

Die Geschichte der Zahl e lässt sich bis ins 16. Jahrhundert zurückverfolgen (vgl. Krauss (1999); Maor (1996)). Drei verschiedene Problemstellungen führten auf drei verschiedenen Wegen zu dieser Zahl:

1. Bei *John Napier* (1550 – 1617) taucht die später e genannte Zahl als Basis von Logarithmen auf. Der Zusammenhang von Logarithmen und Exponentialfunktionen brachte vermutlich *Euler* im Jahr 1736 auf die Idee, die Bezeichnung „e" einzuführen.

2. Quadraturprobleme waren ein anderer Weg zu e. Es geht dabei um die Verwandlung von Flächen in ein flächengleiches Quadrat. Lange vor der Entdeckung der Integralrechnung durch *Leibniz* und *Newton* im 18. Jahrhundert haben die alten Griechen solche Probleme gelöst, etwa den Flächeninhalt unter einer Parabel $y = x^2$ bestimmt. Der Profi-Jurist und Hobby-Mathematiker *Pierre de Fermat* (1601 – 1665), dessen berühmte Vermutung vor einigen Jahren bewiesen werden konnte[35], konnte Flächenstücke unter allgemeinen Parabeln des Typs $y = x^n$ bestimmen, wobei n eine ganze Zahl war. Allerdings klappte sein Verfahren nicht für $n = -1$, also bei der „Normalhyperbel". Bei der Quadratur dieser Hyperbel stieß man wieder auf die Zahl e. Heute sind Quadraturprobleme Teil der Integralrechnung.

3. Der von uns gewählte Weg zu e über Verzinsungsprobleme geht auf *Jakob Bernouilli* (1654 – 1705) zurück.

Schon *Euler* konnte beweisen, dass e eine irrationale Zahl ist. Dass e sogar „transzendent" ist, konnte erst *Charles Hermite* (1822 – 1901) im Jahr 1873 zeigen. Dabei bedeutet „transzendent", dass es keine Polynomgleichung mit rationalen Koeffizienten gibt, die e als Nullstelle hat. Dagegen ist die irrationale Zahl $\sqrt{2}$ nicht transzendent, denn sie ist Nullstelle des Polynoms $x^2 - 2$.

John von Neumann (1903 – 1957), einer der führenden Mathematiker des 20. Jahrhunderts und einer der Väter des Manhattan-Projekts[36], veranlasste, dass e im Jahre 1949 mit einem der ersten Computer ENIAC auf 2000 Nachkommastellen berechnet wurde. Heute kennt man viele Millionen von Nachkommastellen.

Eine wunderschöne Eigenschaft von e möchten wir noch kurz erwähnen: Auf der Schweizer Briefmarke (Abb. 4.46) steht die wichtige „Euler'sche Formel" $e^{i \cdot \phi} = \cos(\phi) + i \cdot \sin(\phi)$. Nach Einsetzen von $\varphi = \pi$ gelangt man mit einer kleinen Umformung zur Formel $e^{i \cdot \pi} + 1 = 0$. Diese Formel verbindet auf wunderbare Weise die fünf wichtigsten Konstanten der Mathematik: e, die Euler'sche Zahl; i, die imaginäre Einheit; π, die Kreiszahl; 1, die Einheit; und 0, die einzige reelle Zahl, die weder positiv noch negativ ist[37]. Die Leser der Zeitschrift *Mathematical Intelligencer* wählten im Jahr 1990 in einer Umfrage diese Formel zur schönsten Formel der Mathematik.

---

[35] *Fermat* vermutete, dass die Gleichung $x^n + y^n = z^n$ für natürliche Zahlen $n > 2$ keine ganzzahligen Lösungen hat; für $n = 2$ beschreiben die „pythagoräischen Tripel" alle Lösungen. Der britische Mathematiker *Andrew Wiles* konnte *Fermats* Vermutung im Jahr 1994 beweisen.

[36] „Manhattan-Projekt" war der Deckname für alle Tätigkeiten in den USA, die ab 1942 zur Entwicklung und zum Bau der Atombombe beitragen sollten.

[37] für genauere Informationen vgl. Henn (2003), S. 189 f.

4.3 Grenzwerte von Funktionen und Stetigkeit

Auf der Basis unserer Konzepte und Resultate für Folgen können wir nun Grenzwerte von Funktionen definieren und mit ihnen arbeiten – und damit den fehlenden Mosaikstein für die Präzisierung der Differenzial- und Integralrechnung liefern. Mithilfe von Grenzwerten von Funktionen können wir in den folgenden Kapiteln insbesondere den Grenzübergang „$\Delta t \to 0$", dem in den Teilkapiteln 3.1 und 3.2 eine zentrale Rolle zukam, mathematisch präzisieren.

Auf der Basis von Grenzwerten von Funktionen können wir in diesem Teilkapitel auch den Begriff der „Stetigkeit" von Funktionen einführen. Im Rahmen unserer Einführung spielt Stetigkeit insofern eine Rolle, als alle von uns betrachteten „vernünftigen" Funktionen (fast) überall stetig sind und Stetigkeit eine notwendige Bedingung für Differenzierbarkeit sowie eine hinreichende Bedingung für Integrierbarkeit ist. Darüber hinaus ist „Stetigkeit" ein fundamentaler Begriff (für den Theorieaufbau in) der Analysis und der Topologie, was im Rahmen dieser elementaren Einführung in die Analysis allerdings kaum erfahrbar wird.

Ganz anschaulich nennt man eine Funktion stetig, wenn man den Graphen der Funktion ohne Absetzen des Bleistifts „durchzeichnen" kann, wenn also der Graph keine Sprungstellen hat; dies ist im Wesentlichen der Stetigkeitsbegriff der Barockzeit. So etwas ist natürlich keine mathematische Definition, aber eine gute Grundvorstellung des Begriffs der Stetigkeit. Eine präzisere Fassung des Stetigkeitsbegriffs stammt von *Cauchy* und *Bolzano*, deren im ersten Drittel des 19. Jahrhunderts unabhängig voneinander gefundene Definition inhaltlich besagt: „Wenn man den x-Wert bei einer Funktion nur wenig ändert, so ändert sich auch der y-Wert nur wenig." *Weierstraß* hat diese Definition in der 2. Hälfte des 19. Jahrhunderts in die heutige „ε-δ-Form" gegossen.

4.3.1 Grenzwerte von Funktionen

Frage: Was ist $\lim\limits_{x \to 0} \dfrac{5}{x}$?

Antwort: $\lim\limits_{x \to 0} \dfrac{5}{x} = \infty$

Begründung: Das Beispiel im Buch war ja $\lim\limits_{x \to 0} \dfrac{8}{x} = \infty$

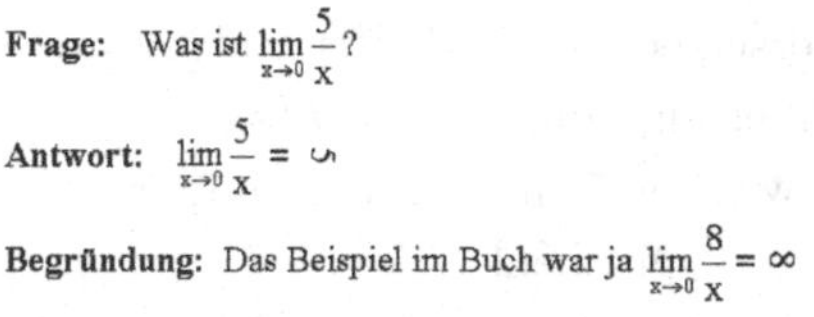

Abb. 4.47: Logisch – oder?

Den Begriff „Grenzwert einer Funktion" kann man anschaulich ähnlich fassen wie Grenzwerte von Folgen. Die Schreibweise „$\lim\limits_{x \to a} f(x) = b$" soll bedeuten: Wenn sich x der Zahl a nähert, so nähert sich der Funktionswert $f(x)$ einer Zahl b. Schon vor der Präzisierung des Grenzwertbegriffs für Funktionen ist damit auch erkennbar, dass die Situation etwas komplexer ist als bei Folgen, da bei Funktionen nicht nur eine, sonder stets zwei Variablen bzw. Folgen zu betrachten sind – die Folge der x-Werte, die gegen a konvergiert, und die Folge der y-Werte, die gegen b konvergiert.

Das (nicht ganz ernst zu nehmende) Beispiel in Abb. 4.47 zeigt, dass ohne Aufbau geeigneter Grundvorstellungen auch bei diesem wichtigen Grundbegriff die Gefahr von rein syntaktischem Umgang mit den mathematischen Objekten und von falscher Analogiebildung groß ist.

Orientieren wir uns zunächst ganz anschaulich an den Beispielen in Abb. 4.48; es ist jeweils der Funktionsterm, die Definitionsmenge D und der Graph angegeben:

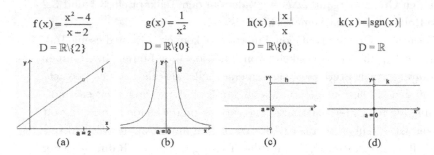

Abb. 4.48: Term, Definitionsmenge und Graph verschiedener Funktionen

▶ *Fall (a):* Die Funktion f ist nur für $x \neq 2$ definiert. Das ist etwas künstlich, da man den Term zunächst wegen $f(x) = \frac{x^2-4}{x-2} = \frac{(x-2)(x+2)}{x-2} = x + 2$ kürzen könnte. Aber formal gibt es eben die Definitionslücke 2. Nähert sich x einer Zahl $a \neq 2$, so nähert sich y der Zahl $a + 2$. Nähert sich x der Zahl $a = 2$ (ist aber ungleich 2), so nähert sich $f(x)$ der Zahl $2 + 2 = 4$. Eigentlich kann man also den Graphen über die Definitionslücke hinweg zeichnen und diese künstliche Lücke beseitigen! Egal, welcher Zahl sich x nähert, es gibt immer einen (anschaulichen klaren) Grenzwert.

▶ *Fall (b):* Jetzt ist die Definitionslücke bei 0 wesentlich. Nähert sich x der Zahl 0, so wird der y-Wert beliebig groß und geht gegen unendlich. Nähert sich x einer anderen Zahl $a \neq 0$, so nähert sich y der Zahl $\frac{1}{a^2}$. Offensichtlich gibt es nur dann einen Grenzwert, wenn sich x einer Zahl $a \neq 0$ nähert.

▶ *Fall (c):* Auch hier ist die Definitionslücke bei 0 wesentlich. Für positives x ist $h(x) = 1$, für negatives x gleich -1. Ist x nahe einer Zahl $a \neq 0$ und nähert sich dieser, dann ist je nach Vorzeichen von a stets $h(x) = 1$ bzw. $h(x) = -1$. Nähert sich dagegen x der Zahl $a = 0$, so tritt verschiedenes Verhalten auf: Bei Annäherung von rechts ist $h(x)$ stets 1, bei Annäherung von links ist $h(x)$ stets -1, bei wechselseitiger Annäherung springt $h(x)$ zwischen 1 und -1 hin und her. Man kann sicher von keinem Grenzwert für x gegen 0 sprechen!

▶ *Fall (d):* Die *Vorzeichenfunktion* sgn(x) „beschreibt das Vorzeichen von x" (vgl. 2.4.6); |sgn(x)| ist deren Betrag, sodass die einzige interessante Stelle $a = 0$ ist. Egal, wie sich x der Zahl 0 annähert (x darf nur nicht selbst Null sein), $f(x)$ ist dann immer 1. Anschaulich gibt es also einen Grenzwert für x gegen Null, der allerdings verschieden vom Funktionswert $k(0) = 0$ ist!

Da wir den Grenzwertbegriff für Funktionen im Theorieaufbau benötigen und schon bei übersichtlichen Beispielen „einiges passieren kann", müssen wir das in den Beispielen verwendete anschaulich-dynamische „$f(x)$ geht gegen b, wenn x

gegen a geht" präzisieren – dies gelingt wiederum durch die Rückführung auf die Konvergenz von Folgen mit einer algebraisch nachprüfbaren Bedingung. In den Abbildungen 4.49 und 4.50 visualisieren wir diese „Reduktion auf Folgenkonvergenz".

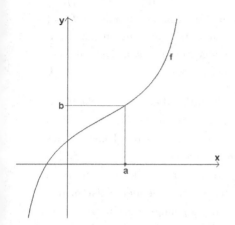
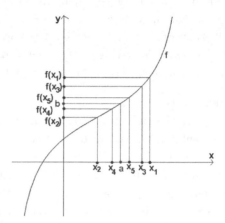

Abb. 4.49: Was bedeutet „$f(x) \to b$ für $x \to a$"?

Abb. 4.50: Zurückführung auf Folgenkonvergenz!

Jede x-Folge $(x_n)_{n\in\mathbb{N}}$ definiert eine y-Folge $(y_n)_{n\in\mathbb{N}}$ mit $y_n = f(x_n)$, wobei die einzige Voraussetzung ist, dass die x-Werte in der Definitionsmenge von f liegen. Jetzt lässt sich die Definition des Grenzwertes von f für x gegen a zurückführen auf die Grenzwerte der beiden Folgen: Wenn die x-Folge gegen a konvergiert und zugleich die y-Folge gegen eine Zahl b konvergiert, dann „gehen die Funktionswerte gegen b für x gegen a".

Damit der Grenzwert einer Funktion an der Stelle a wohldefiniert[38] ist, muss natürlich, wenn man eine andere gegen a konvergente x-Folge nimmt, die zugehörige y-Folge ebenfalls gegen b konvergieren. Dass dies nicht bei jeder Funktion der Fall ist, zeigt das einführende Beispiel (c): Nimmt man die x-Folge $x_n = \frac{1}{n}$, die gegen 0 konvergiert, so ist jeder y-Wert gleich 1, insbesondere konvergiert die y-Folge gegen 1. Nimmt man dagegen die ebenfalls gegen 0 konvergente x-Folge $x_n = -\frac{1}{n}$, so konvergiert die y-Folge gegen -1. Für x gegen Null hat die Funktion h also keinen Grenzwert. Im „harmlosen" Fall des einführenden Beispiels (a) hat die Funktion f für „x gegen 2" den Grenzwert 4. In der präziseren Fassung müssen wir x-Folgen betrachten, die gegen 2 konvergieren, und erhalten dann jeweils y-Folgen, die gegen 4 konvergieren. Aber Achtung: Die x-Folgen, die gegen 2 konvergieren, dürfen nicht den Wert 2 enthalten, da sonst $f(x)$ gar nicht definiert ist.

---

[38]Die mathematische Wendung „wohldefiniert" bedeutet hier, dass der Grenzwert existiert und eindeutig ist, was insbesondere die Unabhängigkeit von der Wahl der konkreten x-Folge voraussetzt.

Mit diesen anschaulichen Vorüberlegungen können wir den Begriff des Grenzwerts einer Funktion präzise fassen.

Definition 4.7 (Grenzwert einer Funktion)

Die Funktion f hat für $x \to a$ den Grenzwert b, wenn für jede x-Folge $(x_n)_{n \in \mathbb{N}}$ mit $x_n \neq a$ und mit Grenzwert a die zugehörige y-Folge $(y_n)_{n \in \mathbb{N}}$ mit $y_n = f(x_n)$ ebenfalls konvergiert und ebendiesen Grenzwert b hat. Hierbei müssen insbesondere die Elemente der x-Folge in der Definitionsmenge von f liegen. Existiert ein derartiger Grenzwert, so schreibt man auch $\lim\limits_{x \to a} f(x) = b$.   ◆

Die Definition ist zwar hinreichend präzise, scheint dafür aber für den Nachweis der Konvergenz kaum handhabbar zu sein: Es ist praktisch nicht möglich, tatsächlich jede konkrete x-Folge zu betrachteten. Für den Nachweis der Existenz des Grenzwerts einer Funktion bedeutet dies, dass man allgemeine Argumente finden muss, die für alle entsprechenden Folgen gelten. Kann man jedoch – aufgrund hinreichend tragfähiger Anschauung oder aufgrund entsprechender Existenzaussagen – von der Existenz des Grenzwerts ausgehen, so genügt die Untersuchung einer konkreten Folge, da es dann nur noch um die Bestimmung des (eindeutigen) Grenzwerts geht.

Anders sieht es beim Nachweis der Divergenz aus: In diesem Fall lassen sich häufig entweder x-Folgen angeben, deren zugehörigen y-Folgen „gegen $\pm\infty$ gehen", oder zwei unterschiedliche x-Folgen mit Grenzwert a konstruieren, deren zugehörigen y-Folgen verschiedene Grenzwerte haben. Ein typisches Beispiel hierfür ist die Funktion f mit $f(x) = \sin(\frac{1}{x})$ sowie die x-Folgen $\left(\frac{1}{n \cdot \pi}\right)$ und $\left(\frac{1}{n \cdot \pi + 0{,}5 \cdot \pi}\right)$

Auftrag: *Führen Sie das zuvor genannten Beispiel in seinen Details aus.*

Wir werden im Folgenden einige – vor allem innermathematisch interessante – Beispiele betrachten, bei denen die Existenz oder der Wert des Grenzwerts nicht von vorne herein evident ist. Wir werden dabei in der Regel an konkreten Fragestellungen und nur mit speziellen Folgen arbeiten (d. h. die Berechnung, nicht die Existenz von Grenzwerten, steht bei uns meistens im Vordergrund).

Die Definition „Grenzwert einer Funktion" lässt sich sinngemäß auch auf Grenzwerte der Art $x \to \infty$ oder $x \to -\infty$ übertragen: „$f(x) \to g$ für $x \to \infty$" bedeutet, dass $|f(x) - g|$ für $x \to \infty$ kleiner wird als jede noch so kleine positive Schranke. Das ist gleichbedeutend damit, dass für jeden ε-Schlauch um die Gerade $y = g$ der Graph ab einer Zahl a_ε ganz im ε-Schlauch verläuft. In Abb. 4.51 könnte das a_ε noch kleiner gewählt werden, was aber irrelevant ist.

Die Zurückführung auf die Folgenkonvergenz gelingt auch für den Fall „$x \to \infty$" leicht: Zu jeder x-Folge $(x_n)_{n \in \mathbb{N}}$ mit $x_n \to \infty$ konvergiert die zugehörige y-Folge $(y_n)_{n \in \mathbb{N}}$ mit $y_n = f(x_n)$ und hat den Grenzwert g – und entsprechend bedeutet $f(x) \to \infty$ für $x \to \infty$, dass $f(x)$ unbeschränkt nach unendlich hin wächst. Für den Fall „$x \to -\infty$" funktioniert die Begriffsbildung analog.

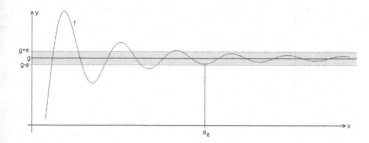

Abb. 4.51: Grenzwert einer Funktion für $x \to \infty$

Aufgabe 4.20 *Untersuchen Sie die folgenden Funktionen auf Grenzwerte für* $x \to a$ *(wählen Sie verschiedene reelle Zahlen a),* $x \to \infty$ *und* $x \to -\infty$:

1. $f(x) = \sin(x)$
2. $f(x) = \frac{\sin(x)}{x}$
3. $f(x) = \frac{x+1}{x-1}$
4. $f(x) = \frac{g(x)}{h(x)}$ *(wobei* $g(x)$ *und* $h(x)$ *Polynome sind).*

Aufgabe 4.21 *Übertragen Sie die Grenzwertsätze in Satz 4.8 auf Grenzwerte von verknüpften Funktionen.*

4.3.2   Untersuchung spezieller Funktionen auf Grenzwerte

Bei „normalen" Funktionen und „normalen" Grenzwerten scheint der Begriff „Grenzwert einer Funktion" trivial und unnötig zu sein. Der Sinn einer Präzisierung des Grenzwertbegriffs für Funktionen zeigt seine Bedeutung bei nichttrivialen Problemen, bei denen man nicht gleich sieht, „was Sache ist". Während der „zweiten Grundlagenkrise" der Mathematik haben führende Mathematiker zur Abgrenzung und Präzisierung der Begriffe ausgeklügelte Funktionen erfunden, die von anderen Mathematikern als „pathologische Monster" bezeichnet wurden. Diese Beispiele waren jedoch extrem wichtig und zeigten, wie sehr aufgrund der komplexen Struktur der reellen Zahlen die Anschauung trügen kann. Einige wenige Beispiele werden wir auch hier behandeln.

   In Aufgabe 4.20 wurde u. a. die Funktion f mit $f(x) = \frac{\sin(x)}{x}$ untersucht. Die Funktion ist für $x \neq 0$ definiert; jeder Grenzwert von f für $x \to a \neq 0$ ist einfach zu bestimmen. Gibt es aber auch einen Grenzwert von f für $x \to 0$? Schlichtes Einsetzen ergibt den undefinierten Ausdruck $\frac{0}{0}$. Der gewöhnliche Taschenrechner hilft daher auch nicht weiter; versucht man mit ihm „$\frac{\sin(0)}{0}$" zu rechnen, so erhält man die Antwort „Error". Sinnvoller ist es, wie in den Bildern in Abb. 4.52 mit einem Funktionenplotter oder Computer-Algebra-System den Graphen von f in immer kleineren Intervallen um 0 herum zeichnen zu lassen. Diese Graphen führen zur Vermutung: Der fragliche Grenzwert ist 1. Und das können wir auch beweisen:

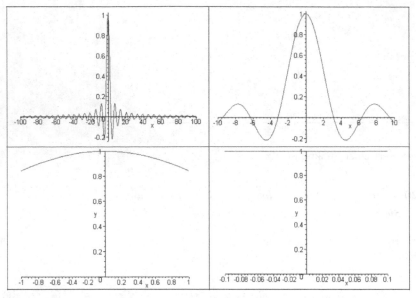

Abb. 4.52: $f(x) = \frac{\sin(x)}{x}$

Satz 4.12

$$\lim_{x \to 0} \frac{\sin(x)}{x} = 1.$$

□

Beweis

Zum Beweis erinnern wir uns an die in Abb. 4.53 angedeutete geometrische Definition der trigonometrischen Funktionen am Einheitskreis (vgl. 2.4.4).

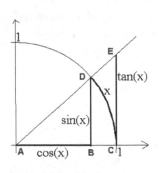

Abb. 4.53: Abschätzung

Die unabhängige Variable $x > 0$ ist hier der im Bogenmaß gemessene Winkel $\angle(CAD)$, also die Länge des Kreisbogens von C nach D. Wegen $\overline{AD} = \overline{AC} = 1$ sind $\sin(x)$, $\cos(x)$ und $\tan(x)$ die Längen der jeweiligen in der Abbildung eingezeichneten Katheten. Man kann zwar mithilfe des Strahlensatzes begründen, dass $\sin(x) \leq \tan(x)$ ist, jedoch aufgrund der Figur zu behaupten, dass sogar der zweite Teil der Abschätzung $\sin(x) \leq x \leq \tan(x)$ gilt, wäre eine fragwürdige Argumentation (auch wenn man das oft so liest), da man dabei eine „krumme" Linie mit einer „geraden" Linie vergleichen würde.

Eine korrekte Argumentation gelingt, wenn man eine der Grundeigenschaften des Maßes „Flächeninhalt" verwendet: Wenn eine Fläche F Teilmenge einer Fläche G

ist, so ist der Flächeninhalt von F kleiner oder höchstens gleich wie der Flächen-inhalt von G, ist also $F \subset G$, so gilt $A(F) \leq A(G)$. In Abb. 4.53 benötigen wir die drei Flächen

$$F = \Delta(ABD), \quad G = \text{Kreisausschnitt } (ACD), \quad H = \Delta(ACE).$$

Augenscheinlich gilt $F \subset G \subset H$. Also gilt für die Flächeninhalte:

$$A(F) \leq A(G) \leq A(H).$$

Die beiden Dreiecke sind rechtwinklig, also lässt sich der Flächeninhalt durch die Katheten ausdrücken. Für den Kreisausschnitt verwendet man, dass Flächen-inhalte von Kreisausschnitten proportional zu den zugehörigen Winkeln sind, also $\frac{A(G)}{x} = \frac{A(\text{Kreis})}{2 \cdot \pi}$. Damit folgt weiter

$$\frac{1}{2} \cdot \sin(x) \cdot \cos(x) \leq \frac{1}{2} \cdot x \leq \frac{1}{2} \cdot 1 \cdot \tan(x) \quad | \quad : \left(\frac{1}{2} \cdot \sin(x) \right) \neq 0$$

$$\cos(x) \leq \frac{x}{\sin(x)} \leq \frac{1}{\cos(x)} \quad | \quad \text{Kehrwert}$$

$$\underbrace{\frac{1}{\cos(x)}}_{\to 1 \text{ für } x \to 0} \geq \frac{\sin(x)}{x} \geq \underbrace{\cos(x)}_{\to 1 \text{ für } x \to 0}$$

und es existiert auch der Limes von $\frac{\sin(x)}{x}$ für $x \to 0$; er hat, wie vermutet, den Wert 1. ∎

Bei diesem Beweis haben wir keine konkreten Folgen (x_n) mit $x_n \to 0$ angege-ben; für jede Nullfolge gilt augenscheinlich, dass auch die y-Folgen $cos(x_n)$ gegen 1 konvergieren. Eine neue Schlussweise war das „Einschlussargument" als allge-meines Grenzwertargument: Wenn die Glieder einer Folge zwischen den Gliedern zweier konvergenter Folgen liegen und beide Folgen denselben Grenzwert haben, so konvergiert auch die so eingeschlossene Folge mit demselben Grenzwert.

Aufgabe 4.22 *Untersuchen Sie für verschiedene Stellen a (z. B. $a = 0$, $a = \frac{\pi}{2}$, $a = \pi$, ...) die Grenzwerte für „$x \to a$" von Funktionen mit Funktionstermen der folgenden Art:*

1. $\sin(\frac{1}{x})$ 2. $x \cdot \sin(\frac{1}{x})$ 3. $\frac{\cos(x)}{x}$ 4. $\frac{\cos(x)}{x^2}$

Konstruieren Sie selbst ähnliche Funktionen und untersuchen Sie diese entspre-chend.

In Abschnitt 4.1.3 haben wir die allgemeine Potenz a^b betrachtet. Bisher konnten wir die Potenz 0^0 nicht sinnvoll definieren. Die allgemeine Potenz führt zu speziellen Funktionen wie f mit $f(x) = x^x$, die für alle $x > 0$ definiert ist. Gibt es für diese spezielle Funktion, bei der Basis und Exponent stets gleich sind, einen Grenzwert von f für $x \to 0$? Wieder wird zunächst mithilfe eines Computers der Graph von f in der Nähe von 0 untersucht (Abb. 4.54)

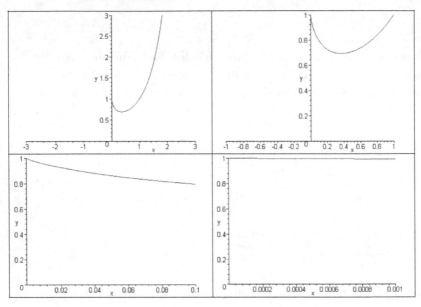

Abb. 4.54: $f(x) = x^x$

Wie im Fall von $f(x) = \frac{\sin(x)}{x}$ ist die Vermutung, dass der fragliche Grenzwert gleich 1 ist – und wieder können wir das beweisen.

Satz 4.13

$$\lim_{\substack{x \to 0 \\ x > 0}} x^x = 1.$$

$\square$

Beweis

Zur Untersuchung des Grenzwerts verwenden wir die spezielle Nullfolge mit $x_n = \frac{1}{n}$. Zu untersuchen ist die Folge (y_n) mit $y_n = f(x_n) = x_n^{x_n} = \left(\frac{1}{n}\right)^{\frac{1}{n}} = \frac{1}{\sqrt[n]{n}}$. Diese Folge konvergiert genau dann gegen 1, wenn dies für den Nenner gilt. Zur rechnerischen Vereinfachung können wir daher auch die Folge $b_n = \sqrt[n]{n}$ der Kehrwerte untersuchen.

Es gilt $\sqrt[n]{n} > 1$, also können wir $b_n = \sqrt[n]{n} = 1 + h_n$ mit positiven Zahlen h_n schreiben. Damit gilt

$$n = \left(\sqrt[n]{n}\right)^n = (1 + h_n)^n = 1 + n \cdot h_n + \frac{(n-1) \cdot n}{2} \cdot h_n^2 + \ldots + h_n^n > \frac{(n-1) \cdot n}{2} \cdot h_n^2,$$

wobei „>" gilt, da alle Summanden der ausmultiplizierten Summe positiv sind. Die Division der (Un-)Gleichungskette durch n liefert für alle $n \in \mathbb{N}$

$$1 > \frac{n-1}{2} \cdot h_n^2, \text{ also} \quad \underbrace{\frac{2}{n-1}}_{\to 0 \text{ für } n \to \infty} > h_n^2 \ (> 0).$$

Da h_n^2 zwischen einer Nullfolge und Null eingeschlossen ist, ist (h_n^2) selbst und damit auch (h_n) eine Nullfolge. Damit gilt $\sqrt[n]{n} = 1 + h_n \overset{n \to \infty}{\longrightarrow} 1$ und gleichermaßen für den Kehrwert

$$\frac{1}{\sqrt[n]{n}} = \left(\frac{1}{n}\right)^{\frac{1}{n}} \overset{n \to \infty}{\longrightarrow} 1,$$

Genau genommen haben wir jetzt den gewünschten Grenzwert nur für die spezielle Nullfolge $(\frac{1}{n})_{n \in \mathbb{N}}$ bewiesen. Auf eine Untersuchung weiterer (eigentlich: aller) Nullfolgen zur Sicherung des Grenzwerts $x^x \to 1$ für $x \to 0$ und $x > 0$ wollen wir hier aber verzichten.   ∎

Bemerkung zu Satz 4.13: Beachten Sie, dass es beim Beweis des Satzes entscheidend darauf ankommt, dass Basis und Exponent gleich sind! Wir haben hiermit also keinen weiteren Beitrag zur sinnvollen Definition von 0^0 geleistet. Wenn man die zumindest für $x \geq 0$ definierten Funktionen g und h mit $g(x) = a^x$ und $h(x) = x^b$ mit $a, b > 0$ betrachtet, so kann man jeweils die Funktionswerte $g(0)$ und $h(0)$ betrachten und danach nach einem Grenzwert für $a \to 0$ ((bzw. $b \to 0$) fragen: Es gilt einerseits $g(0) = a^0 = 1 \to 1$ für $a \to 0$, aber $a \neq 0$, und andererseits $h(0) = 0^b = 0 \to 0$ für $b \to 0$, aber $b \neq 0$. Eine allgemein sinnvolle Definition von „0^0" ist also nicht möglich!

4.3.3 Stetigkeit

„Stetigkeit" wird heutzutage im Analysisunterricht der Sekundarstufe II zumeist auf dem Niveau der Barockzeit gehandhabt: Eine Funktion, die (zumindest prinzipiell) mit dem Bleistift durchgezeichnet werden kann, ist stetig. Damit liegen einfache Beispiele von Funktionen nahe, die zumindest an einer Stelle nicht stetig sind. Ein typisches Beispiel ist die in ganz $\mathbb{R}$ definierte Funktion k mit $k(x) = |sgn(x)|$ in Abb. 4.48 (d). Die Funktion hat den Grenzwert 1 für $x \to 0$, jedoch ist der Funktionswert $k(0) = 0$. Weitere typische Beispiele für anschaulich stetige und unstetige Funktionen zeigt Abb. 4.55:

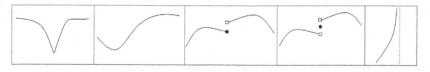

Abb. 4.55: Stetigkeitsbetrachtungen an Funktionsgraphen

Die anschauliche Vorstellung „wird am x-Wert ein bisschen gewackelt, so wackelt auch der y-Wert nur ein bisschen" und die ikonische Grundvorstellungen „der Graph lässt sich mit dem Bleistift durchzeichnen" bzw. „es gibt keine Sprungstellen" führen zur Präzisierung von „Stetigkeit" mithilfe des Grenzwertbegriffs.

Definition 4.8 (Stetigkeit von Funktionen)
Die Funktion f heißt genau dann *stetig in* x_0, wenn x_0 in der Definitionsmenge von f liegt und wenn gilt

$$f(x_0) = \lim_{\substack{x \to x_0 \\ x \neq x_0}} f(x).$$

Ist f in jedem Punkt eines Intervalls I stetig, so heißt f *stetig in* I. Ist f in jedem Punkt der Definitionsmenge stetig, so heißt f *stetig* (bzw. *stetige Funktion*).
♦

Bei dieser Definition ist wichtig, dass x_0 im Definitionsbereich D_f der Funktion liegt, der Funktionswert $f(x_0)$ also existiert. Ein Grenzwert von f für $x \to x_0$ kann nämlich auch existieren, wenn f in x_0 nicht definiert ist (vgl. Beispiel (a), Abb. 4.48).

Aufgrund der Definition des Grenzwerts von Funktionen bedeutet diese Definition insbesondere, dass für Stellen x_0, die im Inneren des Definitionsbereichs liegen, der rechtsseitige Grenzwert $\lim_{\substack{x \to x_0 \\ x > x_0}} f(x)$ und der linksseitige Grenzwert $\lim_{\substack{x \to x_0 \\ x < x_0}} f(x)$ existieren und übereinstimmen. Dies ist bei Funktionen mit „Sprungstellen" an ebendiesen Stellen nicht der Fall.[39]

Wir wollen hier nicht allzu viel Platz darauf verwenden, die Stetigkeit der „in der Schule üblichen" Funktionen zu klären. Ebenso folgt die Stetigkeit von Summe, Differenz, Produkt und Quotient (bis ggf. auf Polstellen, d. h. Nullstellen des Nenners) stetiger Funktionen aus den Grenzwertsätzen und soll hier nicht explizit nachgewiesen werden.

Aufgabe 4.23 *Suchen Sie Beispiele für Funktionen mit genau 1 (2, 3, 4, ... bzw. unendlich vielen) Unstetigkeitsstelle(n), die ansonsten in ganz $\mathbb{R}$ definiert und stetig sind.*

Interessanter sind die beiden Beispiele aus dem vorangehenden Abschnitt. Mit den „ergänzten" Definitionen

$$f(x) = \begin{cases} \frac{\sin(x)}{x} & \text{für } x \neq 0 \\ 1 & \text{für } x = 0 \end{cases} \quad \text{und } g(x) = \begin{cases} x^x & \text{für } x > 0 \\ 1 & \text{für } x = 0 \end{cases}$$

---

[39]Mit Blick auf solche Funktionen kann man auch „rechtsseitig stetig in x_0" bzw. „linksseitig stetig in x_0" derart definieren, dass dann der rechtsseitige bzw. linksseitige Grenzwert mit $f(x_0)$ übereinstimmen. Bei einer solchen Definition ist *„stetig in x_0"* dann äquivalent mit *„rechtsseitig und zugleich linksseitig stetig in x_0"*.

werden f in $\mathbb{R}$ und g in $[0; \infty[$ stetig.

Solche Ergänzungen sind jedoch im Allgemeinen nicht möglich. Die für rationale Funktionen typischen „Polstellen" lassen sich nicht „stetig ergänzen": Z.B. ist die Funktion h mit $h(x) = \frac{1}{x}$ in $\mathbb{R}\backslash\{0\}$ definiert und stetig; es gibt aber keinen Grenzwert von h für $x \to 0$.

Bei Funktionen, die abschnittsweise aus stetigen Funktionen definiert sind, reduziert sich die Frage der Stetigkeit auf die Randstellen der jeweiligen Definitionsintervalle. Wenn beispielsweise gilt

$$f(x) = \begin{cases} g(x) & \text{für } x < a \\ h(x) & \text{für } x \geq a \end{cases},$$

und wenn g und h zwei in ganz $\mathbb{R}$ als stetig bekannte Funktionen sind, so läuft die Frage der Stetigkeit von f an der Stelle a darauf hinaus, ob $g(a) = h(a)$ ist!

Als Beispiel hierfür betrachten wir die Funktion f mit

$$f(x) = \begin{cases} \sin(x) & \text{für } x < 0 \\ a \cdot x + b & \text{für } x \geq 0 \end{cases},$$

wobei a und b reelle Parameter sind. Die definierten Terme gehören zu in $\mathbb{R}$ stetigen Funktionen. Es gilt $f(0) = b$. Dies ist natürlich auch der rechtsseitige Grenzwert. Der linksseitige Grenzwert ist der Funktionswert $\sin(0) = 0$. Damit ist die Funktion genau für $b = 0$ an der Stelle 0 und damit in ganz $\mathbb{R}$ stetig. Allerdings wird der Graph in der Regel bei $x = 0$ eine „Knickstelle" haben.

Auftrag: *Zeichnen Sie Graphen für einige Werte für a und b!*

Zum Ende dieses Abschnitts, der den Begriff „Stetigkeit" für Funktionen einführt, geben wir in einem kurzen Exkurs noch die häufig verwendete „ε-δ-Form" der Definition an, da mit ihr eine aussagekräftige Veranschaulichung am Funktionsgraphen verbunden ist. Diese Variante geht auf *Weierstraß* zurück und präzisiert direkt, was es heißt, dass sich der y-Wert einer Funktion nur wenig ändert, wenn man den x-Wert zuvor nur wenig geändert hat. Genauer hatten wir hierfür die anschauliche Vorstellung „wird am x-Wert ein bisschen gewackelt, so wackelt auch der y-Wert nur ein bisschen" genannt. Mithilfe dieser Vorstellung werden wir „zwei Qualitäten" von stetig unterscheiden können.

Definition 4.9 (Stetigkeit (in „ε-δ-Form"))
Die Funktion $f : D_f \to \mathbb{R}$ heißt genau dann stetig in $x_0 \in D_f$, wenn es zu jedem $\varepsilon > 0$ ein $\delta > 0$ gibt, sodass gilt: Aus $|x - x_0| < \delta$, $x \in D_f$, folgt $|f(x) - f(x_0)| < \varepsilon$.
◆

Diese Definition ist äquivalent zur obigen (Def. 4.8) und wird am Funktionsgraphen direkt verständlich (Abb. 4.56).

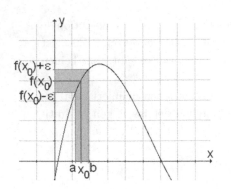

Abb. 4.56: Stetigkeitsbegriff in „ε-δ-Form"

Wenn f in x_0 stetig ist, dann findet man zu jeder „ε-Umgebung" um $f(x_0)$, also zu jedem offenen Intervall $]f(x_0) - \varepsilon;\ f(x_0) + \varepsilon[$, ein δ derart, dass für alle x aus einer „δ-Umgebung" von x_0 gilt $f(x) \in]f(x_0) - \varepsilon; f(x_0) + \varepsilon[$. Abb. 4.56 zeigt wie man – zumindest bei übersichtlichen Funktionen – ein solches δ in Abhängigkeit vom vorgegebenen ε finden kann: Man zeichnet den ε-Schlauch um $f(x_0)$ und identifiziert damit einen Bereich, der auf jeden Fall in diesen Schlauch hinein abgebil-

det wird; in Abb. 4.56 ist dies das Intervall $]a;\ b[$. Für das gesuchte δ definiert man nun $\delta = \min\{x_0 - a;\ b - x_0\}$ und die Bedingung in der Definition ist erfüllt. Anschaulich klar ist auch, warum Funktionen mit „Sprungstellen" auch nach dieser Definition von Stetigkeit an den Sprungstellen nicht stetig sein können.

Auftrag: *Verdeutlichen Sie sich die „ε-δ-Form" der Definition von Stetigkeit am Graphen einer Funktion mit „Sprungstellen".*

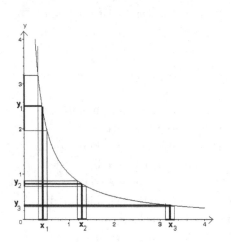

Abb. 4.57: Kehrwertfunktion

Betrachten wir die in $]0; \infty[$ stetige Funktion f mit $f(x) = \frac{1}{x}$ (f ist sogar in $\mathbb{R}\backslash\{0\}$ stetig, wir betrachten aber nur einen „Ast"), deren Graph in Abb. 4.57 dargestellt ist. Auf der x-Achse sind für drei x-Werte gleichgroße Umgebungen gezeichnet. Die Bilder $y_i = f(x_i)$ und die Bilder der Umgebungen sind auf der y-Achse eingezeichnet. Das „Wackeln" an der Stelle x bewirkt nun verschieden starkes „Wackeln" an der Stelle $y = f(x)$. Je näher x_1 gegen Null geht, desto stärker „wackelt" der y-Wert y_1 und der „Grad des Wackelns" geht gegen Un-

endlich! Wenn man dagegen als Urbildmenge ein abgeschlossenes Intervall $[a; b]$ mit $a > 0$ verwendet, so wackelt der y-Wert am stärksten an der Stelle a, und mit dieser „Obergrenze" lässt sich das „Wackeln" an jeder Stelle in $[a; b]$ abschätzen.

Für dieselbe Funktion f haben wir also im offenen Intervall $]0; \infty[$ und im abgeschlossenen Intervall $[a; b]$ eine unterschiedliche Qualität von „Stetigkeit". Im ersten Fall hing es von der konkreten Stelle x ab, wie stark das Wackeln von $f(x)$ genau ist; es lässt sich nicht allgemein nach oben begrenzen. Im zweiten Fall des abgeschlossenen Intervalls ist eine solche Begrenzung hingegen möglich. Die zugehörige Vorstellung für diesen zweiten Fall ist „wackelt man ein bisschen an irgendeiner Stelle $x \in [a; b]$ um ..., so wackelt $f(x)$ nie um mehr als ...".

Beschreiben wir diese Beobachtung mathematisch präziser: Aus höherer Sicht geht es hier um die *gleichmassige Stetigkeit@gleichmäßige Stetigkeit* von Funktionen auf abgeschlossenen Intervallen, die eine „neue Qualität" von Stetigkeit bedeutet. Mit Blick auf die „ε-δ-Form" der Definition von Stetigkeit bedeutet gleichmäßige Stetigkeit, dass man für das gesamte Intervall – also unabhängig von einer konkreten Stelle – zu jedem ε ein einziges δ angeben kann. Alle stetigen Funktionen sind auf abgeschlossenen Intervallen gleichmäßig stetig (was wir allerdings hier nicht beweisen werden). Diese Eigenschaft benötigen wir später auf S. 230 beim Beweis, dass alle stetigen Funktionen über abgeschlossenen Intervallen integrierbar sind.

4.3.4 Anschauung und Stetigkeit

Unsere bisherigen Beispiele von stetigen Funktionen oder Funktionen mit „Unstetigkeitsstellen" kamen mit der naiven Vorstellung von „Unstetigkeit als Sprungstelle" und „Stetigkeit als glattes Durchzeichnen des Graphen" aus. Zur ersten Orientierung war dieser anschauliche Zugang nicht schlecht, hat aber seine Grenzen. Zur Sensibilisierung für den Begriff „Stetigkeit" sollen hier einige Beispiele behandelt werden, bei denen die fragliche Stetigkeit bzw. Unstetigkeit nicht evident ist und bei denen merkwürdige Phänomene erscheinen. Diese Beispiele sollen dazu anregen, die Anschauung immer wieder kritisch zu hinterfragen.

Die reellen Zahlen scheinen so harmlos auf der Zahlengeraden angeordnet zu sein, dass man ihre ungeheuer komplexe Struktur zunächst gar nicht erkennen kann. Und auch Funktionen scheinen gemäß ihrer Definition als eindeutige Zuordnungen „übersichtliche" mathematische Objekte zu sein. Tatsächlich können reelle Funktionen aber Eigenschaften haben, die alles andere als anschaulich sind. Stetige Funktionen werden sich dabei als diejenigen Funktionen erweisen, bei denen man am ehesten erwarten kann, dass das anschaulich Evidente auch wahr ist. Bei *Eulers* geometrischer Definition einer Funktion „aus freier Hand gezeichnet" (S. 17) war das, was wir heute „stetig" nennen, schon impliziert. Die folgenden drei Beispiele sollen – zum Teil anhand „pathologischer Monster", die für die Theorieentwicklung und -prüfung so wichtig sind – die Grenzen der Anschauung im Bezug auf Stetigkeit demonstrieren.

Beispiel 4.2 (graphische „Evidenz" für Stetigkeit)
In Abb. 4.58 zeigt das erste Bild den Graphen einer Funktion, der ja nun wirklich stetig aussieht! Erst beim Vergrößern „an der richtigen Stelle" (aber wo ist die jeweils?) merkt man irgendwann, dass die Funktion bei 0 unstetig ist.

Die verwendete Funktionsvorschrift

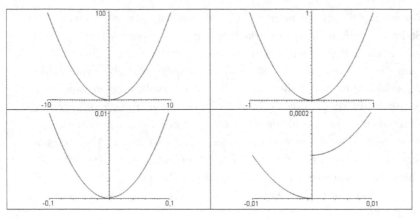

Abb. 4.58: graphische „Evidenz" für Stetigkeit

$$f(x) = \begin{cases} x^2 & \text{für } x \leq 0 \\ x^2 + 0{,}00001 & \text{für } x > 0 \end{cases}$$

zeigt die Unstetigkeit bei 0 natürlich sofort, nicht jedoch der Graph! Bei jedem vom Computer gezeichneten Graphen sind analoge Trugschlüsse möglich.   △

Beispiel 4.3 („Kammfunktion" & Co.)
Die folgenden drei in ganz $\mathbb{R}$ definierten Funktionen f, g und h sind etwas künstlich, zeigen aber, wie komplex und unanschaulich die reellen Zahlen sind. So komplex und unanschaulich, dass es in ganz $\mathbb{R}$ definierte Funktionen gibt, die an keiner oder nur einer Stelle stetig sind oder nur für alle irrationalen Zahlen und 0:

1. Die *Kammfunktion* wurde 1829 von *Dirichlet* angegeben; sie ist definiert durch

$$f(x) = \begin{cases} 1 & \text{für } x \in \mathbb{Q} \\ 0 & \text{für } x \in \mathbb{R} \backslash \mathbb{Q}. \end{cases}$$

Für jede Stelle $a \in \mathbb{R}$ kann man wegen der Dichtheit der rationalen Zahlen Folgen aus rationalen Zahlen angeben, die gegen a konvergieren und stets den Funktionswert 1 haben, und Folgen aus irrationalen Zahlen, die gegen a konvergieren und somit stets den Funktionswert 0 haben. Damit gibt es keinen Grenzwert, und diese Funktion ist an keiner Stelle stetig. Aus heutiger Sicht ist diese Funktion übrigens kein „Monster", sondern die *Charakteristische Funktion* der Menge $\mathbb{Q}$ (vgl. 2.4.6).
2. Auf derselben Grundidee basiert die Definition der folgenden Funktion:

$$g(x) = \begin{cases} \frac{p}{q} & \text{für } x = \frac{p}{q} \in \mathbb{Q} \\ 0 & \text{für } x \in \mathbb{R} \backslash \mathbb{Q}. \end{cases}$$

Damit die Definition für rationale Zahlen eindeutig ist, müssen wir hier (und auch unten bei der Funktion h) die gekürzte Bruchdarstellung von x mit $\mathrm{ggT}(p,q) = 1$ und mit $q \in \mathbb{N}$ voraussetzen. Die Funktion g ist stetig an der Stelle 0, sonst unstetig. Zum Beweis betrachten wir eine beliebige rationale Stelle $x = \frac{p}{q} \neq 0$ und geben zwei Folgen mit Grenzwert x an, deren zugehörige y-Folgen aber unterschiedliche Grenzwerte haben: Für die gegen $\frac{p}{q}$ konvergente Folge $(x_n)_{n\in\mathbb{N}}$ mit $x_n = \frac{p \cdot n}{q \cdot n + 1}$ gilt $f(x_n) = x_n = \frac{p \cdot n}{q \cdot n + 1} \to \frac{p}{q}$. Für die ebenfalls gegen $\frac{p}{q}$ konvergente Folge $(y_n)_{n\in\mathbb{N}}$ mit $y_n = \frac{p \cdot n}{q \cdot n + \sqrt{2}}$ gilt dagegen $f(y_n) = 0 \to 0$.

Für eine irrationale Stelle x betrachten wir eine Intervallschachtelung für x aus rationalen Zahlen. Die Folge der linken Intervallgrenzen konvergiert gegen x und ist, da aus rationalen Zahlen bestehend, gleich der zugehörigen y-Folge und konvergiert nicht gegen 0. Es bleibt der Fall $x = 0$. Jetzt liefert jede x-Nullfolge, egal ob aus rationalen oder aus irrationalen Zahlen bestehend, eine ebenfalls gegen Null konvergente y-Folge, und die Funktion g ist stetig (nur) bei Null.

3. Mit der Idee aus 2. kommen wir beim Übergang zu Stammbrüchen zur Funktion

$$h(x) = \begin{cases} \frac{1}{q} & \text{für } x = \frac{p}{q} \in \mathbb{Q} \\ 0 & \text{für } x \in \mathbb{R} \backslash \mathbb{Q} . \end{cases}$$

Die Funktion h ist stetig für $x = 0$ und für jedes irrationale x, sonst unstetig! Die Stetigkeit für $x = 0$ folgt wie bei 2. Es sei x eine irrationale Zahl. Also gilt $h(x) = 0$. Es sei nun (x_n) eine gegen x konvergente Folge. Es gilt $f(x_n) = 0$, falls x_n irrational ist, oder $f(x_n) = \frac{1}{q}$, falls x_n rational ist. Da aber die Folge der x_n gegen x konvergiert, muss der Nenner q beliebig groß werden! Also konvergiert in jedem Fall die y-Folge ebenfalls gegen 0 und h ist stetig in x.

Ist x jedoch rational, aber ungleich Null, so ist $h(x) > 0$. Die Folge (x_n) mit $x_n = x + \frac{\pi}{n}$ konvergiert gegen x, jedoch gilt $h(x_n) = 0$, insbesondere konvergiert die y-Folge als konstante Folge gegen Null. Folglich kann h bei diesem x nicht stetig sein.

$\triangle$

Beispiel 4.4 (oszillierend, schnell und schneller ...)

Die hier behandelte Funktionenschar werden wir in Kapitel 5 auch noch auf Differenzierbarkeit untersuchen. Die einzelnen Funktionen der Schar liefern Beispiele, bei denen nicht nur die Anschauung versagt, sondern auch der Computer – so kompliziert können reelle Funktionen sein. Die Funktion f_m sei für $m \in \mathbb{N}_0$ definiert durch

$$f_m(x) = \begin{cases} x^m \cdot \sin\left(\frac{1}{x}\right) & \text{für } x \neq 0 \\ 0 & \text{für } x = 0 . \end{cases}$$

f_m ist in ganz $\mathbb{R}$ definiert und zweifellos in $\mathbb{R}\backslash\{0\}$ stetig (was wir nicht weiter begründen). Was gilt aber für die Stelle $x = 0$? Experimente mit dem Computer für verschiedene natürliche Zahlen m zeigen, dass es zwei wesentlich verschiedene Sichten auf die Graphen gibt, eine „globale Sicht" für ein großes x-Intervall, bei der der Graph von f_m im Wesentlichen wie der Graph von $g(x) = x^{m-1}$ aussieht, und eine „lokale Sicht" in der Nähe des Nullpunkts, bei der der Graph immer stärker oszilliert. Die Abbildungen 4.59 bis 4.66 zeigen dies für $m = 0, 1, 2$ und 3. Machen Sie selbst mit Ihrem Rechner solche Experimente!

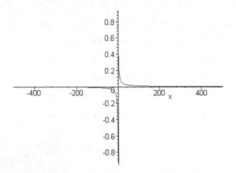

Abb. 4.59: Globale Sicht für $m = 0$

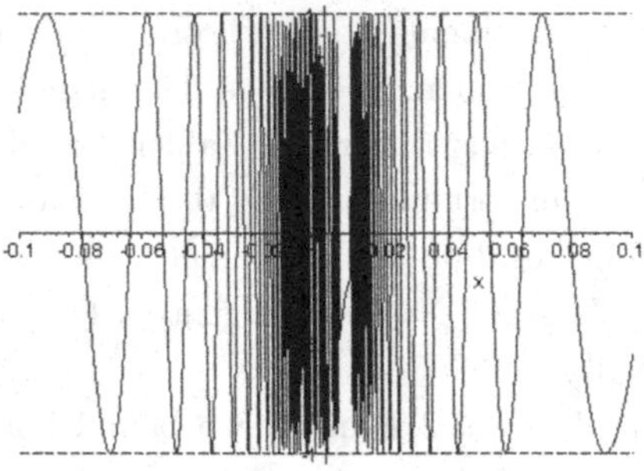

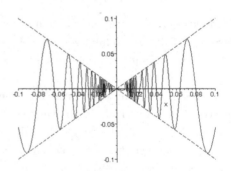

Abb. 4.60: Lokale Sicht für $m = 0$

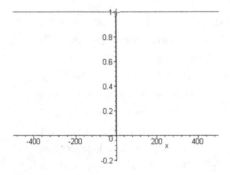

Abb. 4.61: Globale Sicht für $m = 1$

Abb. 4.62: Lokale Sicht bei $m = 1$

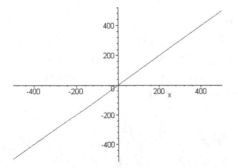

Abb. 4.63: Globale Sicht für $m = 2$

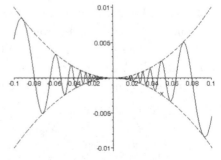

Abb. 4.64: Lokale Sicht bei für $m = 2$

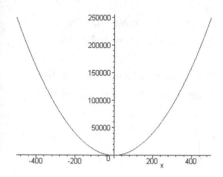

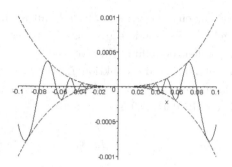

Abb. 4.65: Globale Sicht für $m = 3$ **Abb. 4.66:** Lokale Sicht bei $m = 3$

Diskutieren wir die beiden Sichten: Die globale Sicht, dass der Graph von f_m aussieht wie der Graph von $g(x) = x^{m-1}$, ist leicht erklärbar, wenn wir den Funktionsterm umformen. Es gilt

$$f_m(x) = x^m \cdot \sin\left(\frac{1}{x}\right) = x^{m-1} \cdot \frac{\sin\left(\frac{1}{x}\right)}{\frac{1}{x}}.$$

Wenn $|x|$ groß wird, geht der Kehrwert gegen Null, und der zweite Faktor des umgeformten Funktionsterms geht nach Satz 4.12 gegen den Grenzwert 1.

Während bei der globalen Sicht die computererzeugten Graphen die richtige Idee enthalten, hilft der Computer bei der lokalen Sicht für $x \to 0$ kaum. Da der Sinusterm stets einen Wert zwischen -1 und 1 annimmt, oszilliert der Graph von f_m in der Nähe des Nullpunkts zwischen den Parabeln $y = x^m$ und $y = -x^m$. Diese Parabeln sind jeweils in den rechten Abbildungen gestrichelt eingezeichnet. Man kann mit dem Computer leicht noch weiter auf den Nullpunkt zoomen, aber man erhält schnell Artefakte, die nichts mehr mit dem Graphen zu tun haben. Das liegt natürlich daran, dass die Zahlen so klein werden, dass die numerischen Rechnungen im Computer wegen der Rundungsfehler sinnlos werden.

Aufgrund der Kenntnis der Sinusfunktion können wir sagen, dass einerseits der Wert $f_m(0) = 0$ nach Definition ist und dass andererseits in jeder Umgebung von 0 positive, negative und Funktionswerte gleich Null vorkommen! Wie sieht es mit der Stetigkeit bei 0 aus? Zur Beantwortung dieser Frage ziehen wir die Definition der Stetigkeit heran:

Wir untersuchen zuerst die Funktion f_0 an der Stelle 0: Falls f_0 stetig bei 0 ist, so muss jede Folge (x_n) mit Grenzwert 0, bei der aber jedes Glied $x_n \neq 0$ ist, zu einer Folge $(f_0(x_n))$ führen, die ebenfalls gegen 0 konvergiert. Dies ist aber keinesfalls der Fall, wie die folgende Folge zeigt: Es gilt

$$\sin\left(\frac{\pi}{2} + 2 \cdot n \cdot \pi\right) = 1 \text{ für alle } n \in \mathbb{N}.$$

Damit gilt für die Folge (x_n) mit $x_n = \frac{1}{\frac{\pi}{2} + 2 \cdot n \cdot \pi}$ zwar $x_n \to 0$ für $n \to \infty$, es gilt aber $f_0(x_n) = 1$ für alle n und damit $f_0(x_n) \to 1$ für $n \to \infty$. Natürlich gibt es auch x-Nullfolgen, für die die y-Folge ebenfalls eine Nullfolge ist. Aber für die Existenz eines Grenzwerts, und damit auch für Stetigkeit, müsste das für jede Folge gelten. Insbesondere gilt, dass f_0 an der Stelle 0 unstetig ist, wobei die naive „Sprungstellenvorstellung" hier versagt.

Wir untersuchen die Funktion f_m für $m > 0$. Die mathematische Analyse beweist jetzt die Stetigkeit bei 0: Es sei (x_n) eine Folge mit Grenzwert 0, bei der aber jedes Glied $x_n \neq 0$ ist. Damit ist

$$f_m(x_n) = x_n^m \cdot \sin\left(\frac{1}{x_n}\right)$$

das Produkt der Nullfolge (x_n^m) mit der beschränkten Folge $\left(\sin\left(\frac{1}{x_n}\right)\right)$, d. h. die Folge $(f_m(x_n))$ konvergiert ebenfalls gegen 0.

Fassen wir die Stetigkeitsuntersuchung zusammen: „Rechnerisch" konnten wir zeigen, dass die Funktion f_0 an der Stelle $x = 0$ unstetig ist, während die Funktionen f_m für $m > 0$ dort stetig sind; dort geometrisch-anschaulich von einer „Sprungstelle" für f_0 und einem „Durchzeichnen des Graphen" für f_m $(m > 0)$ zu sprechen, wäre aber sinnlos[40]!   △

4.3.5   Eigenschaften stetiger Funktionen

Nachdem wir im vorangehenden Abschnitt mit gezielt konstruierten Beispielen vor einem ausschließlich anschaulichen Umgang mit Stetigkeit gewarnt haben, kommen wir nun zu einigen wichtigen Eigenschaften stetiger Funktionen – und versöhnen damit Anschauung und Theorie ein wenig. Denn viele Eigenschaften stetiger Funktionen sind genauso, wie man sie schon in der Barockzeit mit dem naiven Stetigkeitsbegriff angenommen hatte.

So ist z. B. anschaulich klar, dass eine „vernünftige" Funktion f, die an einer Stelle a negativ, an einer Stelle b positiv und (mindestens) im Intervall $[a; b]$ (bzw. $[b; a]$ falls $b < a$) definiert ist, mindestens einmal irgendwo zwischen a und b die x-Achse schneidet; es gibt also eine Zahl $c \in]a; b[$ mit $f(c) = 0$.

Dass man bei der Formulierung dieser Eigenschaft genau hinschauen muss, zeigt die Kehrwertfunktion f mit $f(x) = \frac{1}{x}$. Es gilt $f(-1) = -1$ und $f(1) = 1$, jedoch gibt es zwischen -1 und 1 keine Nullstelle. Bei dieser Funktion sieht man sofort, dass sie nicht im gesamten Intervall $[-1; 1]$ definiert ist. Daher muss oben verlangt werden, dass das fragliche Intervall $[a; b]$ zur Definitionsmenge gehört.

Jetzt muss noch präzisiert werden, was eine „vernünftige" Funktion ist – und das gelingt mit der Stetigkeit. Die folgende „kammartige" Funktion f (vgl. S. 186) verdeutlicht die Notwendigkeit dieser Voraussetzung. f sei definiert durch

---

[40]Zur Verdeutlichung: Versuchen Sie, die jeweiligen Graphen in einer Umgebung von $x = 0$ „in libero manus ductu" zu zeichnen.

$$f(x) = \begin{cases} -1 & \text{für } x \in \mathbb{Q} \\ 1 & \text{für } x \in \mathbb{R} \backslash \mathbb{Q}. \end{cases}$$

Diese Funktion ist zwar für alle reellen Zahlen definiert, aber „hochgradig" unstetig – und auch die fragliche Nullstelleneigenschaft hat sie nicht. Verlangt man jedoch die Stetigkeit in einem Intervall, dann lässt sich das anschauliche Verhalten auch beweisen; es ist die Aussage des *Nullstellensatzes* von *Bernhard Bolzano* (1781 – 1848).

Satz 4.14 (Nullstellensatz von Bolzano)
Die Funktion f sei stetig auf dem Intervall $I = [a; b]$ und es gelte $f(a) < 0$ sowie $f(b) > 0$. Dann gibt es eine Zahl c mit $a < c < b$ und $f(c) = 0$. □

Beim Blick auf die Formulierung des Satzes liegt die Frage nahe, wie der Satz auf Funktionen anzuwenden ist, bei denen $f(a) > 0$ und $f(b) < 0$ ist. Für solche Funktionen wendet man die Aussage des Satzes einfach auf die Funktion $-f$ mit $-f(x) = -1 \cdot f(x)$ an, die wie f stetig ist, und erhält wiederum das anschaulich evidente Resultat.

Beweis (von Satz 4.14)
Die Beweisidee ist, dass wir das Intervall, in dem wir eine Nullstelle vermuten, sukzessive durch Intervallhalbierung verkleinern; genauer betrachten wir den Funktionswert $f(m)$ beim arithmetischen Mittel $m = \frac{a+b}{2}$. Ist schon $f(m) = 0$, so haben wir eine Nullstelle gefunden; sonst haben wir je nach Vorzeichen von m ein halb so großes Intervall $[a; m]$ oder $[m; b]$ gefunden, in dem die vermutete Nullstelle liegen sollte (Abb. 4.67).

Zum präzisen Vorgehen konstruieren wir eine Intervallschachtelung $([x_n; y_n])_{n \in \mathbb{N}}$, die zum gewünschten Ziel führen wird. Wir starten mit $x_1 = a$ und $y_1 = b$. Die nächsten Glieder der x- und der y-Folge definieren wir je nach Vorzeichen von $f(m)$, wobei m wie oben das arithmetische Mittel von a und b ist. Es gibt drei Fälle:

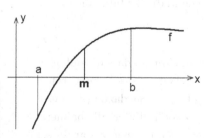

Abb. 4.67: Intervallhalbierung

$$f(m) \begin{cases} = 0, & \text{jetzt sind wir fertig.} \\ < 0, & \text{es sei } x_2 = m, \ y_2 = y_1. \\ > 0, & \text{es sei } x_2 = x_1, \ y_2 = m. \end{cases}$$

Wenn die Fortsetzung dieses Verfahrens abbricht, dann haben wir eine Nullstelle von f gefunden. Im anderen Fall erhalten wir eine Intervallschachtelung $([x_n; y_n])$, die genau eine reelle Zahl c definiert. Da stets $f(x_n) < 0$ und $f(y_n) > 0$ gilt, folgt aus der Stetigkeit von f auch $f(c) \leq 0$ und $f(c) \geq 0$; also gilt wie behauptet $f(c) = 0$.   ∎

Die konkrete Konstruktion einer Intervallschachtelung beim Nullstellensatz mithilfe von Taschenrechner oder Computer liefert ein numerisches Verfahren, um Nullstellen von Funktionen näherungsweise zu bestimmen; man nennt dieses Verfahren das *Intervallhalbierungsverfahren*.

Aufgabe 4.24 *Folgern Sie aus dem Nullstellensatz den ebenfalls auf Bolzano zurückgehenden Zwischenwertsatz: Die Funktion f sei stetig auf dem Intervall $I = [a; b]$. Dann nimmt f jeden Wert zwischen $f(a)$ und $f(b)$ an.*

Auch die Eigenschaften des folgenden Satzes sind anschaulich klar. Dies gilt vielleicht nicht auf den ersten (ungeübten) Blick, wenn man direkt mit den algebraischen Definitionen herangehen möchte, aber doch, wenn man die geometrische Vorstellung des durchgezeichneten Funktionsgraphen heranzieht. Betrachtet man den Graphen einer stetigen Funktion auf einem abgeschlossenen Intervall, so wird er hier nach oben und unten beschränkt sein und insbesondere auch den in diesem Intervall minimalen bzw. maximalen Funktionswert (mindestens einmal) annehmen.

Satz 4.15 (Eigenschaften stetiger Funktionen)
Die Funktion f sei auf dem abgeschlossenen Intervall $[a; b]$ stetig. Dann gilt:

1. f ist beschränkt auf $[a; b]$.
2. f nimmt auf $[a; b]$ ihr Minimum und Maximum an. Es gibt also Zahlen c und d aus dem Intervall $[a; b]$, sodass $f(c)$ das Maximum und $f(d)$ das Minimum der Funktionswerte $f(x)$ mit $x \in [a; b]$ ist.

□

Der Satz gilt nicht auf offenen Intervallen. Ein Gegenbeispiel ist die in $]0; \infty[$ stetige Funktion f mit $f(x) = \frac{1}{x}$, die dort kein Supremum hat und die ihr Infimum 0 nicht annimmt.

Beweis (von Satz 4.15)
1. Wir führen einen Widerspruchsbeweis, indem wir annehmen, dass die auf $[a; b]$ stetige Funktion f dort unbeschränkt sei, und versuchen „dieses Unbeschränkte" durch eine Intervallschachtelung $([a_n; b_n])$ einzufangen. Sei dazu $a_1 = a$ und $b_1 = b$. Jetzt wird das Intervall durch $c := \frac{a+b}{2}$ in zwei Teilintervalle halbiert. In mindestens einem muss f ebenfalls unbeschränkt sein, nehmen wir an, es sei das linke Teilintervall. Dann setzten wir $a_2 = a_1$ und $b_2 = c$. Dieses Verfahren setzen wir fort. Da in jedem Schritt die Intervallbreite halbiert wird, erhalten wir eine Intervallschachtelung, wobei in jedem Teilintervall die Funktion f unbeschränkt ist. Damit wäre aber f für die reelle Zahl r, die von der Intervallschachtelung definiert wird und die in $[a; b]$ liegt, nicht definiert. Also muss im Gegensatz zur Annahme die Funktion f im ganzen Intervall beschränkt sein.

2. Als beschränkte Menge hat die Menge $A = \{f(x) | x \in [a; b]\}$ nach Satz 4.1 ein Supremum S und ein Infimum I. Wir betrachten das Supremum. Wie eben halbieren wir das Intervall in zwei Teilintervalle. Für mindestens eines ist das Supremum der zugehörigen Funktionswerte ebenfalls S, da S ansonsten nicht die kleinste obere Schranke von A wäre. Dieses Verfahren setzen wir fort und erhalten so eine Intervallschachtelung, deren Intervalle ohne Ausnahme S als Supremum der zugehörigen Funktionswerte haben. Die Intervallschachtelung möge zur reellen Zahl r gehören, für die gilt dann $f(r) \leq S$.

Wir zeigen nun wiederum durch einen Widerspruchsbeweis, dass das Gleichheitszeichen gilt und $f(r)$ somit das behauptete Maximum ist. Aus der Annahme $f(r) < S$ können wir nämlich einen Widerspruch folgern: Jetzt sei M das arithmetische Mittel von $f(r)$ und S. Wegen der Supremumeigenschaft von S gibt es dann in jedem Intervall unserer Intervallschachtelung einen Punkt x_i, für den $M < f(x_i) \leq S$ gilt.[41] Da die Folge der x_i gegen r konvergiert, muss also wegen der Stetigkeit auch die Folge der $f(x_i)$ gegen $f(r) < M \, (< S)$ konvergieren. Wegen $M < f(x_i) \leq S$ gilt aber auch, dass der Grenzwert der Folge $f(x_i) \geq M$ ist, womit wir den gewünschten Widerspruch haben.

∎

---

[41] Ansonsten hätte man nämlich eine kleinere obere Schranke als S finden können, was im Widerspruch zur *Supremumeigenschaft* von S steht.

5 Grenzwerte von Differenzenquotienten: die Ableitung

Übersicht

5.1 Die Ableitung an einer Stelle und die Ableitungsfunktion 196

5.2 Berechnung von Ableitungen und Ableitungsregeln 205

In Teilkapitel 3.1 haben wir ausgehend von absoluten Änderungen einer Funktion f in einem Intervall $[a; b]$ die mittlere Änderungsrate in diesem Intervall betrachtet. Am Funktionsgraphen kann die mittlere Änderungsrate geometrisch-anschaulich als Steigung einer Geraden durch die Punkte $(a|f(a))$ und $(b|f(b))$ gedeutet werden. Rückt die eine Intervallgrenze näher an die andere, etwa b an a, so bekommt man – zumindest bei „übersichtlichen" Funktionen – eine genauere Information über das Änderungsverhalten von f bei a. Der anschaulich nahe liegende Übergang von der Sekante zur Tangente, bei dem der zweite die Sekante definierende Punkt beliebig nahe an den ersten heranrückt, führt dann zur anschaulichen Definition der lokalen Änderungsrate oder der Ableitung an der Stelle a. Auf eine geometrische Definition von Tangenten können wir bisher allerdings nur für Tangenten an Kreise (aus der Mittelstufengeometrie) zurückgreifen. Im Falle eines Funktionsgraphen ist der Begriff noch vage.

Algebraisch wird die mittlere Änderungsrate im Intervall $[a; a + \Delta x]$ durch den Differenzenquotienten $\frac{f(a+\Delta x)-f(a)}{(a+\Delta x)-a} = \frac{f(a+\Delta x)-f(a)}{\Delta x}$ beschrieben. Der Übergang zur lokalen Änderungsrate entspricht dann dem Grenzübergang $\Delta x \to 0$. In diesem Kapitel wird der Begriff der lokalen Änderungsrate mathematisch präzisiert und über Grenzwerte von Funktionen letztlich auf die Konvergenz von Folgen zurückgeführt. Funktionen, die an jeder Stelle ihrer Definitionsmenge oder wenigstens eines Teilintervalls differenzierbar sind, führen zum Begriff der Ableitungsfunktion. Wir werden die Ableitungen einiger wichtiger Grundfunktionen erarbeiten und Sätze beweisen, mit deren Hilfe man aus bekannten Ableitungen neue bestimmen kann.

5.1 Die Ableitung an einer Stelle und die Ableitungsfunktion

Gegeben ist eine in einem Intervall I definierte Funktion[1] f und zwei verschiedene Zahlen $a \in I$ und $x \in I$, für die $a \neq x$ gelte. Die beiden folgenden Betrachtungen führen zur selben, stets definierten reellen Zahl $\frac{\Delta y}{\Delta x}$:

Tab. 5.1: Algebraische und geometrische Betrachtung des Änderungsverhaltens von f

Algebraische Formulierung	Geometrische Formulierung
Die *mittlere Änderungsrate* von f in dem durch a und x definierten Intervall $$\frac{\Delta y}{\Delta x} = \frac{f(x) - f(a)}{x - a} = \frac{f(a + \Delta x) - f(a)}{\Delta x},$$ wobei $\Delta x = x - a$ gesetzt wird.	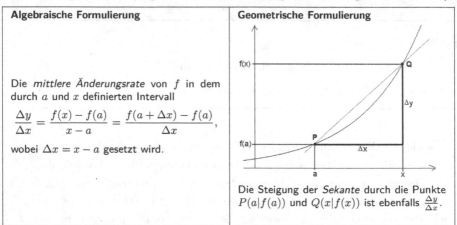 Die Steigung der *Sekante* durch die Punkte $P(a\|f(a))$ und $Q(x\|f(x))$ ist ebenfalls $\frac{\Delta y}{\Delta x}$.

Als Quotient zweier Differenzen ist es nahe liegend, die fragliche reelle Zahl $\frac{\Delta y}{\Delta x}$ *Differenzenquotient* zu nennen. Nach dem anschaulichen Zugang in Teilkapitel 3.1 lautet die offene Frage: Gibt es einen Grenzwert dieses Differenzenquotienten, wenn die Zahl x sich beliebig der Zahl a nähert (wobei natürlich immer $a \neq x$ gelten muss)?

5.1.1 Differenzierbarkeit

In der algebraischen Deutung können wir dann von der lokalen Änderungsrate von f an der Stelle a sprechen, in der geometrischen Deutung von der Tangente als Gerade durch P mit der entsprechenden Steigung. Diese anschauliche Frage nach dem Grenzwert für $\Delta x \to 0$, also $x \to a$ können wir mit dem in Teilkapitel 4.3 eingeführten Konzept des Grenzwerts einer Funktion präzise fassen.

---

[1]Dabei ist es egal, ob das Intervall I offen, halboffen oder abgeschlossen ist, es muss nur ein „echtes" Intervall sein, d. h. die linke Intervallgrenze ist kleiner als die rechte. Die Definitionsmenge von f darf natürlich größer sein als I, z. B. ganz $\mathbb{R}$.

Definition 5.1 (Differenzierbarkeit und Ableitungsfunktion)
1. Die Funktion f sei im „echten" Intervall I definiert, und es sei $a \in I$. Dann heißt f *differenzierbar* an der Stelle a, wenn die auf I definierte Funktion

$$h : x \mapsto \frac{f(x) - f(a)}{x - a}$$

einen Grenzwert für $x \to a$ (aber $x \neq a$) hat. Der Grenzwert heißt dann die *Ableitung* von f an der Stelle a (oder der *Differenzialquotient*) und wird mit $f'(a) = \lim_{x \to a} h(x)$ bezeichnet (in Worten „f Strich von a").
2. Ist die Funktion f in A definiert und an jeder Stelle $x \in A$ differenzierbar, so heißt die Funktion $f' : A \to \mathbb{R}$, $x \mapsto f'(x)$ die *Ableitungsfunktion* (oder kurz die *Ableitung*) von f auf A. Ist A die ganze Definitionsmenge von f, so heißen f *differenzierbar* und f' die Ableitung von f.

♦

Zur Erinnerung: Nach unserer Definition des Grenzwerts einer Funktion (vgl. 4.3.1) bedeutet die Bedingung in 1., dass für jede Folge (x_n) mit $x_n \neq a$, $x_n \in I$ und $x_n \to a$ die Folge $(h(x_n))$ konvergieren muss – und alle solche Folgen $(h(x_n))$ müssen denselben Grenzwert haben. Da man dies praktisch nicht einzeln für jede dieser Folgen überprüfen kann, sind wir also auch hier auf allgemein hergeleitete Ableitungsregeln angewiesen, die wir in den folgenden Abschnitten bereitstellen.

Wie schon bei der Stetigkeit (vgl. 4.3.3), kann es auch bei der Differenzierbarkeit sinnvoll sein, einseitige Ableitungen zu betrachten: Ist f auf dem abgeschlossenen Intervall $[a; b]$ definiert, und existiert nach der obigen Definition die Ableitung in den Punkten a bzw. b, so spricht man von der linksseitigen bzw. rechtsseitigen Ableitung in a bzw. in b. Betrachtet man für $a < c < b$ zuerst das Intervall $[a; c]$, dann das Intervall $[c; b]$, dann ist die Ableitung in c genau dann definiert, wenn die linksseitige und die rechtsseitige Ableitung in c existieren und gleich sind. In der Praxis spielt das z. B. eine Rolle, wenn f in den beiden Teilintervallen durch unterschiedliche Funktionsterme definiert ist.

Da die Ableitungsfunktionen selbst vor allem auch wieder Funktionen sind, die für sich betrachtet werden können, stellt sich die Frage nach der Ableitung der Ableitungsfunktion. Im Kontext eines Weg-Zeit-Zusammenhangs entspräche dies dem Übergang vom zurückgelegten Weg zur Geschwindigkeit als „erster Ableitung" und dann von der Geschwindigkeit zur Beschleunigung als „zweiter Ableitung" (vgl. 3.3).

Definition 5.2 (höhere Ableitungen)
Wenn die Ableitung f' der Funktion f selbst wieder differenzierbar ist, so nennt man diese weitere Ableitung die *zweite Ableitung* von f und bezeichnet sie mit f'' (in Worten „f zwei Strich"). Entsprechend bedeuten, falls sie existieren, f''' die *dritte Ableitung* und allgemein $f^{(n)}$ die *n-te Ableitung* von f.   ♦

5.1.2   Einfache Beispiele für differenzierbare Funktionen

Wir testen die Definition der Ableitung im Folgenden an drei einfachen Beispielen, einer linearen, einer quadratischen und einer kubischen Funktion, und überprüfen dabei nicht nur den Gehalt der Definition, sondern kommen auch zu ersten Ergebnissen. Bei den folgenden Überlegungen ist bei den Grenzwerten $\Delta x \to 0$ stets $\Delta x \neq 0$ vorausgesetzt.

1. Ist f mit $f(x) = a \cdot x + b$ eine *lineare Funktion* (vgl. 2.4.1), so ist der Funktionsgraph eine Gerade und jede Sekante gleich dieser Geraden. Die Ableitung muss also, wenn unsere Definition sinnvoll ist, an jeder Stelle x den Wert a haben. Und tatsächlich gilt für $\Delta x \neq 0$

$$\begin{aligned} \frac{\Delta y}{\Delta x} &= \frac{f(x + \Delta x) - f(x)}{(x + \Delta x) - x} = \frac{a \cdot (x + \Delta x) + b - (a \cdot x + b)}{\Delta x} = \frac{a \cdot \Delta x}{\Delta x} \\ &= a \to a \text{ für } \Delta x \to 0 \,. \end{aligned}$$

Also gilt, wie anschaulich klar war, $f'(x) = a$ für alle $x \in \mathbb{R}$.

2. Etwas komplizierter ist das Beispiel der Normalparabel, also der Funktion f mit $f(x) = x^2$. Diese Aufgabe hat *Archimedes* übrigens schon vor über 2000 Jahren ohne den Differenzialkalkül gelöst! Es gilt

$$\begin{aligned} \frac{\Delta y}{\Delta x} &= \frac{(x + \Delta x)^2 - x^2}{\Delta x} = \frac{x^2 + 2 \cdot x \cdot \Delta x + \Delta x^2 - x^2}{\Delta x} \\ &= 2 \cdot x + \Delta x \to 2 \cdot x \text{ für } \Delta x \to 0 \,. \end{aligned}$$

Die Funktion der Normalparabel ist also für alle $x \in \mathbb{R}$ differenzierbar und hat die Ableitung $f'(x) = 2 \cdot x$.

3. Schließlich betrachten wir die Funktion der kubischen Parabel mit $f(x) = x^3$, für die gilt

$$\begin{aligned} \frac{\Delta y}{\Delta x} &= \frac{(x + \Delta x)^3 - x^3}{\Delta x} = \frac{x^3 + 3 \cdot x^2 \cdot \Delta x + 3 \cdot x \cdot \Delta x^2 + \Delta x^3 - x^3}{\Delta x} \\ &= 3 \cdot x^2 + 3 \cdot x \cdot \Delta x + \Delta x^2 \to 3 \cdot x^2 \text{ für } \Delta x \to 0 \,. \end{aligned}$$

Wieder ist f für alle $x \in \mathbb{R}$ differenzierbar mit der Ableitung $f'(x) = 3 \cdot x^2$.

Zusammenfassend stellen wir die Resultate der drei Beispiele in Abb. 5.1 dar, jeweils mit der Gleichung der Funktion, der Ableitung(sfunktion) und den beiden zugehörigen Graphen.

Die drei obigen Beispiele zeigen einen ersten wichtigen „Trick" bei der Bestimmung von Ableitungen: Man formt den Bruch $\frac{\Delta y}{\Delta x}$ so um, dass der Term Δx im Nenner verschwindet und man den Grenzwert $\Delta x \to 0$ bestimmen kann.

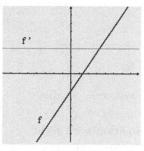

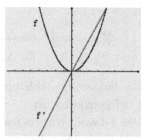

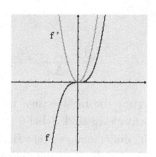

$$f(x) = a \cdot x + b, \qquad f(x) = x^2, \qquad f(x) = x^3,$$
$$f'(x) = a \qquad\qquad f'(x) = 2 \cdot x \qquad f'(x) = 3 \cdot x^2$$

Abb. 5.1: Erste Beispiele für Ableitungsfunktionen

5.1.3 Stetigkeit und Differenzierbarkeit

Der geometrisch-anschauliche Zugang zur Ableitung legt nahe, dass eine Funktion nur dann an einer Stelle a differenzierbar sein kann, wenn sie dort insbesondere stetig ist. Hier ist die „Sprungstellenvorstellung" paradigmatisch: An einer solchen Stelle gelingt der Übergang von der Sekante zur Tangente nicht. Der folgende Satz entkoppelt dieses Resultat von der Anschauung.

Satz 5.1 (Stetigkeit und Differenzierbarkeit)
Ist f differenzierbar an der Stelle a, so ist f bei a auch stetig. $\qquad\square$

Beweis
Der Differenzenquotient $\frac{\Delta y}{\Delta x} = \frac{f(a+\Delta x)-f(a)}{\Delta x}$ führt für $\Delta x \to 0$, $\Delta x \neq 0$, zu einem Ausdruck, der im Nenner gegen Null geht. Damit überhaupt eine Chance besteht, dass ein sinnvoller Grenzwert entstehen kann, muss der Zähler auch gegen Null gehen, sodass zunächst der unbestimmte Ausdruck „$\frac{0}{0}$" auftritt. Das bedeutet aber gerade, dass $f(a) = \lim_{x \to a} f(x)$ gilt und f nach Definition 4.8 stetig bei a ist. $\qquad\blacksquare$

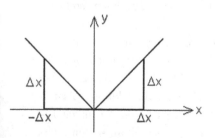

Abb. 5.2: Betragsfunktion

Stetigkeit bei a ist nach Satz 5.1 zwar notwendig für Differenzierbarkeit bei a, aber keinesfalls hinreichend. Ein einfaches Gegenbeispiel ist die Betragsfunktion f mit $f(x) = |x|$ (Abb. 5.2). Wir wissen, dass f in 0 stetig ist. Für $x \neq 0$ ist der Differenzenquotient gleich der Steigung des entsprechenden Geradenstücks, also 1 für $x > 0$ bzw. -1 für $x < 0$, und der Grenzwert ist entsprechend 1 bzw. -1. Für $x = 0$ erhalten wir aber

$$\frac{f(0 + \Delta x) - f(0)}{\Delta x} = \begin{cases} -\frac{\Delta x}{\Delta x} & = -1 \quad \text{für } \Delta x < 0 \\ +\frac{\Delta x}{\Delta x} & = 1 \quad \text{für } \Delta x > 0 \end{cases},$$

sodass zwar die rechtsseitige und die linksseitige Ableitung existieren, da diese aber nicht gleich sind, f bei 0 nicht differenzierbar ist.

Leicht findet man weitere Beispiele: Obwohl wir die Sinusfunktion noch nicht auf Differenzierbarkeit untersucht haben, ist klar, dass die Sinusbetragsfunktion (Abb. 5.3) stetig ist, aber unendlich viele nicht differenzierbare Stellen hat; es sind ihre Nullstellen $n \cdot \pi$, mit $n \in \mathbb{Z}$.

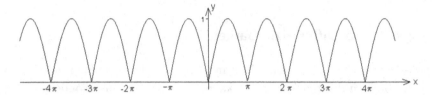

Abb. 5.3: Sinusbetragsfunktion

Die Schneeflockenkurve (Abb. 3.6, S. 87) ist überall stetig, hat aber nirgends eine Tangente. Dies werden wir aber nur anschaulich der Abbildung entnehmen und hier nicht weiter begründen.

5.1.4   Lokale Linearität und Tangenten

Bereits in 3.1.2 hatten wir dargestellt, dass die Differenzierbarkeit einer Funktion an der Stelle a auch als *lokale Linearität* an dieser Stelle verstanden werden kann, was geometrisch-anschaulich durch den Übergang von den *Sekanten* zur *Tangente* an diese Stelle des Funktionsgraphen dargestellt wird. Auch wenn wir dabei mit einem naiven Tangentenbegriff gearbeitet haben, haben wir letztendlich keine besonders genaue Vorstellung hiervon. Das folgende Unterrichtsexperiment soll dies veranschaulichen:

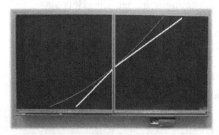

Abb. 5.4: Probleme mit der Tangente

Die Lehrerin hat auf eine aufklappbare Wandtafel ein Parabelstück gezeichnet (Abb. 5.4) und dann die beiden Teiltafeln aufgeklappt. Armin zeichnet versteckt hinter der linken Tafel ein Tangentenstück an seinen rechten Randpunkt, Beate entsprechend hinter der rechten Tafel an ihrem linken Randpunkt. Nach dem Zusammenklappen ist meistens eine deutliche

Knickstelle zu sehen. Jedoch wird klar, dass beide eine Gerade zeichnen wollen, die sich der Kurve „besonders gut anschmiegt".

Dies entspricht der Abb. 3.4 aus Abschnitt 3.1.2, wo nach Zoomen auf einen Kurvenpunkt die Kurve zu einem Geradenstückchen wird, eine Eigenschaft, die wir dort anschaulich als „lokale Linearität" bezeichnet haben. Dieses Geradenstückchen – als Tangente gedeutet – ersetzt dann lokal den Funktionsgraphen. Mit der Ableitung können wir die zugrunde liegende Idee präzisieren und mit den folgenden Überlegungen Tangenten an Kurven definieren:

Wenn f an der Stelle a differenzierbar ist, dann ist die Funktion h mit

$$h(x) = \begin{cases} \frac{f(x)-f(a)}{x-a} & \text{für } x \neq a \\ f'(a) & \text{für } x = a \end{cases}$$

stetig in a. Für $x \neq a$ können wir umformen[2]

$$f(x) = f(a) + h(x) \cdot (x-a) = \underbrace{f(a) + f'(a) \cdot (x-a)}_{\text{Tangente } t \text{ in } (a|f(a))} + \underbrace{(h(x) - f'(a))}_{\overset{x \to a}{\longrightarrow} 0} \cdot \underbrace{(x-a)}_{\overset{x \to a}{\longrightarrow} 0}$$

In der Nähe von a sind also der Graph von f und die Gerade t fast nicht unterscheidbar. Durch die Festsetzung

$$t \text{ mit } t(x) := f'(a) \cdot (x-a) + f(a)$$

definieren wir jetzt die *Tangente t an den Graphen von f im Punkt* $(a|f(a))$. Die Tangente ist diejenige Gerade durch den fraglichen Kurvenpunkt, welche die Steigung $f'(a)$ hat. Wir können also die Ableitung durch die inhaltliche Idee deuten, den Graphen der betrachteten Funktion lokal durch eine „optimale Gerade" zu approximieren.[3]

Wir testen diese Definition an der kubischen Parabel mit $f(x) = x^3$, deren Ableitung $f'(x) = 3 \cdot x^2$ wir ja schon in Abschnitt 5.1.2 bestimmt hatten. Wir betrachten die Stelle $x = \frac{1}{2}$, für die $f(x) = \frac{1}{8}$ und $f'(x) = \frac{3}{4}$ gilt. Für den Kurvenpunkt $P(\frac{1}{2}|\frac{1}{8})$ haben wir daher die Tangente $y = \frac{3}{4} \cdot x - \frac{1}{4}$ definiert. Die Ausschnittsvergrößerungen in Abb. 5.5 zeigen, dass die Definition (zumindest in diesem Beispiel) gut zur Vorstellung der lokalen Linearität passt. Das linke Bild zeigt auch, dass eine Tangente die Kurve sehr wohl „in gewissem Abstand" zum „Berührpunkt" noch in anderen Punkten schneiden kann.

---

[2] Dabei wird der „wünschenswerte" Term $f'(a) \cdot (x-a)$ addiert und wieder subtrahiert.

[3] Einige Lehrbücher (z. B. Barner & Flohr (2000)) definieren die Differenzierbarkeit einer Funktion f an der Stelle „a" ausgehend von der Idee der linearen Approximierbarkeit, indem sie fordern, dass es eine stetige Funktion r mit $r(a) = 0$ gibt, sodass mit einer geeigneten reellen Zahl m gilt: $f(x) = f(a) + m \cdot (x-a) + r(x) \cdot (x-a)$. Bei dieser Definitionsweise und Notation wird dann $f'(a) = m$ definiert.

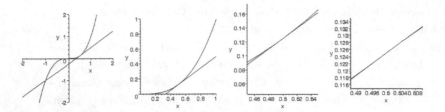

Abb. 5.5: Tangente für die kubische Parabel

Aufgabe 5.1 *An Kreise kann man elementargeometrisch Tangenten mit der aus der Schule bekannten Konstruktion anlegen. Jetzt haben wir für beliebige differenzierbare Funktionsgraphen Tangenten definiert – und können uns fragen, ob sich die beiden Definitionen „vertragen". Hierbei muss beachtet werden, dass ein Kreis kein Funktionsgraph ist; sowohl der obere als auch der untere Halbkreis können aber als Funktionsgraph gedeutet werden. Genauer gilt im Fall eines Kreises k: $x^2 + y^2 = r^2$ mit Mittelpunkt $(0|0)$ und Radius r, dass die Funktion $f : [-r; r] \to$ $\mathbb{R}$, $x \mapsto \sqrt{r^2 - x^2}$ den oberen, und die Funktion $g : [-r; r] \to \mathbb{R}$, $x \mapsto -\sqrt{r^2 - x^2}$ den unteren Halbkreis als Graphen hat. Bestimmen Sie für einen Punkt des oberen Halbkreises die Tangente nach unserer neuen, allgemeinen Definition und zeigen Sie, dass die elementargeometrische und die analytische Definition übereinstimmen. Sie benötigen hierzu die Ableitung $f'(x) = \frac{-x}{\sqrt{r^2-x^2}}$ von f. (Diese Formel können Sie am Ende dieses Kapitels auch beweisen!)*

5.1.5   Regel von L'Hospital

Abb. 5.6: L'Hospital

Wenn wir zurückblicken auf die Bestimmung von Grenzwerten von Funktionen in 4.3, so waren hierfür oft komplizierte Überlegungen notwendig. Ein typisches Beispiel war der Grenzwert von $\frac{\sin(x)}{x}$ für $x \to 0$, den wir in Satz 4.12 untersucht haben. Allgemein geht es hierbei um Grenzwerte der Form $\frac{f(x)}{g(x)}$ für $x \to a$, wobei gilt $f(x) \to 0$ und $g(x) \to 0$. Wenn die beiden Funktionen f und g differenzierbar sind, so lässt sich ein solcher Grenzwert oft sehr einfach mit einer Regel bestimmen, die der französische Mathematiker *Guillaume L'Hospital* (1661 – 1704) veröffentlicht hat.

Sie stammt aber vermutlich von *Johann Bernoulli* (1667 – 1748). Wir zeigen zuerst die geometrisch-anschauliche Überlegung, präzisieren diese dann algebraisch und prüfen dabei genauer die Voraussetzungen zur Formulierung des Satzes. In Abb. 5.7 wird die Situation mit zwei differenzierbaren Funktionen und den (gestrichelt eingezeichneten) Tangenten an diese Funktionen an der fraglichen Stelle a dargestellt. Da die Tangenten in hinreichend kleinen Umgebungen um den Berührpunkt sehr gut das Änderungsverhalten der Funktionen beschreiben („lokale Linearität"), kann der Quotient der Funktionswerte beim Grenzübergang an der Berührstelle „verlustfrei" durch den Quotienten der Tangentensteigungen ersetzt werden.

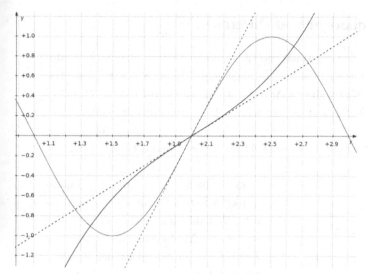

Abb. 5.7: Approximation zweier Funktionen durch Tangenten

f und g sind an der fraglichen Stelle differenzierbar, also insbesondere stetig, sodass gilt $f(a) = g(a) = 0$. Die Algebraisierung der obigen Idee führt somit auf den folgenden Ausdruck

$$\frac{f(x)}{g(x)} = \frac{f(x) - f(a)}{g(x) - g(a)} = \frac{\frac{f(x)-f(a)}{x-a}}{\frac{g(x)-g(a)}{x-a}}.$$

Für $x \to a$ geht der Zähler des rechts stehenden Doppelbruchs gegen $f'(a)$, der Nenner gegen $g'(a)$. Wenn also zusätzlich der Grenzwert $\frac{f'(x)}{g'(x)}$ für $x \to a$ existiert, so ist er gleich dem fraglichen Grenzwert $\frac{f(x)}{g(x)}$ für $x \to a$. Wenn wir nun noch die Voraussetzungen präzisieren, dann haben wir den folgenden Satz bewiesen:

Satz 5.2 (Regel von L'Hospital)

Die Funktionen f und g seien an der Stelle a differenzierbar. Weiter gelte $\lim_{x \to a} f(x) = \lim_{x \to a} g(x) = 0$. Wenn $g(x) \neq 0$ und $g'(x) \neq 0$ für $x \neq a$ gilt und wenn der Grenzwert $\lim_{x \to a} \frac{f'(x)}{g'(x)}$ existiert, dann gilt

$$\lim_{x \to a} \frac{f(x)}{g(x)} = \lim_{x \to a} \frac{f'(x)}{g'(x)}.$$

$\square$

Das schon erwähnte Beispiel $\frac{\sin(x)}{x}$ zeigt für $x \to 0$ die Kraft unserer Theorie:

$$\lim_{x \to 0} \frac{\sin(x)}{x} = \lim_{x \to 0} \frac{\cos(x)}{1} = \frac{1}{1} = 1$$

Aufgabe 5.2 *Übertragen Sie Satz 5.2 auf Grenzwerte der Form* $\lim\limits_{x\to\infty} \frac{f(x)}{g(x)}$, *wobei gilt* $f(x) \to 0$ *und* $g(x) \to 0$. *Betrachten Sie die analoge Aufgabe für* $f(x) \to \infty$ *und* $g(x) \to \infty$.

5.1.6 Differenzialquotient und Differenziale

Eine weitere Bezeichnung für die Ableitung ist das Wort Differenzialquotient, also „Quotient von Differenzialen". Was ist damit gemeint? In Abb. 5.8 ist das Steigungsdreieck mit den Kathetenlängen Δx und Δy, das zu den Punkten P und Q des Graphen der Funktion f gehört, eingezeichnet. Der Grenzwert des Differenzenquotienten, also des wohldefinierten Quotienten $\frac{\Delta y}{\Delta x}$ aus Δx und Δy, definiert die Ableitung $f'(a)$ an der Stelle a. Mit dieser Ableitung ist dann auch die Tangente t an der Stelle a definiert, die den Ableitungswert als Steigung hat.

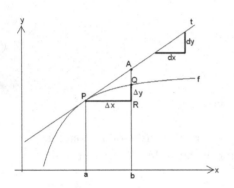

Abb. 5.8: Differenziale

Zusammen mit dem Tangentenpunkt A haben wir das Steigungsdreieck PRA mit den Kathetenlängen Δx und $f'(a) \cdot \Delta x$. In Abb. 5.8 ist noch ein zweites Steigungsdreieck der Tangenten mit den Kathetenlängen dx und dy eingezeichnet. Es gilt also auch $dy = f'(a) \cdot dx$ oder $\frac{dy}{dx} = f'(a)$. In diesem Sinne sind *Differenziale* einfach solche Kathetenlängen dx und dy eines Steigungsdreiecks der Tangente, deren Quotient die Steigung der Tangente, also die zugehörige Ableitung ist. Die Ableitung wird also im Nachhinein als Quotient von Differenzialen interpretiert. Die Ableitung kann jedoch nicht als ein solcher Quotient definiert werden.

Der Begriff der Differenziale geht auf *Leibniz* zurück. Er verstand seine Differenziale dx und dy als unendlich kleine Zahlen, die als Grenzwerte der Differenzen Δx und Δy (oder Δf) entstehen. Die Ableitungsfunktion der Funktion f wird somit als f' in der Tradition *Newtons* oder als $\frac{df}{dx}$ in der Tradition *Leibniz'* geschrieben. Mit seinen Differenzialen rechnete *Leibniz* – obwohl es ja keine endlichen Größen sind – souverän; seine Schreibweise ist, wie wir noch sehen werden, außerordentlich praktisch für den Ableitungskalkül.

Ein weiteres Argument spricht für die Leibniz'sche Schreibweise: Bei sehr vielen Anwendungen innerhalb und außerhalb der Mathematik hängt die betrachtete Funktion f von mehreren Variablen ab (etwa von der Zeit t und den drei Ortsvariablen x, y und z). Um die Abhängigkeit von f von einer der Variablen, etwa t, zu untersuchen, hält man die anderen fest (betrachtet dann x, y und z also als Variablen im Sinne der Gegenstandsvorstellung, vgl. 2.3.1). Für die fragliche Abhängigkeit wird dann z. B. die Ableitung nach der Variablen t benötigt. Was soll aber $f'(t, x, y, z)$ sein? Dagegen ist klar, was $\frac{df}{dt}$ sein soll: Man lässt x, y und z fest und betrachtet f als Funktion von t (meistens schreibt man bei Funktionen mehrerer Variablen die Ableitung $\frac{\partial f}{\partial t}$ nach der einen Variablen t mit „rundem" d).

Historische Bemerkung: In der menschenverachtenden Nazizeit hat das damalige Regime bekanntlich versucht, seine Ideologie alle gesellschaftlichen Bereiche durchdringen zu lassen und sie so überall zu verankern. Im Bereiche der Wissenschaften gab es z. B. nicht nur eine „Deutsche Physik" sondern auch eine „Deutsche Mathematik" (sogar eine Zeitschrift dieses Titels existierte damals), die sich u. a. dadurch auszeichnete, dass „jüdische" mathematische Begriffe „eingedeutscht" werden sollten. Wenn die Thematik nicht so ernst und tragisch wäre, gäbe der Versuch, die Bezeichnung „Differenzialquotient" durch „Null-durch-Null-Verschwinder" zu ersetzen, schon fast Anlass zum Schmunzeln.

5.2 Berechnung von Ableitungen und Ableitungsregeln

Wie praktisch eine gute Theorie sein kann, lässt sich an der Differenzialrechnung erkennen. Beim anschaulichen Zugang in Kapitel 3 haben wir gezeigt, dass es ganz unterschiedliche Problemstellungen geben kann, die auf die lokale Änderungsrate und damit auf Ableitungsfunktionen führen. Mit einigen (nicht zu komplizierten) algebraischen „Tricks" und einer Vertiefung unserer Theorie erhalten wir im Folgenden ein mächtiges Werkzeug, mit dem wir die Ableitungsfunktionen fast aller relevanten (differenzierbaren) Funktionen bestimmen können.

Wie schon in Abschnitt 5.1.2 erwähnt, besteht ein guter „Trick" darin, den Term des Differenzenquotienten so umzuformen, dass man Aussagen über den Grenzwert machen kann. Dabei können – je nach konkretem Funktionsterm und daraus resultierendem Differenzenquotienten – unterschiedliche Schreibweisen hilfreich sein. Wir verwenden im Weiteren jeweils eine der drei folgenden (von denen die letzten beiden „aus höherer Sicht" natürlich gleich sind):

- $\frac{f(x)-f(a)}{x-a}$, $x \to a$, $x \neq a$,
- $\frac{f(x+\Delta x)-f(x)}{\Delta x}$ $\Delta x \to 0$, $\Delta x \neq 0$,
- $\frac{f(x+h)-f(x)}{h}$, $h \to 0$, $h \neq 0$.

In jedem Fall kann prinzipiell $x > a$ oder $x < a$, Δx, $h > 0$ oder Δx, $h < 0$ sein. Welche der äquivalenten Schreibweisen gewählt wird, ist die subjektive Wahl der „Bequemlichkeit". Ein Spezialfall ist die Frage nach *rechtsseitiger* bzw. *linksseitiger Ableitung* an den Grenzen eines abgeschlossenen Intervalls, für den wir die Schreibweise $x \to a^+$ bzw. $x \to a^-$ verwenden.

5.2.1   Typische algebraische Umformungen bei Differenzenquotienten

Bei „einfachen" Funktionstermen gelingt die Grenzwertbestimmung wie schon bei den Beispielen in 5.1.2 durch geschickte algebraische Umformung des Differenzenquotienten. Lassen Sie sich nicht entmutigen, wenn Sie nicht selbst auf die jeweilige Umformung gekommen wären. Sie sollten aber die drei folgenden typischen Umformungen (Ausklammern, Hauptnenner Bilden, Erweitern), die wir an Beispielen präsentieren, nachvollziehen können.

1. *Ausklammern eines geeigneten Faktors*, z. B.

$$x^n - a^n = (x - a) \cdot (x^{n-1} + x^{n-2} \cdot a + x^{n-3} \cdot a^2 + \ldots + x \cdot a^{n-2} + a^{n-1}).$$

Der Beweis der Formel gelingt durch Ausmultiplizieren, was zu einer „Ziehharmonika-" oder „Teleskop-Summe" führt, bei der nur der erste und der letzte Summand übrig bleiben.

Anwendung: Es sei f gegeben durch $f(x) = x^n$ mit $n \in \mathbb{N}$. Dann gilt für den Differenzenquotienten an der Stelle a

$$\frac{\Delta y}{\Delta x} = \frac{x^n - a^n}{x - a} = \frac{(x - a) \cdot (x^{n-1} + x^{n-2} \cdot a + \ldots + x \cdot a^{n-2} + a^{n-1})}{x - a} =$$
$$= x^{n-1} + x^{n-2} \cdot a + \ldots + x \cdot a^{n-2} + a^{n-1}$$
$$\xrightarrow{x \to a} a^{n-1} + a^{n-2} \cdot a + \ldots + a \cdot a^{n-2} + a^{n-1} = n \cdot a^{n-1}.$$

Resultat: $f'(x) = n \cdot x^{n-1}$ für alle $x \in \mathbb{R}$. Dieses Resultat lässt sich auch durch andere Ansätze, auf die wir noch zurückkommen werden, beweisen.

2. *Hauptnenner Bilden*, z. B.

$$\frac{1}{\sqrt{x}} - \frac{1}{\sqrt{a}} = \frac{\sqrt{a} - \sqrt{x}}{\sqrt{x} \cdot \sqrt{a}}.$$

Anwendung: Es sei f gegeben durch $f(x) = \frac{1}{\sqrt{x}}$, $x > 0$. Dann gilt für den Differenzenquotienten an der Stelle a

$$\frac{\Delta y}{\Delta x} = \frac{\frac{1}{\sqrt{x}} - \frac{1}{\sqrt{a}}}{x - a} = \frac{\frac{\sqrt{a} - \sqrt{x}}{\sqrt{x} \cdot \sqrt{a}}}{(\sqrt{x} - \sqrt{a}) \cdot (\sqrt{x} + \sqrt{a})}$$
$$= \frac{-(\sqrt{x} - \sqrt{a})}{\sqrt{x} \cdot \sqrt{a} \cdot (\sqrt{x} - \sqrt{a}) \cdot (\sqrt{x} + \sqrt{a})}$$
$$= \frac{-1}{\sqrt{x} \cdot \sqrt{a} \cdot (\sqrt{x} + \sqrt{a})} \xrightarrow{x \to a} \frac{-1}{\sqrt{a} \cdot \sqrt{a} \cdot (\sqrt{a} + \sqrt{a})} = \frac{-1}{2a \cdot \sqrt{a}}.$$

Resultat: $f'(x) = \frac{-1}{2 \cdot x \cdot \sqrt{x}} = -\frac{1}{2} x^{-\frac{3}{2}}$ für alle $x > 0$.

3. Geschickt Erweitern, z. B.

$$\sqrt{x} - \sqrt{a} = \left(\sqrt{x} - \sqrt{a}\right) \cdot \frac{\sqrt{x} + \sqrt{a}}{\sqrt{x} + \sqrt{a}} = \frac{x - a}{\sqrt{x} + \sqrt{a}}.$$

Anwendung: Es sei f gegeben durch $f(x) = \sqrt{x}$, $x > 0$. Dann gilt für den Differenzenquotienten an der Stelle a

$$\frac{\Delta y}{\Delta x} = \frac{\sqrt{x} - \sqrt{a}}{x - a} = \frac{\frac{x-a}{\sqrt{x}+\sqrt{a}}}{x - a} = \frac{1}{\sqrt{x} + \sqrt{a}} \qquad \overset{x \to a}{\longrightarrow} \qquad \frac{1}{\sqrt{a} + \sqrt{a}} = \frac{1}{2\sqrt{a}}.$$

Resultat: $f'(x) = \frac{1}{2 \cdot \sqrt{x}} = \frac{1}{2} \cdot x^{-\frac{1}{2}}$ für $x > 0$. Für $x = 0$ ist zwar die Wurzelfunktion definiert, nicht aber ihre Ableitung!

5.2.2 Ableitungsregeln

Wenn eine Funktion, deren Ableitung man noch nicht kennt, zurückgeführt werden kann auf eine oder mehrere Funktionen, deren Ableitungen man bereits kennt, so gelangt man häufig auf diesem Weg ans Ziel. Im Abschnitt 2.4.5 („Funktionenbaukasten") haben wir gezeigt, wie aus einer oder zwei gegebenen Funktionen neue Funktionen gebildet werden können. Drei wichtige Möglichkeiten waren:

- Aus der Funktion f entsteht die Funktion g durch die affinen Transformationen $g(x) = f(x) + a$, $g(x) = b \cdot f(x)$, $g(x) = f(x + c)$ und $g(x) = f(d \cdot x)$, wobei a, b, c und d reelle Zahlen sind.
- Die Verknüpfung $f \otimes g$, definiert durch $(f \otimes g)(x) = f(x) \otimes g(x)$, wobei „$\otimes$" die Addition, Subtraktion, Multiplikation oder Division waren.
- Die Verkettung $f \circ g$, definiert durch $f \circ g(x) := f(g(x))$, wobei f auch die „äußere" und g die „innere Funktion" bei der Verkettung genannt werden.

Natürlich müssen die entsprechenden Definitionsmengen jeweils so sein, dass die jeweiligen Verknüpfungen oder Verkettungen sinnvoll möglich sind (siehe 2.4.5). Das setzen wir stets voraus, wenn wir im Folgenden Verknüpfungen und Verkettungen betrachten.

Wenn man nun die Ableitung von f und g kennt, so wäre es wünschenswert, hieraus die Ableitung der neuen – aus f und g „zusammengebauten" – Funktionen bestimmen zu können. Die folgenden Ableitungsregeln zeigen, dass die nach dem obigen Muster aus differenzierbaren Funktionen gebildeten neuen Funktionen ebenfalls differenzierbar sind, und geben darüber hinaus konkrete Regeln an, nach denen die Ableitung zu bilden ist. Bei der Zurückführung einer etwas komplizierter gebauten Funktion h auf Funktionen mit bekannten Ableitungen, kommt es häufig vor, dass es mehrere Möglichkeit gibt, h als geeignete Verknüpfung oder Verkettung bekannter Funktionen zu deuten. Wie kommt man auf diese Ableitungsregeln? Wir werden zu jedem der folgenden drei Sätze entsprechende anschauliche bzw. heuristische Überlegungen vorstellen.

Im Falle der affinen Transformationen lassen sich die Ableitungsregeln sehr schön geometrisch interpretieren und führen so direkt zu einem präformalen, aber ebenfalls „exakten" Beweis.

Satz 5.3 (Ableitungen bei affinen Transformationen)

Die Funktion f sei differenzierbar, a, b, c, und d seien reelle Zahlen. Dann sind die folgenden durch affine Transformationen entstehenden Funktionen ebenfalls differenzierbar, und es gilt:

1. für $g(x) = f(x) + a$ ist $g'(x) = f'(x)$,
2. für $g(x) = b \cdot f(x)$ ist $g'(x) = b \cdot f'(x)$,
3. für $g(x) = f(x + c)$ ist $g'(x) = f'(x + c)$,
4. für $g(x) = f(d \cdot x)$ ist $g'(x) = d \cdot f'(d \cdot x)$.

$\square$

Auftrag: *Verdeutlichen Sie sich noch einmal die Wirkung der vier einzelnen Transformationen auf den Graphen einer beliebigen differenzierbaren Funktion.*

Beweis (von Satz 5.3)

1. Die Transformation ist eine Verschiebung längs der y-Achse. Tangenten an einer festen Stelle werden dabei vertikal mit verschoben, d. h. die Ableitung an der jeweiligen Stelle ändert sich nicht.
2. Jetzt ist die Transformation eine Streckung parallel zur y-Achse mit Streckfaktor b. Dabei wird bei jedem Steigungsdreieck der Zähler mit b multipliziert, was sich dann genauso auf den Grenzwert, die Ableitung, auswirkt.
3. Hier haben wir eine Verschiebung parallel x-Achse um $-c$. Damit ist die Tangente von f an der Stelle $x + c$ gleich der Tangenten von g an der Stelle x.
4. Die Transformation staucht (oder streckt) den Graphen von f in Richtung x-Achse. Damit wird ein Steigungsdreieck der Tangenten an der Stelle x zu einem Steigungsdreieck der Tangenten an der Stelle $\frac{1}{d} \cdot x$, wobei die waagerechte Kathete Δx zur waagrechten Kathete $\frac{1}{d} \cdot \Delta x$ wird. Der Übergang zum Grenzwert führt dann zu der Ableitungsregel.

■

Zur Übung können Sie die Regeln auch formal mithilfe des jeweiligen Differenzenquotienten beweisen.

Bei den Verknüpfungen von Funktionen ist man geneigt, „linear zu denken", und z. B. für die Addition und die Multiplikation die Regeln $(f + g)' = f' + g'$ und $(f \cdot g)' = f' \cdot g'$ anzunehmen. Bei der Addition liegt man auch intuitiv richtig, bei der Multiplikation zeigt ein einfaches Gegenbeispiel wie $f(x) = x^2$ und $g(x) = x^3$ jedoch, dass es so einfach nicht geht.

Auftrag: *Führen Sie dieses Gegenbeispiel in seinen Details aus.*

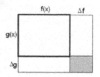

Abb. 5.9: Produktregel

Den Zähler des Differenzenquotienten für die Produktfunktion kann man sich als Differenz der Inhalte des großen Rechtecks und des kleinen dick gezeichneten Rechtecks in Abb. 5.9 vorstellen:

$$\Delta f \cdot g = (f(x) + \Delta x) \cdot (g(x) + \Delta g) - f(x) \cdot g(x)$$
$$= \Delta f \cdot g(x) + f(x) \cdot \Delta g + \Delta f \cdot \Delta g.$$

Damit folgt für den Differenzenquotienten

$$\frac{(f(x) + \Delta f) \cdot (g(x) + \Delta g) - f(x) \cdot g(x)}{\Delta x} = \frac{f(x) \cdot \Delta g + \Delta f \cdot g(x) + \Delta f \cdot \Delta g}{\Delta x}$$
$$f(x) \cdot \frac{\Delta g}{\Delta x} + \frac{\Delta f}{\Delta x} \cdot g(x) + \frac{\Delta f}{\Delta x} \cdot \Delta g.$$

In den ersten beiden Summanden gehen die Quotienten gegen die entsprechenden Ableitungen, wenn Δx gegen Null geht. Im letzten Summanden geht der erste Faktor gegen die Ableitung von f und der zweite gegen Null, sodass der ganze Summand gegen Null geht.

Die so vermutete Regel kann dann gleich mit dem Beispiel $f(x) = x^2$ und $g(x) = x^3$ von oben bestätigt werden.

Auftrag: *Führen Sie wiederum dieses Beispiel in seinen Details aus.*

Satz 5.4 (Ableitungen verknüpfter Funktionen)
Die Funktionen f und g seien differenzierbar. Dann gilt für die Ableitungen der verknüpften Funktionen bzw. für die Kehrwertfunktion:

1. $(f(x) \pm g(x))' = f'(x) \pm g'(x)$ (*Summenregel* und *Differenzenregel*),
2. $(f(x) \cdot g(x))' = f'(x) \cdot g(x) + f(x) \cdot g'(x)$ (*Produktregel*),
3. $\left(\frac{1}{f(x)}\right)' = \frac{-f'(x)}{f^2(x)}$ (*Kehrwertregel*),
4. $\left(\frac{f(x)}{g(x)}\right)' = \frac{f'(x) \cdot g(x) - f(x) \cdot g'(x)}{g^2(x)}$ (*Quotientenregel*).

Im Falle von 3. und 4. müssen $f(x)$ bzw. $g(x)$ ungleich Null sein.   □

Beweis
Wir bilden jeweils den Differenzenquotienten an der Stelle x und formen ihn so um, dass wir den Grenzwert bilden können und die Ableitung erhalten.

1. *Summenregel*:

$$\frac{(f + g)(x + \Delta x) - (f + g)(x)}{\Delta x} = \frac{f(x + \Delta x) + g(x + \Delta x) - f(x) - g(x)}{\Delta x}$$
$$= \underbrace{\frac{f(x + \Delta x) - f(x)}{\Delta x} + \frac{g(x + \Delta x) - g(x)}{\Delta x}}_{\overset{\Delta x \to 0}{\longrightarrow} f'(x) + g'(x)}.$$

Analog behandelt man die Differenzenregel.

2. *Produktregel*:

$$
\begin{aligned}
\frac{\Delta(f \cdot g)}{\Delta x} &= \frac{f(x + \Delta x) \cdot g(x + \Delta x) - f(x) \cdot g(x)}{\Delta x} \\
&= \frac{f(x + \Delta x) \cdot g(x + \Delta x) - f(x) \cdot g(x + \Delta x)}{\Delta x} \\
&\quad + \frac{f(x) \cdot g(x + \Delta x) - f(x) \cdot g(x)}{\Delta x} \\
&= \underbrace{\frac{f(x + \Delta x) - f(x)}{\Delta x}}_{\overset{\Delta x \to 0}{\longrightarrow} f'(x)} \cdot \underbrace{g(x + \Delta x)}_{\overset{\Delta x \to 0}{\longrightarrow} g(x)} + f(x) \cdot \underbrace{\frac{g(x + \Delta x) - g(x)}{\Delta x}}_{\overset{\Delta x \to 0}{\longrightarrow} g'(x)} \, .
\end{aligned}
$$

$$\overset{\Delta x \to 0}{\longrightarrow} f'(x) \cdot g(x) + f(x) \cdot g'(x)$$

Bei der zweiten Umformung addiert man den für die weitere Rechnung „wünschenswerten" Term $-f(x) \cdot g(x + \Delta x)$ und subtrahiert ihn gleich wieder, sodass das Gleichheitszeichen gültig bleibt. In der vorletzten Zeile gehen für die Folgerung der drei Grenzwerte die Stetigkeit von g und die Differenzierbarkeit von f und g ein.

3. *Kehrwertregel*:

$$
\frac{\Delta\left(\frac{1}{f}\right)}{\Delta x} = \frac{\frac{1}{f(x + \Delta x)} - \frac{1}{f(x)}}{\Delta x} = \underbrace{\frac{1}{f(x + \Delta x) \cdot f(x)}}_{\overset{\Delta x \to 0}{\longrightarrow} \frac{1}{f(x)^2}} \cdot \underbrace{\frac{-(f(x + \Delta x) - f(x))}{\Delta x}}_{\overset{\Delta x \to 0}{\longrightarrow} -f'(x)} \, .
$$

$$\overset{\Delta x \to 0}{\longrightarrow} -\frac{f'(x)}{f(x)^2}$$

4. *Quotientenregel*:

$$
\left(\frac{f}{g}\right)' = \left(f \cdot \frac{1}{g}\right)' = f' \cdot \frac{1}{g} + f \cdot \left(\frac{1}{g}\right)' = f' \cdot \frac{1}{g} + f \cdot \frac{-g'}{g^2} = \frac{f' \cdot g - f \cdot g'}{g^2}
$$

Dabei sind die Produkt- und die Kehrwertregel angewendet worden.

∎

Von den angekündigten Ableitungsregeln steht nun noch die für verkettete Funktionen aus. Eine „echte" Entdeckung dieser Regel ist nicht so einfach.[4] Jedoch erlaubt die Schreibweise mit Differenzialen einen einfachen syntaktischen Zugang. Wir schreiben hierzu $z = f \circ g(x)$, $z = f(y)$ und $y = g(x)$ und folgern

$$
f \circ g'(x) = \frac{dz}{dx} = \frac{dz}{dy} \cdot \frac{dy}{dx} = f'(y) \cdot g'(x) = f'(g(x)) \cdot g'(x).
$$

---

[4]Im Anhang (im Internet) werden einige Vorschläge für produktive Übungen zum geleiteten Entdecken der Kettenregel gemacht.

Das gefundene Resultat lässt sich zumindest am mittlerweile bekannten Beispiel mit $f(x) = x^2$ und $g(x) = x^3$ bestätigen: Es gilt $f \circ g(x) = f(g(x)) = f(x^3) = (x^3)^2 = x^6$, und jede einzelne Ableitung für die vermutete Regel ist schon bekannt.

Auftrag: *Führen Sie die Überprüfung der heuristisch gefundenen Kettenregel am obigen Beispiel zu Ende.*

Satz 5.5 (Kettenregel)

Die beiden Funktionen f und g seien auf ihren jeweiligen Definitionsmengen differenzierbar. Dann ist die verkettete Funktion $f \circ g$ ebenfalls differenzierbar, und es gilt für ihre Ableitung

$$f \circ g(x)' = f(g(x))' = f'(g(x)) \cdot g'(x).$$

In Worten lässt sich das ausdrücken als „die Ableitung der verketteten Funktion $f \circ g$ an der Stelle x ist die Ableitung der Funktion f an der Stelle $g(x)$ mal der Ableitung der Funktion g an der Stelle x" oder einfach kurz „äußere Ableitung mal innere Ableitung". $\qquad \square$

Beweis

Das syntaktische Umgehen mit den Leibniz'schen Differenzialen müssen wir präzisieren. Wir wählen eine beliebige, aber feste Zahl x_0 aus dem Definitionsbereich von g. Dann ist nach unserer Voraussetzung $y_0 = g(x_0)$ aus dem Definitionsbereich von f. Für den Differenzenquotienten von g an der Stelle x_0 benötigen wir, dass x gegen x_o geht, aber stets ungleich x_o ist. Wegen der Stetigkeit geht dann auch $y = g(x)$ gegen y_o.

Wenn wir zunächst voraussetzen, dass auch stets y ungleich y_0 ist, dann können wir den Differenzenquotienten der verketteten Funktion umformen:

$$\frac{\Delta f \circ g}{\Delta x} = \frac{f(g(x)) - f(g(x_0))}{x - x_0} = \frac{f(g(x)) - f(g(x_0))}{g(x) - g(x_0)} \cdot \frac{g(x) - g(x_0)}{x - x_0}$$

$$= \underbrace{\frac{f(y) - f(y_0)}{y - y_0}}_{\overset{y \to y_0}{\longrightarrow} f'(y_0)} \cdot \underbrace{\frac{g(x) - g(x_0)}{x - x_0}}_{\overset{x \to x_0}{\longrightarrow} g'(x_0)} .$$

Der zweite Faktor rechts geht für $x \to x_0$ gegen die Ableitung $g'(x_0)$ und der erste Faktor geht nach Voraussetzung über die y-Folge gegen die Ableitung $f'(y_0)$, und die Kettenregel ist bewiesen.

Allerdings können wir im Allgemeinen nicht voraussetzen, dass $y = g(x) \neq g(x_0) = y_0$ für alle $x \neq x_0$ gilt. Beispielsweise könnte g in einer Umgebung von x_0 konstant sein. Auch für diesen Fall können wir die Kettenregel beweisen, müssen dafür aber einen weiteren „Trick" anwenden und eine Hilfsfunktion F definieren:

$$F(y) = \begin{cases} \frac{f(y) - f(y_0)}{y - y_0} & \text{für } y \neq y_0 \\ f'(y_0) & \text{für } y = y_0 . \end{cases}$$

Aufgrund der Differenzierbarkeit von f gilt jetzt in jedem Fall, dass $F(y)$ gegen $F(y_0) = f'(y_0)$ geht, wenn y gegen y_0 geht. Das bedeutet insbesondere, dass F stetig in y_0 ist. Den Differenzenquotienten der verketteten Funktion an der Stelle x_0 können wir jetzt mit $x \neq x_0$ schreiben als

$$\frac{f(g(x)) - f(g(x_0))}{x - x_0} = F(g(x)) \cdot \frac{g(x) - g(x_0)}{x - x_0} .$$

Ist nämlich $y = f(x) \neq f(x_0) = y_0$, dann folgt das durch Einsetzen des oberen F definierenden Terms. Für $y = f(x) = f(x_0) = y_0$ ist der untere F definierende Term einzusetzen, und auf beiden Seiten des Gleichheitszeichens steht Null. Nun können wir den Grenzwert x gegen x_0 bilden, und die behauptete Kettenregel ist allgemein bewiesen. ∎

Wenn man die Kettenregel noch nicht so oft angewendet hat, wirkt sie vielleicht etwas „sperrig", da dann nicht offensichtlich ist, wann sie ein hilfreiches Werkzeug ist. Geht ihre Anwendung jedoch ins selbstverständliche mathematische Repertoire über, erweist sie sich als sehr mächtig. Wir zeigen die Reichweite der Kettenregel an einem einfachen Beispiel:

Jemand soll Funktion h mit $h(x) = (x^3 + 1)^{100}$ ableiten. Eine theoretische Möglichkeit ist, den Term nach der binomischen Formel auszumultiplizieren, aber praktisch per Hand durchführbar ist das nicht! Besser ist es, die definierende Formel geeignet zu deuten: Mit der „inneren" Funktion $g(x) = x^3 + 1$ und der „äußeren" Funktion $f(x) = x^{100}$ können wir $h = f \circ g$ als Verkettung von f nach g lesen. Wegen $f'(x) = 100 \cdot x^{99}$ und $g'(x) = 3 \cdot x^2$ folgt damit nach der Kettenregel

$$h'(x) = 100 \cdot (x^3 + 1)^{99} \cdot 3 \cdot x^2 .$$

Auch aus einem weiteren Grund wäre das Ausmultiplizieren des Terms $f(x)$ sinnlos gewesen. Wichtige Kenngrößen einer Funktion sind ihre Nullstellen. In der gegebenen Form kann man die Nullstellen der Funktion und der Ableitung sofort ablesen; die Ableitung hat nur die Nullstellen -1 und 0 der Faktoren, die die unabhängige Variable enthalten. In der ausmultiplizierten Form ist die Ableitung ein Polynom vom Grad 299, dessen Nullstellen man nie und nimmer finden wird.

5.2.3 Weitere Ableitungsfunktionen

In diesem Abschnitt bestimmen wir zunächst mit den bisher erarbeiteten Methoden weitere Ableitungen wichtiger Funktionen, nämlich der Potenzfunktionen und ausgewählter rationaler Funktionen. Anschließend stellen wir mit den Ableitungen der trigonometrischen Funktionen weiter elementare „Bauteile" bereit, mit denen die Ableitungsregeln des voranstehenden Abschnitts ihre Kraft erst richtig entfalten können. Die Ableitungsregeln sind dabei gewissermaßen „mächtige und vielseitige Werkzeuge" und die Ableitungen elementarer Funktionen das „Material, das mit ihnen verbaut" wird.

In 5.2.1 haben wir bereits die Ableitungen von Potenzfunktionen mit natürlichem Exponenten bestimmt. Dieses Resultat wird im folgenden Satz zunächst auf negative ganzzahlige Exponenten ausgeweitet. Beim Beweis des Satzes wird auch eine zum Vorgehen in 5.2.1 alternative Beweismöglichkeit vorgestellt.

Satz 5.6 (Ableitung der Potenzfunktionen)
Für die Ableitung der in $\mathbb{R}$ definierten Potenzfunktion f mit $f(x) = x^n$, $n \in \mathbb{Z}$, aber $n \neq 0$, gilt

$$f'(x) = n \cdot x^{n-1}.$$

$\square$

Für $n = 0$ und $x \neq 0$ liegt eine konstante Funktion mit $f(x) = 1$ und Ableitung $f'(x) = 0$ vor.

Beweis (von Satz 5.6)
Für den Fall $n > 0$ hatten wir die Behauptung zwar schon in 5.2.1 bewiesen, wir geben aber dennoch zwei weitere Beweise für dieselbe Tatsache an, um verschiedene Beweismöglichkeiten zu demonstrieren. Anschließend führen wir den Beweis für negative ganzzahlige Exponenten durch schlichtes Anwenden der Kehrwertregel.

■ Beweis für $n > 0$ mit vollständiger Induktion:
Verankerung: Für $n = 1$ gilt $f(x) = x$ und $f'(x) = 1 = 1 \cdot x^{1-1}$.
Induktionsannahme: Die Formel sei richtig für eine natürliche Zahl $n \geq 1$.
Induktionsschluss von n auf $n + 1$: Wir schreiben $f(x) = x^{n+1} = x \cdot x^n$ als Produkt. Mit der Produktregel und der Induktionsannahme gilt dann

$$f'(x) = 1 \cdot x^n + x \cdot n \cdot x^{n-1} = x^n + n \cdot x^n = (n+1) \cdot x^n.$$

■ Beweis für $n > 0$ mit anderer Schreibweise für den Differenzenquotienten:

$$\frac{\Delta y}{\Delta x} = \frac{(x + \Delta x)^n - x^n}{\Delta x}$$

$$= \frac{\left(x^n + n \cdot x^{n-1} \cdot \Delta x + \binom{n}{2} \cdot x^{n-2} \cdot \Delta x^2 + \ldots + \Delta x^n \right) - x^n}{\Delta x}$$

$$= n \cdot x^{n-1} + \binom{n}{2} \cdot x^{n-2} \cdot \Delta x + \ldots + \Delta x^{n-1} \quad \overset{\Delta x \to 0}{\Longrightarrow} \quad n \cdot x^{n-1}.$$

■ Beweis für $n = -m < 0$:
Mit der Kehrwertregel und der zuvor bewiesenen Behauptung für $n > 0$ folgt die Behauptung sofort:

$$f'(x) = (x^n)' = \left(\frac{1}{x^m} \right)' = \frac{-m \cdot x^{m-1}}{x^{2m}} = -m \cdot x^{-m-1} = n \cdot x^{n-1}.$$

Aufgabe 5.3 *Bestimmen Sie die Ableitungsfunktionen für Polynomfunktionen vom Typ* $f(x) = \sum_{i=0}^{n} a_i \cdot x^i$ *und für gebrochen rationale Funktionen vom Typ* $f(x) = \frac{a \cdot x + b}{c \cdot x + d}$.

Aufgabe 5.4 *Gegeben ist die Funktion* f *mit* $f(x) = \frac{1}{x+1}$ *für* $x \neq -1$. *Bestimmen Sie die ersten drei Ableitungen* f', f'' *und* f'''. *Formulieren Sie aufgrund dieser Ergebnisse eine Vermutung für die n-te Ableitung von* f. *Beweisen Sie anschließend Ihre Vermutung.*

In Kapitel 3 hatten wir die Sinusfunktion (linkes Bild in Abb. 3.9, (S. 89) graphisch abgeleitet. Das Ergebnis in Abb. 3.10 deutet darauf hin, dass die Ableitung der Sinusfunktion gerade die Kosinusfunktion ist. Dieses Ergebnis werden wir mit etwas Mühe beweisen. Die Ableitung der anderen trigonometrischen Funktionen Kosinus, Tangens und Kotangens folgen dann einfach aus den Ableitungsregeln.

Satz 5.7 (Ableitungen der trigonometrischen Funktionen)
1. Für alle x gilt $\sin'(x) = \cos(x)$ und $\cos'(x) = -\sin(x)$.
2. Für alle $x \in \mathbb{R} \setminus \left\{ \frac{\pi}{2} + k \cdot \pi \mid k \in \mathbb{Z} \right\}$ gilt $\tan'(x) = \frac{1}{\cos^2(x)}$.
3. Für alle $x \in \mathbb{R} \setminus \{ k \cdot \pi \mid k \in \mathbb{Z} \}$ gilt $\cot'(x) = -\frac{1}{\sin^2(x)}$.

$\square$

Beweis
1. Es sei $f(x) = \sin(x)$. Für die notwendige algebraische Umformung des zugehörigen Differenzenquotienten benötigen wir eines der Additionstheoreme, nämlich die für alle α und β gültige Formel[5]

$$\sin(\alpha) - \sin(\beta) = 2 \cdot \cos\left(\frac{\alpha + \beta}{2}\right) \cdot \sin\left(\frac{\alpha - \beta}{2}\right).$$

Wir setzten $\alpha = x + h$ und $\beta = x$ und erhalten damit für den Differenzenquotienten

$$\frac{\Delta y}{\Delta x} = \frac{\sin(x + h) - \sin(x)}{h} = \frac{2 \cdot \cos\left(x + \frac{h}{2}\right) \cdot \sin\left(\frac{h}{2}\right)}{h} = \cos\left(x + \frac{h}{2}\right) \cdot \frac{\sin\left(\frac{h}{2}\right)}{\frac{h}{2}}.$$

Der erste Faktor $\cos\left(x + \frac{h}{2}\right)$ hat für $h \to 0$ den Grenzwert $\cos(x)$, der zweite Faktor ist von dem in Abschnitt 4.3.2, Satz 4.12, behandelten Typ und hat den Grenzwert 1 für $h \to 0$. Also gilt, wie schon vermutet, dass die Ableitung der Sinusfunktion die Kosinusfunktion ist.

---

[5]Einen Beweis dieser Formel finden Sie auf den Internetseiten zu diesem Buch (http://www.elementare-analysis.de/).

Die Kosinus-Kurve erhält man durch eine affine Transformation der Sinus-Kurve (vgl. 2.4.4), genauer gilt für alle x die Gleichung $cos(x) = sin(x + \frac{\pi}{2})$. Mithilfe der Ableitungsregel in Satz 5.3 folgt damit wie behauptet

$$\cos'(x) = \sin'(x + \frac{\pi}{2}) = \cos(x + \frac{\pi}{2}) = -\sin(x).$$

2. Die Tangensfunktion ist durch den Quotienten $\tan(x) = \frac{\sin(x)}{\cos(x)}$ definiert, wobei x keine Nullstelle des Kosinus, also nicht aus der Menge $\left\{ \frac{\pi}{2} + k \cdot \pi \mid k \in \mathbb{Z} \right\}$ sein darf. Mithilfe der Quotienten-Regel folgt damit für die Ableitung

$$\tan'(x) = \left(\frac{\sin(x)}{\cos(x)} \right)' = \frac{\cos(x) \cdot \cos(x) - \sin(x) \cdot (-\sin(x))}{\cos^2(x)} = \frac{1}{\cos^2(x)}.$$

3. Der Beweis für die Ableitung der Kotangensfunktion gelingt analog zu 2. ∎

Aufgabe 5.5 *Führen Sie den Beweis für die Ableitung der Kotangensfunktion aus.*

5.2.4 Anschauung und Differenzierbarkeit

Schon bei der Stetigkeit haben wir in Abschnitt 4.3.4 gezeigt, dass es Funktionen gibt, bei denen die Anschauung versagt; dies gilt in gleicher Weise für die Differenzierbarkeit. Den Begriff „differenzierbar" haben wir ausgehend von anschaulichen Beispielen möglichst allgemein für alle Funktionen erklärt, die Teilmengen der reellen Zahlen als Definitionsmenge und Zielmenge haben. Dabei führen unsere Definitionen und Begriffe manchmal auf unanschauliche „pathologische Monster".

In Abschnitt 4.3.4, S. 187 haben wir in Beispiel 3 die in $\mathbb{R}$ für $m \in \mathbb{N}_0$ definierte Funktion f_m mit

$$f_m(x) = \begin{cases} x^m \cdot \sin\left(\frac{1}{x}\right) & \text{für } x \neq 0 \\ 0 & \text{für } x = 0. \end{cases}$$

auf Stetigkeit untersucht und gesehen, dass an der Stelle $x = 0$ die anschauliche Sicht von Stetigkeit versagt. Das Ergebnis war, dass f_0 genau an der Stelle 0 unstetig ist und alle anderen Funktionen in ganz $\mathbb{R}$ stetig sind. Wie sieht es mit der Differenzierbarkeit aus? Hilft unsere anschauliche Vorstellung einer sich der Kurve anschmiegenden Geraden? Nach den Ableitungsregeln – und auch nach der Anschauung – ist zunächst klar, dass alle f_m in $\mathbb{R}\backslash\{0\}$ differenzierbar sind, und dass dort gilt

$$f_m'(x) = m \cdot x^{m-1} \cdot \sin\left(\frac{1}{x}\right) - x^{m-2} \cdot \cos\left(\frac{1}{x}\right) \text{ für } x \neq 0.$$

Da f_0 unstetig an der Stelle 0 ist, kann erst recht keine Ableitung existieren. Die Frage ist, was für f_m, $m > 0$, an der Stelle 0 gilt. Wieder können die computergezeichneten Graphen (S. 188, Abb. 4.59 bis 4.66) nicht helfen. Wir müssen auf die Definition zurückgehen und den Differenzenquotienten an der Stelle 0 betrachten: Für $x \neq 0$ gilt

$$\frac{\Delta y}{\Delta x} = \frac{f_m(x) - f_m(0)}{x - 0} = \frac{x^m \cdot \sin\left(\frac{1}{x}\right)}{x} = x^{m-1} \cdot \sin\left(\frac{1}{x}\right) = f_{m-1}(x)$$

Die Frage der Differenzierbarkeit von f_m ist also äquivalent zur Frage der Stetigkeit von f_{m-1}! Ein durchaus überraschendes, aber weiterführendes Ergebnis: f_1 ist folglich stetig in $\mathbb{R}$, aber differenzierbar nur in $\mathbb{R}\backslash\{0\}$. Dagegen ist f_m für $m \geq 2$ in ganz $\mathbb{R}$ stetig und differenzierbar und es gilt $f'_m(0) = 0$.

Anschaulich (und bei vielen Beispielen auch richtig) denkt man bei einer stetigen, aber an einer Stelle x_0 nicht differenzierbaren Funktion dort an eine „Knickstelle"; dies ist offensichtlich das Analogon zur „Sprungstelle" bei stetigen Funktionen. Das Beispiel f_1 zeigt, dass die „Knickstellen-Vorstellung" nicht immer haltbar ist.

Eine weitere anschauliche Vorstellung ist es, dass für eine differenzierbare Funktion die Ableitung zumindest stetig ist; man spricht dann von *stetiger Differenzierbarkeit*. Da es einen eigenen Begriff dafür gibt, liegt nahe, dass die anschauliche Vorstellung von stetigen Ableitungen nicht immer gilt[6]. Hierfür liefert f_2 ein Gegenbeispiel. Wir untersuchen das Verhalten von $f'_2(x)$ für $x \to 0$, aber $x \neq 0$. Es gilt

$$f'_2(x) = 2 \cdot x \cdot \sin\left(\frac{1}{x}\right) - \cos\left(\frac{1}{x}\right) = 2 \cdot \frac{\sin\left(\frac{1}{x}\right)}{\frac{1}{x}} - \cos\left(\frac{1}{x}\right).$$

Der Minuend konvergiert gegen 2, der Subtrahend ist dagegen divergent, sodass f'_2 in der Tat unstetig bei 0 ist. Dagegen sind die weiteren Ableitungsfunktionen f'_m für $m > 2$ auch an der Stelle 0 stetig, wie die folgende Umformung für $x \neq 0$ zeigt. Es gilt

$$f'_m(x) = m \cdot x^{m-1} \cdot \sin\left(\frac{1}{x}\right) - x^{m-2} \cdot \cos\left(\frac{1}{x}\right) = m \cdot x^{m-2} \cdot \frac{\sin\left(\frac{1}{x}\right)}{\frac{1}{x}} - x^{m-2} \cdot \cos\left(\frac{1}{x}\right),$$

der Minuend konvergiert also gegen $0 \cdot 1 = 0$ und der Subtrahend als Produkt einer Nullfolge und einer beschränkten Folge geht ebenfalls gegen 0. Zusammenfassend haben wir das bemerkenswerte Ergebnis: f_m ist beliebig oft differenzierbar in $\mathbb{R}\backslash\{0\}$. An der Stelle 0 gilt für

---

[6]Ansonsten wäre der Begriff „stetig differenzierbar" nicht geeignet, um über den Begriff „differenzierbar" hinaus Unterscheidungen zu treffen; er würde also keinen weiteren Beitrag zur mathematischen Theoriebildung leisten und wäre in diesem Sinne überflüssig.

$$m \begin{cases} = 0 \text{ ist } f_0 \text{ unstetig an der Stelle } 0 \\ = 1 \text{ ist } f_1 \text{ stetig, aber nicht differenzierbar an der Stelle } 0 \\ = 2 \text{ ist } f_2 \text{ differenzierbar, aber nicht stetig differenzierbar an der Stelle } 0 \\ > 2 \text{ ist } f_m \text{ stetig differenzierbar an der Stelle } 0\,. \end{cases}$$

Auch der *Mittelwertsatz der Differenzialrechnung* – ein zentraler Beitrag bei unserem Theorieaufbau – zeigt, dass die Anschauung zwar ein wichtiger Quell mathematischer Einsicht ist, „anschaulich evidente" Sachverhalte aber mitunter nur aufwändig bewiesen werden können. Wir führen zunächst mit einer anschaulichen Überlegung in einem bekannten Kontext auf die Formulierung und den Beweis des Satzes hin.

Zur Definition der Ableitung der Funktion f an der Stelle a haben wir die Sekante durch den Punkt $A(a|f(a))$ und einen weiteren Punkt $B(b|f(b))$ des Graphen gewählt und haben dann den Punkt B dem Punkt A genähert, also genauer den Grenzwert $b \rightarrow a$ betrachtet. Die Ausgangssituation mit der Sekante könnte man auch anders interpretieren und damit auf eine neue Fragestellung kommen. Orientieren wir uns am Ausgangsbeispiel von Kapitel 3, dem Beschleunigungsdiagramm eines ICE in Abb. 3.1. Jetzt ist x die Zeit in Sekunden ab Start des ICE und $f(x)$ die zum Zeitpunkt x erreichte Geschwindigkeit. Im Zeitintervall von $a = 100\,\text{s}$ bis $b = 200\,\text{s}$ hat der ICE von $f(a) = 173\,\text{km/h}$ auf $f(b) = 245\,\text{km/h}$ beschleunigt. Die Sekante AB hat als Steigung die mittlere Beschleunigung $\frac{72\frac{\text{km}}{\text{h}}}{100\,\text{s}}$. Das heißt, dass ein Fahrzeug, das konstant mit dieser Beschleunigung schneller wird und mit $173\,\text{km/h}$ startet, nach 100 Sekunden auch die Geschwindigkeit $245\,\text{km/h}$ erreicht hat.

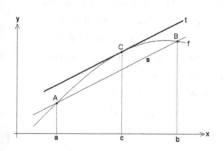

Abb. 5.10: Mittelwertsatz der Differenzialrechnung

Am Graphen von f liest man ab, dass der ICE zuerst schneller beschleunigt, gegen Ende aber langsamer. Da der Graph monoton wächst, können wir folgern, dass der ICE zu irgendeinem Zeitpunkt c zwischen a und b genau die Momentanbeschleunigung $\frac{72\frac{\text{km}}{\text{h}}}{100\,\text{s}}$ hat. Geometrisch finden wir c, indem wir die Sekante AB parallel verschieben, bis sie die Kurve gerade (als Tangente) berührt. Der Berührpunkt C hat dann die gesuchte Zeit c als Abszisse. Die Fragestellung lässt sich verallgemeinern (Abb. 5.10) und führt dann zum *Mittelwertsatz der Differenzialrechnung*.

Satz 5.8 (Mittelwertsatz der Differenzialrechnung)

Die Funktion f sei in $[a;b]$ differenzierbar. Dann gibt es eine Zahl $c \in]a;b[$, für die gilt

$$f'(c) = \frac{f(b) - f(a)}{b - a}.$$

□

Die Tangente an der Stelle c und die Sekante durch $A(a|f(a))$ und $B(b|f(b))$ sind also parallel und der Satz sagt aus, dass die mittlere Änderungsrate in einem Intervall immer gleich der lokalen Änderungsrate an (mindestens) einer Stelle im Innern des Intervalls ist; darauf bezieht sich der Name „Mittelwertsatz".

Beweis (von Satz 5.8)

Betrachtet man Abb. 5.10, so scheint der Beweis trivial zu sein: Man verschiebt die Sekante solange parallel, bis sie den Graphen berührt. Dies ist auch eine gute Grundvorstellung; man muss sich allerdings darüber im Klaren sein, dass dies noch kein Beweis ist[7].

Eine andere Idee ist es, mit $m = \frac{f(b)-f(a)}{b-a}$ die gesuchte Zahl c als Lösung der Gleichung $f'(x) = m$ zu betrachten. Das mag in einfachen Fällen auch zum Ziel führen. Wie können wir aber für eine beliebige (differenzierbare) Funktion f sicher sein, dass eine Lösung c existiert und dass diese Lösung dann auch noch im Inneren des Intervalls liegt? Wenn wir den Satz beweisen wollen, müssen wir jedoch genauer hinschauen – und das ist dann das wirklich Erstaunliche: dass ein so evidenter Satz so kompliziert zu beweisen ist!

Wir beweisen zuerst einen Spezialfall des Satzes und führen danach den allgemeinen Fall auf diesen Spezialfall zurück:

Es sei hierzu zusätzlich vorausgesetzt, dass $f(a) = f(b) = 0$ ist. Wir zeigen, dass es eine Stelle c im Innern von $[a,b]$ gibt, an der die Ableitung $f'(c) = 0$ ist[8]. Wir betrachten die Wertemenge $W = f([a,b])$ aller Funktionswerte von f im Intervall $[a;b]$. Nach Satz 4.15 (S. 192) wissen wir, dass f als stetige Funktion ihr Minimum und Maximum in diesem abgeschlossenen Intervall annimmt. Sollten diese beiden Zahlen gleich und dann sogar gleich Null sein, so haben wir die konstante Funktion $f(x) = 0$ vorliegen, für die nichts zu beweisen ist. Also nehmen wir an, dass das Maximum $M > 0$ ist, und es gelte $f(c) = M$ für die Zahl $c \in [a;b]$. Nun betrachten wir spezielle Differenzenquotienten an der Stelle c: Es sei (x_n) eine Folge, die gegen c konvergiert, mit $x_n < c$ und (y_n) eine analoge Folge mit $y_n > c$. Da $f(c) = M$ der maximale Funktionswert im Intervall ist, gilt für die Differenzenquotienten

$$\frac{f(x_n) - f(c)}{x_n - c} \geqslant 0, \quad \frac{f(y_n) - f(c)}{y_n - c} \leqslant 0.$$

---

[7]Denken Sie etwa an die oben untersuchten Funktionen f_m!

[8]Dieser Spezialfall ist auch als „Satz von Rolle" nach dem französischen Mathematiker *Michel Rolle* (1652 – 1719) bekannt.

Für die Differenzialquotienten als Grenzwerte gilt somit $f'(c) \geqslant 0$ *und* $f'(c) \leqslant 0$, also wie behauptet $f'(c) = 0$. Eine analoge Argumentation werden wir in Abschnitt 8.1.1 bei Satz 8.2 (notwendiges Kriterium für Extrema) wieder verwenden.

Jetzt können wir den Mittelwertsatz unter den allgemeinen Voraussetzungen des Satzes beweisen: Anstelle von f betrachten wir die ebenfalls in $[a; b]$ differenzierbare Funktion g mit

$$g(x) = f(x) - f(a) - \frac{f(b) - f(a)}{b - a} \cdot (x - a),$$

die f derart „stetig transformiert", dass die Funktionswerte a und b gerade die Nullstellen von g sind. Somit erfüllt g die Voraussetzungen für den oben bewiesenen Spezialfall, den Satz von Rolle, und es gibt eine Zahl $c \in (a; b)$ mit $g'(c) = 0$. Aus

$$0 = g'(c) = f'(c) - \frac{f(b) - f(a)}{b - a}$$

folgt die behauptete Aussage des Mittelwertsatzes!   ■

Den Mittelwertsatz werden wir im Folgenden noch u.a. beim *Hauptsatz der Differenzial- und Integralrechnung* (Kapitel 7) sowie bei Kriterien für *Monotonie* und *Extrema* von Funktionen (Abschnitt 8.1.1) verwenden.

6 Grenzwerte von Riemann'schen Summen: das Integral

Übersicht

6.1 Anschaulicher Standpunkt aus Kapitel 3 ....,........ 222

6.2 Das bestimmte Integral und Integralfunktionen...................... 224

6.3 Erste Berechnungen von („einfachen") Integralen 231

In diesem Kapitel wollen wir nach der Differenzial- auch die Integralrechnung auf eine mathematisch präzisere Grundlage stellen, sodass wir im nächsten Kapitel – gewissermaßen als Höhepunkt unserer Theorieentwicklung – den Hauptsatz, der Differenzial- und Integralrechnung miteinander verbindet (vgl. 3.3), ebenso präzise formulieren und beweisen können.

In Kapitel 3 haben wir Integrieren mit den beiden Grundvorstellungen „Rekonstruktion einer Funktion aus ihren bekannten Änderungsraten" und „Bestimmung des Flächeninhalts krummliniger Trapeze" (s. u.) anschaulich verbunden. Hierzu haben wir Produkte $f(x) \cdot \Delta x$, die aus der Änderungsrate $f(x)$ das Bestandsstückchen $f(x) \cdot \Delta x$ rekonstruieren, betrachtet und als Unter- und Obersummen aufaddiert. Bei der geometrischen Deutung war aufgrund der Genese dieser Summen klar, dass Flächenstücke oberhalb der x-Achse positiv und unterhalb der x-Achse negativ zu zählen sind; man spricht daher vom „orientierten Flächeninhalt".

Die Anschauung zeigt, dass die Funktion umso besser rekonstruiert wurde bzw. der Flächeninhalt umso genauer bestimmt werden konnte, je kleiner Δx war. Mit dem anschaulichen Grenzübergang $\Delta x \to 0$ wurden dann die beiden Aufgaben „Rekonstruktion" und „Flächeninhaltsbestimmung" gelöst. Wir wollen diese Betrachtung wieder von der Anschauung lösen – wobei die anschaulichen Grundvorstellungen natürlich auch hier den richtigen Weg weisen – und werden zunächst beliebige, aber in einem Intervall $[a; b]$ beschränkte Funktionen zulassen und für sie die arithmetischen Ausdrücke „Ober- und Untersumme" definieren. Aus diesen Summen, die ja reelle Zahlen sind, werden das Supremum der Untersummen und das Infimum der Obersummen gebildet. Wenn beide Zahlen Supremum und Infimum gleich sind, werden wir diesen Grenzwert als Integral definieren.

Die Schwierigkeit ist allerdings, im allgemeinen Fall diese Gleichheit konkret zu beweisen. Dies wird uns allgemein nur für monoton wachsende (oder fallende) Funktionen und für stetige Funktionen gelingen. Damit sind allerdings auch fast alle Funktionen erfasst, die in der (schulischen) inner- und außermathematischen

Praxis vorkommen. Für stetige Funktionen, für die die Existenz des Integrals dann klar ist, eröffnet der im nächsten Kapitel bewiesene Hauptsatz die Möglichkeit, in gewissen Fällen Integrale durch konkrete Funktionsterme zu bestimmen.

6.1 Anschaulicher Standpunkt aus Kapitel 3

Wir knüpfen an die anschaulich gewonnenen Ergebnisse von Kapitel 3 an. Das folgende Schaubild der Funktion f (Abb. 6.1) lässt sich auf verschiedene Weise interpretieren.

Auftrag: *Denken Sie mit Blick auf Abb. 6.1 bei allen im Anschluss exemplarisch genannten Kontexten darüber nach, wie jeweils der Term „$f(x) \cdot \Delta x$" zu deuten ist.*

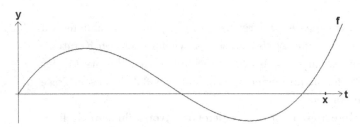

Abb. 6.1: Interpretationen von „Integrieren"

- *Auto: Zeit t, Beschleunigung $f(t)$. Wie groß ist die Geschwindigkeit zum Zeitpunkt x, wenn das Fahrzeug zum Zeitpunkt 0 mit der Geschwindigkeit 0 gestartet ist?*
- *Auto: Zeit t, Geschwindigkeit $f(t)$. Welchen Weg hat das Fahrzeug zum Zeitpunkt x zurückgelegt, wenn es zum Zeitpunkt 0 am Startpunkt 0 gestartet ist?*
- *Badewanne: Zeit t, Wasserzufluss $f(t)$ in Liter pro Sekunde. Wie viel Wasser ist zum Zeitpunkt x in der Wanne?*
- *f abstrakte Funktion: Welchen (orientierten) Flächeninhalt schließt der Graph von f mit der t-Achse zwischen 0 und x ein? Man nennt solche Flächen auch „krummlinige Trapeze".*
- *F als abstrakte Funktion: Welchen Wert hat $F(x) = \int\limits_0^x f(t)dt$?*

In jedem Fall kann man f als die gegebene Änderungsratenfunktion deuten, aus der der gesuchte Wert der Bestandsfunktion F rekonstruiert wird. Die Approximation zur Rekonstruktion hatten wir wie folgt vorgenommen: Man wählt z. B. bei der Zeit als unabhängiger Variable Zeitpunkte $t_0 = 0 < t_1 < t_2 < \ldots < t_{22} < t_{23} = x$, wobei man die Zeitintervalle dort kleiner wählt, wo sich der Funktionswert von

f stärker ändert[1]. Man nennt dies ganz anschaulich eine *Zerlegung* des Intervalls $[0; x]$:

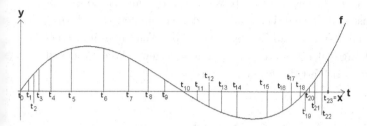

Abb. 6.2: Zerlegung des Intervalls $[0; x]$

Ausgehend von einer Zerlegung kann man obere und untere Abschätzungen vornehmen. Für die obere Abschätzung nimmt man den größten Wert M_i im Intervall $[t_{i-1}, t_i]$, für die untere Abschätzung nimmt man den kleinsten Wert m_i im Intervall $[t_{i-1}, t_i]$. In dem Beispiel sind das manchmal Ecken der Intervalle, manchmal Werte dazwischen. Dies ergibt die Abschätzungen für die fragliche Größe in den Abbildungen 6.3 und 6.4.

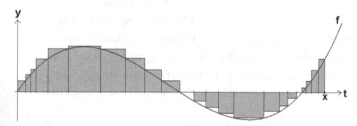

Abb. 6.3: Obere Abschätzung $= \sum_{i=1}^{23} M_i \cdot (t_i - t_{i-1})$

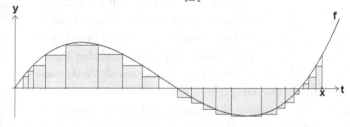

Abb. 6.4: Untere Abschätzung $= \sum_{i=1}^{23} m_i \cdot (t_i - t_{i-1})$

---

[1]Bei der Verwendung unterschiedlich großer Zeitintervalle und der Anpassung der Länge jedes Intervalls an die Stärke der Veränderung kann man bei gleicher Anzahl von Intervallen, den Fehler der Abschätzung minimieren. Allerdings ist dieses Vorgehen nicht so einfach mit einer „technischen Verfahrensvorschrift" umzusetzen, sondern bedarf eines geschulten Anwenders.

Will man den gesuchten Wert genauer eingrenzen, so muss man eine feinere Einteilung des Intervalls $[0; x]$ wählen, indem man zusätzlich zu den schon vorhandenen Werten t_i noch weitere Zwischenwerte wählt. Man nennt die so gewonnene Zerlegung ganz anschaulich eine *Verfeinerung* der vorhandenen Zerlegung von $[0; x]$. Statt 23 hat man dann $n > 23$ Zerlegungspunkte. Wenn man nun n gegen Unendlich und die Länge aller Teilintervalle gegen Null gehen lässt, so erhält man anschaulich den genauen Wert der gesuchten Größe.

6.2 Das bestimmte Integral und Integralfunktionen

Nun müssen wir die anschauliche Vorstellung „nur noch" für eine mathematisch befriedigende Definition präzise fassen. Mit unseren bisher geleisteten Vorarbeiten in den Kapiteln 3 und 4 gelingt dies tatsächlich ohne großen zusätzlichen Aufwand.

Wir gehen von einer Funktion aus, die auf einem abgeschlossenen Intervall $[a; b]$ definiert und dort beschränkt ist. Wir wählen eine *Zerlegung* $Z = [t_0, \ldots, t_n]$ von $[a, b]$, d. h. reelle Zahlen mit $a = t_0 < t_1 < \ldots < t_n = b$. Zu dieser Zerlegung definieren wir die *Ober-* und *Untersumme*. Nach der Idee von Kapitel 3.2 haben wir dazu in jedem Teilintervall den größten und den kleinsten Funktionswert gewählt ... und genau hier lauert der erste „Fallstrick": Ist eigentlich sicher, dass dieses Maximum (bzw. Minimum) im Allgemeinen existiert? Schon ein sehr einfaches, auch für den Unterricht in der Schule zugängliches Beispiel zeigt, dass dies keinesfalls so ist:

Abb. 6.5: Trunc-Funktion

Sei hierfür f die *Trunc-Funktion*[2], d. h. $f(x) = x - [x]$ oder inhaltlich gesprochen der Abstand von x zur nächst kleineren ganzen Zahl. f ist in ganz $\mathbb{R}$ definiert und nimmt Werte zwischen 0 und 1 an, wobei 1 kein möglicher Funktionswert ist, 0 hingegen als Funktionswert für alle ganzen Zahlen auftritt. Der Graph der *Trunc-Funktion* (Abb. 6.5) besteht in den Intervallen $[k; k + 1[$ zwischen zwei ganzen Zahlen aus jeweils einem Geradenstückchen, das parallel zu ersten Winkelhalbierenden ist. Die ganzen Zahlen sind Unstetigkeitsstellen mit dem Funktionswert 0.

Aufgabe 6.1 *Zeigen Sie formal, dass alle ganzen Zahlen Unstetigkeitsstellen der Trunc-Funktion sind.*

---

[2]Das englische Wort „to truncate" bedeutet „abschneiden", abgeschnitten wird hier bei positiven Zahlen der ganzzahlige Vorkomma-Anteil. Was passiert bei negativen Zahlen?

Der Integralwert ist anschaulich in der geometrischen Deutung sehr einfach über Dreiecks- und Trapezflächen bestimmbar. Jedoch existiert in keinem Intervall, das eine ganze Zahl enthält, ein Maximum! Da wir nicht schon an so übersichtlichen Beispielen scheitern wollen, ersetzen wir bei unserem Vorgehen Maximum und Minimum durch das Supremum und das Infimum. Im Beispiel der Trunc-Funktion nimmt das Supremum für jedes Intervall, das eine ganze Zahl enthält, den Wert 1 an. Die Existenz des Supremums ist dabei durch Satz 4.1 (S. 121) gesichert.

Definition 6.1 (Obersumme und Untersumme)
Die Funktion f sei im abgeschlossenen Intervall $[a; b]$ definiert und beschränkt; $Z = [t_0 = a, t_1, t_2, \ldots, t_n = b]$ sei eine Zerlegung des Intervalls sowie M_i das Supremum und m_i das Infimum der Funktionswerte im Teilintervall $[t_{i-1}, t_i]$. Dann heißen $\sum_{i=1}^{n} M_i \cdot (t_i - t_{i-1})$ die *Obersumme* und $\sum_{i=1}^{n} m_i \cdot (t_i - t_{i-1})$ die *Untersumme* von f zur Zerlegung Z.   ♦

Anders als bei unserer Präzisierung der Differenzierbarkeit und der Ableitung in Kapitel 5 ist es hier wesentlich, dass wir ein abgeschlossenes Intervall $[a; b]$ voraussetzen. Zunächst können wir dies einfach damit begründen, dass die Ecken a und b als erste und letzte Stelle der Zerlegung auftreten. Im weiteren Theorieaufbau werden wir noch des Öfteren auf diese Voraussetzung zurückgreifen (müssen). Genauso wichtig wie die Abgeschlossenheit des Intervalls ist die Voraussetzung der Beschränktheit der Funktion f.

Ober- und Untersummen sind stets wohldefinierte reelle Zahlen. Aufgrund der Beschränktheit von f im Intervall $[a; b]$ gibt es ein Supremum S und ein Infimum s der Funktionswerte in diesem Intervall. Damit sind $s \cdot (b - a)$ und $S \cdot (b - a)$ untere und obere Schranke für alle reellen Zahlen, die als Unter- oder Obersumme für irgendeine Zerlegung von $[a; b]$ entstehen.

Wir betrachten nun alle möglichen Ober- und Untersummen zu beliebigen Zerlegungen. Für eine feste Zerlegung Z ist nach Definition die zugehörige Untersumme kleiner als oder höchstens gleich wie die zugehörige Obersumme. Weiter gilt der folgende Satz:

Satz 6.1 (Verfeinerung von Zerlegungen)
1. Die Zerlegung Z_2 sei eine *Verfeinerung* der Zerlegung Z_1, d.h. Z_2 enthält die Zerlegungspunkte von Z_1 und noch beliebig viele weitere. Dann ist die Obersumme von Z_2 kleiner als oder höchstens gleich wie die Obersumme von Z_1; die Untersumme von Z_2 ist größer als oder höchstens gleich wie die Untersumme von Z_1.
2. Das Supremum der Menge aller Untersummen ist kleiner als oder gleich wie das Infimum der Menge aller Obersummen.

$\square$

Beweis

1. Die Darstellung in Abb. 6.6 ist ein präformaler Beweis[3] für Teil 1. Zwischen die aufeinander folgenden Zahlen u und v der ersten Zerlegung wird eine weitere Zahl w eingeschoben. Damit werden die punktiert markierten Anteile bei der Obersumme höchstens kleiner und bei der Untersumme höchstens größer.

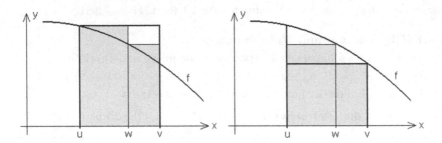

Abb. 6.6: Verfeinerungen von Ober- und Untersummen

2. Jetzt zeigen wir zunächst, dass jede Untersumme kleiner als oder höchstens gleich wie jede Obersumme ist. Dazu seien U_1 die Untersumme zur Zerlegung Z_1 und O_2 die Obersumme zur Zerlegung Z_2. Aus den beiden Zerlegungen konstruieren wir eine gemeinsame Verfeinerung Z_3, indem wir z. B. alle Teilpunkte beider Ausgangszerlegungen (und ggf. weitere Punkte) als Teilpunkte der Verfeinerung Z_3 nehmen. Zusammen mit der Obersumme O_3 und Untersumme U_3 der Zerlegung Z_3 gilt dann:

$$U_1 \leq U_3 \leq O_3 \leq O_2,$$

und die Behauptung ist bewiesen. Nun fassen wir alle möglichen Untersummen zu einer Zahlenmenge, alle möglichen Obersummen zu einer zweiten Zahlenmenge zusammen. Beide Zahlenmengen sind beschränkt, haben also jeweils ein Supremum und ein Infimum, und es gilt:

Supremum der Untersummen $\leq$ Infimum der Obersummen.

∎

---

[3]Präformale Beweise sind Beweise, die in der Regel anschaulich geführt werden und volle Beweiskraft haben. Im Einzelfall kann es allerdings recht schwierig sein, sich zu vergewissern, dass das anschauliche – und zunächst exemplarische – Vorgehen tatsächlich allgemein gültig ist. Der Begriff „präformaler Beweis" wurde von *Werner Blum* und *Arnold Kirsch* geprägt (Blum & Kirsch (1991)). Ein Plädoyer für „präformale Darstellungen" und „inhatlich-anschauliche Beweise" von *Erich Ch. Wittmann* und *Gerhard N. Müller* finden Sie z. B. im Internet unter `http://www.didmath.ewf.uni-erlangen.de/Verschie/Wittmann1/beweis.htm`.

Unsere anschauliche Integraldefinition lässt sich nun sehr einfach übertragen und präzisieren:

Definition 6.2 (Integrierbarkeit und Integralfunktion)

1. Die Funktion f sei im abgeschlossenen Intervall $[a; b]$ definiert und beschränkt. Wenn das Supremum S aller über dem Intervall $[a; b]$ gebildeten Untersummen gleich dem Infimum I aller Obersummen ist, so heißt diese Zahl das *Integral von f über dem Intervall* $[a; b]$, und die Funktion f heißt *integrierbar über* $[a; b]$.

2. Werden a und b als feste Zahlen (im Sinne der Gegenstandsvorstellung von Variablen) betrachtet, so heißt dieses Integral genauer das *bestimmte Integral von f über* $[a; b]$ und wird mit $\int\limits_a^b f(t)dt$ bezeichnet.

3. Wenn f für alle Zahlen $x \in [a, b]$ über $[a, x]$ integrierbar ist (die Variable x im Sinne der Einsetzungsvorstellung verstanden), so heißt

$$F_a : x \mapsto F_a(x) = \int\limits_a^x f(t)dt \text{ für } x \in [a, b]$$

Integralfunktion (zur *Integrandenfunktion* f sowie zur *unteren Grenze* a und *oberen Grenze* x). Bei dieser Definition setzt man natürlich das triviale Integral $\int\limits_a^a f(t)dt = 0$.

◆

Abb. 6.7: *Darboux*

Abb. 6.8: *Riemann*

Der Integralbegriff hat seine Wurzeln letztlich bei den alten Griechen; in der hier definierten Form geht er auf Jean *Gaston Darboux* (1842 – 1917) und *Bernhard Riemann* (1826 – 1866) zurück und ist eine Präzisierung des Integralbegriffs von *Leibniz*. Das Wort „Integral" stammt übrigens schon aus dem Jahr 1690 (von *Jacob Bernoulli*), während die heutige Schreibweise des Integrals im Jahr 1823 (von *Cauchy* nach einem Vorschlag von *Fourier*) eingeführt wurde. Eine neuere, viel weiter reichende Theorie ist das *Lebesgue-Integral*, worauf wir hier aber nicht weiter eingehen können. Interessenten sei das vorzügliche Buch von *Hans Niels Jahnke* (1999) empfohlen.

Aus der Definition des Integrals folgt sofort die Additivität des Integrals (vgl. Abb. 6.9): Es sei $c \in [a; b]$. Wenn die folgenden drei Einzelintegrale existieren, so folgt

$$\int\limits_a^b f(x)\,dx = \int\limits_a^c f(x)\,dx + \int\limits_c^b f(x)\,dx.$$

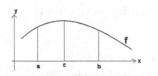

Die gute Nachricht ist, dass wir jetzt eine mathematisch zufriedenstellende Integraldefinition haben. Die schlechte Nachricht ist, dass völlig unklar ist, wie man die Gleichheit der fraglichen Zahlen „Infimum der Obersummen" und „Supremum der Untersummen" nachweisen und diese eindeutige Zahl sogar bestimmen kann. Wir werden daher beim weiteren Theorieaufbau für die Existenz und Bestimmung von Integralen zusätzliche Kriterien und Regeln bereitstellen müssen, um wirklich Integralrechnung betreiben zu können. Einen ersten Schritt auf diesem Weg stellt der folgende Satz dar, der die Frage der Integrierbarkeit auf die Untersuchung von Folgen von Unter- und Obersummen reduziert. Mithilfe dieses Satzes können wir im Folgenden die Integrierbarkeit monotoner Funktionen zeigen.

Satz 6.2 (Kriterium für Integrierbarkeit)

Die Funktion f sei im abgeschlossenen Intervall $[a; b]$ definiert und beschränkt. Weiter seien (a_n) eine Folge von Untersummen und (b_n) eine Folge von Obersummen mit der Eigenschaft, dass die Differenzenfolge $(b_n - a_n)$ eine Nullfolge ist. Dann ist f integrierbar über dem Intervall $[a; b]$.   □

Die angenehme Folgerung dieses Satzes ist: Wenn wir für eine spezielle Zerlegung, etwa für eine äquidistante, Aussagen über die Konvergenz der Ober- und Untersummen machen können, so reicht dies schon aus!

Beweis (von Satz 6.2)

Es seien, wie eben, S das Supremum der Untersummen und I das Infimum der Obersummen. Für alle natürlichen Zahlen n gilt damit nach Satz 6.1

$$a_n \leq S \leq I \leq b_n \,,$$

woraus wegen der Nullfolgeneigenschaft notwendig $S = I$ und damit die Behauptung folgt.   ∎

Wir haben bei unserer Präzisierung des Integralbegriffs die Beschränktheit der Funktion f (auf einem abgeschlossenen Intervall) vorausgesetzt. Es lassen sich einfach Funktionen angeben, die diese Voraussetzung nicht erfüllen, etwa die auf dem Intervall $[0; 3]$ definierte Funktion f mit

$$f(x) = \begin{cases} 0 & \text{für } x = 0 \\ \frac{1}{x} & \text{für } x \in\,]0; 3] \end{cases}$$

Aber auch die Beschränktheit auf einem abgeschlossenen Intervall ist keinesfalls hinreichend für die Existenz des Integrals; denken Sie nur an die Dirichlet'sche Kammfunktion (S. 186). Ohne zusätzliche Voraussetzungen kann die Untersuchung auf Integrierbarkeit äußerst mühselig sein. Daher ist es extrem hilfreich, dass wir für zwei wichtige Fälle, nämlich die monotonen und die stetigen Funktionen, nicht nur deren Beschränktheit auf abgeschlossenen Intervallen nachweisen können, sondern noch viel mehr. Wir können für diese beiden Funktionsklassen sogar die Existenz des Integrals beweisen.

Satz 6.3 (Existenz des Integrals für monotone Funktionen)

Es sei f eine im abgeschlossenen Intervall $[a; b]$ monoton wachsende (oder monoton fallende) Funktion. Dann ist f auf $[a; b]$ beschränkt und es existiert das Integral von f über $[a; b]$. □

Beweis

Wir führen den Beweis nur für monoton wachsende Funktionen. Der Fall monoton fallender Funktionen lässt sich hierauf zurückführen, indem man zur monoton fallenden Funktion f die „negative Funktion" $-f$ mit $-f(x) = -1 \cdot f(x)$ betrachtet.

Es sei im Folgenden also f auf $[a; b]$ definiert und dort monoton wachsend. Dann ist f durch $f(a)$ nach unten und durch $f(b)$ nach oben beschränkt und der erste Teil der Aussage ist bewiesen.

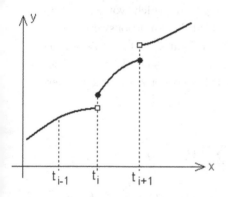

Abb. 6.10: Monotone Funktionen

Die wesentliche Einsicht, die auf die Existenz des Integrals von f über $[a; b]$ führt, ist nun, dass das Supremum im Teilintervall $[t_{i-1}; t_i]$ einer Zerlegung Z stets gleich dem Infimum im nächsten Teilintervall $[t_i; t_{i+1}]$ der Zerlegung Z ist. Dies verdeutlich Abb. 6.10, in der das mögliche Verhalten an den Grenzen der Teilintervalle angedeutet ist.

Wir verwenden nun eine äquidistante Zerlegung in n Teilintervalle mit der Schrittweite $\frac{b-a}{n}$. Für die Ober- und Untersumme gilt jetzt

$$\text{Obersumme} = \sum_{i=1}^{n} M_i \cdot \frac{b-a}{n}; \quad \text{Untersumme} = \sum_{i=1}^{n} m_i \cdot \frac{b-a}{n}$$

Des Weiteren gilt für die Infima m_i und die Suprema M_i der Zusammenhang $M_i = m_{i+1}$. Damit fallen in der Differenzfolge aus Ober- und Untersummen fast alle Terme weg:

$$\sum_{i=1}^{n} M_i \cdot \frac{b-a}{n} - \sum_{i=1}^{n} m_i \cdot \frac{b-a}{n} = \left(\sum_{i=1}^{n} (M_i - m_i) \right) \cdot \frac{b-a}{n}$$

$$= (f(b) - f(a)) \cdot \frac{b-a}{n}.$$

Der letzte Term geht für $n \to \infty$ augenscheinlich gegen Null – und nach Satz 6.2 ist f integrierbar.   ∎

Satz 6.4 (Existenz des Integrals für stetige Funktionen)

Es sei f eine im abgeschlossenen Intervall $[a;b]$ stetige Funktion. Dann ist f auf $[a;b]$ beschränkt, und es existiert das Integral von f über $[a;b]$.   □

Beweis

Dass stetige Funktionen auf abgeschlossenen Intervallen beschränkt sind und dort sogar ihr Minimum und Maximum annehmen, haben wir in 4.3.5 schon mit Satz 4.15 bewiesen. Hier können wir bei Ober- und Untersummen in der Tat statt Infimum und Supremum sogar Minimum und Maximum schreiben.

Wir müssen also noch beweisen, dass f über $[a;b]$ integrierbar ist. Aus „höherer Sicht" benötigen wir hierzu die am Ende des Abschnitts 4.3.3 erwähnte Tatsache, dass Funktionen, die auf einem abgeschlossenen Intervall $[a;b]$ stetig sind, dort sogar gleichmäßig stetig sind. Diese Eigenschaft müssen wir nun für das Integralproblem spezialisieren und beweisen:

Wir gehen aus von einer Zerlegung $Z = [a = t_0, \ldots, b = t_n]$ von $[a;b]$. Liegen x_1 und x_2 nun beide im Teilintervall $[t_{i-1};t_i]$, dann gibt die (nicht von x_1 oder x_2 abhängige) Zahl $M_i - m_i$ den maximalen Unterschied der Funktionswerte $f(x_1)$ und $f(x_2)$ an. Wir behaupten nun, dass es zu jeder Zahl $\varepsilon > 0$ eine Zerlegung gibt, die so fein ist, dass alle diese Zahlen $M_i - m_i < \varepsilon$ sind. Wenn wir dies zunächst als richtig annehmen, dann folgt für die Differenz der zugehörigen Ober- und Untersumme

$$\sum_{i=1}^{n} M_i \cdot (t_i - t_{i-1}) - \sum_{i=1}^{n} m_i \cdot (t_i - t_{i-1}) = \sum_{i=1}^{n} (M_i - m_i) \cdot (t_i - t_{i-1})$$

$$< \sum_{i=1}^{n} \varepsilon \cdot (t_i - t_{i-1}) = \varepsilon \cdot (b - a).$$

Wenn ε gegen Null geht, geht auch die Differenz von Ober- und Untersumme gegen Null, was nach Satz 6.2 hinreichend für die Existenz des Integrals ist.

Wir müssen jetzt noch beweisen, dass es zu vorgegebenem $\varepsilon > 0$ auch wirklich eine solche Zerlegung gibt. Wir gehen von irgendeiner Zerlegung aus. Wenn die „ε-Eigenschaft" noch nicht gilt, so verfeinern wir die Zerlegung, in dem wir zu jedem Teilintervall seinen Mittelpunkt hinzunehmen. Gilt die „ε-Eigenschaft" immer noch nicht, so fahren wir mit dieser „Halbierung" fort. Sollten wir unser Ziel nie erreichen, dann gibt es zumindest eine Folge von ineinander liegenden, immer um den Faktor $\frac{1}{2}$ kleiner werdenden Intervallen I_n, in denen stets das Maximum Max_n der Funktionswerte mehr als ε größer als das Minimum Min_n ist. Die Folge dieser Intervalle bildet eine Intervallschachtelung und definiert daher eine reelle Zahl r. Wegen der Stetigkeit gibt es Urbilder der Zahlen Max_n und Min_n, die gegen r konvergieren. Dann müssen aber auch die Bilder Max_n und Min_n gegen $f(r)$

konvergieren. Dies ist aber nicht möglich, wenn der Abstand $\text{Max}_n - \text{Min}_n > \varepsilon$ ist. Also führt diese Annahme zu einem Widerspruch.   ∎

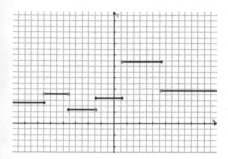

Abb. 6.11: Treppenfunktion

Selbstverständlich gibt es viele unstetige und nicht monotone Funktionen, die integrierbar sind. Hat man nur „wenige" Unstetigkeitsstellen, so kann man das Integral manchmal intervallweise berechnen. Ein typisches Beispiel hierfür sind „Treppenfunktionen", wie die in Abb. 6.11 dargestellte. Geometrisch-anschaulich ist die Integrierbarkeit solcher Funktionen (über abgeschlossenen Intervallen) evident.

Auch wenn stetige Funktionen sich als „integrationsfreundlich" herausgestellt haben, ist auch bei ihnen die Abgeschlossenheit der Intervalle, die betrachtet werden, wesentlich für die Definition der Integrierbarkeit. So ist z. B. die Funktion f mit $f(x) = \frac{1}{x}$ für alle reellen Zahlen ungleich Null definiert und stetig. Über dem Intervall $]0; 1]$ wird aber zwischen dem Funktionsgraphen und der x-Achse kein endlicher Flächeninhalt eingeschlossen; für jedes abgeschlossene Teilintervall $I \subset]0; 1]$ ist dies (nicht zuletzt nach Satz 6.2) der Fall.

Zum jetzigen Zeitpunkt wissen wir zwar, dass alle monotonen und alle stetigen Funktionen über abgeschlossenen Intervallen integrierbar sind, offen ist allerdings noch, wie man den konkreten Integralwert berechnen kann. Aufgrund von Satz 6.2 wissen wir, dass (bei über dem jeweiligen abgeschlossenen Intervall integrierbaren Funktionen) die Untersuchung einer einzigen Folge von Unter- und Obersummen, deren Differenz eine Nullfolge bildet, ausreicht. Im folgenden Teilkapitel testen wir dies an zwei einfachen Beispielen.

6.3 Erste Berechnungen von („einfachen") Integralen

Wir untersuchen als erstes Beispiel die reinquadratische Funktion f mit $f(x) = x^2$, die in ganz $\mathbb{R}$ definiert ist. Da f stetig ist, existieren alle möglichen Integrale. Näherungswerte für bestimmte Integrale können wir durch Unter- und Obersummen ermitteln. „Per Hand und Taschenrechner" ist das in der Regel ein mühsames

Geschäft. Mit dem Computer lässt sich diese Arbeit erleichtern[4]. Abb. 6.12 zeigt äquidistante Zerlegungen des Intervalls $[0; 4]$ mit 20 bzw. 50 Teilintervallen sowie mit Graphen und numerischen Werten der zugehörigen Ober- und Untersummen.

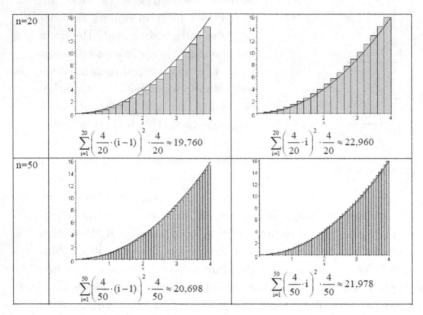

Abb. 6.12: Ober- und Untersummen bei der Normalparabel

Wenn man z. B. 1 000 Teilintervalle nimmt, so kann man Unter- und Obersummen graphisch nicht mehr unterscheiden und bekommt eine gute Abschätzung für den Integralwert. Diese Methode ist ein stets gangbarer Weg zur numerischen Integration. Die Formeln für die Ober- und Untersummen enthalten in diesem Beispiel im Wesentlichen eine Summation über die Quadrate i^2. Dadurch liegt der Versuch nahe, diese Summen algebraisch zu vereinfachen, was für Intervalle der Form $[0; b]$ noch recht einfach ist.

Zur Untersuchung des bestimmten Integrals $\int\limits_{0}^{4} x^2 \, dx$ teilen wir das Intervall $[0, 4]$ in n äquidistante Teile der Länge $\frac{4}{n}$ ein. In jedem Intervall ist wegen der Monotonie der Parabel links der kleinste, rechts der größte Funktionswert. Für die Untersumme $U(n)$ und die Obersumme $O(n)$ gilt

$$U(n) = \sum_{i=1}^{n} \left((i-1) \cdot \frac{4}{n} \right)^2 \cdot \frac{4}{n} = \sum_{i=0}^{n-1} \left(i \cdot \frac{4}{n} \right)^2 \cdot \frac{4}{n}; \quad O(n) = \sum_{i=1}^{n} \left(i \cdot \frac{4}{n} \right)^2 \cdot \frac{4}{n}.$$

Wir formen die Obersumme um:

---

[4]Mit den meisten Funktionenplottern und Computer-Algebra-Systemen kann man Ober- und Untersummen zeichnen und ihre Wert (numerisch) berechnen lassen.

$$O(n) = \left(\frac{4}{n}\right)^3 \cdot \sum_{i=1}^{n} i^2 = \left(\frac{4}{n}\right)^3 \cdot \frac{n \cdot (n+1) \cdot (2n+1)}{6} = \frac{64}{6} \cdot \frac{2n^3 + 3n^2 + n}{n^3}$$

$$= \frac{32}{3} \cdot \left(2 + \frac{3}{n} + \frac{1}{n^2}\right) \overset{n \to \infty}{\longrightarrow} \frac{32}{3} \cdot 2 = \frac{64}{3} = 21,\bar{3}.$$

Dabei haben wir die Summenformel für die ersten n Quadratzahlen verwendet (siehe Anhang). Die Differenz von Ober- und Untersumme ist wieder eine „Ziehharmonika-Summe", bei der sich die meisten Teilterme zu Null ergänzen, es bleibt nur

$$O(n) - U(n) = \left(n \cdot \frac{4}{n}\right)^2 \cdot \frac{4}{n} = \frac{64}{n} \overset{n \to \infty}{\longrightarrow} 0$$

sodass wir nach Satz 6.2 den Integralwert $\int_0^4 x^2 \, dx = \frac{64}{3}$ exakt bestimmt haben.

Betrachtet man anstelle des Intervalls $[0; 4]$ das Intervall $[a; b]$, so wird die Rechnung aufwändiger. Hilfreich ist die Additivität des Integrals:

- Für $a < 0 < b$ können wir schreiben $\int_a^b x^2 \, dx = \int_a^0 x^2 \, dx + \int_0^b x^2 \, dx$,

- für $0 < a < b$ gilt $\int_a^b x^2 \, dx = \int_0^b x^2 \, dx - \int_0^a x^2 \, dx$.

Wir beschränken uns hier auf den zweiten Fall und bestimmen zuerst für $b > 0$ das Integral $\int_0^b x^2 \, dx$. Damit können wir für die Teilintervalle größte und kleinste Funktionswerte einfach angeben. Es gilt

$$O(n) = \sum_{i=1}^{n} \left(i \cdot \frac{b}{n}\right)^2 \cdot \frac{b}{n} = \sum_{i=1}^{n} i^2 \cdot \left(\frac{b}{n}\right)^2 \cdot \frac{b}{n} = \left(\frac{b}{n}\right)^3 \cdot \sum_{i=1}^{n} i^2$$

$$= \left(\frac{b}{n}\right)^3 \cdot \frac{n \cdot (n+1)(2n+1)}{6} = \frac{b^3}{6} \cdot \frac{2n^3 + 3n^2 + n}{n^3} \overset{n \to \infty}{\longrightarrow} \frac{1}{3} \cdot b^3.$$

Die analoge Rechnung für die Untersumme liefert denselben Grenzwert, und wir haben für $0 < a < b$ die folgenden bestimmten Integrale exakt ermittelt

$$\int_0^b x^2 \, dx = \frac{1}{3} \cdot b^3 \quad \text{und} \quad \int_a^b x^2 \, dx = \frac{1}{3} \cdot (b^3 - a^3).$$

Betrachten wir die obere Grenze als variabel, so erhalten wir die entsprechende Integralfunktion

$$F_a(x) = \int_a^x t^2 \, dt = \frac{1}{3}(x^3 - a^3) \text{ für } 0 \leq a \leq x.$$

Trotz der Einschränkung auf nicht-negative Integralgrenzen führt die Untersuchung der Normalparabel also schon zu einem größeren algebraischen Aufwand.

Als zweites Beispiel betrachten wir die Kehrwerte der reinquadratischen Funktion, also die Funktion f mit

$$f(x) = \frac{1}{x^2}$$

und probieren in analoger Weise eine äquidistante Zerlegung. Wir wählen als untere Integralgrenze $a = 1$ (vgl. Abb. 6.13) und untersuchen

$$\int\limits_1^b \frac{1}{x^2}\,dx \text{ mit } 1 < b.$$

Wegen der Monotonie von f ist jetzt in jedem Teilintervall links der größte, rechts der kleinste Wert. Mit $\Delta x = \frac{b-1}{n}$ gilt für die Untersumme

$$U(n) = \sum_{i=1}^n \frac{1}{(1 + i \cdot \Delta x)^2} \cdot \Delta x = \Delta x \cdot \sum_{i=1}^n \frac{1}{(1 + i \cdot \Delta x)^2}.$$

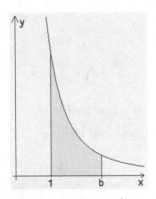

Die Summe kann man wieder mit dem Computer untersuchen und die „numerische Konvergenz" sehen. Zwar ist wieder leicht einzusehen, dass die Differenz von Unter- und Obersumme eine Nullfolge bildet; es gibt aber keine (uns bekannte) Möglichkeit, diese Summe algebraisch umzuformen.

Trotzdem müssen wir nicht aufgeben: Eine ebenso trickreiche wie erfolgreiche Strategie ist hier, eine andere Zerlegung zu verwenden. Wir wählen die folgende, auf diese Funktion zugeschnittene Zerlegung: Sei $q = \sqrt[n]{b}$; dann liefert

Abb. 6.13: $f(x) = \frac{1}{x^2}$

$$1 < q < q^2 < \ldots < q^{n-1} < q^n (= b)$$

eine Zerlegung des Intervalls $[1; b]$, die nicht äquidistant ist. Es gilt jeweils „$<$", da $1 < \sqrt[n]{b} = q$ ist. Abb. 6.14 zeigt die Untersumme für $b = 5$, $n = 10$ und $q := \sqrt[10]{5}$.

Wegen

$$0 < q^i - q^{i-1} = q^{i-1} \cdot (q - 1) \leq b \cdot \left(\sqrt[n]{b} - 1\right) \overset{n\to\infty}{\longrightarrow} 0$$

gehen mit wachsender Anzahl der Intervalle alle Intervallbreiten gegen Null. Mit den zugehörigen Untersummen stoßen wir wieder – wie schon auf S. 206 – auf Teleskopsummen. Es gilt

$$
\begin{aligned}
U(n) &= \sum_{i=1}^n f(q^i) \cdot (q^i - q^{i-1}) = \sum_{i=1}^n \frac{1}{q^{2i}} \cdot (q^i - q^{i-1}) \\
&= \sum_{i=1}^n \left(\frac{1}{q^i} - \frac{1}{q^{i+1}}\right) = \frac{1}{q} - \frac{1}{q^{n+1}} = \frac{1}{\sqrt[n]{b}} \cdot \left(1 - \frac{1}{b}\right) \overset{n\to\infty}{\longrightarrow} 1 - \frac{1}{b}.
\end{aligned}
$$

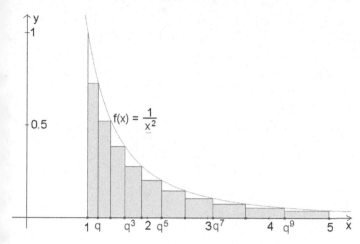

Abb. 6.14: Spezielle Zerlegung für $f(x) = \frac{1}{x^2}$

Die Obersummen haben denselben Grenzwert wie die Untersummen; als Resultat haben wir das bestimmte Integral $\int\limits_{1}^{b} \frac{1}{x^2}\,dx = 1 - \frac{1}{b}$ und für $x > 1$ die Integralfunktion

$$F_1(x) = \int\limits_{1}^{x} \frac{1}{t^2}\,dt = 1 - \frac{1}{x}$$

erhalten.

Die konkrete Grenzwertberechnung bei Riemann'schen Summen ist also schon bei sehr übersichtlichen Funktionen sehr mühsam und für komplizierte Funktionsterme gar nicht durchführbar. Bei der Differenzialrechnung war es gänzlich anders. Im Kapitel 5 konnten wir einen ziemlich einfachen Kalkül zur Bestimmung von Ableitungen entwickeln. Nach einer Weiterentwicklung unserer Theorie wird es uns im folgenden Kapitel gelingen, diese Resultate auf die Integralrechnung zu übertragen.

Während früher Unter- und Obersummen eher zur Entwicklung der mathematischen Theorie dienten, kann man sie heute durch die Verfügbarkeit von Computern praktisch nutzen, indem man z. B. Fragen wie die Folgende (numerisch) beantworten kann: „Wie viele Teilintervalle braucht man mindestens, damit sich Unter- und Obersumme um nicht mehr als ein vorgegebenes $\varepsilon > 0$ unterscheiden."

7 Zusammenhang von Differenzial- und Integralrechnung

Übersicht

7.1 Stammfunktionen und Richtungsfelder 237

7.2 Der Hauptsatz der Differenzial- und Integralrechnung 240

7.3 Integrieren bedeutet auch Mitteln 245

7.4 Von Ableitungsregeln zu Integrationsregeln 246

In Kapitel 3 ist anschaulich klar geworden, dass Differenzieren und Integrieren in geeigneter Sicht Umkehroperationen sind. Diese Sicht werden wir in diesem Kapitel mit der Formulierung der beiden Teile des Hauptsatzes (der Differenzial- und Integralrechnung) präzisieren (7.2). Das Wort „Hauptsatz" verdeutlicht die Bedeutung dieses Satzes, der zwei Jahrtausende alte mathematische Problemkreise – das Problem, Tangenten an Kurven zu legen, und das Problem, Flächeninhalte zu bestimmen, – zusammenführt. Im Anschluss an die Formulierung und den Beweis des Hauptsatzes werden wir in 7.3 noch eine weitere wesentliche Grundvorstellung von Integralen präsentieren: Neben der Rekonstruktion des Bestands aus Änderungsraten und der Flächenberechnung kann Integrieren auch bedeuten, dass man einen geeigneten Mittelwert bildet.

Ein bei der Formulierung des Hauptsatzes hilfreicher Begriff ist der einer „Stammfunktion", der zunächst nur ein technischer Hilfsbegriff ist, der nichts mit dem Integrieren zu tun hat (7.1). Eine Stammfunktion von f ist einfach eine Funktion F, deren Ableitung gerade f ist ($F' = f$). Auf der Basis des Hauptsatzes und der Beziehung zwischen Funktion und Stammfunktion können wir schließlich (für stetige Funktionen) Rechenregeln für die Bestimmung von Integralen herleiten, die Umkehrungen der Rechenregeln für Ableitungen sind (7.4).

7.1 Stammfunktionen und Richtungsfelder

Definition 7.1 (Stammfunktion)

F heißt *Stammfunktion von f*, wenn F differenzierbar ist und $F' = f$ gilt. ◆

Genau genommen, muss bei dieser Definition natürlich noch der Bereich angegeben werden, in dem das gilt. Bei der Anwendung des Begriffs, geht dies jedoch in der Regel eindeutig aus dem Kontext hervor, sodass wir die Definition hiermit nicht „belasten" möchten.

Aufgrund unserer ersten konkreten Resultate der Differenzialrechnung in Kapitel 5 können wir schon Beispiele für Funktionen mit zugehörigen Stammfunktionen angeben[1], etwa:

Tab. 7.1: Stammfunktionen zu ausgewählten Funktionen

$f(x)$	x^2	$x^n, n \in \mathbb{N}$	$\frac{1}{x^2}$	$\sin(x)$	$\cos(x)$
$F(x)$	$\frac{1}{3}x^3$	$\frac{1}{n+1}x^{n+1}$	$\frac{-1}{x}$	$-\cos(x)$	$\sin(x)$

Gibt es bei den Beispielen aus Tab. 7.1 jeweils noch andere Stammfunktionen von f? Durch Ableiten prüft man sofort, dass mit jeder Stammfunktion F auch G mit $G(x) = F(x) + a$ für jedes $a \in \mathbb{R}$ eine Stammfunktion von f ist. Umgekehrt stellt sich dann die Frage, ob sich je zwei Stammfunktionen von f stets nur durch eine Konstante unterscheiden. Hierzu deuten wir die Gleichung $F'(x) = f(x)$, die zwischen Funktion und Stammfunktion gilt, als *Differenzialgleichung*, d. h. die Funktion f ist gegeben, und es ist eine Funktion F derart gesucht, dass die Differenzialgleichung gilt. Möchte man mit Gleichungen der Art „$F' = f$" umgehen, muss man über eine hinreichende Objektvorstellung von Funktionen (vgl. 2.3.1) verfügen[2]!

Möchten wir der Frage nachgehen, ob zwei Stammfunktionen sich nur durch eine Konstante unterscheiden (können), müssen wir in unserer (bisher rein) anschaulichen Sprechweise die Funktion F aus ihren Änderungsraten $f(x)$ rekonstruieren. D. h. an der Stelle x muss die Funktion F die Ableitung $f(x)$ haben. Wir wissen aber nicht, durch welchen Punkt $(x|F(x))$ der Graph von F verläuft, wir wissen nur, dass die Tangente in diesem Punkt die Steigung $f(x)$ hat. Also zeichnen wir in einem x-y-Koordinatensystem in jedem Punkt $(x|y)$ „die Richtung $f(x)$ ein", d. h. wir zeichnen ein kleines Geradenstückchen der Steigung $f(x)$, und erhalten damit ein so genanntes *Richtungsfeld*[3]. In Abb. 7.1 ist das Richtungsfeld für die Funktion f mit $f(x) = \frac{1}{2} \cdot x^2$ mithilfe eines Computer-Algebra-Systems[4] erzeugt worden.

---

[1] Natürlich können wir auch Funktionen angeben, zu denen wir (noch) keine Stammfunktion kennen, z. B. $f(x) = \frac{1}{x}$.

[2] Z. B. trifft die Differenzialgleichung einen Aussage über die Beziehung der mathematischen Objekte „F" und „f" zueinander.

[3] *Richtungsfelder* kommen auch im „täglichen Leben" vor: Achten Sie bei den Wetternachrichten im Fernsehen auf die Karten, auf denen mit kleinen Pfeilen die Windrichtungen oder die Druckunterschiede angedeutet werden. Aus der Schule kennen Sie wahrscheinlich das Verhalten von Eisenspänen im Feld eines Magneten. Das sind ebenfalls Richtungsfelder.

[4] Alle uns bekannten Computer-Algebra-Systeme können Richtungsfelder zeichnen.

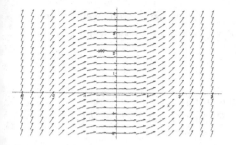

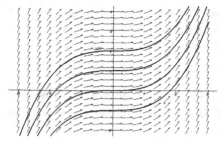

Abb. 7.1: Richtungsfeld für $f(x) = \frac{1}{2} \cdot x^2$ **Abb. 7.2:** Stammfunktionen von f

Wenn man nun das Richtungsfeld in einem Punkt $(x|y)$ betrachtet, dann bedeutet die Rekonstruktion einer geeigneten Funktion F einfach, dass man den Pfeilen, die die jeweiligen Tangentenrichtungen angeben, ab hier folgt bzw. sich entsprechend der Pfeile, die hierher geführt haben, zurück bewegt. In Abb. 7.2 sind für vier unterschiedliche Startpunkte $((0|-1), (0|0), (0|1)$ und $(0|2))$ auf diese Weise (dick eingezeichnete) Graphen von Stammfunktionen von f konstruiert worden. Die Funktionsterme dieser vier Rekonstruktionen unterscheiden sich nur um eine additive Konstante – und haben von unten nach oben die Terme $\frac{1}{6} \cdot x^3 - 1$, $\frac{1}{6} \cdot x^3$, $\frac{1}{6} \cdot x^3 + 1$ und $\frac{1}{6} \cdot x^3 + 2$. Aus der Betrachtung des Richtungsfelds scheint klar zu sein, dass sich alle Stammfunktionen nur um einen konstanten Summanden unterscheiden.

Unser anschauliches Vorgehen funktioniert aber nur, wenn wir wie im Beispiel einen zusammenhängenden Ausschnitt der reellen Zahlengerade, also ein Intervall, als Definitionsmenge zugrunde legen. Ist dies nicht der Fall, dann lässt sich leicht ein Gegenbeispiel konstruieren:

Die Definitionsmenge der Funktion f mit $f(x) = \frac{1}{x^2}$ ist kein Intervall sondern besteht aus zwei disjunkten Intervallen: $D = \mathbb{R} \backslash \{0\} =]-\infty; 0[\cup]0; \infty[$. Die beiden Funktionen F und G, definiert durch

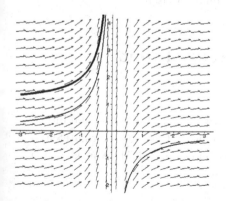

$$F(x) = \frac{-1}{x} \text{ für } x \neq 0 \text{ und}$$

$$G(x) = \begin{cases} \frac{-1}{x} + 1 & \text{für } x < 0 \\ \frac{-1}{x} & \text{für } x > 0 \end{cases}$$

sind gemäß unserer Definition zwei in D definierte Stammfunktionen von f, die sich allerdings nicht nur um eine Konstante unterscheiden. Diese Konstruktion hängt offensichtlich entscheidend davon ab, dass D kein Intervall ist. In Abb. 7.3 sind das Richtungsfeld

Abb. 7.3: Stammfunktionen von $f(x) = \frac{1}{x^2}$

von f und die Graphen von F und G (dicker Graph für $x < 0$) gezeichnet worden.

Analoge Beispiele kann man auch bei $f(x) = \frac{1}{2} \cdot x^2$ konstruieren, wenn man z. B. den Definitionsbereich $D = [-3; -1] \cup [4; 6]$ nimmt, nicht aber, wenn D ein Intervall wie z. B. $[-3; 6]$ ist.

Wir vermuten also den folgenden Satz

Satz 7.1 (Übersicht über alle Stammfunktionen)
1. Ist F eine Stammfunktion von f, so ist mit F auch G mit $G(x) = F(x) + a$, $a \in \mathbb{R}$, eine Stammfunktion von f.
2. Es seien F und G zwei Stammfunktionen von f, definiert in einem Intervall. Dann gibt es eine Zahl $a \in \mathbb{R}$, sodass $G(x) = F(x) + a$ gilt.

$\square$

Beweis
Die Aussage 1. hatten wir bereits bei unseren Überlegungen vorab bewiesen.

Die Aussage 2. werden wir indirekt beweisen. Dafür nehmen wir an, dass F und G zwei Stammfunktionen von f sind, deren Differenzfunktion $h := F - G$ nicht konstant ist. Dann gibt es (mindestens) zwei Werte b und c mit $h(b) \neq h(c)$. Als Differenz von F und G ist die Funktion h natürlich auch differenzierbar. Da der Definitionsbereich ein Intervall I ist, können wir den Mittelwertsatz der Differenzialrechnung (Satz 5.8, S. 217) anwenden, demzufolge es eine Stelle d mit $b < d < c$ und $h'(d) = \frac{h(c)-h(b)}{c-b} \neq 0$ gibt. Dies ist jedoch ein Widerspruch zur (für alle $x \in I$) gültigen Aussage

$$h'(x) = (F(x) - G(x))' = F'(x) - G'(x) = f(x) - f(x) = 0.$$

Also ist $h(x) = a$ eine Konstante, sodass auch 2. bewiesen ist. $\blacksquare$

Auf der Basis des Begriffs „Stammfunktion" und unseren obigen Aussagen über Stammfunktionen lässt sich nun im nächsten Abschnitt der Hauptsatz der Differenzial- und Integralrechnungen formulieren und beweisen.

7.2 Der Hauptsatz der Differenzial- und Integralrechnung

Im Kapitel 3.3 haben wir unsere anschaulichen Zugänge zum Ableitungs- und Integralbegriff schon zusammengeführt und auf anschaulicher Basis den (vermuteten) Zusammenhang von Differenzial- und Integralrechnung formuliert. Nun können wir die Formulierung präzisieren und die Aussagen beweisen.

Satz 7.2 (Hauptsatz der Differenzial- und Integralrechnung)
Es sei f eine auf dem abgeschlossenen Intervall $[a; b]$ stetige Funktion.

1. Wenn $F_a(x) = \int\limits_a^x f(t)dt$, $a \leq x \leq b$ eine Integralfunktion von f ist, dann gilt $F_a'(x) = f(x)$ für alle $x \in [a; b]$; d. h. jede Integralfunktion von f ist auch eine Stammfunktion von f.

2. Wenn F eine Stammfunktion von f ist, dann gilt $\int\limits_a^b f(t)dt = F(b) - F(a)$ und $F_a(x) = \int\limits_a^x f(t)dt = F(x) - F(a)$ für $a \leq x \leq b$; insbesondere lassen sich alle Integrale von f mithilfe einer beliebigen Stammfunktion von f ausdrücken.

$\square$

Manchmal wird die Schreibweise $F = \int f(x)\,dx$ für die Menge aller Stammfunktionen F von f verwendet und „unbestimmtes Integral" genannt. Wir vermeiden hier zunächst diese Sprechweise (und verwenden sie nur bei den Integrationsregeln), da Stammfunktionen nur einer „technischen Ableitungs-Bedingung" (s. o.) genügen müssen und nicht direkt etwas mit Integrieren zu tun haben. Zwecks begrifflicher Unterscheidung stellen wir die vier in diesem Zusammenhang wesentlichen Definitionen nebeneinander.

- *Eine Stammfunktion von f*: eine Funktion F, deren Ableitung f ist.
- *Alle Stammfunktionen von f*: die Menge der Funktionen G, für die gilt $G(x) = F(x) + c$, $c \in \mathbb{R}$, wobei F eine spezielle Stammfunktion und die Definitionsmenge ein Intervall ist.
- *Das bestimmte Integral*: $\int\limits_a^b f(x)\,dx$ mit reellen Zahlen a, b mit (bei uns) $a < b$.
- *Die Integralfunktion*: $F_a(x) = \int\limits_a^x f(t)dt$.

Auftrag: *Betrachten Sie die Formulierung des Hauptsatzes noch einmal mit Blick darauf, wie die vier Begriffe darin auftauchen und miteinander zusammenhängen.*

Bevor wir den Hauptsatz beweisen werden, zeigen wir an einem Beispiel, wie die Mengen der Stammfunktionen und der Integralfunktionen sich zueinander verhalten können.

Beispiel 7.1 (Stammfunktionen und Integralfunktionen)

Der erste Teil des Hauptsatzes besagt, dass die Menge der Integralfunktionen eine Teilmenge der Menge der Stammfunktionen einer auf einem Intervall stetigen Funktion f ist. Umgekehrt ist im Allgemeinen die Menge der Stammfunktionen aber keine Teilmenge der Menge der Integralfunktionen, die beiden betrachteten Mengen sind also in der Regel nicht identisch!

Zur Verdeutlichung dieser Aussage möge das folgende Beispiel dienen:

$F(x) = \sin(x) + a$ ist für alle $a \in \mathbb{R}$ Stammfunktion von $f(x) = \cos(x)$. Wenn F auch eine Integralfunktion ist, so kann man F als $F_b(x) = \int\limits_b^x \cos(t)dt$ schreiben.

Mit der speziellen Stammfunktion $G(x) = \sin(x)$ gilt dann nach dem 2. Teil des Hauptsatzes

$$F(x) = \sin(x) + a = F_b(x) = \int\limits_b^x \cos(t)dt = G(x) - G(b) = \sin(x) - \sin(b).$$

Insbesondere muss die Zahl b so sein, dass $a = -\sin(b)$ gilt. Dies ist jedoch nur für $-1 \le a \le 1$ möglich. Für jeden anderen Wert von a ist F keine Integralfunktion.

Ein anderes Argument verwendet, dass eine Integralfunktion $\int_b^x f(t)dt$ mindestens die Nullstelle b hat. Daher muss als Integralfunktion bei $F(x) = \sin(x) + a$ zumindest $-1 \le a \le 1$ sein. Allerdings erhalten wir so zunächst nur eine notwendige Bedingung.

Machen Sie eine analoge Untersuchung für $F(x) = x^2 + a$ und $F(x) = x^3 + a$.

$\triangle$

Beweis (von Satz 7.2)

Im Teilkapitel 3.3 haben wir Ableiten und Integrieren gegenübergestellt und anschaulich gesehen, dass es sich um Umkehroperationen zueinander handelt. Diesen Weg werden wir beim Beweis des Hauptsatzes präzisieren: Beim Beweis des 1. Teils betrachten wir die Aussage über die Ableitung der Integralfunktion (in ihrer Deutung als Flächeninhaltsfunktion) als Aussage der Differenzialrechnung. Beim Beweis des 2. Teils geht es um die Kumulation der Änderungen als Aussage der Integralrechnung. Beide Teile des Hauptsatzes folgen also zunächst einem unterschiedlichen Erkenntnisinteresse. Im Anschluss an diesen Beweis sollen Sie in Aufgabe 7.1 die Äquivalenz der beiden Teile des Hauptsatzes zeigen, was keinen zu großen Aufwand erfordert!

1. Wir deuten die Werte der Integralfunktion $F_a(x) = \int\limits_a^x f(t)dt$ als Flächeninhalt.

    $F_a(x)$ ist also der Inhalt des „krummlinigen Trapezes", das vom Graphen von f und von der x-Achse eingeschlossen wird (Abb. 7.4).

    $F_a(x+h) - F_a(x)$ ist der Inhalt der gepunkteten Fläche zwischen x und $x+h$; es ist auch die absolute Änderung von F_a im Intervall $[x; x+h]$. Die mittlere Änderungsrate von F_a im Intervall $[x; x+h]$ ist $\frac{F_a(x+h)-F_a(x)}{h}$; diesen Term können wir als Höhe eines Rechtecks mit der Breite h und dem Inhalt $F_a(x+h) - F_a(x)$ deuten. Wegen des Zwischenwertsatzes für stetige Funktionen (Aufgabe 4.24 auf S. 192) wird dieser Funktionswert an einer Stelle ξ im Intervall $[x; x+h]$ angenommen, d. h. wir haben

    $$\frac{F_a(x+h) - F_a(x)}{h} = f(\xi) \text{ mit } x \le \xi \le x+h.$$

Wegen der Stetigkeit von f können wir weiter schließen

$$f(x+h) \overset{n\to\infty}{\longrightarrow} f(x), \text{ also gilt auch } f(\xi) \overset{n\to\infty}{\longrightarrow} f(x).$$

Dann existiert aber auch

$$F_a'(x) = \lim_{\substack{h \to 0 \\ h \neq 0}} \frac{F_a(x+h) - F_a(x)}{h}$$

und ist wie behauptet gleich $f(x)$.

Damit haben wir den ersten Teil des Hauptsatzes bewiesen: „Differenzieren (d. h. lokale Änderungsrate bilden) macht Integrieren (d. h. Flächeninhalt unter f bestimmen) rückgängig!"

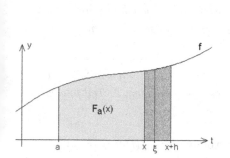

Abb. 7.4: Beweis des ersten Teils des Hauptsatzes

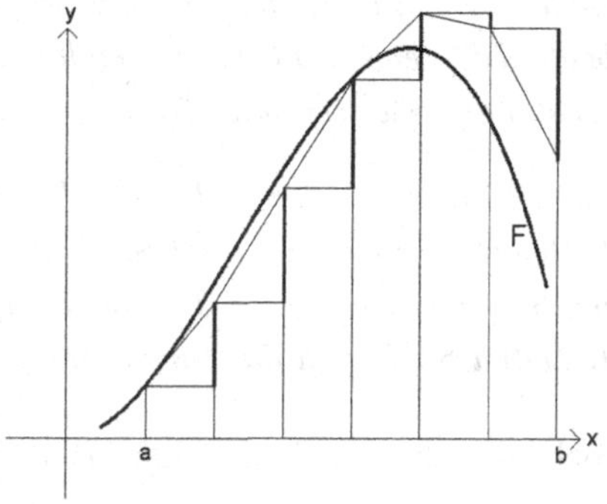

Abb. 7.5: Beweis des zweiten Teils des Hauptsatzes

2. Zum Beweis des 2. Teils des Hauptsatzes verfolgen wir für die Stammfunktion F von f die Idee des Richtungsfelds, indem wir in Tangentialrichtung entlang des Funktionsgraphen weitergehen. Für kleine $\Delta x > 0$ gilt

$$F(x + \Delta x) \approx F(x) + f(x) \cdot \Delta x \, .$$

Dies können wir iterieren:

$$F(x + 2 \cdot \Delta x) \approx F(x + \Delta x) + f(x + \Delta x) \cdot \Delta x \approx F(x) + f(x) \cdot \Delta x + f(x + \Delta x) \cdot \Delta x \, .$$

Insgesamt wird der Funktionswert $F(b)$ aus $F(a)$ und den Steigungen zwischen a und b rekonstruiert; hierzu teilen wir das Intervall $[a; b]$ in n äquidistante Teile der Länge Δx (vgl. Abb. 7.5):

$$
\begin{aligned}
F(b) &\approx F(a) + f(a) \cdot \Delta x + f(a + \Delta x) \cdot \Delta x + f(a + 2 \cdot \Delta x) \cdot \Delta x + \dots \\
&\quad + f(a + (n-1) \cdot \Delta x) \cdot \Delta x \\
&= F(a) + \sum_{i=0}^{n-1} f(a + i \cdot \Delta x) \cdot \Delta x \, .
\end{aligned}
$$

Damit haben wir rechts eine *Riemann'sche Summe* der Funktion f erhalten. Wegen der Integrierbarkeit von f erhalten wir folglich für den Grenzübergang $\Delta x \to 0$:

$$F(b) = F(a) + \int\limits_a^b f(x)\,dx \text{ , also wie behauptet } F(b) - F(a) = \int\limits_a^b f(x)\,dx \text{ .}$$

„Integrieren (d. h. Produktsummen bilden) macht also Differenzieren (d. h. Änderungsraten bilden) rückgängig."

∎

Aufgabe 7.1 *Auch wenn der obige Beweis nicht besonders umfangreich war, hat er für beide Teile eigene Ideen verwendet. Man hätte auch, nachdem man einen Teil eigenständig bewiesen hat, den anderen direkt daraus folgern können:*

- *Zeigen Sie, dass sich der 2. Teil des Hauptsatzes direkt aus dem 1. Teil folgern lässt. Benutzen Sie hierzu die Übersicht über alle Stammfunktionen in Satz 7.1.*
- *Zeigen Sie, dass sich der 1. Teil des Hauptsatzes direkt aus dem 2. Teil folgern lässt. Leiten Sie hierzu die Formel im 2. Teil ab!*

Es sei noch bemerkt, dass in Schulbüchern oft die Abkürzung $\int\limits_a^b f(t)dt = [F(x)]_a^b = F(b) - F(a)$ verwendet wird. Wenn man mindestens eine Stammfunktion einer stetigen Funktion kennt, ist die Berechnung von Integralen jetzt also eine sehr einfache Sache. Allerdings ist die Bestimmung von Stammfunktionen viel komplizierter als die Bestimmung von Ableitungen; für viele Funktionen gibt es überhaupt keine durch „einfache" Funktionen darstellbare Stammfunktionen, obwohl diese Funktionen integrierbar sind. Zur konkreten Berechnung bestimmter Integrale bleiben dann nur numerische Verfahren. Für einige wichtige „Regelfunktionen" können wir allerdings in Abschnitt 7.4 Verfahren zur Bestimmung von Stammfunktionen entwickeln.

Wenn allerdings die Funktion zwar in einem Intervall definiert ist, dort aber nicht stetig ist, dann kann „fast alles passieren". Trotz Unstetigkeit kann die Funktion sowohl eine Stammfunktion als auch eine Integralfunktion haben, oder beides nicht oder nur eines ... Beispiele für alle vier Fälle finden Sie auf den Internetseiten zu diesem Buch (`http://www.elementare-analysis.de/`).

Abschließend wollen wir auf die Hauptsatz-Kantate des Kasseler Mathematikers *Friedrich Wille* (1935 – 1992) hinweisen. Der begnadete Autor unterhaltsamer Mathematik hat den Hauptsatz inklusive Beweis, Anwendungen und historischen Bemerkungen in grandioser Weise vertont (Wille (1984)). Über Wikipedia (`http://de.wikipedia.org/`) können Sie unter dem Stichwort „Hauptsatzkantate" auf abspielbare Dateien zugreifen.

7.3   Integrieren bedeutet auch Mitteln

Meteorologen zeichnen an einer Vielzahl von Orten eine Vielzahl von Wetterdaten minutiös auf, u. a. um Wetterlagen zu dokumentieren und Prognosen zu erstellen. Besonders bekannt sind die „Temperaturkurven", an denen sich z. B. viele bei der Wahl des Urlaubsortes orientieren. Wetterstationen messen dafür „permanent" die aktuelle Temperatur am jeweiligen Ort und zeichnen sie auf. Aus diesen Aufzeichnungen werden dann auch für bestimmte Zeiträume Durchschnittstemperaturen errechnet. Für Dortmund beträgt die angegebene[5] Durchschnittstemperatur für den (normalerweise wärmsten) Monat Juli z. B. 17,8 °C. Wie kann eine solche Durchschnittstemperatur berechnet werden? Im Folgenden zeigen wir, dass dies mithilfe der Integralrechnung geschehen kann – und dass Integrieren offensichtlich auch „Mitteln" bedeuten kann.

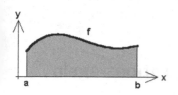

Abb. 7.6: „Mittelwert" von f

Wir gehen dafür von der Abb. 7.6 aus, die eine Temperaturkurve darstellen möge. Was kann eine vernünftige Durchschnittstemperatur für den Zeitraum von a bis b sein? Oder, anders gefragt, was könnte ein vernünftiger „Mittelwert" der Funktion f auf dem Intervall $[a; b]$ sein?

Wir orientieren uns zunächst einfach am praktischen Vorgehen: Man misst die Temperatur jede Stunde, jede halbe Stunde, alle 10 Minuten, jede Minute oder jede Sekunde ... und nimmt das arithmetische Mittel. Abstrakt gesehen greift man in äquidistanten Abständen sehr viele, etwa n Funktionswerte heraus und bildet das arithmetische Mittel (vgl. Abb. 7.7):

$$\overline{y} = \frac{1}{n} \sum_{i=1}^{n} f(x_i).$$

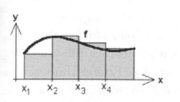

Abb. 7.7: Arithmetisches Mittel für $n = 4$

Das arithmetische Mittel muss dabei nicht notwendig von einem Einzelwert angenommen werden! Diese Mittelwertbildung hängt direkt mit dem geometrisch gedeuteten Integralwert zusammen. Für die zugehörige Rechtecksumme gilt

$$\underbrace{\frac{b-a}{n}}_{=\Delta x_i} \cdot \sum_{i=1}^{n} f(x_i) = (b-a) \cdot \overline{y}, \text{ also } \overline{y} = \frac{\text{Rechtecksumme}}{b-a}.$$

---

[5]Quelle: `http://www.geo-reisecommunity.de/reisen/europa/deutschland/dortmund/klima`

Dies ist nichts anderes als ein Näherungswert für $\frac{\text{Flächeninhalt}}{b-a}$, und für $n \to \infty$ ergibt sich der „Flächeninhalt" unter dem Graphen. Das bedeutet, dass der Wert

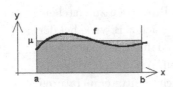

$$\mu := \frac{1}{b-a} \cdot \underbrace{\int_a^b f(x)\,dx}_{\text{Flächeninhalt}}$$

Abb. 7.8: Der Mittelwert μ

ein vernünftiger Durchschnittswert von f in $[a;b]$ ist, der sich unmittelbar aus der Verallgemeinerung des arithmetischen Mittels ergibt. Das ist genau der Ansatz, den wir beim Beweis des ersten Teils des Hauptsatzes (Abb. 7.4) angewendet hatten. Geometrisch gedeutet ist also der Mittelwert μ derjenige Wert, der als konstante Funktion über dem Intervall $[a;b]$ denselben Flächeninhalt unter dem Graphen hat (vgl. Abb.7.8).

7.4   Von Ableitungsregeln zu Integrationsregeln

Wir haben nach der Präzisierung des Integralbegriffs betont, dass das konkrete Finden von Integralfunktionen im Allgemeinen eine komplizierte bis unlösbare Aufgabe ist. Schon bei äußerst übersichtlichen Änderungsratenfunktionen mussten wir in 6.3 erheblichen algebraischen Aufwand betreiben, um ans Ziel zu gelangen. Zugleich haben wir versprochen, dass wir mithilfe des Hauptsatzes die mächtigen Ableitungsregeln für die Integralrechnung nutzbar machen. Dieses Versprechen lösen wir jetzt ein.

Integrationsregeln sind also im Prinzip die Umkehrungen der Ableitungsregeln: Nach dem Hauptsatz reicht es schließlich aus, eine Stammfunktion zu finden. Die Erarbeitung der folgenden Regeln dient vor allem der mathematischen Einsicht und demonstriert wie praktisch eine gute Theorie sein kann. Das Prinzip „Rückführen auf Bekanntes" wird hier par excellence angewendet. Ausdrücklich kein Ziel dieses Teilkapitels ist es, Fertigkeiten im Anwenden der Integrationsregeln zu trainieren; denn weder haben solche Fertigkeiten in Zeiten von Computer-Algebra-Systemen einen praktischen Nutzen, noch führen sie zu tieferer mathematischer Einsicht. Es gibt nämlich äußerst effiziente Algorithmen, die es erlauben, Stammfunktionen zu finden bzw. zu entscheiden, dass keine durch elementare Funktionen darstellbare Stammfunktion existiert. Wir werden hierauf am Ende dieses Teilkapitels zurückkommen.

Die folgenden Integrationsregeln werden als „Regeln über Stammfunktionen" $\int f(x)\,dx$ ausgedrückt (hier verwenden wir, wie gesagt, diese Schreibweise). Wenn man selbst versucht, eine dieser Regeln anzuwenden, so macht man am einfachsten danach jeweils eine „Probe" durch Ableiten. Wenn man eine Stammfunktion gefunden hat, so braucht man zur Bestimmung bestimmter Integrale oder Integralfunktionen nur noch den zweiten Teil des Hauptsatzes anzuwenden.

Als besonders praktisch in der Anwendung erweist sich im Folgenden die Leibniz'sche Notation mit Differenzialen (vgl. 5.1.5):

$$g'(x) = \frac{dy}{dx}, \text{ also } dy = g'(x)dx.$$

Das hier eher formale Umgehen mit Differenzialen – wir gehen nicht näher darauf ein – erhält dann durch die „Ableitungs-Probe" ihre Berechtigung.

1. *Summenregel*

Die einfachste Anwendung unseres generellen Vorgehens ist die Summenregel

$$\int (f(x) + g(x))\, dx = \int f(x)\, dx + \int g(x)\, dx,$$

(und die analoge Regel für Differenzen von Funktionen), die eine direkte Umkehrung der entsprechenden Ableitungsregel ist.

Die Umkehrung der Produktregel $(f \cdot g)' = f' \cdot g + f \cdot g'$ beim Ableiten ist die Regel der partiellen Integration:

2. *Partielle Integration*

Die Produktregel $(f \cdot g)' = f' \cdot g + f \cdot g'$ „wird beidseitig integriert" und liefert

$$\int f'(x) \cdot g(x)\, dx = f(x) \cdot g(x) - \int f(x) \cdot g'(x)\, dx.$$

Beispiel: Gesucht ist eine Stammfunktion $\int \cos^2(x)\, dx = \int \cos(x) \cdot \cos(x)\, dx$. Zur Anwendung der partiellen Integration deuten wir die beiden Faktoren unterschiedlich als $f'(x)$ und als $g(x)$; wir schreiben dazu $f'(x) = \cos(x)$, also $f(x) = \sin(x)$. Weiter sei $g(x) = \cos(x)$, also $g'(x) = -\sin(x)$. Die Regel der partiellen Integration liefert damit

$$
\begin{aligned}
\int \cos^2(x)\, dx &= \sin(x) \cdot \cos(x) - \int \sin(x) \cdot (-\sin(x))\, dx \\
&= \sin(x) \cdot \cos(x) + \int \sin^2(x)\, dx \\
&= \sin(x) \cdot \cos(x) + \int 1 - \cos^2(x)\, dx \\
&= \sin(x) \cdot \cos(x) + x - \int \cos^2(x)\, dx.
\end{aligned}
$$

Hieraus folgt zunächst $2 \cdot \int \cos^2(x)\, dx = x + \sin(x) \cdot \cos(x)$ und damit das gewünschte Ergebnis

$$\int \cos^2(x)\, dx = \int \cos^2(x)\, dx = \frac{1}{2} \cdot (x + \sin(x) \cdot \cos(x)).$$

Jetzt könnte man eine Stammfunktion $\int \cos^3(x)\,dx$ bestimmen, indem man die Regel der partiellen Integration und das eben erhaltene Ergebnis verwendet. Mit etwas Mühe erhält man dann mithilfe von vollständiger Induktion auch elementare Formeln für $\int \cos^n(x)\,dx$ mit $n \in \mathbb{N}$ und entsprechende Formeln für die analogen Sinus-Terme.

Umkehrungen der Kettenregel sind im einfachsten Fall die Regel für lineare Substitution und allgemein die Substitution-Regel.

3. *Lineare Substitution*

Es möge gelten $u(x) = m \cdot x + b$, also $du = m \cdot dx$. Dann folgt für das Integral

$$\int f(u)\,du = m \cdot \int f(m \cdot x + b)\,dx\,.$$

Beispiel: Gesucht ist eine Stammfunktion $I = \int \sin(3 \cdot x + 7)\,dx$. Wir setzen $3 \cdot x + 7 = u$, also $du = 3\,dx$ und $dx = \frac{1}{3}du$. Damit gilt

$$I = \int \sin(3x + 7)\,dx = \frac{1}{3} \int \sin(u)\,du = \frac{1}{3}(-\cos(u)) = -\frac{1}{3}\sin(3x + 7)\,.$$

4. *Substitutionsregel*

Wenn wir die Kettenregel beim Ableiten

$$f(g(x))' = f'(g(x)) \cdot g'(x)$$

mit Differenzialen

$$\frac{df(g(x))}{dx} = \frac{df(u)}{du} \cdot \frac{dg(x)}{dx} \text{ mit } u = g(x)$$

schreiben, so gilt $g'(x) = \frac{du}{dx}$, also $du = g'(x)\,dx$. Dies ergibt für $u = g(x)$ die Substitutionsregel

$$\int f(u)\,du = \int f(g(x)) \cdot g'(x)\,dx\,. \tag{7.1}$$

Die konkrete Deutung dessen, was $u = g(x)$ sein soll, erfordert allerdings ein bisschen Fingerspitzengefühl. Die Formel (7.1) kann man dabei von links oder von rechts lesen!

Beispiel:

a) Hier wird die Formel (7.1) für $u = x^2$ geschickt „von links nach rechts" gelesen:

$$\int x \cdot \cos(x^2)\,dx = \frac{1}{2} \cdot \int \cos(x^2) \cdot 2 \cdot x\,dx = \frac{1}{2} \cdot \int \cos(u)\,du$$
$$= \frac{1}{2} \cdot \sin(u) = \frac{1}{2} \cdot \sin(x^2)$$

b) Wir suchen eine Stammfunktion $I = \int \sqrt{1-x^2}\,dx$ und setzen hierfür trickreich $x = \sin(u)$ und $dx = \cos(u)\,du$, also $I = \int \sqrt{1-\sin^2(u)} \cdot \cos(u)\,du$. Für den nächsten Schritt wenden wir den Satz des Pythagoras am Einheitskreis an: Wegen $\sin^2(x) + \cos^2(x) = 1$ folgt weiter $I = \int \cos^2(u)\,du$. Für diese Stammfunktion kennen wir schon einen einfachen Term und wir erhalten das Ergebnis

$$I = \frac{1}{2} \cdot (u + \sin(u) \cdot \cos(u)) = \frac{1}{2} \cdot \arcsin(x) + \frac{1}{2} \cdot x \cdot \sqrt{1-x^2}\,.$$

(Hierbei haben wir die Formel (7.1) „von rechts nach links" gelesen. Bei der konkreten Arbeit sind natürlich die Definitionsbereiche und die Integrationsgrenzen (bei bestimmten Integralen) zu beachten. Im zweiten Beispiel gilt:

$$\sqrt{1-x^2} \text{ definiert für } x \in [-1; 1],$$

$$x = \sin(u) \text{ z.\,B. definiert für } u \in \left[-\frac{\pi}{2}; \frac{\pi}{2}\right].$$

$$\sqrt{1-\sin^2(u)} = \cos(u) \text{ in diesem Bereich}\,.$$

Bei der Anwendung dieser Regeln muss man immer daran denken, dass es sich um „memotechnisch" günstig geschriebene Regeln zum Umgehen mit Stammfunktionen $\int f(x)\,dx$ geht, die sich ja bekanntlich um eine Konstante unterscheiden können. Sonst wird man bei dem folgenden Beispiel ins Grübeln geraten:

Beispiel 7.2 (Ableiten ist eine Kunst)

Armin will die ihm unbekannte Stammfunktion von $h(x) = \frac{1}{x}$ mithilfe partieller Integration bestimmen. Er schreibt $h(x) = \frac{1}{x} \cdot 1$ und setzt $f(x) = \frac{1}{x}$ und $g'(x) = 1$, also $h'(x) = -\frac{1}{x^2}$. Dann wendet er die Regel an und erhält $\int h(x)\,dx = \frac{1}{x} \cdot x - \int \left(-\frac{1}{x^2}\right) \cdot x\,dx = 1 + \int \frac{1}{x}\,dx$. Aus diesem Ergebnis $\int \frac{1}{x}\,dx = 1 + \int \frac{1}{x}\,dx$ schließt er den Widerspruch $0 = 1$. Leider hat er nicht berücksichtigt, dass er seine Gleichung als Aussage über Stammfunktionen lesen muss: Die fraglichen Stammfunktionen $\int \frac{1}{x}\,dx$ links und rechts vom Gleichheitszeichen unterscheiden sich um 1, was schon bekannt war und beim fraglichen Integral eben nicht weiter hilft. $\triangle$

Die Anwendung der Integrationsregeln und das Auffinden einfacher Terme für Stammfunktionen ist eben oft sehr kunstvoll und trickreich, oder wie ein Sprichwort sagt:

„Ableiten ist ein Handwerk, Integrieren eine Kunst."

Es ist allerdings keine Kunst mehr, die Relevanz für das Mathematiklernen hat[6]. Noch in der Studienzeit des älteren der beiden Autoren haben Mathematiker, Naturwissenschaftler und Ingenieure Formelsammlungen und dicke Bücher (z. B. den berühmten „Kamke") verwendet, in denen eine Unmenge von Stammfunktionen gesammelt waren. Heute gibt jedes Computer-Algebra-System auf Knopfdruck zu den elementaren Funktionen eine Stammfunktion aus einfachen Termen an. „Elementare Funktionen" sind dabei Funktionen, die – unpräzise gesagt – aus den in der Schule bekannten Funktionen zusammengesetzt sind.

In „besseren" Computer-Algebra-Systemen ist der *Risch-Algorithmus* (oder Ähnliches) implementiert, ein von dem amerikanischen Mathematiker *Robert Henry Risch* (geboren 1939) entwickelter Algorithmus, der einerseits entscheiden kann, ob das unbestimmte Integral einer elementaren Funktion durch andere elementare Funktionen ausdrückbar ist, und andererseits dann diesen Ausdruck finden kann. Es gibt aber viele stetige Funktionen, die zwar integrierbar sind, zu denen es aber keine Stammfunktionen aus elementaren Funktionen gibt. Ein bekanntes Beispiel ist die in der Stochastik extrem wichtige, in $\mathbb{R}$ stetige Gauß'sche φ-Funktion

$$\varphi(x) = e^{-\frac{1}{2} \cdot x^2} \, .$$

Ihre Integralfunktion, die Φ-Funktion

$$\Phi(x) = \int\limits_{-\infty}^{x} \varphi(t) dt$$

ist zwar für alle $x \in \mathbb{R}$ definiert, ist aber nicht durch „einfachen Funktionsterme" ausdrückbar[7].

Eine sinnvolle elementarmathematische Aufgabe ist es, für gewisse Funktionenklassen zu zeigen, dass sie „elementar integrierbar" sind, d. h. dass man für sie eine Stammfunktion aus „einfachen" Funktionstermen angeben kann.

Aufgabe 7.2 *Zeigen Sie, dass die folgenden beiden Funktionenklassen elementar integrierbar sind und geben Sie jeweils Stammfunktionen an:*

■ *alle Polynomfunktionen,*

■ *alle Polynome in Sinusfunktionen* $\sum\limits_{i=0}^{n} a_i \sin^i(x)$.

Man kann sogar zeigen, dass (im Prinzip) alle gebrochen rationalen Funktionen r mit $r(x) = \frac{f(x)}{g(x)}$ und mit Polynomen f und g elementar integrierbar sind. Auf diese komplizierte Aufgabe wollen wir aber hier verzichten.

---

[6]Auch wenn das von manchen Mathematiklehrenden an Schulen und Hochschulen anders gesehen wird.

[7]Natürlich existiert trotzdem das Integral! Das ist analog zum Unterschied von der Existenz von Lösungen einer Gleichung und der Existenz von Lösungsformeln.

8 Anwendungen in Theorie und Praxis

Übersicht

8.1 Funktionen untersuchen 252

8.2 Das Wechselspiel von Theorie und Anwendungen 291

Der Umgang mit „Bestand und Veränderung" kann es in sich haben. In dem am 30.08.06 im Weserkurier erschienenen Artikel „Neuverschuldung soll sinken" (siehe Ausschnitt in Abb. 8.1; vgl. Hahn & Prediger (2008)) verspricht die Bundeskanzlerin geringere Zinszahlungen. Aus mathematischer Sicht geht es um die Funktion „Schulden in Abhängigkeit von der Zeit". Aber was wird hier versprochen? Stimmt es wirklich, dass die Zinszahlungen geringer ausfallen, wenn die Neuverschuldung sinkt? Wird die Bestandsfunktion „Schulden" kleiner? Oder wird nur die Änderungsratenfunktion „Neuverschuldung" kleiner und die Bestandsfunktion wächst langsamer (vgl. Abb. 8.2)?

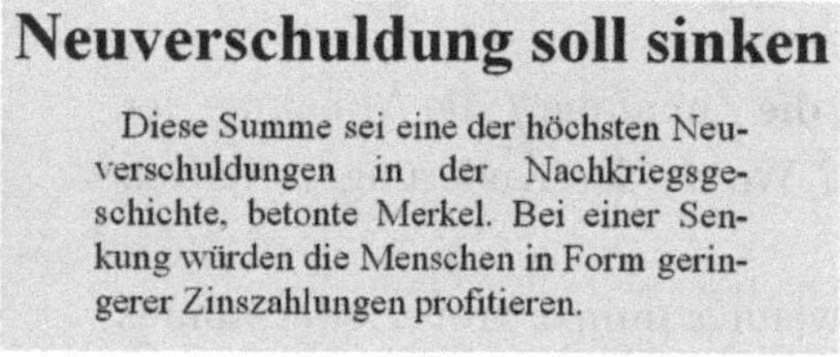

Neuverschuldung soll sinken

Diese Summe sei eine der höchsten Neuverschuldungen in der Nachkriegsgeschichte, betonte Merkel. Bei einer Senkung würden die Menschen in Form geringerer Zinszahlungen profitieren.

Abb. 8.1: Neuverschuldung

Abb. 8.2: Was sinkt?

Das Beispiel zeigt nicht nur, wie wichtig der angemessene Umgang mit funktionalen Zusammenhängen ist, sondern auch, wie hilfreich Begriffe und Methoden zur Analyse solcher Zusammenhänge sind. Und die in diesem Buch entwickelte Theorie ist kein Selbstzweck. Sie dient vielmehr der Lösung einer Vielzahl solcher außer- und innermathematischer Probleme, die sich zunächst in geeigneter Weise mithilfe von Funktionen mathematisieren und anschließend mit Methoden der Differenzial- und Integralrechnung bearbeiten lassen. Während wir in Kapitel 2 ausführlich unterschiedliche funktionale Zusammenhänge betrachtet und in Kapitel 3 anhand des ICE-Beispiels einen problemorientierten und anschaulichen Zugang zum Ableiten und Integrieren gewonnen haben, dienten die (innermathematischen) Beispiele in den Kapiteln 4 bis 7 direkt der Weiterentwicklung der Theorie. Wir möchten daher im Folgenden exemplarisch aufzeigen, welche typischen Anwendungen es gibt.

Dazu werden wir zunächst eher innermathematisch bleiben und Funktionen mithilfe der Differenzial- und Integralrechnung unter die Lupe nehmen, wobei wir weitere Begriffe zur Beschreibung und Untersuchung von Funktionen einführen werden. Anschließend werden wir anhand zunächst außermathematischer Fragestellungen zeigen, wie unsere Theorie einerseits dazu beiträgt, Antworten zu finden, und wie andererseits die Anwendungen neue Fragen an die Theorie stellen und dadurch eine Weiterentwicklung der Theorie anregen.

8.1   Funktionen untersuchen

Fragen für die Untersuchung von Funktionen, die sich aus außer- oder innermathematischen Problemstellungen ergeben können, hatten wir bereits im Teilkapitel 2.4.7 zusammengestellt:

a. Welcher Funktionswert $f(x)$ gehört zu einem konkreten x-Wert?

b. Für welche x-Werte ist der Funktionswert $f(x)$ gleich einem konkreten y-Wert?

c. Welche Schnittpunkte haben die Graphen der Funktionen f und g?

d. In welchem y-Bereich liegen die Funktionswerte zu einem gegebenen x-Bereich? Für welche x-Werte liegt $f(x)$ in einem vorgegebenen y-Bereich?

e. Hat die Funktion Definitionslücken? Wie sieht der maximale Definitionsbereich der Funktion aus, wie der maximale Wertebereich?

f. An welchen Stellen nimmt die Funktion lokal / global die größten / die kleinsten Werte an?

g. An welchen Stellen / in welchen Bereichen ist die Zunahme / die Abnahme der Funktionswerte besonders groß / am größten? Wo ist das Änderungsverhalten besonders stark?

h. Wie verhalten sich die Funktionswerte $f(x)$, wenn x immer größer oder immer kleiner wird? Wie verhalten sie sich, wenn x einer Definitionslücke oder einer beliebigen anderen Stelle immer näher kommt?

i. Wie wirken sich Änderungen der relevanten Parameter aus?

j. Ist der Funktionsgraph symmetrisch bzgl. eines Punktes oder einer Geraden?

k. Wie können die vorgegebenen Daten / kann der vorgegebene Funktionsgraph möglichst gut durch einen Funktionsterm beschrieben werden?

Vor dem Hintergrund unserer entwickelten Theorie stellt sich die Frage, wie man solche Problemstellungen mathematisch präzisieren und durch die Entwicklung geeigneter Verfahren „universell beantworten" kann. „Universell beantworten" heißt dabei, dass nicht für jede Problemstellung in einem Kontext ein neues Verfahren erarbeitet werden muss, sondern dass – wenn die Problemstellung geeignet mathematisiert wurde – solche Verfahren für große Funktionenklassen bereitgestellt werden. Es geht hierbei letztlich um das, was den Schülerinnen und Schülern der Sekundarstufe II als „Kurvendiskussion" begegnet. Genau genommen geht es hier aber nicht um „Kurven" im mathematischen Sinn, sondern um Funktionen und ihre Graphen, weshalb wir von „Funktionsuntersuchung" sprechen.

Was die Fragen a. bis k. inhaltlich bedeuten, ist anschaulich klar. Wenn man zur jeweiligen Funktion einen Graphen (mit dem Computer) zeichnet, können häufig alle Fragen hinreichend genau beantwortet werden. „Pathologische Monster" treten in konkreten Anwendungssituationen kaum auf. Für viele der oben genannten Fragen wurden im Kapitel 2 schon Möglichkeiten angegeben, anschaulich zumindest qualitative Antworten zu finden. Möchte man die Fragen quantitativ genauer und auch für Funktionen beantworten, die „unübersichtlich" sind, benötigt man aber schnell die schlagkräftigen Methoden, die unser Theorieaufbau in den Kapitel 4 bis 7 geliefert hat.

Im Folgenden werden wir unsere Methoden für die Untersuchung von Funktionen auf

- ihr Monotonieverhalten und mögliche Extrema,
- das Krümmungsverhalten ihrer Graphen bzw. das Wachstumsverhalten der Funktionen sowie
- die Bestimmung von „Bogenlängen" am Graphen

weiter ausdifferenzieren und konkretisieren.

Außerdem werden wir die außer- wie innermathematisch extrem wichtigen Exponential- und Logarithmusfunktionen weiter untersuchen, vor allem ihre Ableitungen und Stammfunktionen sowie ihr „asymptotisches Verhalten" bestimmen, bevor wir schließlich bei Figuren und Körpern die Zusammenhänge von Flächeninhalt und Umfang bzw. von Volumen und Oberflächen mithilfe des Konzepts „Änderungsrate" betrachten.

8.1.1 Monotonie und Extrema

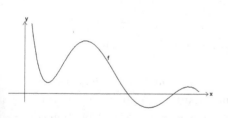

Abb. 8.3: Qualitative Betrachtung

Wir beginnen mit der qualitativen Betrachtung eines Funktionsgraphen, die man in einem geeigneten Kontext (z. B. Temperaturkurve) auch mit Schülerinnen und Schülern zu Beginn der Sekundarstufe I durchführen kann. Wie verändern sich in Abb. 8.3 die Funktionswerte $f(x)$ in Abhängigkeit von x (also z. B. die Temperatur in Abhängigkeit von der Zeit)?

Ganz anschaulich sieht man, dass die Funktionswerte mit größer werdenden x-Werten zunächst „fallen", dann ein „Tal" erreichen, anschließend wieder „wachsen", einen „Gipfel" erreichen, dann „lange fallen" ... Die Bedeutung mathematischer Begriffe wie *(monoton) wachsen* bzw. *fallen* oder *Maximum* wird vor diesem

Hintergrund unmittelbar klar. Mit Blick auf die obige Abb. 8.3 heißt „... erreicht ein Maximum ..." dann z. B., dass ein *lokal maximaler Funktionswert* an einer *Maximumstelle* angenommen wird. Der zugehörige Punkt des Graphen ist ein *Hochpunkt*, dessen Koordinaten durch das Paar (*Maximumstelle* | *Maximum*) angegebenen werden.

Analog spricht man von *Tiefpunkt*, *Minimum* und *Minimumstelle* und ganz allgemein von *Extrempunkt*, *Extremstelle* und *Extremum*. Wenn man für die Funktion in Abb. 8.3 annimmt, dass der Definitionsbereich genau dem gezeichneten Teil des Graphen entspricht, so gibt es links noch ein *Rand-Maximum* und rechts ein *Rand-Minimum*. Während das linke *Rand-Maximum* anscheinend das *globale Maximum* ist, liegt das *globale Minimum* nicht am Rand, sondern im Inneren und ist dann (natürlich) zugleich ein *lokales Minimum*.

Schon das einfache Beispiel der Funktion $f(x) = x$ zeigt, dass eine (ganz gewöhnliche) Funktion keine einzige Extremstelle haben muss. Wenn aber Extrema existieren, dann ist anschaulich klar, dass bei einer stetigen Funktion die Funktionswerte zwischen einer Minimumstelle und einer benachbarten Maximumstelle wachsen (und umgekehrt zwischen einer Maximumstelle und einer Minimumstelle fallen). Für eine allgemeine, nicht ausschließlich an die Anschauung gebundene Untersuchung von Funktionen müssen wir diese Begriffe wieder „algebraisieren" und präzise definieren. Dies soll zunächst für die Monotonie geschehen.

In der obigen Abb. 8.3 erkennt man sofort die Intervalle, in denen der Graph im strengen Sinne „wächst" oder „fällt". Der Graph in der folgenden Abb. 8.4 verläuft ein Stück weit linear, parallel zur x-Achse, fällt aber an keiner Stelle, und soll daher auch „monoton wachsend" im Sinne von „nicht fallend" genannt werden.

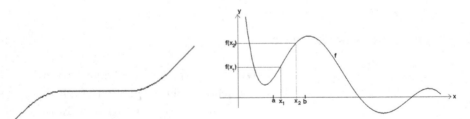

Abb. 8.4: monotones Wachsen   **Abb. 8.5:** Quantitative Betrachtung

„Wachsen" im strengen Sinne wie im Intervall $[a; b]$ in Abb. 8.5 (dabei müssen a und b natürlich keine Extremstellen sein) nennt man dann zur Abgrenzung hiervon „streng monoton (wachsend)". Diese Abbildung 8.5 zeigt auch, wie „Monotonie" definiert werden kann.

Definition 8.1 (Monotonie von Funktionen)

1. Die Funktion f sei im Intervall I definiert. Dann heißt f *streng monoton wachsend in* I, wenn für alle x_1, $x_2 \in I$ mit $x_2 > x_1$ auch $f(x_2) > f(x_1)$ gilt. Analog ist *streng monotones Fallen* definiert.

2. Wenn nur die schwächere Forderung $f(x_1) \leq f(x_2)$ gilt, so heißt f *monoton wachsend* in I (und analog *monoton fallend*).

◆

Bei dieser Begriffsbildung nehmen wir – passend zum Kommentar zu Abb. 8.4 – bewusst in Kauf, dass nach Teil 2. der Definition die konstante Funktion f mit $f(x) = a$ in ganz $\mathbb{R}$ sowohl monoton wachsend als auch monoton fallend ist.

Möchte man eine konkret vorgelegte Funktion auf der Basis der Definition durch „Nachrechnen" auf Monotonie untersuchen, wird dies schnell sehr aufwändig. Die folgende Aufgabe verdeutlicht dies bereits an einer einfachen Standardfunktion.

Aufgabe 8.1 *Es sei f die „Funktion der Normalparabel", also $f(x) = x^2$. Klar ist, dass f in $]-\infty; 0]$ streng monoton fallend und in $[0; \infty[$ streng monoton wachsend ist. Weisen Sie dies formal mithilfe der Definition nach!*

Auch das Monotonieverhalten der beiden Funktionen in Abb. 8.6 wird durch die obige Definition erfasst. f ist streng monoton fallend in $[a; c]$ und in $]c; b]$ und auch in $[a; b]$. Dagegen ist g streng monoton fallend in $[a; c]$ und in $]c; b]$, nicht aber in $[a; b]$.

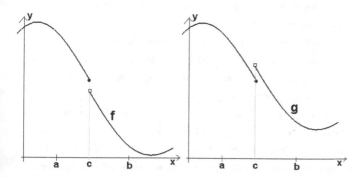

Abb. 8.6: Zwei monotone Funktionen

Ohne „Sprungstellen", also bei allen stetigen Funktionen, wäre das in Abb. 8.6 beobachtete Verhalten der Funktion g nicht möglich. Wenn konkret vorgelegte Funktionen nicht nur stetig, sondern darüber hinaus in einem Intervall I differenzierbar sind, bedeutet streng monotones Wachsen ganz anschaulich, dass die Tangentensteigung positiv ist. Dies können wir präzisieren. Allerdings sind die beiden Eigenschaften „streng monoton" und „Ableitung positiv" nicht äquivalent, wie wir an einem nachfolgenden Beispiel zeigen können; es gilt nur die abgeschwächte Aussage des folgenden Satzes.

Satz 8.1 (Hinreichendes Kriterium für strenge Monotonie)

Die Funktion f sei im (echten) Intervall I differenzierbar. Wenn für alle Zahlen x aus diesem Intervall $f'(x) > 0$ ist, so ist f streng monoton wachsend in I. Analoges gilt für streng monotones Fallen. □

Analog folgt aus $f'(x) \geq 0$ das monotone Wachsen von f. Die Umkehrung des obigen Satzes ist übrigens falsch: Ein Gegenbeispiel ist f mit $f(x) = x^3$; f ist in ganz $\mathbb{R}$ streng monoton wachsend, aber es gilt $f'(0) = 0$.

Beweis (von Satz 8.1)

Zum Beweis verwenden wir den Mittelwertsatz der Differenzialrechnung (Satz 5.8, S. 217). Es seien x_1, $x_2 \in I$ mit $x_1 < x_2$. Nach dem Mittelwertsatz gibt es eine Zahl x_3 mit

$$x_1 \leq x_3 \leq x_2 \text{ und } f'(x_3) = \frac{f(x_2) - f(x_1)}{x_2 - x_1}.$$

Da nach Voraussetzung $f'(x_3) > 0$ gilt und da wir $x_1 < x_2$ gewählt haben, gilt also wie behauptet auch $f(x_1) < f(x_2)$.   ∎

Wenn für eine differenzierbare Funktion nur an einer Stelle a innerhalb eines Intervalls $f'(a) > 0$ gilt, dann könnte man anschaulich meinen, dass die Funktion f zumindest in einer Umgebung von a streng monoton wachsend sein muss. Das gilt aber nicht![1]

Zur Untersuchung des Monotonieverhaltens einer differenzierbaren Funktion f müssen also „nur" die Nullstellen der Ableitung bestimmt werden. Das Vorzeichen von f' in den Intervallen zwischen zwei Nullstellen bestimmt dann dort das Monotonieverhalten. An den Nullstellen selbst muss man „genauer hinschauen": Anschaulich scheint klar zu sein, dass beim Übergang von streng monotonem Wachsen zu streng monotonem Fallen ein Hochpunkt vorliegt (und umgekehrt beim Übergang von streng monotonem Fallen zu streng monotonem Wachsen ein Tiefpunkt). Andererseits kann man für differenzierbare Funktionen ganz anschaulich erwarten (vgl. die obigen Abbildungen), dass ein Extrempunkt eine waagerechte Tangente haben muss. Wir werden nun, um diese Betrachtungen vertiefen zu können, als nächstes den Begriff „Extremum" nach anschaulichen Vorüberlegungen präziser fassen.

Eine tragfähige (geometrische) Grundvorstellung zu einem Maximum ist, dass man auf einem Berggipfel steht. Egal, in welche Richtung man einen noch so kleinen Schritt macht, es geht nicht mehr weiter bergauf. Wenn man also vom Maximum „ein bisschen" weggeht, so kommt man niemals noch höher. Dabei ist „ein bisschen" natürlich relativ und hängt stark von der konkreten Maximumstelle ab. Wenn Sie etwa auf dem Mount Everest stehen, können Sie in jede Richtung 20 000 km gehen und Sie kommen niemals auch nur einen Zentimeter höher. Wenn Sie dagegen auf dem Dachfirst Ihres Hauses stehen, so dürfen Sie vielleicht nur 50 m weit gehen, dann kommt schon das höhere Nachbarhaus. Dennoch ist Ihr

---

[1]Ein Gegenbeispiel finden Sie auf den Internetseiten zu diesem Buch (`http://www.elementare-analysis.de/`).

Dachfirst lokal die höchste Stelle. Vom Mount Everest wissen wir, dass er auf der Erde nicht nur lokal, sondern auch global die höchste Stelle ist.

Übertragen auf den Fall des Maximums einer Funktion sollte man also begrifflich zwischen lokalem und globalem Maximum unterscheiden und für ein Maximum verlangen, dass „ein Stückchen links von der zugehörigen Maximumstelle a und ein Stückchen rechts davon" die Ungleichung $f(x) \leq f(a)$ gilt. Diese vereinfachende, aber nicht verfälschende Vorstellung wird in der folgenden Definition durch den Begriff einer geeigneten Umgebung präzisiert.

Definition 8.2 (Extrema von Funktionen)
Die Funktion f sei in $D \subset \mathbb{R}$ definiert und es sei $a \in D$.

1. Die Stelle a heißt *lokale Maximumstelle von f*, wenn es eine Umgebung $U_\varepsilon(a) = \,]a - \varepsilon; a + \varepsilon[$ mit $\varepsilon > 0$ gibt, sodass für alle $x \in U_\varepsilon(a) \cap D$ gilt $f(x) \leq f(a)$. Dann heißen $f(a)$ *lokales Maximum* und der Punkt $(a|f(a))$ *lokaler Hochpunkt von f*.
2. Die Stelle a heißt *globale Maximumstelle von f*, wenn für alle $x \in D$ gilt $f(x) \leq f(a)$. Dann heißt $f(a)$ *globales Maximum* und der Punkt $(a|f(a))$ *globaler Hochpunkt von f*.
3. Analog sind (*lokale* bzw. *globale*) *Minimumstellen*, *Minima* und *Tiefpunkte* bzw. zusammenfassend *Extremstellen*, *Extrema* und *Extrempunkte* definiert.

◆

Aus der Definition folgt direkt, dass jede globale Maximum- bzw. Minimumstelle insbesondere auch eine lokale Maximum- bzw. Minimumstelle ist. Alles andere würde auch nicht für eine besonders sinnvolle Begriffsbildung sprechen.

Die Definition von Extrema ist allgemein gehalten, d. h. es werden weder Stetigkeit noch Differenzierbarkeit noch ein Intervall als Definitionsmenge vorausgesetzt. Daher ist die Forderung „$x \in U_\varepsilon(a) \cap D$" bei der Definition der lokalen Extremstellen unabdingbar; eine beliebige Funktion muss nämlich nicht für jeden Punkt einer Umgebung $U_\varepsilon(a)$ definiert sein[2]. Bevor wir Extremstellen nur noch für (zumindest in einem offenen Intervall) differenzierbare Funktionen betrachten, zeigen wir in Abb. 8.7 noch mögliche Konstellationen im allgemeinen Fall.

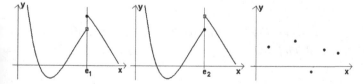

Abb. 8.7: Verschiedene Extrema

---

[2]Denken Sie z. B. an Folgen, die Funktionen von $\mathbb{N}$ nach $\mathbb{R}$ sind. Für alle Stellen $n \in \mathbb{N}$ liegt in einer Umgebung $U_\varepsilon(n)$ mit $0 < \varepsilon < 1$ nur der x-Wert n selbst.

In den beiden ersten Graphen sind e_1 und e_2 Unstetigkeitsstellen. Jedoch ist nur im linken Bild e_1 eine lokale Maximumstelle; e_2 ist keine Extremstelle, da es in jeder noch so kleinen Umgebung von e_2 Stellen x_1 und x_2 gibt mit $f(x_1) < f(e_2) < f(x_2)$. Beim dritten Graphen besteht die Definitionsmenge nur aus isolierten Punkten; es könnte z. B. der Graph einer Folge sein (vgl. 4.2.1). Hier ist nach Definition jeder Punkt sowohl lokaler Hoch- als auch lokaler Tiefpunkt!

Ähnlich wie bei der Definition der (strengen) Monotonie, kann man die Definition der Extrema noch ausdifferenzieren, indem man z. B. für eine *isolierte Maximumstelle* für alle $x \in U_\varepsilon(a) \cap D, x \neq a$, fordert, dass $f(x) < f(a)$, also die strenge Ungleichheit, gilt (und *isolierte Minimumstelle* etc. entsprechend definiert)[3]. Angewandt auf die konstante Funktion mit $f(x) = a$, deren Graph parallel zur x-Achse verläuft, bedeutet dies, dass f keine isolierte Extremstellen hat, aber jede Stelle $x \in \mathbb{R}$ eine – sogar globale – Maximum- und Minimumstelle ist. Bei fast allen praktisch relevanten Funktionen treten Extrema, wenn überhaupt, als isolierte Extrema auf.

Auch bei differenzierbaren Funktionen kann die Situation bezüglich isolierter lokaler und globaler Extremstellen sehr unterschiedlich sein. Abb. 8.8 zeigt links den Graphen der Kosinusfunktion mit unendlich vielen isolierten globalen Hochpunkten (und unendlich vielen isolierten globalen Tiefpunkten), die natürlich alle zum selben globalen Maximum 1 (bzw. -1) gehören. Dagegen hat der rechte Graph von $f(x) = \frac{\sin(x)}{x}$ zwar unendlich viele isolierte lokale Hochpunkte, aber nur einen globalen.

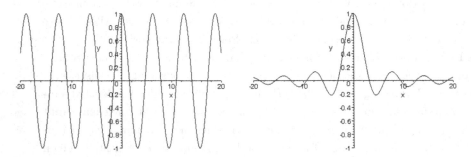

Abb. 8.8: Lokale und globale Extrema

Aufgabe 8.2 *Geben Sie zu den beiden Funktionen aus Abb. 8.8 die Koordinaten möglichst vieler (aller) Hoch- und Tiefpunkte an.*

---

[3]Die Bezeichnung „isoliert" ist dadurch motiviert, dass das Maximum (bei einer lokalen Maximumstelle in einer geeigneten Umgebung) nur an dieser Stelle angenommen wird und alle anderen Funktionswerte (ggf. in dieser Umgebung) kleiner sind. Etwas formaler ausgedrückt: Betrachtet man für ein Maximum y die Menge $A = \{x \mid f(x) = y\}$ aller x-Werte, die y als Funktionswert annehmen, so bedeutet „isolierte" Maximumstelle a, dass es eine geeignete Umgebung $U_\varepsilon(a)$ gibt, sodass gilt $A \cap U_\varepsilon(a) = \{a\}$.

Bei stetigen Funktionen sichert uns der Satz 4.15 (S. 192) zu, dass sie auf abgeschlossenen Intervallen ihr Minimum und ihr Maximum annehmen. Auf offenen
Intervallen muss dies wiederum nicht der Fall sein, wie das Beispiel $f(x) = \frac{1}{x}$ auf
dem Intervall $]0; \infty[$ zeigt. Nach oben ist f auf diesem Intervall ohnehin unbeschränkt, nach unten zwar beschränkt, aber es existiert kein Minimum.

Mithilfe der Ergebnisse über Monotonie können wir nach unseren Vorüberlegungen für differenzierbare Funktionen zunächst eine notwendige Bedingung für
bestimmte Extremstellen angeben: Wenn eine Extremstelle im Innern eines Intervalls liegt, in dem die Funktion differenzierbar ist, dann muss die Ableitung null
sein. Dies formuliert der folgende Satz.

Satz 8.2 (Notwendige Bedingung für Extrema)

Die Funktion f sei im Intervall I differenzierbar und die Zahl a im Innern des
Intervalls sei eine Extremstelle. Dann gilt $f'(a) = 0$. $\square$

Eine Unterscheidung nach lokalen und globalen Extrema oder nach isolierten und
nicht-isolierten ist nicht erforderlich, da diese notwendig Bedingung für alle Extrema gilt und sich für besondere auch nicht weiter verschärfen lässt.

Die Umkehrung des Satzes gilt übrigens nicht; eine Nullstelle der ersten Ableitung ist also kein hinreichendes Kriterium für das Vorliegen eines Extremums
an dieser Stelle. Dies lässt sich wieder am Beispiel von f mit $f(x) = x^3$ an der
Stelle $a = 0$ einsehen. Zwar ist $f'(0) = 0$, aber 0 ist keine Extremstelle, sondern
eine „Wendestelle" (vgl. 8.1.2); der Punkt $(0|0)$ ist ein so genannter „Sattelpunkt":
Wenn man sich diesem Punkt von links nähert, glaubt man, es käme ein Hochpunkt, nähert man sich von rechts, so erwartet man an einen Tiefpunkt. Auf solche
Punkte werden wir später zurückkommen.

Beweis (von Satz 8.2)

Wir führen den Beweis nur für den Fall einer Maximumstelle a – der Beweis für
den Fall einer Minimumstelle lässt sich analog führen. Nach Definition 8.2 für
Extrema gilt in einer Umgebung von a

$$\frac{f(x) - f(a)}{x - a} = \begin{cases} \leq 0 & \text{für } x > a \\ \geq 0 & \text{für } x < a \,. \end{cases}$$

Für den Limes von $x \to a$ geht der Differenzenquotient in den Differenzialquotienten über. Für $x \to a$ und $x > a$ folgt $f'(a) \leq 0$, für $x \to a$ und $x < a$ folgt
$f'(a) \geq 0$. Also muss wie behauptet $f'(a) = 0$ gelten.   ■

Was ist die praktische Bedeutung dieses Satzes? Man könnte sie zu gering ein-
schätzen, da er noch kein hinreichendes Kriterium für das Vorliegen eines Extremums liefert. Für eine in einem Intervall definierte und dort bis auf endlich viele
Stellen differenzierbare Funktion, ermöglicht er aber immerhin, alle potenziellen
Extremstellen zu identifizieren: Dies sind die Nullstellen der Ableitung, die Stellen,
an denen f nicht differenzierbar ist, und ggf. die Ränder des Intervalls. Weitere

Extremstellen kann es nicht geben. Wenn man einmal weiß, wo die potenziellen Extremstellen liegen, kann häufig ein Blick auf den Funktionsgraphen klären, ob tatsächlich eine Extremstelle vorliegt.

Wir können unser Verfahren zur Bestimmung von Extrema aber auch noch durch hinreichende Kriterien weiterentwickeln, die die oben formulierte notwendige Bedingung für Extrema differenzierbarer Funktionen ergänzen. Wir gehen hierfür von der folgenden anschaulichen Beobachtung für die (typischen und wichtigen) isolierten Extrema aus: Die Funktion f möge einen isolierten Hochpunkt an der (inneren) Stelle a haben. Denken Sie sich eine Tangente an den Graphen von f gelegt. Links von dem Hochpunkt hat die Tangente positive Steigung, rechts davon negative Steigung, im Hochpunkt selbst die Steigung 0. Die Tangentensteigung, und damit die Ableitungsfunktion, hat also einen „Vorzeichenwechsel von plus nach minus". Dies ist insbesondere dann der Fall, wenn die zweite Ableitung an dieser Stelle negativ ist. Diese anschauliche Überlegung führt zusammen mit der notwendigen Bedingung zu folgenden hinreichenden Kriterien.

Satz 8.3 (Hinreichendes Kriterium: Vorzeichenwechsel)
Es sei f in einer Umgebung von a differenzierbar und es gelte $f'(a) = 0$. Wenn in dieser Umgebung $f'(x) > 0$ für $x < a$ und $f'(x) < 0$ für $x > a$ gilt (Vorzeichenwechsel der Ableitung von plus nach minus), dann ist a eine isolierte Maximumstelle von f. Die analoge Aussage mit „Vorzeichenwechsel von minus nach plus" identifiziert eine isolierte Minimumstelle.

Dieser Satz ist vor allem unter der Bezeichnung *Vorzeichenwechselkriterium* bekannt.   □

Beweis
Nach Satz 8.1 (S. 255) folgt, dass f in der fraglichen Umgebung bis a streng monoton wächst, ab dann streng monton fällt. Dies ist jedoch gerade die Charakterisierung einer isolierten Maximumstelle.   ∎

Wenn f', anders als in der Voraussetzung des obigen Satzes, auf beiden Seiten von a (mit $f'(a) = 0$) dasselbe Vorzeichen hat, dann ist a keine Extremstelle. Setzt man sich jetzt in Gedanken auf die Tangente, so sieht man, dass dann ein Sattelpunkt vorliegen muss (vgl. Genaueres auf S. 275). Und noch zwei weitere Fälle sind möglich:

1. Die Ableitung f' nimmt in einer Umgebung von a stets den Wert 0 an; dann ist f in dieser Umgebung konstant.
2. Die Ableitung f' nimmt in jeder Umgebung von a sowohl positive als auch negative Werte an (vgl. Beispiel 8.1).

Die Aussage 1. ist äquivalent zum zweiten Teil des Satzes 7.1 („Je zwei Stammfunktionen F und G einer Funktion f unterscheiden sich in einem Intervall nur um einen Konstante).

Aufgabe 8.3 *Beweisen Sie die zuvor getätigte Aussage 1., die wir noch einmal wiederholen: Sei die Funktion f in einer Umgebung $U_\varepsilon(a)$ von a differenzierbar und gelte $f'(x) = 0$ für alle $x \in U_\varepsilon(a)$, dann ist f auf $U_\varepsilon(a)$ konstant.*

Bei unseren anschaulichen Überlegungen vor Satz 8.3 hatten wir bereits festgestellt, dass eine negative zweite Ableitung ein weiteres hinreichendes Kriterium für isolierte Maximumstellen darstellen muss. Präziser – und auch für Minimumstellen – wird dies im folgenden Satz formuliert.

Satz 8.4 (Hinreichendes Kriterium mit zweiter Ableitung)

Es sei f in einer Umgebung von a zweimal differenzierbar. Weiter seien $f'(a) = 0$ und $f''(a) \neq 0$. Dann ist a eine isolierte Extremstelle. Genauer ist a eine isolierte Maximumstelle, falls $f''(a) < 0$, und eine isolierte Minimumstelle, falls $f''(a) > 0$.

$\square$

Beweis

Für den Differenzenquotienten von f' gilt $\frac{f'(x)-f'(a)}{x-a} = \frac{f'(x)}{x-a}$, da $f'(a) = 0$ ist. Es sei nun $f''(a) < 0$. Wegen $\lim\limits_{x \to a} \frac{f'(x)}{x-a} = f''(a) < 0$ muss folglich in einer Umgebung von a gelten $f'(x) < 0$ für $x > a$ und $f'(x) > 0$ für $x < a$, und f' hat wie behauptet einen Vorzeichenwechsel. Analog schließt man bei $f''(a) > 0$. ∎

Schon die Formulierung und der Beweis des Satzes deuten an, dass das Vorzeichenwechselkriterium das mächtigere der beiden Kriterien ist. Heuristisch kann man das an Formulierung und Beweis unseres zweiten Kriteriums erkennen, da es erstens die zweite Ableitung und damit die zweifache Differenzierbarkeit benötigt, also stärkere Voraussetzung macht, und zweitens aus dem Vorzeichenwechselkriterium gefolgert wurde. Außerdem kann man schon einfache Fälle angeben, bei denen das Vorzeichenwechselkriterium noch Entscheidungen ermöglicht, während unser zweites Kriterium versagt:

Aufgabe 8.4 *Untersuchen Sie die Funktion f mit $f(x) = x^4$ mithilfe unserer beiden hinreichenden Kriterien auf isolierte lokale Extrema.*

Darüber hinaus ist das Vorzeichenwechselkriterium in der Regel rechnerisch einfacher. Betrachten Sie folgendes Beispiel: Es sei $f(x) = e^{\sin(x)}$, also $f'(x) = \cos(x) \cdot e^{\sin(x)}$. Die Nullstellen der Ableitung von f und der fragliche Vorzeichenwechsel sind durch die Kosinusfunktion vollständig bekannt (vgl. Abb. 8.9). Wollten Sie hier noch eine weitere Ableitung berechnen?

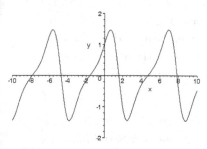

Abb. 8.9: Graph von $f'(x) = \cos(x) \cdot e^{\sin(x)}$

Allerdings hat auch unser zweites Kriterium durchaus seine Vorzüge: Es bezieht sich nur auf eine Stelle, während beim Vorzeichenwechselkriterium eine ganze Umgebung von a untersucht werden muss. Darüber hinaus kann man es schematisch algebraisch anwenden und damit ein „technisches Verfahren" (z. B. auf Computern) implementieren, das isolierte lokale Extrema identifiziert – wenn auch nicht immer (aber doch meistens) alle. Wenn ein solches Verfahren zusätzlich die mit diesem Kriterium nicht entscheidbaren Fällen benennt, können diese dann anders weiter untersucht werden.

Mit unseren beiden hinreichenden Kriterien kommt man – zumindest in der Schule – fast immer aus. Allerdings lassen sich auch gut zugängliche Beispiele konstruieren, die zeigen, dass es Funktionen mit isolierten lokalen Extrema gibt, für die keines der beiden Kriterien „greift".

Beispiel 8.1 (Vorzeichenwechsel ist nicht notwendig)
Es sei

$$g : \mathbb{R} \to \mathbb{R}, \; x \mapsto \left\{ \begin{array}{ll} \left(2 + \sin\left(\frac{1}{x}\right)\right) \cdot x^2 & \text{für } x \neq 0 \\ 0 & \text{für } x = 0 \, . \end{array} \right.$$

Da der Sinusterm nur Werte zwischen -1 und 1 annimmt, ist der Nullpunkt ein isolierter globaler Tiefpunkt. Die Funktion g ist in ganz $\mathbb{R}$ differenzierbar, und es gilt

$$g'(x) = \left\{ \begin{array}{ll} 2 \cdot x \cdot \left(2 + \sin\left(\frac{1}{x}\right)\right) - \cos\left(\frac{1}{x}\right) & \text{für } x \neq 0 \\ 0 & \text{für } x = 0 \, . \end{array} \right.$$

Auftrag: *Die Termstruktur der betrachteten Funktion ist komplex genug, um einen genaueren Blick zu riskieren:*

1. *Rechnen Sie die Ableitung nach und zeigen Sie dabei insbesondere auch, dass g in 0 differenzierbar ist.*
2. *Zeichnen Sie mit dem Computer die Graphen von g und g' und zoomen Sie dann zum Nullpunkt!*

Wenn nun x von rechts (bzw. links) gegen 0 geht, so geht der Minuend ebenfalls von rechts (bzw. links) gegen 0, während der Subtrahend $\cos\left(\frac{1}{x}\right)$ zwischen -1 und 1 oszilliert. In jeder Umgebung von 0 ändert g' also unendlich oft das Vorzeichen. Satz 8.3 ist folglich nicht anwendbar! Da g' bei 0 nicht mal stetig, also insbesondere auch nicht differenzierbar ist, können wir Satz 8.4 erst recht nicht zu Rate ziehen!

$\triangle$

Die reinen Potenzfunktionen f mit $f(x) = x^n$ haben für gerades n den Nullpunkt als isolierten globalen Tiefpunkt, für ungerades n liegt dort ein Sattelpunkt vor. Die ersten $n - 1$ Ableitungen nehmen für $x = 0$ den Wert 0 an; insbesondere ist also für $n > 2$ die zweite Ableitung an dieser Stelle 0, sodass wir Satz 8.4 nicht anwenden können. Zumindest ist aber die n-te Ableitung an der Stelle 0 ungleich

0. Man könnte für solches Verhalten den Satz 8.4 modifizieren, was wir aber nicht tun wollen[4].

Beispiel 8.2 (Alle höheren Ableitungen sind Null)
Viel „schlimmer" ist aber das folgende Beispiel, nämlich die Funktion f mit

$$f : \mathbb{R} \to \mathbb{R}, \; x \mapsto \begin{cases} e^{-\frac{1}{x^2}} & \text{für } x \neq 0 \\ 0 & \text{für } x = 0. \end{cases}$$

Da die e-Funktion nur positive Werte annimmt, ist der Nullpunkt ein sogar isolierter globaler Tiefpunkt mit Minimumstelle 0. Die Funktion f ist, wie man sich zumindest für $x \neq 0$ leicht überlegt, unendlich oft ableitbar. Etwas schwieriger ist der Nachweis, dass die erste und alle weiteren Ableitungen auch an der Stelle 0 existieren und dort den Wert 0 haben. Genauer gilt

$$f^{(n)}(x) = \begin{cases} \frac{g_n(x)}{x^{3 \cdot n}} \cdot e^{-\frac{1}{x^2}} & \text{für } x \neq 0 \\ 0 & \text{für } x = 0. \end{cases}$$

Dabei ist $g_n(x)$ ein nicht näher interessierendes Polynom mit Grad $< 3n$.

Auftrag: *Bestimmen Sie die ersten beiden Ableitung von f genau.*

Da alle Ableitungen an der Stelle 0 den Wert 0 annehmen, ist wiederum weder Satz 8.4 noch seine möglichen Erweiterungen anwendbar[5]. Auch hier sollten Sie die Graphen von f und seiner Ableitungen mit Ihrem Computer zeichnen und auf den Nullpunkt zoomen. $\triangle$

Die beiden folgenden Aufgaben, die zumindest eine gewisse Nähe zur Realität haben, sind zum Glück sehr viel anschaulicher und weniger trickreich.

Aufgabe 8.5 *Eine zylinderförmige Konservendose hat ein Volumen von 1 Liter. Wie müssen der Grundkreisradius r und die Höhe h gewählt werden, damit man möglichst wenig Material für die Dose braucht? Vergleichen Sie Ihr Ergebnis mit einer handelsüblichen Konservendose. Welche weiteren Gesichtspunkte neben einem möglichst geringen Materialverbrauch könnten noch bei der Festlegung der Maße eine Rolle spielen?*

---

[4]Das Vorzeichenwechselkriterium liefert hier aber sofort auf der Basis der ersten Ableitung das gewünschte Ergebnis (vgl. Aufgabe 8.4)!
[5]Helfen könnte aber wiederum das Vorzeichenwechselkriterium mit der ersten Ableitung. Rechnen Sie dies konkret nach!

Aufgabe 8.6 *Aus einem DIN-A4-Blatt werden an den Ecken vier kongruente Quadrate ausgeschnitten. Dann werden die Randstücke so hochgebogen, dass eine oben offene Schachtel entsteht. Wie müssen die Quadrate gewählt werden, damit die Schachtel ein möglichst großes Volumen hat? Diese Aufgabe ist übrigens hervorragend für einen experimentellen Zugang in der Sekundarstufe I geeignet; einen entsprechenden Vorschlag finden Sie auf der Karte 14 der Themenbox „Funktionaler Zusammenhang" (Müller (2008)) des Mathekoffers (Büchter & Henn (2008)).*

8.1.2   Krümmungs- und Wachstumsverhalten

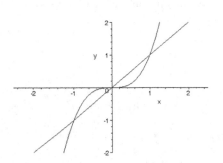

Abb. 8.10: $f(x) = x^3$ und $g(x) = x$

Im voranstehenden Abschnitt haben wir das Änderungsverhalten einer Funktion – zunächst geometrisch-anschaulich und dann algebraisch präzisiert – mit den Konzepten „Monotonie" und „Extrema" beschrieben und Kriterien für eine diesbezügliche Untersuchung von Funktionen entwickelt. Das Beispiel der Funktion f mit $f(x) = x^3$ (Abb. 8.10) zeigt, dass wir das Änderungsverhalten aber noch differenzierter betrachten können.

Die rein kubische Funktion f hatten wir schon in 8.1.1 als Beispiel bemüht, um die Grenzen von Kriterien aufzuzeigen, da sie (a) zwar streng monoton steigend ist, aber trotzdem an der Stelle $x = 0$ eine waagerechte Tangente hat, und (b) zwar an der Stelle $x = 0$ eine waagerechte Tagente, aber kein Extremum hat[6]. Mit den beiden obigen Konzepten lautet eine mögliche Beschreibung des Änderungsverhaltens der Funktion: „... ist streng monoton wachsend und hat kein Extremum". Diese Beschreibung trifft so aber auch z. B. auf die lineare Funktion $g(x) = x$ zu (vgl. Abb. 8.10), obwohl beide Funktionen optisch erkennbare typische Unterschiede aufweisen.

Eine Ausdifferenzierung der Beschreibung, die auch eine Unterscheidung der rein kubischen von linearen Funktionen ermöglicht, motivieren wir wieder geometrisch-anschaulich: Wenn man sich z. B. an der Stelle $x = -2$ eine Tangente an den Graphen von f vorstellt und dann „nach rechts wandert", dann nimmt die Tagentensteigung immer weiter ab, erreicht an der Stelle $x = 0$ mit der Steigung 0 ein Minimum und nimmt anschließend wieder kontinuierlich zu. Bei der Funktion g beobachten wir stattdessen eine konstante (Tagenten-)Steigung. Der Graph von

---

[6]An dieser besonderen Stelle $x = 0$ liegt ein so genannter „Sattelpunkt" vor (s. u.).

f ist bis zur Stelle $x = 0$ „nach rechts gekrümmt" und anschließend „nach links gekrümmt".

Auf den Kontext der Staatsverschuldung bezogen (s. o., Abb. 8.1), kann man sagen, dass die Bestandsfunktion „Schulden in Abhängigkeit von der Zeit" seit Jahrzehnten streng monoton wächst, also kontinuierlich neue Schulden hinzukommen. Zuletzt hatten die Bundesregierungen sich zwar bemüht, die Änderungsrate „Neuverschuldung" zu verringern, aber ab 2008 führte dann die „Weltfinanzkrise" wieder zum Anstieg der Neuverschuldung – also nicht nur zu einem weiteren Anstieg des Bestands, sondern sogar zu einem schnelleren Anstieg des Bestands. Auch insofern stellt die „Weltfinanzkrise" einen „Wendepunkt" dar.

Für eine gegenüber 8.1.1 differenziertere Beschreibung des Änderungsverhaltens von Funktionen nutzen wird im Folgenden den bereits verwendeten geometrisch-anschaulichen Begriff der „Krümmung". Seine Bedeutung kann besonders gut erfasst werden, wenn man sich z. B. in die Rolle eines Radfahrers versetzt: Geradeaus, Rechtskurve (rechtsgekrümmt) oder Linkskurve (linksgekrümmt) sind die anschaulichen Möglichkeiten, die Krümmung zu beschreiben. Festhalten des Lenkers in einer Stellung bedeutet, dass man eine Kreisbahn fährt. Stärkerer Lenkereinschlag bedeutet, dass man eine Kreisbahn mit kleinerem Radius fährt, also mit stärkerer Krümmung. Krümmung Null bedeutet dann ganz anschaulich, dass man geradeaus fährt, dass der Lenker also in Mittelstellung ist.

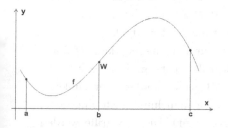

Abb. 8.11: Rechts- und Linkskrümmung

Die Krümmung beschreibt somit qualitativ die Abweichung vom „Geradeausfahren". Durchläuft man einen Funktionsgraphen von links nach rechts, so ist anschaulich klar, wann der Graph eine Rechtskurve, wann eine Linkskurve macht. In Abb. 8.11 ist der Graph von f im Intervall $[a; b]$ linksgekrümmt, im Intervall $[b; c]$ rechtsgekrümmt. Im Punkt $W(b|f(b))$ ändert sich die Krümmung; solche Punkte – an denen der Lenker des Fahrrads von der einen Richtung über die Mittelstellung in die andere Richtung geführt wird – nennt man anschaulich *Wendepunkte*.

Unsere Vorstellung von Krümmung müssen wir nun mathematisch präzisieren. Wir gehen dafür von der geometrischen Situation in Abb. 8.11 aus und algebraisieren unsere Überlegungen in Abb. 8.12. Eine erste Idee ist, für die Linkskrümmung im Intervall $[a; b]$ zu verlangen, dass der Graph von f stets unterhalb der Verbindungsgeraden der Eckpunkte $(a|f(a))$ und $(b|f(b))$ verläuft. Abb. 8.12 (a) zeigt, dass dies im Allgemeinen aber noch nicht ausreicht, sonst wären f und h beide linksgekrümmt in $[a, b]$! Unsere Idee lässt sich aber retten: Die Bedingung „unterhalb" muss für jedes Teilintervall $[x_1, x_2]$ von $[a, b]$ verlangt werden (Abb. 8.12 (b)) und führt dann zu der folgenden Definition.

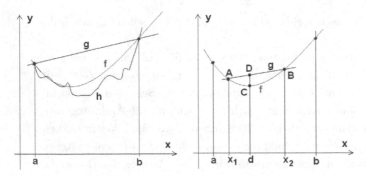

Abb. 8.12: Charakterisierung der Linkskrümmung

Definition 8.3 (Krümmung und Wendepunkte)

1. Die im Intervall I definierte Funktion f heißt dort *linksgekrümmt*, wenn für alle Zahlen $x_1, x_2 \in I$ mit $x_1 < x_2$ und jede Zahl d mit $x_1 < d < x_2$ der Funktionswert $f(d) < g(d)$ ist, wobei g die lineare Funktion zur Verbindungsgeraden der Punkte $(x_1|f(x_1))$ und $(x_2|f(x_2))$ ist. Analog ist *rechtsgekrümmt* definiert.
2. Ist f in $[a; b]$ rechtsgekrümmt und in $[b; c]$ linksgekrümmt (oder umgekehrt), so heißt b eine *Wendestelle* und $(b|f(b))$ ein *Wendepunkt*.

$\blacklozenge$

Die Bedingung „linksgekrümmt" ist, wie Abb. 8.12 (b) zeigt, äquivalent dazu, dass für die Steigungen der drei Seiten des Dreiecks ACB gilt $m_{AC} < m_{AB} < m_{CB}$. Wesentlich hiefür ist, dass der Punkt C tiefer liegt als der Punkt D.

Man könnte die Rechtskrümmung von f auch dadurch definieren, dass $-f$ linksgekrümmt ist[7]. Statt der von uns verwendeten Begriffe rechts- und linksgekrümmt finden Sie in anderen Büchern in der Regel die Begriffe „konvex" für „linksgekrümmt" und „konkav" für „rechtsgekrümmt" – oder manchmal auch umgekehrt (deshalb ziehen wir unsere anschaulicheren Begriffe vor). Diese Begriffe werden vor allem bei Linsen verwendet und dort sind sie auch eindeutig: Konvexlinsen sind in der Mitte dicker, ein typischer Querschnitt ist (); Konkavlinsen hingegen sind in der Mitte dünner, ein typischer Querschnitt ist)(.

Die rechnerische Nachprüfung des Krümmungsverhaltens einer vorgelegten Funktion mithilfe der Definition ist kaum realisierbar. Wenn die Funktion jedoch differenzierbar ist, so wird die Untersuchung von Krümmungsverhalten und Wendepunkten – wie bei der Monotonie – viel einfacher. Betrachten Sie zur Herleitung eines entsprechenden Satzes Abb. 8.13.

---

[7]Analog könnte man z. B. auch definieren, dass eine Stelle a Minimumstelle der Funktion f ist, wenn a Maximumstelle von $-f$, oder dass f in einem Intervall I monoton fällt, wenn $-f$ in I monoton wächst.

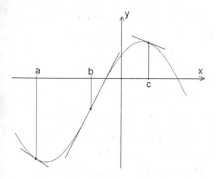

Abb. 8.13: Krümmung und Ableitung

Die Krümmungseigenschaft des abgebildeten Funktionsgraphen kann anschaulich dadurch beschrieben werden, dass die Steigung der Tangenten an den Graphen von f, also die Ableitung f' von f, in $[a; b]$ streng monoton wächst, in $[b; c]$ streng monoton fällt und in b ein Maximum annimmt. Geometrisch ist der folgende Satz also evident.

Satz 8.5 (Krümmungsverhalten differenzierbarer Funktionen)

Die im Intervall I differenzierbare Funktion f ist in I genau dann linksgekrümmt (bzw. rechtsgekrümmt), wenn die Ableitung von f in I streng monoton wachsend (bzw. fallend) ist.   □

Der Satz liefert für differenzierbare Funktionen ein notwendiges und zugleich hinreichendes Kriterium für Links- bzw. Rechtskrümmung und charakterisiert diese durch die entsprechende strenge Monotonie vollständig.

Beweis (von Satz 8.5)

Für den Beweis seien drei Zahlen x_1, x_3 und x_2 aus I mit $x_1 < x_3 < x_2$ gewählt. Diese Zahlen definieren die Punkte A, B und C wie in Abb. 8.14. Wir müssen zwei Richtungen beweisen, was wir nur für den Fall „linksgekrümmt" machen werden, da der Fall „rechtsgekrümmt" analog nachgewiesen wird.

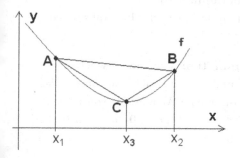

Abb. 8.14: Linkskrümmung

Die Funktion f sei im Intervall I linksgekrümmt. Wir verwenden nun die zur Linkskrümmung äquivalente Formulierung, die wir im Anschluss an Definition 8.3 erwähnt hatten: Für die Steigungen der drei in Abb. 8.14 eingezeichneten Sehnen AB, AC und CB gilt

$$\frac{f(x_3) - f(x_1)}{x_3 - x_1} < \frac{f(x_2) - f(x_1)}{x_2 - x_1} < \frac{f(x_2) - f(x_3)}{x_2 - x_3}.$$

Geht nun einmal $x_3 \to x_1$ und einmal $x_3 \to x_2$, so erhalten wir

$$f'(x_1) = \lim_{x_3 \to x_1} \frac{f(x_3) - f(x_1)}{x_3 - x_1} < \frac{f(x_2) - f(x_1)}{x_2 - x_1} < \lim_{x_3 \to x_2} \frac{f(x_2) - f(x_3)}{x_2 - x_3} = f'(x_2),$$

und f' erweist sich als streng monoton wachsend in I.

Sei nun umgekehrt vorausgesetzt, dass f' im Intervall I streng monoton wachsend ist. Nach dem *Mittelwertsatz der Differenzialrechnung* (S. 217) gibt es Zahlen ξ_1 und ξ_2 mit $x_1 < \xi_1 < x_3 < \xi_2 < x_2$, sodass gilt

$$\frac{f(x_3) - f(x_1)}{x_3 - x_1} = f'(\xi_1) < f'(\xi_2) = \frac{f(x_2) - f(x_3)}{x_2 - x_3},$$

wobei das Ungleichheitszeichen wegen des streng monotonen Wachsens der Ableitung gilt. Diese beiden Differenzenquotienten sind die Steigungen der Seiten AC und CB im Dreieck ABC. Also liegt die Steigung der dritten Seite AB zwischen diesen beiden Werten, und C muss unterhalb von AB liegen. Dies ist aber gerade die Definition dafür, dass f in I linksgekrümmt ist.   ∎

Wir wissen jetzt, dass bei differenzierbaren Funktionen das Monotonieverhalten der Ableitung f' das Krümmungsverhalten der Funktion f und die Extrema von f' die Wendepunkte von f beschreiben. Die Ergebnisse zu Monotonie und Extrema von Funktionen aus 8.1.1, angewandt auf die Ableitungsfunktion f', lassen sich jetzt leicht auf Sätze über das Krümmungsverhalten und die Wendepunkte differenzierbarer Funktionen übertragen. Insbesondere sind die folgenden Sätze für Wendepunkte die unmittelbare Übertragung für die entsprechenden Sätze für Extrema.

Satz 8.6 (Hinreichendes Kriterium für Links- bzw. Rechtskrümmung)
Die Funktion f sei im Intervall I zweimal differenzierbar. Wenn für alle Zahlen x aus diesem Intervall $f''(x) > 0$ (bzw. $f''(x) < 0$) ist, so ist f linksgekrümmt (bzw. rechtsgekrümmt) in I.   □

Satz 8.7 (Notwendige Bedingung für Wendepunkte)
f sei im Intervall I zweimal differenzierbar, und a im Innern des Intervalls sei eine Wendestelle. Dann gilt $f''(a) = 0$.   □

Satz 8.8 (Charakterisierung von Wendepunkten: Vorzeichenwechsel)
Es sei f im Intervall I zweimal differenzierbar und für die Stelle a im Inneren des Intervalls I gelte $f''(a) = 0$. Dann ist a genau dann eine Wendestelle von f, wenn in einer Umgebung von a gilt $f''(x) > 0$ für $x < a$ und $f''(x) < 0$ für $x > a$ (bzw. analoger „Vorzeichenwechsel von minus nach plus").   □

Dass das in Satz 8.8 formulierte Kriterium nicht nur hinreichend, sondern auch notwendig ist, folgt aus der Definition von Wendepunkten (8.3, 2.).

Satz 8.9 (Hinreichendes Kriterium: dritte Ableitung)
Es sei f in einer Umgebung von a dreimal differenzierbar. Weiter seien $f''(a) = 0$ und $f'''(a) \neq 0$. Dann ist a eine Wendestelle.   □

Wie bei den Extrema gibt es Beispiele, bei denen keines dieser (nur) hinreichenden Kriterien zum Ziel führt. Darauf wollen wir aber nicht weiter eingehen. Interessanter sind die folgenden Beispiele, die Sie im Einzelnen nachrechnen sollten:

Beispiel 8.3 (Krümmung und Wendepunkte)

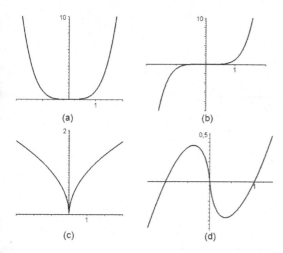

Abb. 8.15: Krümmung und Wendepunkte

Für die in Abb. 8.15 dargestellten Funktionen gilt:

- *Bild (a)* $f_1 : \mathbb{R} \to \mathbb{R}$, $x \mapsto x^4$. f_1 ist in $\mathbb{R}$ linksgekrümmt und hat keine Wendepunkte (obwohl die zweite und die dritte Ableitung an der Stelle 0 gleich 0 ist).

- *Bild (b)* $f_2 : \mathbb{R} \to \mathbb{R}$, $x \mapsto x^5$. f_2 ist in $\mathbb{R}^-$ rechtsgekrümmt, in $\mathbb{R}^+$ linksgekrümmt und hat den Nullpunkt als Wendepunkt (obwohl die zweite und die dritte Ableitung an der Stelle 0 gleich 0 ist).

- *Bild (c)* $f_3 : \mathbb{R} \to \mathbb{R}$, $x \mapsto \sqrt{|x|}$. Die in ganz $\mathbb{R}$ stetige Funktion f_3 ist in $\mathbb{R}^-$ und in $\mathbb{R}^+$ rechtsgekrümmt, jedoch nicht in ganz $\mathbb{R}$. Es gibt keine Wendepunkte; der Nullpunkt ist eine „Spitze". Die Ableitung existiert nur für $x \neq 0$; für $x \to 0^-$, und für $x \to 0^+$ geht die Ableitung gegen ∞.

- *Bild (d)* $f_4 : \mathbb{R} \to \mathbb{R}$, $x \mapsto \begin{cases} x \cdot \ln(|x|) & \text{für } x \neq 0 \\ 0 & \text{für } x = 0 \end{cases}$. Die in ganz $\mathbb{R}$ stetige Funktion f_4 ist in $\mathbb{R}^-$ linksgekrümmt und in $\mathbb{R}^+$ rechtsgekrümmt. Der Nullpunkt ist ein Wendepunkt. Die Ableitung existiert nur für $x \neq 0$; für $x \to 0^-$ und für $x \to 0^+$ geht die Ableitung gegen $-\infty$.

$\triangle$

Unser Konzept der Krümmung erlaubt es jetzt, für das Wachstum einer Funktion drei verschiedene Qualitäten anzugeben, wobei uns lineares Wachstum als Referenz dient. Die in Abb. 8.16 dargestellte Funktion f ist in den drei Intervallen I_1, I_2 und I_3 streng monoton wachsend. Im ersten Intervall haben wir *lineares Wachstum*, die Ableitung f' in diesem Bereich ist konstant. Im Intervall I_2 ist der Graph rechtsgekrümmt, die Ableitung ist also streng monoton fallend; es liegt *verzögertes*

Wachstum vor. Im dritten Intervall liegt Linkskrümmung vor, die Ableitung ist streng monoton wachsend, und wir haben ein *beschleunigtes Wachstum*.

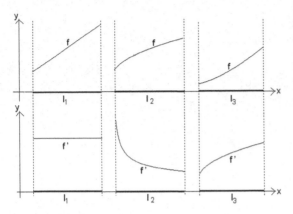

Abb. 8.16: Wachstumsformen

Wir haben das *Wachstumsverhalten* einer differenzierbaren Kurve mit den Ableitungen beschrieben. Das Vorzeichen der ersten Ableitung zeigt, wo die Funktion streng monoton wachsend oder fallend ist. Das Vorzeichen der zweiten Ableitung gibt Auskunft über Rechts- oder Linkskrümmung und damit über die Wachstumsqualität. Im Alltag bleiben viele Aussagen über das Wachstum einer Größe (z. B. Staatsverschuldung) in Abhängigkeit von einer anderen Größe (z. B. Zeit) vage oder sind sogar falsch, da keine Klarheit über zugrunde liegende Konzepte besteht. Wir zeigen einige Beispiele, bei denen die in 8.1.1 und in diesem Abschnitt entwickelten Konzepte zur Klärung beitragen können.

Beispiel 8.4 (Preisentwicklung)
Das Diagramm in Abb. 8.17 wurde in der Presse so gedeutet, dass das Bauen von 1980 bis 1982 billiger geworden ist. Dabei zeigt die Graphik die prozentuale Änderung der Baupreise bezogen auf das jeweilige Vorjahr; diese ist durchweg positiv, also wurde das Bauen auch im fraglichen Zeitraum teurer, nur die Änderungsrate nimmt ab, d. h. die Baupreiskurve wächst mit einer Rechtskrümmung.

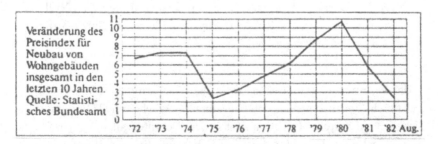

Abb. 8.17: Baupreise

Beispiel 8.5 (Splitting-Verfahren bei der Einkommensteuer)

Das deutsche Einkommensteuergesetz beschreibt mit einer Funktion t, welche Steuer $t(x)$ bei einem zu versteuernden Einkommen x zu bezahlen ist (vgl. Abschnitt 8.2.5; Henn (2006)).Verheiratete werden nach dem „Splitting-Verfahren" versteuert: Ehemann und Ehefrau mögen die zu versteuernden Einkommen x_1 bzw. x_2 haben. Dies wird zum gesamten zu versteuernden Einkommen $x = x_1 + x_2$ zusammengezählt. Dann wird die für $\frac{x}{2}$ zu zahlende Steuer $t(\frac{x}{2})$ bestimmt und dieser Betrag wird verdoppelt. Damit die Splitting-Besteuerung günstiger als die Einzelbesteuerung ist, muss für jede beliebige Kombination der Beträge x_1 und x_2

$$t(x_1) + t(x_2) > 2 \cdot t(\frac{x_1 + x_2}{2})$$

oder äquivalent dazu

$$\frac{t(x_1) + t(x_2)}{2} > t(\frac{x_1 + x_2}{2})$$

gelten. Abb. 8.18 zeigt, dass folglich die Steuerfunktion t linksgekrümmt sein muss (was in Deutschland nicht immer der Fall war!).

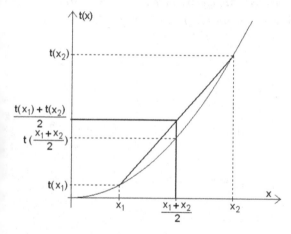

Abb. 8.18: Splitting-Vorteil

$\triangle$

Beispiel 8.6 (Rechts- und linksgekrümmt)

Denken Sie sich zwei Funktionen f und g, die in $\mathbb{R}$ definiert und dort beliebig oft differenzierbar sind (damit wirklich keine Absonderlichkeiten passieren können!). Es möge $f(0) = -1$ und $g(0) = 1$ gelten. Nun soll für $x > 0$ die Funktion f links gekrümmt und g rechtsgekrümmt sein. Eine erste Skizze der Situation (Abb. 8.19) zeigt, dass dann doch irgendwann $f(x) > g(x)$ gelten muss. Wenn man jedoch genauer über die Voraussetzungen nachdenkt, dann sieht man, dass diese erste anschauliche Überlegung falsch ist. Ein Gegenbeispiel zeigt Abb. 8.20.

Bei unserem Gegenbeispiel gilt hierbei $f(x) = e^{-x} - 2$ und $g(x) = \ln(x+1) + 1$.

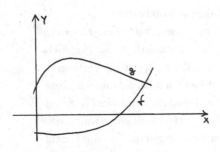

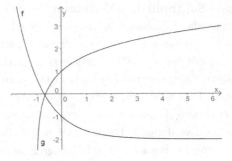

Abb. 8.19: f muss g „überholen"   **Abb. 8.20:** ein Gegenbeispiel

Auftrag: *Verifizieren Sie dies und finden Sie weitere Gegenbeispiele!*

$\triangle$

Aufgabe 8.7 *Abb. 8.21 zeigt die Graphen der beiden Funktionen f und g mit $f(x) = x + \sin(x)$ und $g(x) = \frac{1}{2} \cdot x^2 + \sin(x)$. Klar, der Graph von f schlängelt sich um die erste Winkelhalbierende, der Graph von g schlängelt sich um die Parabel mit Gleichung $y = \frac{1}{2} \cdot x^2$. Da muss es doch jede Menge Wendepunkte geben! Stimmt das? Wo liegen die Wendepunkte? Was ist, wenn bei g der Faktor $\frac{1}{2}$ durch eine andere Zahl ersetzt wird?*

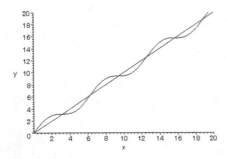

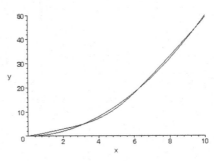

Abb. 8.21: Wo sind die Wendepunkte?

Zu Beginn dieses Teilkapitels wurde ein Radfahrer betrachtet, der Rechts- und Linkskurven fährt. Bei fixiertem Lenker fährt er auf einer Kreisbahn. Eine nahe liegende und „optisch" zufrieden stellende Lösung, um von einer geraden Strecke in eine Kurve überzugehen, ist das Aneinanderhängen einer Strecke und eines Kreisteils wie in Abb. 8.22.

Abb. 8.22: Rechtskurve

Eine zum Graphen in Abb. 8.22 passende Funktion ist stetig und differenzierbar; eine zugehörige Funktionsgleichung wäre nach Koordinatisierung der Situation leicht erstellt. Versetzen wir uns aber nochmals in die Sicht des Radfahrers: Auf dem Geradenstück hält er den Lenker in Mittelstellung fest, im Kreisteil muss er mit konstanten Ausschlag nach rechts lenken; also müsste er an der Übergangsstelle ruckartig den Lenker herumreißen, was der Verkehrssicherheit kaum dienlich wäre. Tatsählich bewegt man den Lenker gleichmäßig von der Mittelstellung in die Stellung für die Rechtskurve und vermeidet so den *Krümmungsruck*. Wie können wir dieses Problem des krümmungsruckfreien Übergangs von zwei Graphenstückchen mathematisch beschreiben?

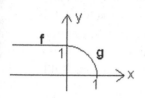

Abb. 8.23: Rechtskurve „mathematisch gesehen"

Betrachten wir den obigen „Krümmungsruck" durch die „mathematische Brille" (Abb. 8.23): Die Funktion f mit $f(x) = 1$ beschreibt das Geradenstückchen. Der Kreisteil möge zum Kreis mit der Gleichung $x^2 + y^2 = 1$ gehören, die Funktion g hat also die Gleichung $g(x) = \sqrt{1 - x^2}$. Daraus setzen wir die (augenscheinlich stetige und vermutlich auch differenzierbare) Funktion h zusammen:

$$h(x) = \begin{cases} f(x) & \text{für } x < 0 \\ g(x) & \text{für } x \in [0;1[\end{cases} = \begin{cases} 1 & \text{für } x < 0 \\ \sqrt{1 - x^2} & \text{für } x \in [0;1[. \end{cases}$$

Für die Untersuchung des Krümmungsverhaltens an der Übergangsstelle $P = (0|1)$ benötigen wir die ersten beiden Ableitungen. Für f und g gilt:

$$f'(x) = f''(x) = 0; \; g'(x) = \frac{-x}{\sqrt{1 - x^2}}; \; g''(x) = \frac{-1}{\left(\sqrt{1 - x^2}\right)^3}.$$

Auftrag: *Verifizieren Sie, dass wir richtig abgeleitet haben!*

Aus den ersten beiden Ableitungen für f und g können wir die ersten beiden Ableitungen von h zusammensetzen, wobei wir die Übergangsstelle $x = 0$ besonders untersuchen müssen. Da sowohl die linksseitige als auch die rechtsseitige Ableitung von h für $x = 0$ den Wert 0 annehmen, ist h auch an dieser Stelle differenzierbar und die Ableitung ist sogar wieder stetig (h also stetig differenzierbar). Wie aber sieht es mit der zweiten Ableitung an der Übergangsstelle aus?

Die linksseitige Ableitung der ersten Ableitung ist an dieser Stelle wieder 0, während die rechtsseitige Ableitung gleich -1 ist. Die aus f und g zusammengesetzte Funktion h ist zwar stetig differenzierbar, ihre Ableitung aber an der Stelle 0 nicht differenzierbar, h ist hier also nicht zweimal differenzierbar. Das bedeutet, dass sich zwar die Tangente an der Übergangsstelle gleichmäßig („lokal linear") verhält, nicht aber die Krümmung, also die Änderung der Tangentensteigung. Diese „Sprungstelle" der 2. Ableitung[8] ist der Krümmungsruck und dieser ist bei vernünftigen „Fahrspuren" tunlichst zu vermeiden. Bei einer Straße wäre dieser theoretisch beobachtete Krümmungsruck nicht so schlimm: Ein Autofahrer – und

---

[8] Genauer: h ist an der Stelle 0 nicht zweimal differenzierbar.

erst recht ein Radfahrer – wird wegen der Breite der Straße bei angemessener Geschwindigkeit in der Lage sein, „langsam einzulenken" und so den Krümmungsruck zu vermeiden. Bei schienengebunden Fahrzeugen sieht dies allerdings anders aus (vgl. Beispiel 8.7).

Jetzt ist klar, welche mathematischen Anforderungen eine krümmungsruckfreie Verbindung zweier Funktionsgraphen gewährleisten: Die Stetigkeit an der Stelle a ist trivialerweise erforderlich (sonst verlässt der Verkehrsteilnehmer notwendig die Fahrstrecke.). Ebenfalls ist die Differenzierbarkeit nötig, da man keine Ecken fahren kann. Aber die Änderung der Richtung, also die Änderung der Tangenten, muss auch gleichmäßig geschehen, d. h. die Ableitung muss differenzierbar sein. Zusammengefasst: Die Funktion muss auch an der Verbindungsstelle zweimal differenzierbar sein. Wir formulieren dieses Ergebnis als

Satz 8.10 (Krümmungsruckfreie Verbindungsstelle zweier Graphen)
Die Funktion f sei definiert durch

$$f(x) = \begin{cases} g(x) & \text{für } x < a \\ h(x) & \text{für } x \geq a. \end{cases}$$

Dabei seien die Funktionen g und h (mindestens) zweimal differenzierbar. Wenn auch f zweimal differenzierbar ist, so ist der Graph an der Stelle a (und auch sonst überall) krümmungsruckfrei. Wenn diese Verbindung an der Stelle a der Übergang von einer Rechts- in eine Linkskurve (oder umgekehrt) ist, so ist der Punkt $(a|f(a))$ ein Wendepunkt und die zweite Ableitung an der Stelle a ist Null.

□

Bisher haben wir Monotonie und Extrempunkte einerseits und Krümmung und Wendepunkte andererseits „gleichrangig" mit den Methoden der Differenzialrechnung untersucht. Schauen wir von einem etwas höheren Standpunkt auf die Situation. Wir haben uns bisher ausschließlich mit Kurven, die Graphen von Funktionen sind, beschäftigt. Das ist natürlich eine beschränkte Sicht, so sind weder Parallelen zur y-Achse noch (ganze) Kreise noch Spiralen Funktionsgraphen, obwohl sie sicher Kurven sind. In der allgemeinen Sicht von Kurven (auf die wir hier ansonsten leider nicht näher eingehen können, vgl. 2.4.7) sind Wendepunkte vor Extrempunkten ausgezeichnet: Die Monotonie in einem Intervall und die Eigenschaft eines Punktes, Hochpunkt einer Kurve zu sein, hängen vom Koordinatensystem ab. Die Eigenschaft eines Punktes, Wendepunkt zu sein, hat aber etwas mit Krümmung und ihrem Wechsel zu tun und ist unabhängig vom Koordinatensystem und nur eine Eigenschaft der Kurve.

Beispiel 8.7 (Eine Schienenverbindung)
Zwei wie in Abb. 8.24 parallel verlaufende Schienenstücke müssen durch eine geeignete Schienenführung verbunden werden (stellen Sie sich als Szenario vor, eine Übergangsmöglichkeit zwischen zwei parallelen Straßenbahnschienen soll gebaut werden).

Auftrag: *Machen Sie Lösungsvorschläge! Nehmen Sie ggf. für a und b geeignete Werte an.*

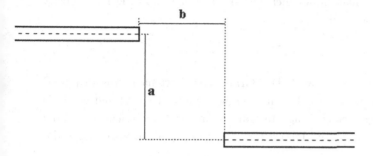

Abb. 8.24: Schienenverbindung

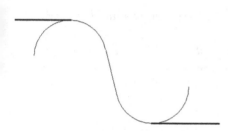

Abb. 8.25: Erster Entwurf

Zuerst wird man vermutlich graphische Ansätze etwa wie Abb. 8.25 machen. Eine gute Idee ist es, die Symmetrie der Situation für einen Funktionsansatz zu nutzen. Eine Sinuskurve könnte passen, oder einfacher eine Polynomfunktion? Oft wird eine Polynomfunktion vom Grad 3, die im allgemeinen Fall ja einen scheinbar passenden Graphen hat, vorgeschlagen.

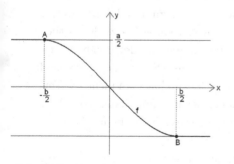

Abb. 8.26: Koordinatisierung des Trassenproblems

Die Extrempunkte dieser Funktion könnten dann die Übergangspunkte A und B in Abb. 8.26 sein. Dort ist schon ein problemangepasstes Koordinatensystem angelegt worden, das insbesondere die Symmetrie der Situation ausnutzt. Wenn man aber an die Bedingung von Satz 8.10 für eine krümmungsruckfreie Verbindung denkt, so verwirft man die Idee der Polynomfunktion vom Grad 3 sofort.

Zwar passt der Graph optisch gut mit A und B als Hoch- und Tiefpunkt; die Bedingung mit der zweiten Ableitung kann aber nie erfüllt werden: Das Geradenstückchen links von A hat an der Stelle $-\frac{b}{2}$ die linksseitige zweite Ableitung Null, dasselbe müsste für die rechtsseitige zweite Ableitung des Polynomstückchens gelten. Die ganzrationale Funktion dritten Grades müsste also zwei Stellen mit waagerechter Tangente und Wendepunkt haben; solche Wendepunkte mit waagerechter Tangente nennt man *Sattelpunkte*. Bei Polynomfunktionen vom Grad 3 gibt

es höchstens einen Sattelpunkt! Wegen der Symmetrie zum Nullpunkt kommen
nur Polynomfunktionen ungeraden Grades vor, die nur x-Glieder mit ungeradem
Exponenten haben. Die nächste Mölgichkeit ist also der Grad 5. Der zugehörige
Ansatz ist eine Funktion f mit

$$f(x) = r \cdot x^5 + s \cdot x^3 + t \cdot x$$

mit den drei Parametern r, s und t. Der Graph von f ist nach Ansatz punkt-
symmetrisch zum Ursprung, zusätzlich müssen die Punkte $A(\frac{-b}{2}|\frac{a}{2})$ und $B(\frac{b}{2}|\frac{-a}{2})$
Wendepunkte mit waagerechter Tangente sein. Wenn wir dies erreichen, wird der
Krümmungsruck vermieden. Die Parameter r, s und t müssen also so gewählt
werden, dass gilt:

1. $f(\frac{-b}{2}) = \frac{a}{2}$ 2. $f'(\frac{-b}{2}) = 0$ 3. $f''(\frac{-b}{2}) = 0$.

Dies führt auf ein lineares Gleichungssystem für die Variablen r, s und t. $\triangle$

Aufgabe 8.8 *Lösen Sie dieses lineare Gleichungssystem! Sie können zunächst für
a und b spezielle Zahlwerte annehmen. Dann sollten Sie aber das Problem auch
allgemein für a, b $\in \mathbb{R}$ lösen und dann diskutieren, was a = 0 oder b = 0 und was
negative Werte von a bzw. b bedeuten.*

Weitere Aufgaben zu diesem Kontext findet man bei Henn (1997). Ein dort be-
handelter, interessanter Kontext ist der Bau von Autobahnkreuzen. Dass man
früher nicht immer sorgfältig auf die Vermeidung des Krümmungsrucks geachtet
hat, merkt man in Bahnhöfen mit altem Schienennetz, das zum Teil aus Geraden-
und Kreisstückchen konstruiert war. Beim Wechsel von Geraden- zu Kreisstück
ist der Krümmungsruck deutlich zu spüren. Wenn Sie eine Modelleisenbahn haben, so können Sie dies ebenfalls beobachten. Man setzt ein Schienenoval aus zwei
Halbkreisen und zwei Geraden zusammen, andere Schienen hat man nicht zur Verfügung. Wenn man nun seinen Zug immer schneller herum fahren lässt, so fällt er
irgendwann von den Schienen. Schauen Sie genau hin, es ist immer beim Übergang
von der Geraden zum Kreis.

Die obigen Ansätze zur Vermeidung des Krümmungsrucks sollte man heutzutage
nicht mehr als besonderes realitätsnah (über-)bewerten. In der Realität müssen die
Ingenieure, die Straßen und Gleistrassen entwerfen, sorgfältig auf die Krümmung
achten. Man verwendet aber in der Regel eine Kurve namens Klothoide (vgl.
Schupp & Dabrock (1995), S. 190).

Bisher haben wir die Krümmung in qualitativer Sicht mit den Ausprägungen
„rechtsgekrümmt", „linksgekrümmt" und „geradlinig" betrachtet. Bei der Vor-
überlegung aus der Sicht eines Radfahrers, der eine Kreisbahn oder geradeaus
fährt, wurde die Krümmung quantitativ durch den Radius dieses Kreises bestimmt. Von der Anschauung, dass ein Kreis mit kleinerem Radius r eine größere

Krümmung hat, kann man ausgehen und den reziproken Wert $\rho = \frac{1}{r}$ als Krümmungsmaß für Kreise oder Kreisbögen definieren. Für eine Gerade wird anschaulich das Krümmungsmaß Null festgelegt (gedanklich passend zum Grenzübergang $r \to \infty$).

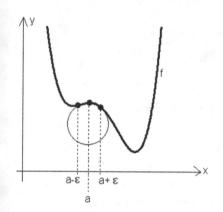

Abb. 8.27: Krümmungskreis

Wie kann man aber die quantitative Krümmung bei einer beliebigen Funktion festlegen? Abb. 8.27 zeigt die nahe liegende, von den Tangenten her verallgemeinerte Idee.

Die Tangente an einem Punkt ist die optimale lineare Näherung des Funktionsgraphen durch ein Geradenstückchen. Nun nähern wir den Funktionsgraphen an der Stelle a „optimal" durch ein Kreisstückchen an, indem wir zuerst einen Kreis durch die drei Punkte $A(a|f(a))$, $B(a - \varepsilon|f(a - \varepsilon))$ und $C(a + \varepsilon|f(a + \varepsilon))$ zeichnen. Dieser Kreis habe den Radius $r(a, \varepsilon)$. Wenn nun der Grenzwert von $r(a, \varepsilon)$ für $\varepsilon \to 0$ existiert, so nennen wir diesen Grenzwert den *Krümmungskreisradius* an der Stelle a und seinen Kehrwert die *Krümmung* $\rho(a)$ von f an der Stelle a. Wenn dieser Grenzwert existiert, so haben wir für die Funktion f neben der Ableitung f' für die beste „lineare Näherung" die Krümmungsfunktion ρ für die beste „Kreis-Näherung" (vgl. Henn (1997), S. 89 f).

8.1.3 Bogenlänge

Geometrische Problemstellungen haben – wie wir an verschiedenen Stellen dieses Buchs bemerkt haben – ganz wesentlich mit zur Entwicklung der Differenzial- und Integralrechnung beigetragen. Mithilfe der Integralrechnung können wir u. a. Flächeninhalte bestimmter krummlinig berandeter Flächen berechnen. Möchte wir jedoch Längen berechnen, so stehen uns bisher nur die elementargeometrischen Möglichkeiten für Strecken und Kreisbögen zur Verfügung. Es gibt jedoch auch die Möglichkeit, mit Methoden der Analysis die Länge von Kurven zu bestimmen. Bei den entsprechenden Betrachtungen beschränken wir uns hier auf Kurven, die Graphen von Funktionen sind, wobei die Funktionen in einem noch zu präzisierendem Sinn „vernünftig" sein müssen.

Abb. 8.28 zeigt eine dick gezeichnet Kurve, der wir ganz naiv eine Länge zuschreiben können: Wir können beispielsweise die Kurve durch ein Schnurstückchen nachlegen, dann das Schnurstückchen gerade ziehen und seine Länge messen. Ähnlich anschaulich ist die Messung einer krummen Linie mit den Messrädchen, die man vor der Verfügbarkeit entsprechender Computerprogramme zur Messung von

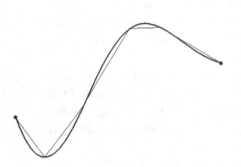

Abb. 8.28: Approximation   **Abb. 8.29:** Messrädchen

Wegen auf Landkarten verwendet hat (Abb. 8.29). Für die Mathematisierung der Messung ersetzen wir in einem ersten Schritt die Kurve durch einen Polygonzug (dünne Linie in Abb.8.28), dessen Länge die Summe der Längen der einzelnen Strecken und damit ein Näherungswert für die gesuchte Länge der Kurve ist.

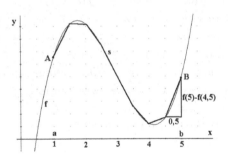

Es ist nahe liegend, dass die Approximation der Kurve durch einen Polygonzug umso besser wird, je mehr und je kürzere Geradenstückchen verwendet werden. Wenn die Kurve der Graph einer Funktion f ist, so können wir die Idee präzisieren (Abb. 8.30): Gesucht ist die Länge des Graphen von f zwischen den Punkten $A(a|f(a))$ und $B(b|f(b))$ mit $a = 1$ und $b = 5$; man spricht hierbei von der Bogenlänge.

Abb. 8.30: Länge des Polygonzugs

In Schritten von 0,5 ersetzt man nun den Graphen durch den dick eingezeichneten Polygonzug[9]. Die Länge einer Teilstrecke berechnet sich mithilfe des Satzes von Pythagoras; das entsprechende rechtwinklige Dreieck ist für die letzte Strecke eingezeichnet. Die Gesamtlänge s des Polygonzugs ist also die entsprechende Summe:

$$s = \sum_{i=1}^{8} \sqrt{(f(1 + i \cdot 0{,}5) - f(1 + (i-1) \cdot 0{,}5))^2 + 0{,}5^2}.$$

Diese Idee ist leicht verallgemeinerbar: Gesucht ist die Bogenlänge des Graphen von f zwischen $A(a|f(a))$ und $B(b|f(b))$ mit $a < b$. Man teilt die Länge $b - a$

---

[9]Bei einer konkreten Näherungsberechnung würde man bei großer Krümmung kürzere, bei kleiner Krümmung längere Schritte machen – eine äquidistante Einteilung ist aber oft für folgende Rechnungen komfortabler. Hier werden wir ohnedies auf eine *Riemann'sche Summe* stoßen.

in n äquidistante Stückchen der Länge $\Delta x = \frac{b-a}{n}$. Dann ist die Länge s des entsprechenden Polygonzugs eine Näherung für die (bisher nur anschaulich gedachte) Bogenlänge:

$$s = \sum_{i=1}^{n} \sqrt{(f(a + i \cdot \Delta x) - f(a + (i - 1) \cdot \Delta x))^2 + \Delta x^2}.$$

Wenn n vergrößert wird, so wird die Approximation besser, der Grenzübergang von $n \to \infty$ müsste dann gerade die gewünschte Bogenlänge liefern. Diesen Grenzübergang können wir aber unter geeigneten Voraussetzungen über die Funktion f bestimmen! Hierfür formen wir die Summe s um, indem wir zuerst aus der Summe Δx ausklammern, was wegen $\Delta x > 0$ problemlos geht:

$$s = \sum_{i=1}^{n} \sqrt{\left(\frac{(f(a + i \cdot \Delta x) - f(a + (i - 1) \cdot \Delta x)}{\Delta x} \right)^2 + 1} \cdot \Delta x.$$

Diesen Term interpretieren wir jetzt geeignet: Wenn die Funktion f differenzierbar ist, so können wir – wie in Abb. 8.31 dargestellt – nach dem Mittelwertsatz der Differenzialrechnung eine Zahl ξ_i zwischen $a + (i - 1) \cdot \Delta x$ und $a + i \cdot \Delta x$ finden mit

$$\frac{(f(a + i \cdot \Delta x) - f(a + (i - 1) \cdot \Delta x)}{\Delta x} = f'(\xi_i).$$

Damit können wir die Summe s schreiben als

$$s = \sum_{i=1}^{n} \sqrt{(f'(\xi_i))^2 + 1} \cdot \Delta x$$

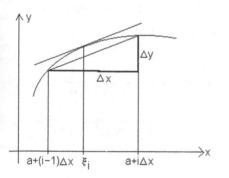

Abb. 8.31: Mittelwertsatz

Diese letzte Darstellung ist aber eine Riemann'sche Summe für die Funktion $\sqrt{(f'(x))^2 + 1}$. Wenn wir nun noch voraussetzen, dass die Ableitung f' stetig ist, dann ist diese Funktion integrierbar, und wir erhalten für $\Delta x \to 0$ das Integral

$$B = \int_{a}^{b} \sqrt{(f'(x)^2 + 1)} \, dx$$

als Grenzwert. Die Länge s des Polygonzugs ist stets definiert und ist anschaulich ein Näherungswert für die Bogenlänge (wobei dieser Begriff mathematisch noch gar nicht definiert worden ist). Durch das Ergebnis, dass unter den gegebenen Voraussetzungen der Grenzwert B existiert, ist es nahe liegend, diesen Grenzwert als Bogenlänge zu definieren! Damit haben wir das folgende Ergebnis gewonnen:

Satz 8.11 (Bogenlänge bei Funktionsgraphen)

Die Funktion f sei im Intervall $[a, b]$ stetig differenzierbar. Dann existiert der Grenzwert B der Polygonzuglänge

$$s = \sum_{i=1}^{n} \sqrt{(f(a + i \cdot \Delta x) - f(a + (i-1) \cdot \Delta x))^2 + \Delta x^2}$$

für $\Delta x \to 0$, und es gilt $B = \int\limits_a^b \sqrt{(f'(x)^2 + 1)}\, dx$. Dieser Wert B heißt „Bogenlänge des Graphen von f" zwischen den Punkten $(a|f(a))$ und $(b|f(b))$.   □

Die schöne Formel darf allerdings nicht darüber hinweg täuschen, dass eine Darstellung der Bogenlänge durch elementare Funktionen in der Regel nicht möglich ist. Allerdings kann man mit dieser Formel beliebig genaue Näherungswerte für die Bogenlänge numerisch berechnen.

Beispiel 8.8 (Bogenlänge beim Kreis)

Wir wissen, dass ein Kreis vom Umfang r den Umfang $2 \cdot r \cdot \pi$ hat. Zur Demonstration unserer Formel für die Bogenlänge bestimmen wir mit ihr die Länge $B = \frac{1}{4} \cdot r \cdot \pi$ des Achtelkreises, den wir als Kurvenstück der Funktion f mit $f(x) = \sqrt{r^2 - x^2}$ zwischen 0 und $a = \frac{r}{\sqrt{2}}$ darstellen (Abb. 8.32). In diesem Bereich ist f stetig differenzierbar und unser Integral elementar integrierbar:

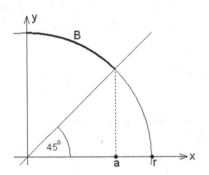

Wegen $f'(x) = \frac{-x}{\sqrt{r^2 - x^2}}$ gilt zunächst $\sqrt{(f'(x))^2 + 1} = \frac{r}{\sqrt{r^2 - x^2}}$ und weiter $B = \int\limits_0^a \frac{r}{\sqrt{r^2 - x^2}}\, dx$. Mit der Substitution $x = r \cdot \sin(t)$, also $dx = r \cdot \cos(t) dt$, gilt

$$\frac{r}{\sqrt{r^2 - x^2}} = \frac{r}{\sqrt{r^2 - r^2 \cdot \cos(t)^2}}$$

$$= \frac{1}{\sqrt{1 - \cos(t)^2}} = \frac{1}{\sin(t)}.$$

Abb. 8.32: Bogenlänge des Achtelkreises

Jetzt können wir integrieren:

$$B = \int\limits_0^a \frac{r}{\sqrt{r^2 - x^2}}\, dx = \int\limits_0^{\frac{\pi}{4}} \frac{r \cdot \cos(t)}{\cos(t)}\, dt = [r \cdot t]_0^{\frac{\pi}{4}} = \frac{r \cdot \pi}{4}.$$

Sie sehen, schon dieses einfache – und vor allem schon bekannte – Beispiel ist recht kompliziert.   △

Nach derselben Methode könnte man auch versuchen, den Umfang einer Ellipse zu bestimmen. Die Funktion g mit $g(x) = \frac{b}{a} \cdot \sqrt{a^2 - x^2}$ stellt den oberen Teil der Ellipse mit den Halbachsen a und b dar. Dies sieht auf den ersten Blick genauso einfach wie beim Kreis aus, ist aber ungeheuer viel schwieriger: Die entsprechende Bestimmung der Bogenlänge führt auf die so genannten *elliptischen Integrale*. Diese Integrale lassen sich im Allgemeinen nicht durch elementare Funktionen darstellen; sie spielen in vielen Gebieten der Mathematik eine wichtige Rolle[10].

Unseren Weg zur Bestimmung der Bogenlänge könnte man am Ende unserer Überlegungen zu Rotationsvolumina in Abschnitt 8.2.2 ausbauen und eine Methode skizzieren, mit der sich die Mantelfläche von Rotationskörpern bestimmen lässt. Auf eine differenzierte Darstellung dieses Wegs verzichten wir hier.

8.1.4   Exponential- und Logarithmusfunktion

In Abschnitt 2.4.3 hatten wir Realsituationen vorgestellt, die sich angemessen durch Exponential- und Logarithmusfunktionen beschreiben lassen. Mithilfe von Intervallschachtelungen sind wir dann in Abschnitt 4.2.5 – ausgehend von einer verallgemeinerten Zinseszinssituation – auf die (transzendente) Euler'sche Zahl e als Grenzwert einer spezifischen Folge gestoßen. Daran werden wir nun anknüpfen und Exponential- und Logarithmusfunktionen mit Mitteln der Differenzial- und Integralrechnung weiter untersuchen; dabei werden wir auch eine besondere Bedeutung der Zahl e entdecken.

Während beim linearen Wachstum (vgl. 2.4.1) die Ableitung, d. h. die lokale Änderungsrate gleich der mittleren Änderungsrate a ist und eine Stammfunktion durch $F(x) = \frac{1}{2} \cdot a \cdot x^2 + b \cdot x$ gegeben ist, müssen wir bei Exponential- und Logarithmusfunktionen genauer hinschauen, um Ableitung und Integral explizit angeben zu können.

Aufgabe 8.9 *Die Funktionsgraphen von* $\exp_2$ *und* $\log_2$ *in den Abbildungen 8.33 und 8.34 finden Sie auf den Internetseiten zu diesem Buch (*`http://www.elementare-analysis.de/`*) auch als größere Druckvorlagen. Versuchen Sie jeweils, durch „graphisches Ableiten" (vgl. 3.1.3) die Ableitungsfunktion in dasselbe Koordinatensystem zu zeichnen.*

Die Ableitungen von Exponential- und Logarithmusfunktionen

Die Abbildungen 8.33 und 8.34 zeigen die Graphen der Funktionen $\exp_2$ bzw. $\log_2$, zu denen Sie die Ableitungen graphisch bestimmen sollten. Wir werden uns

---

[10] Übrigens ist dagegen der Flächeninhalt einer Ellipse elementar aus dem Flächeninhalt des Kreises ableitbar: Die Ellipse mit den Halbachsen a und b hat den Flächeninhalt $a \cdot b \cdot \pi$.

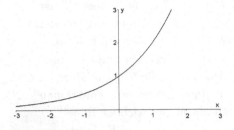

Abb. 8.33: Graph von $\exp_2$ **Abb. 8.34:** Graph von $\log_2$

nun zunächst auf die Exponentialfunktionen konzentrieren und aus den dabei gewonnenen Resultaten später auch die Ableitungen von Logarithmusfunktionen gewinnen. Wenn man – wie bei der obigen Aufgabe – zu einer gegebenen Exponentialfunktion den Graphen der Ableitung einzeichnet, so scheint dies wieder eine Exponentialfunktion zu sein. Diese Beobachtung nehmen wir als Ausgangspunkt und formulieren die Hypothese: Die Ableitung einer Exponentialfunktion ist wieder eine Exponentialfunktion mit Gleichung $f'(x) = c \cdot b^x$. Diese Vermutung werden wir beweisen und dabei erneut (und fast automatisch) auf die Euler'sche Zahl e stoßen. Wir gehen nach dem Schema in Abb. 8.35 vor.

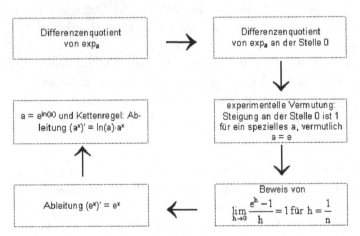

Abb. 8.35: Herleitung der Ableitung von Exponentialfunktionen

Mit Blick auf unser Ziel, die Ableitung von Exponentialfunktionen zu bestimmen, beginnen wir – ganz nahe liegend – mit dem Differenzenquotienten der Funktion $f = \exp_a$. Dieser lässt sich erfreulicher Weise mithilfe der Rechenregeln für Potenzen in eine sehr aussagekräftige Form bringen: Für $\Delta x = h \neq 0$ gilt

$$\frac{\Delta y}{\Delta x} = \frac{f(x+h) - f(x)}{h} = \frac{a^{x+h} - a^x}{h} = a^x \cdot \frac{a^h - 1}{h} \left(= a^x \cdot \frac{a^{0+h} - a^0}{h} \right).$$

Der Differenzenquotient an der beliebigen Stelle x ist also das Produkt des Funktionswertes $f(x) = a^x$ und des Differenzenquotienten an der speziellen Stelle 0. Dies bedeutet, dass f genau dann für alle $x \in \mathbb{R}$ differenzierbar ist, wenn f an der Stelle 0 differenzierbar ist. Wenn dies der Fall ist, dann gilt $f'(x) = f'(0) \cdot f(x)$. Wir müssen also zunächst für $h \neq 0$ den Grenzwert von $\frac{a^h - 1}{h}$ für $h \to 0$ untersuchen.

Um ein Gefühl für diesen Grenzwert zu bekommen, bieten sich zunächst wieder numerische Experimente an. Mithilfe einer Tabellenkalkulation berechnen wir mit dem kleinen $h = 0{,}01$ den Differenzenquotienten, also die Steigung $m_a = \frac{a^{0,01} - 1}{0,01}$ der Sekanten in Abb. 8.36 für einige Werte der Basis a.

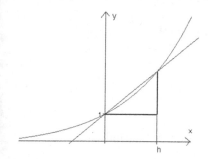

B5	▼	f_x =(A5^B$1-1)/B$1
	A	B	C
1	Schrittweite	0,01	
2			
3	a	Steigung	
4	1	0	
5	1,5	0,40628823	
6	2	0,69555501	
7	2,5	0,92050153	
8	3	1,10466919	
9	3,5	1,26064292	
10	4	1,39594798	

Abb. 8.36: Differenzenquotient an der Stelle 0

Abb. 8.37: Differenzenquotienten für $h = 0{,}01$

Dem Tabellenblatt in Ab. 8.37 kann man entnehmen, dass die Steigung der Sekanten mit wachsendem a ebenfalls zunimmt. Zwischen 2,5 und 3 müsste ein Wert von a liegen, für den die fragliche Steigung $m_a = 1$ ist. Genauere Untersuchung mit der Tabellenkalkulation (Abbildungen 8.38 und 8.39) führen zur Vermutung, dass dies gerade für die Euler'sche Zahl $e = 2{,}71\ldots$ gilt, die wir in Abschnitt 4.2.5 studiert hatten.

B5	▼	f_x =(A5^B$1-1)/B$1
	A	B	C
1	Schrittweite	0,01	
2			
3	a	Steigung	
4	2,5	0,92050153	
5	2,6	0,96009103	
6	2,7	0,99820089	
7	2,8	1,03493824	
8	2,9	1,07039895	
9	3	1,10466919	
10	3,1	1,13782667	

Abb. 8.38: Verschiedene a

B5	▼	f_x =(A5^B$1-1)/B$1
	A	B	C
1	Schrittweite	0,01	
2			
3	a	Steigung	
4	2,70	0,99820089	
5	2,71	1,00193472	
6	2,72	1,00565494	
7	2,73	1,00936164	
8	2,74	1,01305493	
9	2,75	1,01673489	
10	2,76	1,02040163	

Abb. 8.39: Verschiedene a

Wenn das stimmt, so hat die spezielle Exponentialfunktion $\exp_e : x \mapsto e^x$ bei Null die Ableitung 1. Wegen der voranstehenden Überlegungen würde dann für die e-Funktion sogar $(e^x)' = e^x$ gelten – und die Rolle der Zahl e als besonders ausgezeichnete Basis wäre gezeigt.

Die Euler'sche Zahl e hatten wir als Grenzwert $e = \lim_{n \to \infty} \left(1 + \frac{1}{n}\right)^n$ gewonnen. Für den Beweis hatten wir die Intervallschachtelung

$$a_1 < a_2 < a_3 < \ldots < e < \ldots < b_3 < b_2 < b_1$$

mit den Intervallgrenzen $a_n = \left(1 + \frac{1}{n}\right)^n$ und $b_n = \left(1 + \frac{1}{n}\right)^{n+1}$ verwendet. Dies verwenden wir, um den fraglichen Grenzwert $\lim\limits_{h \to 0} \frac{e^h - 1}{h}$ für die spezielle Nullfolge $h = \frac{1}{n}$ zu untersuchen. Durch einige algebraische Umformungen kommen wir von der Intervallschachtelung für e zu einer Abschätzung für $\frac{e^{\frac{1}{n}} - 1}{\frac{1}{n}}$. Für $n > 1$ gilt

$$1 < a_n = \left(1 + \frac{1}{n}\right)^n < e < b_{n-1} = \left(1 + \frac{1}{n-1}\right)^n.$$

Durch Potenzieren dieser Ungleichungskette mit $\frac{1}{n} > 0$ folgt

$$1 + \frac{1}{n} < e^{\frac{1}{n}} < 1 + \frac{1}{n-1}.$$

Jetzt wird von jedem Term 1 subtrahiert und dann mit n multipliziert (beides sind Äquivalenzumformungen):

$$\frac{1}{n} = \left(1 + \frac{1}{n}\right) - 1 < e^{\frac{1}{n}} - 1 < \left(1 + \frac{1}{n-1}\right) - 1 = \frac{1}{n-1},$$

$$1 = \frac{1}{n} \cdot n < \frac{e^{\frac{1}{n}} - 1}{\frac{1}{n}} < \frac{1}{n-1} \cdot n = \frac{n}{n-1}.$$

Nun ist der fragliche Differenzenquotient mit $h = \frac{1}{n}$ eingeschachtelt: auf der linken Seite von 1 und auf der rechten Seite von $\frac{n}{n-1}$. Daher können wir den Grenzwert für $h \to 0$ bilden, was hier gleichbedeutend mit $n \to \infty$ ist:

$$1 = \lim_{n \to \infty} 1 \leq \lim_{n \to \infty} \frac{e^{\frac{1}{n}} - 1}{\frac{1}{n}} \leq \lim_{n \to \infty} \frac{n}{n-1} = 1.$$

Mit diesem Ergebnis können wir den folgenden Satz formulieren und beweisen.

Satz 8.12 (Ableitung der Exponential- und Logarithmusfunktionen)
1. Die e-Funktion $\exp_e$ mit $\exp_e(x) = e^x$ ist in ganz $\mathbb{R}$ differenzierbar, und es gilt $(e^x)' = e^x$.
2. Die Exponentialfunktion $\exp_a$ mit $\exp_a(x) = a^x$, $a > 0$, $a \neq 1$, ist in ganz $\mathbb{R}$ differenzierbar, und es gilt $(a^x)' = \ln(a) \cdot a^x$.
3. Der natürliche Logarithmus $\ln$ ist in $\mathbb{R}^+$ differenzierbar, und es gilt $\ln'(x) = \frac{1}{x}$.
4. Die Logarithmusfunktion $\log_a$, $a > 0$, $a \neq 1$, ist in $\mathbb{R}^+$ differenzierbar, und es gilt $\log_a'(x) = \frac{1}{\ln(a) \cdot x}$.

$\square$

Beweis
1. Diese Aussage haben wir gerade (fast) bewiesen, allerdings hatten wir beim Übergang vom Differenzenquotienten zum Differenzialquotienten nur die spezielle Nullfolge $h = \frac{1}{n}$ betrachtet. Diese Lücke muss hier offen bleiben.

2. Zunächst formen wir mit der Darstellung $a = e^{\ln(a)}$ den Funktionsterm zu $a^x = \left(e^{\ln(a)}\right)^x = e^{\ln(a)\cdot x}$ um. Mit der Kettenregel (Satz 5.5) folgt dann wie behauptet

$$(a^x)' = \ln(a) \cdot e^{\ln(a)\cdot x} = \ln(a) \cdot a^x$$

3. Für alle positiven x gilt die Gleichung $e^{\ln(x)} = x$. Ableiten auf beiden Seiten ergibt wieder mit der Kettenregel

$$\left(e^{\ln(x)}\right)' = \left(e^{\ln(x)}\right) \cdot \ln'(x) = 1, \text{ also } \ln'(x) = \frac{1}{x}.$$

4. Nach den Logarithmenregeln gilt $\ln(x) = \ln(a) \cdot \log_a(x)$. Damit folgt

$$\log_a'(x) = \left(\frac{1}{\ln(a)} \cdot \ln(x)\right)' = \frac{1}{\ln(a)} \cdot \frac{1}{x} = \frac{1}{\ln(a) \cdot x}.$$

∎

Man kann die Ableitung der Logarithmusfunktionen auch auf anderem Wege aus der Ableitung der Exponentialfunktionen gewinnen: Die geometrische Tatsache, dass Funktion und Umkehrfunktion Graphen haben, die symmetrisch zur ersten Winkelhalbierenden sind (vgl. S. 49), führt zu einem einfachen algebraischen Zusammenhang ihrer Ableitungen. Die entsprechende „Umkehrregel" werden wir im Abschnitt 8.2.3 benötigen und dort entwickeln.

Für die Potenzfunktion f mit $f(x) = x^n$ hatten wir die Ableitungsregel $f'(x) = n \cdot x^{n-1}$ bewiesen. Der Exponent n musste allerdings ganzzahlig sein. Jetzt können wir diese Regel sogar für reelle Exponenten beweisen:

Satz 8.13 (Ableitung der allgemeinen Potenzfunktion)

Die für $x > 0$ definierte allgemeine Potenzfunktion f mit $f(x) = x^r$ mit $r \in \mathbb{R}$ hat für $x > 0$ die Ableitung $f'(x) = r \cdot x^{r-1}$. □

Beweis

Der Beweis folgt direkt aus unseren obigen Resultaten und den bekannten Ableitungsregeln (vgl. 5.2), wenn man x^r anders schreibt: Mit $x^r = \left(e^{\ln(x)}\right)^r = e^{\ln(x)\cdot r}$ gilt

$$(x^r)' = \left(e^{\ln(x)\cdot r}\right)' = e^{\ln(x)\cdot r} \cdot r \cdot \frac{1}{x} = x^r \cdot \frac{r}{x} = r \cdot x^{r-1}.$$

∎

Stammfunktionen für Exponential- und Logarithmusfunktionen

Auf der Basis unserer Resultate über die Ableitungen und unserer Erkenntnisse in den Kapiteln 5 bis 7 folgt direkt der Beweis für diejenigen Stammfunktionen, die im folgenden Satz angegeben werden. Dabei sei wieder $a > 0$ und $a \neq 1$.

Satz 8.14 (Stammfunktionen für $\exp_a$ und $\log_a$)

1. Für alle $x \in \mathbb{R}$ ist e^x Stammfunktion von e^x und $\frac{1}{\ln(a)} \cdot a^x$ Stammfunktion von a^x.

2. Für alle $x \in \mathbb{R}^+$ ist $x \cdot \ln(x) - x$ Stammfunktion von $\ln(x)$ und $x \cdot \log_a(x) - \frac{x}{\ln(a)}$ Stammfunktion von $\log_a(x)$.

$\square$

Beweis

1. Da die e-Funktion ihre eigene Ableitungsfunktion ist und wegen $a^x = e^{\ln(a) \cdot x}$ folgt die Behauptung unmittelbar.

2. Für den natürlichen Logarithmus verwenden wir die partielle Integration und schreiben mit $\ln(x) = 1 \cdot \ln(x) = f'(x) \cdot g(x)$, also $f(x) = x$ und $g(x) = \ln(x)$:

$$\int \ln(t)dt = \int 1 \cdot \ln(t)dt = x \cdot \ln(x) - \int t \cdot \frac{1}{t}dt = x \cdot \ln(x) - \int 1 dt = x \cdot \ln(x) - x.$$

Nach der in Abschnitt 2.4.3 begründeten Formel gilt $\log_a(x) = \frac{\ln(x)}{\ln(a)}$. Damit folgt

$$\int \log_a(t)dt = \frac{1}{\ln(a)} \cdot \int \ln(t)dt = \frac{1}{\ln(a)} \cdot (x \cdot \ln(x) - x) = x \cdot \log_a(x) - \frac{x}{\ln(a)}$$

$\blacksquare$

Asymptotisches Verhalten von Exponential- und Logarithmusfunktionen

Exponentialfunktionen und Logarithmusfunktionen mit einer Basis $a > 1$ wachsen für $x > 0$ streng monoton. Und auch Potenzfunktionen f mit $f(x) = x^a$ und einem Exponenten $a > 0$ wachsen für $x > 0$ streng monoton. Dennoch liegt dabei ein Wachstum von völlig unterschiedlicher Qualität vor. Eine algebraische Unterscheidung des Wachstumsverhaltens erscheint zunächst recht aufwändig und trickreich (probieren Sie es!), weswegen wir zunächst die Graphen ausgewählter Funktionen erzeugen und betrachten. Hierbei nutzen wird, dass Funktionsgraphen besonders gut zur Ko-Variationsvorstellung von Funktionen (vgl. 2.3.1) passen, also insbesondere optisch gut erfassbar das Wachstumsverhalten darstellen.

In Abb. 8.40 sind die Funktionsgraphen $f_1(x) = e^x$, $f_2(x) = x^3$, $f_3(x) = x^{0,1}$ und $f_4(x) = \ln(x)$ gezeichnet worden. Die Botschaft scheint klar zu sein: f_2 wächst stärker als f_1 und f_4 wächst stärker als f_3.

Verfolgt man den Verlauf der Graphen jedoch weiter, so sieht man, dass am stärksten die Exponentialfunktion f_1 und am schwächsten die Logarithmusfunktion f_4 wächst. Abb. 8.41 zeigt dies für den Vergleich von $f_1(x) = e^x$, $f_2(x) = x^3$;

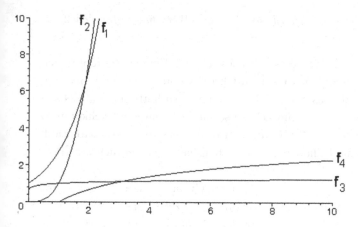

Abb. 8.40: Vergleich des Wachstums

beachten Sie den gewählten Bildausschnitt[11]! Jetzt sind nur noch der Graph von f_1 und f_2 zu sehen, der erste schneidet den zweiten zweimal und wächst dann wesentlich schneller. Von f_3 und f_4 ist gar nichts mehr zu sehen!

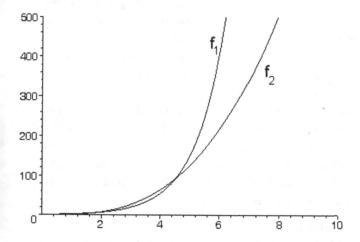

Abb. 8.41: Veränderter Bildausschnitt

Hätten wir die Funktionen f mit $f(x) = 2^x$ und g mit $g(x) = x^{100000}$ verglichen, so wäre die Exponentialfunktion scheinbar dramatisch langsamer als die Potenzfunktion gewachsen, obwohl sie diese in Wirklichkeit irgendwann „überholt".

---

[11]Dies zeigt erneut, dass eine entscheidende Herausforderung bei der Arbeit mit Funktionsgraphen die Festlegung des betrachteten Bildausschnitts ist. Je weniger man über eine Funktion oder Funktionenklasse weiß, desto schwieriger wird dies!

Auftrag: *Bestimmen Sie einen (möglichst kleinen) Wert für x, für den $2^x >$* x^{100000} *gilt.*

Das folgende fiktive Beispiel zeigt dieses Wachstum der Exponentialfunktionen besonders schön[12]: Hätte man einen Cent zu Christi Geburt auf eine Bank zum ziemlich bescheidenen Jahreszins von 3 % legen können, so hätte man zu Lebzeiten sein Konto auf vielleicht 5 Cent anwachsen sehen. Die heutigen Nachkommen hätten allerdings mehr als $a = 6 \cdot 10^{23}$ € auf dem Konto, eine unvorstellbare Zahl, neben der die Milliarden und Billionen der Staatshaushalte sich wirklich wie „Peanuts" ausmachen.

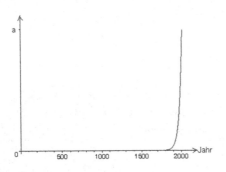

Der Graph dieses Wachstums (Abb. 8.42) zeigt, dass erst ab Mitte des 19. Jahrhunderts ein spürbares Wachstum stattfindet und der Bestand sich erst gegen Ende „explosionsartig" vermehrt. Man vermutet übrigens, dass das Reaktorunglück in Tschernobyl im Jahr 1986 unter anderem durch die falsche Einschätzung von exponentiellem Wachstum durch die Wissenschaftler bedingt war. Man hatte zur Simulation eines totalen Stromausfalls die Notsysteme ausgeschaltet und die Anlage per Hand gefahren. Die folgende explosionsartige Leistungszunahme des Reaktors führte zu dem Gau.

Abb. 8.42: Ein Verzinsungsproblem

Kurz gesagt, exponentielles Wachstum ist dramatisch größer als jedes Wachstum einer Potenzfunktion, während logarithmisches Wachstum dramatisch geringer ist. Dies wird – je nach gewählten Basen bzw. Exponenten – allerdings erst für sehr große x-Werte auch an den Funktionswerten sichtbar. Im folgenden Satz vergleichen wir das Wachstumsverhalten von Exponential- und Logarithmusfunktionen mit dem von Potenzfunktionen. Genauer beweisen wir:

Satz 8.15 (Wachstumsvergleich)
Es seien $a > 0$ und $b > 1$. Dann gilt $\lim\limits_{x \to \infty} \frac{x^a}{b^x} = 0$ und $\lim\limits_{x \to \infty} \frac{\log_b(x)}{x^a} = 0$. $\qquad\square$

Beweis
Wir werden zunächst die erste Aussage in zwei Varianten, einer elementaren, aber etwas technischen und einer eleganteren, aber mehr Theorie verlangenden beweisen und die zweite Aussage dann hierauf zurückführen.

Für die erste Beweisvariante verwenden wir die Basis 2 und schreiben mit $k = \log_2(b)$ die Gleichung als $b^x = 2^{k \cdot x}$. Außerdem vergrößern wir den fraglichen

---

[12]vgl. auch „Ururgroßvaters Konto" in Abschnitt 2.4.3

Bruch, indem wir den Zähler x^n mit einer natürlichen Zahl $n > a$ betrachten (hier benutzen wir wieder einmal die *Archimedische Anordnung*); wenn die Aussage für diesen vergrößerten Bruch gilt, muss sie insbesondere auch für den ursprünglichen gelten. Der Beweis wird jetzt in sechs Schritten geführt:

1. Für alle natürlichen Zahlen $m \geq 6$ gilt $2^m > (m+1)^2$. Der Nachweis geschieht am einfachsten mit vollständiger Induktion, was Sie zur Übung durchführen sollten – oder im Anhang nachschlagen können.

2. Für alle reellen Zahlen $x \geq 6$ gilt $2^x > x^2$. Den Beweis zeigt die folgende Abschätzung:

$$2^x \geq 2^{[x]} > ([x] + 1)^2 > x^2,$$

wobei $[.]$ die Gaußklammerfunktion (vgl. 2.4.6) ist und die 2. Abschätzung nach 1. gilt.

3. Nach 2. gilt für $x \geq 6$ die Abschätzung $0 < \frac{x}{2^x} < \frac{x}{x^2} = \frac{1}{x} \to 0$ für $x \to \infty$, also haben wir

$$\frac{x}{2^x} \to 0 \text{ für } x \to \infty.$$

4. $\frac{x}{2^{k \cdot x}} = \frac{1}{k} \cdot \frac{k \cdot x}{2^{k \cdot x}} \to 0$ für $x \to \infty$ und weiter

5. $\frac{x^n}{2^x} = \left(\frac{x}{2^{\frac{x}{n}}}\right)^n \to 0$ für $x \to \infty$ und damit schließlich, wie behauptet,

6. $\frac{x^n}{2^{k \cdot x}} = \frac{1}{k^n} \cdot \frac{(k \cdot x)^n}{2^{k \cdot x}} \to 0$ für $x \to \infty$.

Für die zweite Beweisvariante beschränken wir uns auf den Bruch $\frac{x^n}{e^x}$ mit einer natürlichen Zahl n und wenden den Satz von L'Hospital (S. 203) mehrfach an, indem wir Zähler und Nenner des Bruchs n-mal ableiten:

$$\lim_{x \to \infty} \frac{x^n}{e^x} = \lim_{x \to \infty} \frac{n \cdot x^{n-1}}{e^x} = \lim_{x \to \infty} \frac{n \cdot (n-1) \cdot x^{n-1}}{e^x} = \ldots = \lim_{x \to \infty} \frac{n!}{e^x} = 0.$$

Auftrag: *Zeigen Sie jetzt, dass die Aussage auch für den Ausgangsbruch gilt.*

Für den Beweis der zweiten Aussage für den Logarithmus müssen wir den Satz von L'Hospital nur einmal anwenden und Zähler und Nenner ableiten:

$$\lim_{x \to \infty} \frac{\log_b(x)}{x^a} = \lim_{x \to \infty} \frac{\frac{1}{\ln(b) \cdot x}}{a \cdot x^{a-1}} = \lim_{x \to \infty} \frac{1}{\ln(b) \cdot a \cdot x^a} = 0$$

∎

Das starke Wachstum exponentieller Prozesse hat auch in der Informatik große Bedeutung. Ein berühmtes Beispiel ist das Problem des Handlungsreisenden, der bei seiner Tour n Städte besuchen muss und dafür eine Route mit minimalem Weg sucht. Für fünf Städte ist das sicher kein großes Problem, aber für 100 oder 1000 oder ... muss man schon einen sinnvollen Algorithmus suchen und den Computer einsetzen. Alle Algorithmen, die man bisher kennt, benötigen einen Rechenaufwand, der mit zunehmendem n exponentiell ansteigt und damit keine effiziente Lösung zulässt. Im Gegensatz dazu kann man (oft) Probleme, bei denen der Rechenaufwand nur polynomial, d. h. mit einer Potenz von n, ansteigt, effizient lösen. Man nennt Probleme der ersten, harten Art, NP (für „nicht polynomial"), die der zweiten Art P (für „polynomial"). Ein Beispiel für ein P-Problem ist die Bestimmung der Lösungsmenge eines linearen Gleichungssystems mit n Variablen unter Verwendung des Gauß-Algorithmus, was einen Rechenaufwand von der Größenordnung n^3 benötigt. Es ist allerdings unbekannt, ob es für das Problem des Handlungsreisenden nicht auch einen polynomialen Algorithmus gibt. Eine Vermutung besagt, dass es für alle „NP-Probleme" auch einen „P-Algorithmus" gibt. Die Bestätigung oder Widerlegung von „$P = NP$" ist eines der wichtigsten offenen Probleme der Informatik.

Aufgabe 8.10 *Die Funktion f messe den Schadstoffausstoß von Autos pro Zeiteinheit in Abhängigkeit von der Zeit t, gemessen in Jahren. Das Integral $\int\limits_0^T f(t)dt$ misst dann die vom Beginn der Beobachtung bis zum Zeitpunkt T ausgestoßene Schadstoffmenge. Vergleichen Sie diesen Werte für das Zeitintervall von 0 bis T mit dem Wert für das folgende Jahr von T bis $T + 1$*

1. *für ein Szenario mit exponentiellem Wachstum für $f(t) = 2^t$ und*
2. *für ein Szenario mit quadratischem Wachstum mit $f(t) = t^2$.*

Aufgabe 8.11 *Nach Satz 8.12 wissen wir, dass gilt: $ln'(x) = \frac{1}{x}$. Nutzen Sie diesen Zusammenhang, um damit einen weiteren Beweis für die Divergenz der harmonischen Reihe zu finden (vgl. S. 153).*

8.1.5   Änderungsraten bei geometrischen Maßen

Bei der tragenden Grundvorstellung Ableitung als lokale Änderungsrate (als Grenzwert mittlerer Änderungsraten) ist es wichtig, zu ganz unterschiedlichen Größen x und $f(x)$ die Bedeutung von $f'(x)$ angeben zu können; die innermathematisch-geometrische Vorstellung von Abszisse, Ordinate und Tangentensteigung allein reicht nicht aus.

Neben den vielen Realsituationen, in denen man kompetent mit den Begriffen der Analysis umgehen können muss (vgl. auch die Tabelle am Ende von Teilkapitel 3.3), gibt es auch interessante und relevante innermathematische Bezüge. Vergleichen Sie z. B. die funktionalen Zusammenhänge „Kreisflächeninhalt in Abhängigkeit vom Radius" und „Kreisumfang in Abhängigkeit vom Radius":

$$A(r) = \pi \cdot r^2 \text{ und } u(r) = 2 \cdot \pi \cdot r.$$

Spätestens, wenn man darauf hingewiesen wird, fällt es einem „wie Schuppen von den Augen": Die Ableitung der Funktion „Kreisflächeninhalt" ist gleich der Funktion „Kreisumfang". Ist dies Zufall – oder lässt sich dieser Zusammenhang mit unseren Begriffen erklären?

Angestoßen durch die obige Entdeckung, dass der Kreisumfang gleich der Ableitung des Kreisflächeninhalts ist, liegt folgende Betrachtung nahe: Wenn wir bei einem Kreis mit Radius r und Flächeninhalt $\pi \cdot r^2$ den Radius ein ganz kleines Bisschen, z. B. um Δr verändern, so verändert sich der Flächeninhalt um den Inhalt des Kreisrings, der ungefähr das Produkt aus Δr und dem Kreisumfang ist. Also ist auch geometrisch anschaulich klar, dass der Kreisumfang die lokale Änderungsrate des Kreisflächeninhalts ist. Wir können natürlich auch hier wieder umgekehrt vorgehen und aus gegebenen Änderungsraten den Bestand rekonstruieren, also integrieren. Bei der tragenden Grundvorstellung vom Integral als verallgemeinertem Produkt (Grenzwert von Produktsummen) können wir auch hier zu den gegebenen Größen r und $u(r)$ die Bestandsfunktion $A(r) = \int\limits_0^r u(t)dt$ angeben. Analysieren Sie auf der Grundlage des Hauptsatzes der Differenzial- und Integralrechnung in analoger Weise die folgenden Beispiele:

Aufgabe 8.12 *Übertragen Sie die Betrachtung der Änderungsrate des Kreisflächeninhalts bzw. der Rekonstruktion des Kreisflächeninhalts auf die analoge Betrachtung*

1. *des Kugelvolumens,*
2. *des Flächeninhalts eines Quadrates,*
3. *des Volumens eines Würfels und*
4. *des Volumens eines Körpers von der Höhe a bis zur Höhe b.*

Abstrakt kann man sagen, dass sich das n-dimensionale Volumen a^n eines n-dimensionalen Würfels mit Kantenlänge a bei einer Veränderung der Kantenlängen um Δa in allen n Dimensionen ungefähr um das Produkt aus $(n-1)$-dimensionalem Seitenflächeninhalt a^{n-1} und Δa vergrößert. Falls Ihnen das zu abstrakt ist, verzagen Sie bitte nicht: Wir werden wir im folgenden Teilkapitel wieder anschaulicher.

8.2 Das Wechselspiel von Theorie und Anwendungen

Auch wenn sich heute nicht (genau) feststellen lässt, wie weit die Anfänge der Mathematik in die Geschichte zurückreichen, gilt doch als sicher, dass die Mathematik aus den praktischen Bedürfnissen der Menschen entstanden ist, wie z. B. Mengen abzuzählen und Flächen abzumessen. Spätestens im letzten Jahrtausend vor unserer Zeitrechnung begannen nicht zuletzt die alten Griechen[13] damit, die Mathematik auch als abstrakte Wissenschaft aufzufassen und weiterzuentwickeln (vgl. 4.1.1). Die Verbindungen zwischen Mathematik und Realität, oder – wie man meistens sagt – Anwendungen der Mathematik, spielen aber bis heute eine wichtige Rolle sowohl bei der Lösung realer Probleme als auch bei der Weiterentwicklung der Mathematik. Ein wesentlicher Zug der Mathematik ist dieser duale Charakter von formalen Strukturen und konkreten Interpretationen. *Heinrich Winter* weist mit seinen „Grunderfahrungen" (Winter (2004)) deutlich darauf hin, dass Theorie und Anwendung unverzichtbarer Bestandteil eines allgemeinbildenden Mathematikunterrichts sein müssen.

In diesem Teilkapitel werden wir anhand konkreter Beispiele darstellen, wie aus praktischen Fragen neue theoretische Ergebnisse entstehen können und wie andererseits zunächst „nur" abstrakte, innermathematische Ergebnisse dazu beitragen können, praxisrelevante Probleme zu lösen – den Bezugsrahmen dabei liefert die Analysis. Der Integralkalkül ermöglicht uns, Flächeninhalte zu messen; in Abschnitt 8.1.3 konnten wir aber auch Längen krummer Linien messen und im nächsten Abschnitt werden wird mit seiner Hilfe Volumina rotationssymmetrischer Körper messen. Die Frage, mit welcher Geschwindigkeit eine Rakete von der Erde abgeschossen werden muss, damit sie das Schwerefeld der Erde verlassen kann, führt in Abschnitt 8.2.2 auf uneigentliche Integrale. Die Erklärung des Phänomens „Regenbogen" lenkt den Blick auf den Zusammenhang zwischen den Ableitungen einer Funktion und ihrer Umkehrfunktion (8.2.3) und die für das wirtschaftliche Leben wichtige Frage nach dem „Effektivzins" auf den Newton-Algorithmus (8.2.4), mit dessen Hilfe wir bestimmte Gleichungen numerisch lösen können; die Analyse des zum Redaktionsschluss für dieses Buch in Deutschland gültigen Einkommenssteuertarifs erfordert und entwickelt in nahe liegender Weise das Konzept „Elastizität" (8.2.5) – und schließlich werden wir im Abschnitt 8.2.6 noch einmal die Fragestellung nach der Abkühlung von Flüssigkeiten aus 2.2.2 aufgreifen und bei einer genaueren Modellierung auf Differenzialgleichungen stoßen.

8.2.1   „Wie viel Nass passt ins Fass?" – Rotationsvolumina

Weinfässer sind zwar meistens rotationssymmetrisch – wie die beiden in Abb. 8.43 –, jedoch kennen wir keine exakte Formel für das Volumen eines solchen Fasses. Und tatsächlich werden neue Fässer in Deutschland auch heute noch durch Befüllen mit Wasser amtlich geeicht.

---

[13]Eine Weiterentwicklung der Mathematik ohne direkten Bezug zu realen Problem fand aber auch z. B. in Indien und China statt.

Abb. 8.43: Weinfässer

Es ist aber eine reizvolle – und auf ähnliche Probleme übertragbare – Aufgabe, das Volumen eines Fasses durch einen mathematischen Ansatz möglichst gut zu approximieren! Die Methode, die wir erarbeiten werden, wird zur Bestimmung der Volumina viel allgemeinerer Körper als Weinfässer geeignet sein.

Schon in der Grundschule entdeckt man (z. B. durch Auslegen mit Einheitswürfeln), wie das Volumen eines Quaders berechnet werden kann. Später werden Volumenformeln für Zylinder, Prismen, Pyramiden und Kegel erarbeitet. Aus diesen kann man dann Volumenformeln für Pyramiden- und Kegelstümpfe entwickeln. Das Volumen eines rotationssymmetrischen Fasses könnte man damit zumindest näherungsweise bestimmen, indem man das Fass durch einen geeigneten Zylinder annähert, oder man verwendet Kegelstümpfe, oder ... In Abb. 8.44 werden (jeweils im Querschnitt) einige Möglichkeiten dargestellt.

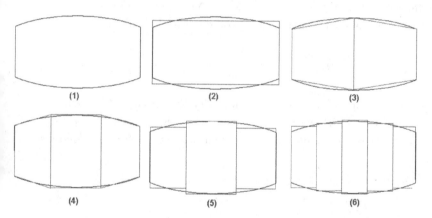

Abb. 8.44: Approximation eines Fasses

Das Fass mit Querschnitt (1) wird durch einen „mittleren Zylinder" in (2), zwei Kegelstümpfe in (3), zwei Kegelstümpfe und einen Zylinder in (4), drei Zylinder in (5) und fünf Zylinder in (6) approximiert. Bei diesen Ansätzen besteht dann das Problem darin, die wesentlichen Daten der zur Approximation verwendeten Körper festzulegen bzw. zu ermitteln – also von der Höhe und von oberem und unterem Radius bei den Kegelstümpfen, von Höhe und Radius bei den Zylindern. Das Bild (6) erinnert an unseren anschaulichen Zugang zur Integralrechnung mit Riemann'schen Summen (vgl. 3.2).

Der Unterschied ist, dass bei den bisherigen Riemann'schen Summen eine Fläche durch Rechteck-Streifen approximiert wurde, während beim Weinfass ein rotationssymmetrischer Körper durch Zylinder approximiert werden soll. Anschaulich

– und abgesichert durch die Grundprinzipien des Messens – scheint aber klar zu sein, dass diese Idee sehr tragfähig ist: Wenn man den in Abb. 8.44 (2), (5) und (6) begonnenen Weg fortführt und immer mehr und immer schmalere Zylinder zur Mittelung verwendet, dann müsste das Resultat immer besser das Volumen des Fasses ergeben. Zur konkreten Durchführung kann man n solcher Zylinder verwenden, die man dann besser „Scheiben" nennen sollte und die Außenwand des Fasses durch einen Funktionsgraphen annähern (Abb. 8.45).

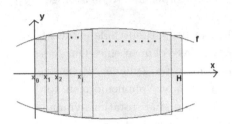

Abb. 8.45: Approximation eines Fasses durch Zylinder

Die Querschnittsfläche des Fasses ist grau dargestellt. Das Fass entsteht durch Rotation des fraglichen Ausschnitts des Graphen von f um die x-Achse. Die Fasslänge H wird in n Teile der Länge $\Delta x = \frac{H}{n}$ eingeteilt, d. h. das Fass wird durch n Scheiben der Dicke Δx approximiert. Es gilt $x_1 = 0$, $x_2 = \Delta x, \ldots, x_i = i \cdot \Delta x, \ldots$. Der Radius der i-ten Scheibe misst $r_i = f(i \cdot \Delta x)$. Das Volumen der i-ten Scheibe ist „Grundfläche mal Höhe", also $\pi \cdot f(i \cdot \Delta x)^2 \cdot \Delta x$. Damit ergibt sich ein zur Näherung gehörendes Volumen, das nur noch von der Anzahl n abhängt, zu

$$V(n) = \sum_{i=0}^{n-1} \pi \cdot f(i \cdot \Delta x)^2 \cdot \Delta x.$$

Dies ist gerade wieder eine Riemann'sche Summe der Funktion $\pi \cdot f^2$. Wenn die Funktion f „vernünftig" ist, d. h. wenn beispielsweise f stetig ist, dann existiert das Integral als Grenzwert der Riemann'schen Summen, und es gilt für das Volumen V des Fasses

$$V = \pi \cdot \int_0^H f^2(x)\, dx.$$

Unsere Idee ist natürlich nicht auf Fässer beschränkt, sondern wir haben folgenden allgemeinen Satz gefunden.

Satz 8.16 (Bestimmung von Rotationsvolumina)
Die Funktion f sei stetig im Intervall $[a; b]$. Wenn ein Körper durch Rotation des Graphen von f um die x-Achse zwischen a und b erzeugt werden kann, dann gilt für das Volumen V des Körpers

$$V = \pi \cdot \int_a^b f^2(x)\, dx.$$

$\square$

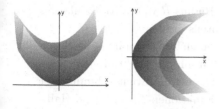

Abb. 8.46: Rotation um die y-Achse

Mit dieser Integral-Methode können wir die Volumina von Körpern, die rotationssymmetrisch bezüglich der x-Achse sind und durch Rotation eines Funktionsgraphen entstehen, bestimmen. Abb. 8.46 zeigt links einen Körper, der durch Rotation der Normalparabel um die y-Achse entstanden ist.

Solche Körper können wir noch nicht behandeln. Wenn man aber die rotierende Randkurve an der ersten Winkelhalbierenden spiegelt, so erhält man einen volumengleichen Körper, der rotationssymmetrisch zur x-Achse ist (rechtes Bild). Die rotierende Randkurve ist im Beispiel der Normalparabel der Graph der Umkehrfunktion $f^{-1}(x) = \sqrt{x}$.

Auf diesem Weg können wir also auch die Volumina von Körpern bestimmen, die rotationssymmetrisch zur y-Achse sind – vorausgesetzt, wir können die Umkehrfunktion f^{-1} bestimmen.

Beispiel 8.9 (Volumen eines Torus)

Abb. 8.47 zeigt einen Gummiring, wie er bei Kinderspielen oder beim Ringtennis verwendet wird. Als abstraktes mathematisches Objekt heißt ein solcher Körper ein Torus.

Abb. 8.47: Torus

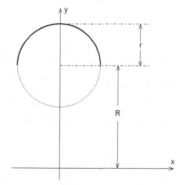

Abb. 8.48: Torus als Rotationskörper

Wie kann man einen Torus als Rotationskörper darstellen? Diese Frage ist, obwohl der Torus doch so einfach und auch schön rotationssymmetrisch ist, nicht ganz schlicht zu beantworten. Man muss die verschiedenen Symmetrien des Torus ausnutzen. Die Rotationsachse des Torus wählt man wie in Abb. 8.48 als x-Achse.

Man kann den Radius r des Gummiteils und den Radius R vom Mittelpunkt des gesamten Torus zu einem Mittelpunkt des Gummiteils messen[14].

Der Schnittkreis wird in den oberen dick gezeichneten Teil (Graph der Funktion f) und den unteren gestrichelt gezeichneten Teil (Graph der Funktion g) zerlegt. Das Torusvolumen V ergibt sich dann als Differenz der Rotationsvolumina der oberen und der unteren Kurve. Die Graphen der Funktionen f und g sind Halbkreise, die Gleichungen sind

$$f(x) = R + \sqrt{r^2 - x^2} \text{ und } g(x) = R - \sqrt{r^2 - x^2}$$

die Definitionsmenge ist jeweils $-r \leq x \leq r$. Wegen der Symmetrie von f und g kann man von 0 bis r integrieren, was die Rechnung einfacher macht! Damit folgt

$$\begin{aligned}
V &= 2 \cdot \pi \cdot \int_0^r f^2(x) - g^2(x)\, dx \\
&= 2 \cdot \pi \cdot \int_0^r (r^2 - x^2 + 2 \cdot R \cdot \sqrt{r^2 - x^2} + R^2) \\
&\quad -(r^2 - x^2 - 2 \cdot R \cdot \sqrt{r^2 - x^2} + R^2)\, dx \\
&= 2 \cdot \pi \cdot \int_0^r 4 \cdot R \cdot \sqrt{r^2 - x^2}\, dx = 8 \cdot R \cdot \pi \cdot \int_0^r \sqrt{r^2 - x^2}\, dx .
\end{aligned}$$

Wir müssen also das Integral $\int_0^r \sqrt{r^2 - x^2}\, dx$ bestimmen und könnten versuchen, rein formal eine Stammfunktion zu $\sqrt{r^2 - x^2}$ finden; das ist aber mühsam – und auch unnötig, wenn man „einfach" inhaltlich denkt: Das Integral beschreibt gerade den Flächeninhalt von einem Viertel des Kreises vom Radius r! Also folgt weiter:

$$\begin{aligned}
V &= 8 \cdot R \cdot \pi \cdot \frac{1}{4} \cdot r^2 \cdot \pi = 2 \cdot R \cdot r^2 \cdot \pi^2 \\
&= (r^2 \cdot \pi) \cdot (2 \cdot R \cdot \pi) ,
\end{aligned}$$

wobei die letzte Umformung zu der schönen Darstellung „Kreisflächeninhalt · Umfang des Mittelkreises" führt.

$\triangle$

---

[14] Alle Mittelpunkte von Querschnitten wie in Abb. 8.48 bilden zusammen einen Mittelkreis im Gummiring des Torus.

Aufgabe 8.13 *Bei der Bestimmung des Weinfassvolumens haben wir bisher noch die Ermittlung einer geeigneten Funktion f ausgespart. Verwenden Sie für diese Aufgabe ein konkretes Fass, beispielsweise ein 5-Liter-Bierfass, oder schätzen Sie die nötigen Größen für die Fässer in Abb. 8.43.*

Eine für ein konkretes Fass geeignete „Randfunktion" f lässt sich am besten finden, wenn man unter Berücksichtigung der mehrfachen Symmetrie des Fasses ein angepasstes Koordinatensystem verwendet und beachtet, dass man von außen im Wesentlichen nur die Fasslänge $H = 2 \cdot h$, den unteren bzw. oberen Radius r und den mittleren Radius R (z. B. durch Messen des Umfangs und Rückrechnen auf R) bestimmen kann.

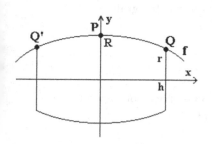

Mit solchen Überlegungen erhält man in Abb. 8.49 die drei Punkte $P(0|R)$, $Q(h|r)$ und $Q'(-h|r)$. Durch diese drei Punkte wird ein geeigneter Funktionsgraph gelegt. Dafür eignen sich viele Funktionen, z. B. Parabeln, Ellipsen, Kreisteile oder Kosinuskurven. Führen Sie einige Berechnungen konkret durch. Eine ausführliche Analyse dieses Beispiels finden Sie in Henn (1995b).

Abb. 8.49: Rotationssymmetrisches Fass

Durch eine Kombination der Idee der Bogenlänge (vgl. 8.1.3) und des Rotationsvolumens kann man auch die Mantelfläche eines Rotationskörpers bestimmen: Der Körper wird durch n dünne Kegelstümpfe approximiert. Die Inhalte der Mantelflächen der Zylinderstümpfe kann man elementargeometrisch berechnen, die Summe dieser Flächeninhalte ergibt eine Näherung der Mantelfläche des Rotationskörpers. Beim Grenzübergang $n \to \infty$ erhält man dann bei „vernünftigen" Funktionen die gesuchte Mantelfläche.

Besonders einfach wird die Berechnung der Volumina und Oberflächeninhalte von Rotationskörpern, wenn man die beiden von dem Schweizer Mathematiker *Paul Guldin* (1577 – 1643) entwickelten Regeln verwenden. Diese „Guldin'schen Regeln" waren schon in der griechischen Antike bekannt und verwenden die Linien- bzw. Flächenschwerpunkte der fraglichen Rotationskörper. Im Rahmen diese Buchs werden wir hierauf nicht weiter eingehen – bei Interesse schauen Sie z. B. bei Wikipedia nach, wo ausführliche Erläuterungen stehen!

8.2.2 „Wie viel Treibstoff benötigt die Mondrakete?" – uneigentliche Integrale

Wer zum Mond fliegen möchte, sollte sicherlich genügend Treibstoff „an Bord" haben. Aber wie lässt sich eine solche Menge eigentlich bestimmen? Mit den folgenden Überlegungen skizzieren wir den grundsätzlichen Weg.

Zieht man mit konstanter Kraft F einen Wagen eine Strecke s lang, so hat man die Arbeit

$$W = F \cdot s.$$

verrichtet (Abb. 8.50 links). Ändert sich die Kraft, z. B. weil Steigungen und Senken vorkommen, so wird die aufgewandte Arbeit durch das Integral

$$W = \int_a^b F(x)\, dx$$

gegeben (Abb. 8.50 rechts). Der Genauigkeit halber muss noch vorausgesetzt werden, dass Kraft- und Wegrichtung dabei parallel sind.

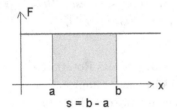
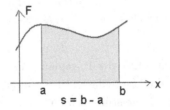

Abb. 8.50: Physikalische Arbeit

Wenn man einen Körper, z. B. eine Rakete, senkrecht von der Erde weg eine Strecke s nach oben bewegen will, so muss man Arbeit gegen die Erdanziehungskraft F aufwenden. Diese Kraft wird umso kleiner, je weiter wir uns von der Erde wegbewegen. Das „Newton'sche Gravitationsgesetz" beschreibt diese Kraft F durch

$$F(x) = \gamma \cdot \frac{M \cdot m}{x^2}.$$

Dabei ist M die Masse der Erde, m die Masse der Rakete, x der Abstand der beiden Schwerpunkte und γ eine Konstante, die so genannte *Gravitationskonstante*. Um also unsere Rakete von der Erdoberfläche um ein Stück s anzuheben, muss die Arbeit

$$W(R) = \int_r^R F(x)\, dx$$

mit $r = $ Radius der Erde, $R = r + s$, aufgewandt werden (Abb. 8.51).

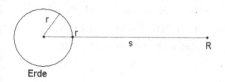

Abb. 8.51: Arbeit im Schwerefeld der Erde

Wenn R immer größer wird, wird der Einfluss der Erde immer kleiner; $R \to \infty$ bedeutet, dass die Rakete das Schwerefeld der Erde verlässt. Die Frage ist also, ob der Grenzwert

$$W_\infty = \lim_{R \to \infty} W(R)$$

existiert. Wenn ja, so spricht man von dem *uneigentlichen Integral* $\int_r^\infty F(x)\,dx$. Es gilt in diesem Beispiel

$$W(R) = \int_r^R \gamma \cdot \frac{M \cdot m}{x^2}\,dx = \gamma \cdot M \cdot m \int_r^R \frac{1}{x^2}\,dx\,.$$

Eine Stammfunktion von $\frac{1}{x^2}$ ist leicht gefunden, es ist $-\frac{1}{x}$, also

$$W(R) = \gamma \cdot M \cdot m \cdot \left[-\frac{1}{x}\right]_r^R = \gamma \cdot M \cdot m \cdot \left(\frac{1}{r} - \frac{1}{R}\right)\,.$$

Der Grenzwert für $R \to \infty$ existiert und beträgt

$$W_\infty = \lim_{R \to \infty} W(R) = \int_r^\infty F(x)\,dx = \gamma \cdot M \cdot m \cdot \frac{1}{r}\,.$$

Mit den im Internet recherchierbaren Werten

$$M \approx 6 \cdot 10^{24}\,\text{kg},\ r \approx 6400\,\text{km},\ \gamma = 6{,}7 \cdot 10^{-11}\,\frac{\text{m}^3}{\text{kg} \cdot \text{s}^2}\,,$$

folgt

$$W_\infty \approx 6{,}3 \cdot 10^7 \cdot m \cdot \frac{\text{J}}{\text{kg}}\,.$$

Diese zum Verlassen des Schwerefelds der Erde nötige Arbeit entnimmt die Rakete aus der kinetischen Energie, die sie beim Abschuss[15] mitbekommen hat. Ist die Abschussgeschwindigkeit v, so ist die kinetische Energie $W_{kin} = \frac{1}{2} \cdot m \cdot v^2$. Einsetzen und Auflösen nach v ergibt als nötige Abschussgeschwindigkeit

$$v \approx 11{,}2\frac{\text{km}}{\text{s}}\,.$$

---

[15]Die Rakete wird durch den Rückstoß beim Abbrennen der Raketenstufen beschleunigt, was insgesamt in dem Wort „Abschuss" zusammengefasst wird.

Dieser Wert ist die „zweite kosmische Geschwindigkeit" (die „erste kosmische Geschwindigkeit" $7{,}9\frac{km}{s}$ ist nötig, um einen Körper in eine Kreisbahn um die Erde herum zu befördern; man setzt dabei die Gravitationskraft mit der Zentrifugalkraft gleich).

Solche Grenzwertfragen tauchen allgemein auf, wenn bei dem Integral $\int\limits_{a}^{b} f(x)\,dx$ die Grenzen $a \to -\infty$ oder $b \to \infty$ gehen, oder wenn bei $a \to a_0$ der Funktionswert $f(a) \to \infty$ oder $f(a) \to -\infty$ geht. Falls die jeweiligen Grenzwerte für das Integral existieren, spricht man von *uneigentlichen Integralen*, geometrisch gesprochen kann dann unbegrenzten Flächen ein endlicher Inhalt zugeordnet werden.

Beispiel 8.10 (Uneigentliche Integrale)

Evangelista Torricelli (1647 – 1688) und seine Zeitgenossen haben sich über folgendes Ergebnis sehr gewundert. Es gilt (in heutiger Schreibweise)

$$\int\limits_{a}^{\infty} \frac{1}{x}\,dx = \infty \text{ für alle } a > 0\,.$$

Nun rotiere der Graph von $\frac{1}{x}$ um die x-Achse, sodass ein Rotationskörper entsteht (vgl. 8.2.2). Das obige unendlich große Flächenstück erzeugt bei Rotation um die x-Achse das endlichen Volumen

$$\pi \cdot \int\limits_{a}^{\infty} \frac{1}{x^2}\,dx = \frac{\pi}{a} < \infty.$$

Rechnen Sie dies nach! Vielleicht war es die folgende Überlegung, die *Torricelli* zum Staunen brachte: Keine Farbe der Welt reicht aus, um das obige große Flächenstück anzumalen. Jedoch reicht ein bisschen Flüssigkeit aus, um den unendlich großen Rotationskörper zu füllen, wobei natürlich insbesondere die Querschnittsfläche benetzt wird! Sie sehen, wie vorsichtig man mit anschaulichen Interpretationen beim Auftreten von Unendlich sein muss.   △

8.2.3 „Wieso sehen wir einen Regenbogen?" – Umkehrregel

Wenn wir einen Regenbogen sehen, steht die Sonne in unserem Rücken und wir schauen auf eine Regenwand (Abb. 8.52). Das Licht des Regenbogens, das wir wahrnehmen, muss also von der Sonne kommen und irgendwie an der Regenwand in Richtung Beobachter abgelenkt werden. Aber wieso sehen wir den Regenbogen mit seinen schönen Farben?

In einem einfachen mathematischen Modell betrachten wir das Sonnenlicht als parallel einfallendes Strahlenbüschel. Ein einzelner Lichtstrahl wird an einem kugelförmig gedachten Regentröpfchen um einen Winkel α, der wie in Abb. 8.53 gemessen wird, abgelenkt.

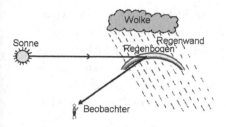

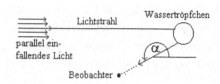

Abb. 8.52: Die Regenbogensituation   **Abb. 8.53:** Die Argumentations-Ebene

Um überhaupt zum Regenbogen beitragen zu können, muss dieser Winkel α zumindest zwischen 180° und 270° betragen, sonst kann der abgelenkte Strahl nicht ins Auge des Beobachters fallen.

An der Oberfläche des Tröpfchens wird der einfallende Strahl zum Teil reflektiert und zum Teil gebrochen. Deshalb unterscheiden wir Strahlen unterschiedlicher Ordnung. Wie in Abb. 8.54 angedeutet, wird der einfallende Strahl aufgespalten in einen Strahl 1. Ordnung, der an der Oberfläche des Tröpfchens reflektiert wird, einen Strahl 2. Ordnung, der beim Eintritt in das Tröpfchen gebrochen und dann gleich wieder herausgebrochen wird, in einen Strahl 3. Ordnung, der ins Tröpfchen gebrochen, einmal innen reflektiert und dann wieder hinausgebrochen wird, und so weiter.

Für eine erste grobe Intensitätsabschätzung sei angenommen, dass sich die Intensität zwischen reflektiertem und gebrochenem Strahl jeweils gleichmäßig aufteilt. In Abb. 8.54 wird dies durch die Dicke der Striche angedeutet. Die Intensität der Strahlen m-ter Ordnung beträgt dann nur noch den 2^m-ten Teil der Anfangsintensität, ist also bald zu vernachlässigen. Im Folgenden werden daher nur die Strahlen 1. bis 4. Ordnung diskutiert.

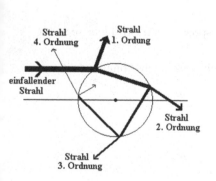

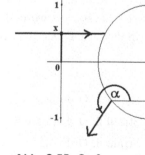

Abb. 8.54: Die Aufteilung des einfallenden Strahls

Abb. 8.55: Stoßparameter x und Ablenkwinkel α

Als letzten Schritt für unser mathematisches Modell des Regenbogens wird der so genannte Stoßparameter x eingeführt (Abb. 8.55). Zunächst wird der unbekannte Tröpfchenradius auf 1 standardisiert, was aufgrund der Ähnlichkeitsinvarianz der Situation eine sinnvolle Modellannahme ist. Ein Lichtstrahl kann nur dann von einem speziellen Tröpfchen beeinflusst werden, wenn sein Abstand von der Tröpfchen-Achse höchstens 1 ist. Der Stoßparameter x ist dieser gerichtete Abstand von der Symmetrieachse, es gilt also $-1 \leq x \leq 1$. Für eine feste Strahl-Ordnung m hängt der Ablenkwinkel α nur noch von x ab. Anders gesagt, α hängt funktional von x ab, und man kann $\alpha = f_m(x)$ mit der Ablenkfunktion f_m schreiben.

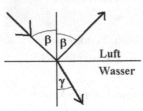

β **Einfallswinkel**
γ **Brechungswinkel**

Abb. 8.56: Reflexion und Brechung

Jetzt ist unser mathematisches Modell erstellt und wir können die vier Ablenkfunktionen f_1, f_2, f_3 und f_4 untersuchen. Hierfür sind zunächst das Reflexionsgesetz und das Brechungsgesetz der geometrischen Optik nötig (Abb. 8.56). Wird ein Strahl an einer Ebene (hier als Gerade dargestellt) reflektiert, so ist der Einfallswinkel gleich dem Ausfallswinkel. Wird ein Strahl in das Medium gebrochen, so gilt für den Zusammenhang zwischen Einfallswinkel β und Brechungswinkel γ das „Snellius'sche Brechungsgesetz"

$$\frac{\sin(\beta)}{\sin(\gamma)} = n,$$

wobei der Brechungsindex n beim Übergang von Luft nach Wasser ungefähr 1,33 ist. Wegen der Umkehrbarkeit des Lichtwegs gilt beim Übergang von Wasser nach Luft das analoge Gesetz mit dem Brechungsindex $\frac{1}{n}$. Bei den Wassertröpfchen haben wir es mit der Reflexion und Brechung an einer Kugeloberfläche zu tun. Zur Anwendung unserer Gesetze muss man sich im Auftreffpunkt des Lichtstrahls die Tangente (bzw. die Tangentialebene) denken.

In den vier Bildern von Abb. 8.57 sind die entsprechenden Strahlengänge für die vier Ablenkfunktionen konstruiert worden.

Hieraus ergibt sich in den vier Fällen der Ablenkwinkel α in Abhängigkeit von β und γ.

$$\text{Strahl 1. Ordnung: } \alpha = \pi - 2 \cdot \beta,$$

$$\text{Strahl 2. Ordnung: } \alpha = -2 \cdot \beta + 2 \cdot \gamma,$$

$$\text{Strahl 3. Ordnung: } \alpha = \pi - 2 \cdot \beta + 4 \cdot \gamma,$$

$$\text{Strahl 4. Ordnung: } \alpha = 2 \cdot \pi - 2 \cdot \beta + 6 \cdot \gamma.$$

Da der Tröpfchenradius auf 1 normiert wurde, gilt $\sin(\beta) = x$. Aus dem Brechungsgesetz folgt

$$\sin(\gamma) = \frac{\sin(\beta)}{n} = \frac{x}{n}.$$

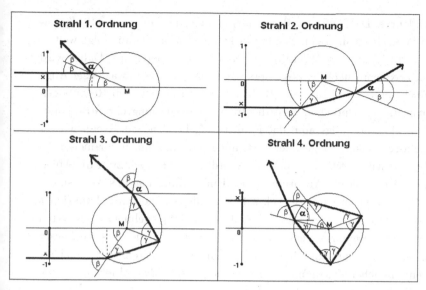

Abb. 8.57: Die Strahlen 1. – 4. Ordnung

Mithilfe der Arcussinusfunktion als Umkehrfunktion der Sinusfunktion gilt also $\beta = \arcsin(x)$ und $\gamma = \arcsin(\frac{x}{n})$. Damit können wir die Funktionsterme der vier Ablenkfunktionen schreiben als

$$\text{Strahl 1. Ordnung: } \alpha = f_1(x) = \pi - 2 \cdot \arcsin(x),$$

$$\text{Strahl 2. Ordnung: } \alpha = f_2(x) = -2 \cdot \left(\arcsin(x) - \arcsin\left(\frac{x}{n}\right)\right),$$

$$\text{Strahl 3. Ordnung: } \alpha = f_3(x) = \pi - 2 \cdot \arcsin(x) + 4 \cdot \arcsin\left(\frac{x}{n}\right),$$

$$\text{Strahl 4. Ordnung: } \alpha = f_4(x) = 2\pi - 2 \cdot \arcsin(x) + 6 \cdot \arcsin\left(\frac{x}{n}\right).$$

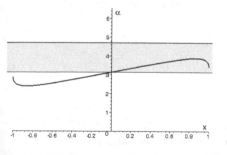

Abb. 8.58: Graph von f_3

Wir diskutieren hier nur die Funktion f_3, die für den (normalerweise sichtbaren) Regenbogen verantwortlich ist. Diskutieren Sie analog die anderen drei Ablenkfunktionen. Für weitere Details, etwa zu Bogenform und Farben des Regenbogens vgl. Henn (2007). Für eine erste Information lassen wir den Computer den Graphen von f_3 zeichnen, wobei wir $n = 1{,}33$ für den Übergang von Luft nach Wasser gesetzt haben (Abb. 8.58).

Die Strahlen 3. Ordnung fallen in den grau markierten Beobachtungssektor von $\pi = 180°$ bis zu einem Maximalwinkel α_1. Dieser Winkel ist ein sehr flaches

Maximum der Kurve. Das bedeutet, dass relativ große Änderungen des Stoßparameters x den Winkel α nahe beim Maximum kaum ändern. Daraus folgt weiter, dass relativ viel Licht in einen Winkelbereich um α_1 reflektiert wird. Daher wird in Richtung des Extremwinkels α_1 besonders viel Licht gebrochen, was unser Auge als „hellen Fleck" empfindet. In dieser Richtung α_1 werden wir den Regenbogen erwarten. Quantitativ gesprochen wird die Intensitätsverteilung der Strahlen 3. Ordnung durch die Änderungsraten der Funktion f_3 beschrieben. Wenn wir also den „Regenbogenwinkel" α_1 genauer bestimmen wollen, können wir hierzu die Nullstellen der Ableitung von f_3 bestimmen. Allerdings kennen wir zwar die Ableitung des Sinus, nicht aber die Ableitung seiner Umkehrfunktion, des Arcussinus.

Wenn wir uns aber daran erinnern (vgl. 2.4), dass die Graphen einer Funktion f und ihrer Umkehrfunktion f^{-1} geometrisch einfach durch Spiegelung an der ersten Winkelhalbierenden auseinander entstehen, haben wir schon den ersten Ansatz für eine „Umkehrregel" gefunden. Sind f und f^{-1} nämlich differenzierbar, so lässt sich hieraus ein einfacher Zusammenhang zwischen den beiden Ableitungen von Funktion und Umkehrfunktion herleiten.

Welche Voraussetzungen müssen erfüllt sein? Dafür, dass f im Intervall I umkehrbar ist, ist es hinreichend, dass f in diesem Intervall streng monoton (wachsend oder fallend) ist. Die Funktion f mit $f(x) = x^3$ ist in ganz $\mathbb{R}$ streng monoton wachsend und hat die Umkehrfunktion f^{-1} mit $f^{-1}(x) = \sqrt[3]{x}$. Für beide Funktionen kennen wir die Ableitungen; f ist überall differenzierbar, f^{-1} jedoch nur für $x \neq 0$. Dies ist klar, da dort die Funktion f die Ableitung 0 hat, die Tangente bei Null ist die x-Achse, die Umkehrfunktion hat also als Tangente bei Null die y-Achse, die jedoch nicht Graph einer linearen Funktion ist. Notwendig für Differenzierbarkeit der Umkehrkehrfunktion ist also, dass die Funktion an der jeweiligen Stelle eine Ableitung ungleich Null hat. Dass dies auch hinreichend ist, zeigt der folgende Satz:

Satz 8.17 (Ableitung der Umkehrfunktion)
Die Funktion f sei im Intervall I streng monoton und differenzierbar. Für $a \in I$ sei $f'(a) \neq 0$. Dann ist auch die Umkehrfunktion f^{-1} an der Stelle $b = f(a) \in f(I)$ differenzierbar, und es gilt

$$(f^{-1})'(b) = \frac{1}{f'(a)} = \frac{1}{f'(f^{-1}(b))}.$$

$\square$

Beweis
Setzen wir zunächst anschaulich etwas großzügig voraus, dass die Existenz von Tangenten an den Graphen von f die Existenz der gespiegelten Tangenten an den Graphen von f^{-1} impliziert, d. h. dass aus der Differenzierbarkeit von f die von f^{-1} folgt. Dann können wir die behauptete Formel direkt aus Abb. 8.59 ablesen. Die beiden fraglichen Differenzialquotienten kann man einfach ausdrücken: An den zwei Punkten $(a|b)$ und $(b|a)$ sind die Tangenten an die Graphen von f bzw. von f^{-1} gezeichnet.

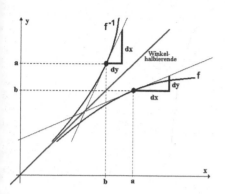

Abb. 8.59: Ableitung der Umkehrfunktion

Wegen $b = f(a)$ und $\frac{dy}{dx} = f'(a)$ folgt sofort die behauptete Formel

$$(f^{-1})'(b) = \frac{dx}{dy} = \frac{1}{f'(a)} = \frac{1}{f'(f^{-1}(b))}.$$

Jetzt müssen wir noch die obige Lücke schließen, also die anschaulich angenommene Voraussetzung der Differenzierbarkeit der Umkehrfunktion nachweisen. Sei hierfür (y_n) eine gegen b konvergierende Folge mit $y_n \neq b$. Dann ist (x_n) mit $x_n = f^{-1}(y_n)$ eine gegen a konvergierende Folge mit $x_n \neq a$ (hierfür benötigen wir genauer noch, dass für stetiges f auch die Umkehrfunktion stetig ist).

Der folgende Ansatz für den Differenzenquotienten von f^{-1} zeigt dann die Behauptung.

$$\frac{f^{-1}(y_n) - f^{-1}(b)}{y_n - b} = \frac{x_n - a}{f(x_n) - f(a)} = \frac{1}{\frac{f(x_n)-f(a)}{x_n-a}}.$$

∎

Aufgabe 8.14 *Bestimmen Sie mit der obigen Umkehrregel die Ableitung der Funktion* $\log_a$.

Aber zurück zum Regenbogen! Die Sinusfunktion ist im Intervall $[-\frac{\pi}{2}; \frac{\pi}{2}]$ streng monoton steigend und differenzierbar; ihre Ableitung im Innern des Intervalls ist ungleich Null. Daher ist die Arcussinusfunktion im Intervall $]-1, 1[$ als Umkehrfunktion der Sinusfunktion ebenfalls differenzierbar und nach der Umkehrregel gilt für $b \in]-1; 1[$

$$\arcsin'(b) = \frac{dx}{dx} = \frac{1}{\cos(a)} = \frac{1}{\sqrt{1 - \sin(a)^2}} = \frac{1}{\sqrt{1 - b^2}}.$$

Jetzt können wir die Ableitung der Ablenkfunktion f_3 bestimmen:

$$f_3'(x) = \frac{-2}{\sqrt{1 - x^2}} + \frac{4}{\sqrt{n^2 - x^2}}.$$

Abb. 8.60 zeigt den Graphen dieser Ableitung für $n = 1{,}33$, die fragliche positive Nullstelle mit einem Vorzeichenwechsel von Plus nach Minus ist eine Maximalstelle mit $x_1 \approx 0{,}86$, was zum Regenbogenwinkel $\alpha_1 = f_3(x_1) \approx 222°$ führt. Die hervorragende Qualität dieses mathematischen Modells ergibt sich daraus, dass im „Experimentum crucis", also durch konkrete Nachmessung in der Natur, die Vorhersage des Regenbogenwinkels α_1 exakt bestätigt werden kann.

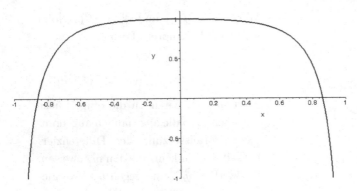

Abb. 8.60: Ableitung der Ablenkfunktion f_3

8.2.4 „Wie hoch ist der Effektivzins?" – Newton-Algorithmus

Viele inner- und außermathematische Problemstellungen führen auf die Aufgabe, eine Gleichung zu lösen. Die Bestimmung der Nullstellen einer gegebenen Funktion f führt auf die Gleichung $f(x) = 0$. Sucht man Schnittpunkte der Graphen zweier Funktionen f und g, so muss man die Gleichung $f(x) = g(x)$ lösen – eine Aufgabe, die man auch als Nullstellensuche bei der Funktion h mit $h(x) = f(x) - g(x)$ verstehen kann. Und in Teilkapitel 7.1 sowie im folgenden Abschnitt sprechen wir kurz über Differenzialgleichungen, bei denen die gesuchte Lösung nicht eine reelle Zahl, sondern eine Funktion ist.

Eine im Wirtschaftsleben sehr wichtige Aufgabe, die uns auf die Suche nach Nullstellen führen wird, ist die Bestimmung von Effektivzinsen für ein Darlehen oder für eine Spareinlage. Hierüber gibt es genaue gesetzliche Vorschriften, wie die Berechnung des Effektivzinses vorzunehmen ist. Das folgende Beispiel ist einfach, aber trotzdem realitätsnah: Der Eigentümer eine kleineren Firma benötigt für eine wichtige Investition 100 000 €. Er vereinbart mit seiner Bank, dass er zwei zu erwartende Lebensversicherungen zur Rückzahlung verwendet. Genauer sollen in 3 Jahren 60 000 € und in 5 Jahren 80 000 € zurückgezahlt werden, damit soll das Kreditgeschäft dann abgeschlossen sein. Welcher Effektivzins liegt diesem Kreditgeschäft zu Grunde?

Wir erstellen mit Blick auf diese Frage eine Gegenrechnung auf, wobei wir in der Einheit 1 000 € rechnen: Mit dem Zinssatz p und dem Zinsfaktor $q = 1 + p$ ergäbe das Kapital als Leistung der Bank nach 5 Jahren die Summe $100 \cdot q^5$. Dem stehen die Rückzahlungen als Leistung des Firmeninhabers gegenüber. Da die 60 000 € im Modell 2 Jahre zu verzinsen gewesen wären, entspricht das $60 \cdot q^2 + 80$. Beide Leistungen müssen sich ausgleichen, woraus sich die Gleichung

$$100 \cdot q^5 - 60 \cdot q^2 - 80 = 0$$

ergibt. Wenn Sie eine Lösungsformel für ein Polynom 5. Grades suchen, werden Sie kein Glück haben – eine solche gibt es nicht. Sie kennen zwar vermutlich die nützliche Lösungsformel für quadratische Gleichungen und wissen vielleicht auch, dass es Lösungsformeln mit Wurzelausdrücken für Polynomgleichungen vom Grad 3 und 4 gibt – die berühmten Cardano'schen Formeln. Weiter geht es jedoch nicht!

Dies ist eine tiefe mathematische Erkenntnis, die mit den Namen *Niels Henrik Abel* (1802 – 1829) und *Evariste Galois* (1811 – 1832) verknüpft ist (vgl. Henn (2003), S. 126 ff). Und die Situation für Gleichungslöser ist wirklich schlimm: Nicht nur für Polynomgleichungen vom Grade ≥ 5 gibt es keine Lösungsformeln, sondern für nahezu keine Gleichung gibt es eine Lösungsformel! Das heißt natürlich keinesfalls, dass es keine Lösungen gäbe: Wenn wir den Graphen der Funktion f zeichnen lassen, so liefern die Schnittpunkte mit der x-Achse gerade die Lösungen von $f(x) = 0$; man kann also mithilfe des Graphen Näherungslösungen ablesen. Jedes Computer-Algebra-System hat einen „Solve-Befehl", mit dem der Rechner (im Prinzip beliebig genau) Näherungslösungen angeben kann. Das haben wir auch mit der obigen Gleichung für den Zinsfaktor q gemacht. Der Rechner liefert auf 9 Nachkommastellen genau $q = 1{,}085475460$ (er könnte es genauso gut auf 100 oder auf 1000 Stellen genau). Der Effektivzins beträgt also stattliche 8,5 %.

Wie schafft der Rechner es, so schnell so genaue Näherungslösungen zu liefern, wenn es keine Lösungsformeln gibt? Es gibt viele numerische Verfahren hierfür. Zwei haben Sie schon in diesem Buch kennen gelernt: Das *Intervallhalbierungsverfahren* für Gleichungen der Form $f(x) = 0$ auf S. 192 und den *Heron-Algorithmus* zur Berechnung von Quadratwurzeln auf S. 163. Das Intervallhalbierungsverfahren ist leider sehr langsam und wenig brauchbar. Der Heron-Algorithmus ist schneller, aber auf die spezielle Gleichung $f(x) = x^2 - a = 0$ beschränkt[16]. Zum Glück gibt es einen mächtigen Algorithmus, den *Isaak Newton* entwickelt hat und der einerseits mit unseren Methoden leicht erklärbar und andererseits im Prinzip[17] die Grundlage des Solve-Befehls jedes Computer-Algebra-Systems ist – dies ist der berühmte *Newton-Algorithmus*. Der Heron-Algorithmus wird sich später als Spezialfall des Newton-Algorithmus' herausstellen, der den Vorteil hat, dass er sehr anschaulich ist, leicht programmiert werden kann und sehr oft gute Näherungswerte liefert. Sein Nachteil ist, dass er nicht immer anwendbar ist und dass gute Konvergenzkriterien für das Verfahren nur sehr schwer zu formulieren sind.

Wir suchen Lösungen der Gleichung $f(x) = 0$. Diese Aufgabe übersetzen wir in die analoge Aufgabe, Nullstellen der Funktion f zu suchen. In Abb. 8.61 ist hierfür der Graph von f gezeichnet; für die Nullstelle a schätzen wir eine erste Näherungslösung x_0 (z. B. durch Taschenrechner-Experimente oder durch Ablesen an einem Graphen).

---

[16]Es lässt sich noch auf Gleichungen des Typs $f(x) = x^n - a = 0$ verallgemeinern.

[17]Tatsächlich ist das Newton-Verfahren ein wichtiger Teilalgorithmus bei der numerischen Nullstellenbestimmung; da es nicht immer konvergiert, muss es aber mit anderen Verfahren kombiniert werden.

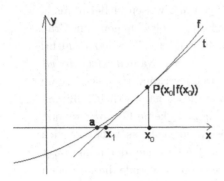

Abb. 8.61: Newton-Algorithmus

Nun legen wir die Tangente t im Punkt $P(x_0|f(x_0))$ an die Kurve, d. h. wir setzen insbesondere die Differenzierbarkeit von f voraus. Der Schnittpunkt von t mit der x-Achse liefert nun eine bessere Näherungslösung x_1. Die Fortsetzung des Verfahrens sollte eine Folge x_o, x_1, x_2, x_3,... immer besser werdender Näherungslösungen für die gesuchte Nullstelle a ergeben. Diese qualitative Idee können wir einfach in eine Rekursionsformel für die Folge der Näherungswerte umsetzen: Die Tangente t hat die Gleichung

$$y = f'(x_0) \cdot (x - x_0) + f(x_0).$$

Die Nullstelle x_1 von t ergibt sich also durch

$$0 = f'(x_0) \cdot (x_1 - x_0) + f(x_0)$$

oder nach Umformen zu $x_1 = x_o - \frac{f(x_o)}{f'(x_o)}$. Hieraus ergibt sich schon eine notwendige Bedingung für die Anwendbarkeit des Newton-Algorithmus: Die Ableitungswerte im Nenner müssen stets ungleich Null sein! Die Wiederholung des Verfahrens liefert weitere, hoffentlich bessere Näherungswerte.

Testen wir unsere Idee mit dem zu Beginn behandelten Verzinsungsproblem: Wir suchen eine Nullstelle des Polynoms $f(x) = 100 \cdot x^5 - 60 \cdot x^2 - 80$. Es gilt $f'(x) = 500 \cdot x^4 - 120 \cdot x$. Mit dem willkürlich gewählten Startwert $x_0 = 1$ bekommen wir weitere Näherungswerte durch die Rekursionsformel

$$x_{n+1} = x_n - \frac{100 \cdot x_n^5 - 60 \cdot x_n^2 - 80}{500 \cdot x_n^4 - 120 \cdot x_n}.$$

Der nächste Schätzwert $x_1 = 1{,}105\ldots$ lässt sich noch „per Hand" ausrechnen. Ab jetzt muss man aber sorgfältig mit dem Taschenrechner oder bequemer z. B. mit einem Computer-Algebra-System oder einer Tabellenkalkulation arbeiten. Die Werte in Abb. 8.62 sind mit einer Tabellenkalkulation gerechnet und auf 10 Nachkommastellen gerundet worden.

B4	▼	f_x	=A4-((100*A4^5-60*A4^2-80)/(500*A4^4-120*A4))		
	A	B	C	D	E	F
1	**Startwert**	1				
2						
3	x0	x1	x2	x3	x4	x5
4	1,00000000	1,10526316	1,08628357	1,08547687	1,08547546	1,08547546

Abb. 8.62: Newton-Verfahren mit einer Tabellenkalkulation

Die Zahlen zeigen, wie schnell das Verfahren konvergiert – wenn es konvergiert.

Definition 8.4 (Newton-Algorithmus)

f sei eine differenzierbare Funktion mit der Nullstelle a. Nach Wahl einer Startzahl x_0 wird durch

$$x_{n+1} = x_n - \frac{f(x_n)}{f'(x_n)} \text{ für } n \geq 0$$

eine Folge definiert: die Folge des *Newton-Algorithmus*. Hierbei müssen die Ableitungswerte $f'(x_n)$ ungleich Null sein. ◆

Diese Definition ist zwar exakt, ihre Anwendung aber noch recht vage. Wenn wir mit einem geeignetem Startwert x_0 anfangen, dann wird die Folge oft und dann sehr schnell gegen die gesuchte Nullstelle a konvergieren. Leider ist es sehr schwierig, genaue Bedingungen anzugeben, unter denen diese Konvergenz gesichert ist. Für konvexe bzw. konkave Funktionen lassen sich einigermaßen übersichtliche Bedingungen beweisen, worauf wir nicht weiter eingehen (vgl. Henze & Last (2005), S. 281; Heuser (2009), S. 407).

Aufgabe 8.15 *Die folgenden Beispiele sollen die Schwierigkeiten im allgemeinen Fall zeigen:*

1. *Die Nullstellen der Funktion f mit $f(x) = -x^4 + 6 \cdot x^2 + 11$ können Sie graphisch und auch noch algebraisch exakt mit der Substitution $x^2 = t$ bestimmen. Wenden Sie auf diese Funktion das Newton-Verfahren mit dem Startwert $x_0 = 1$ an.*

2. *Betrachten Sie das Newton-Verfahren für die Kosinusfunktion mit einem Startwert x_0 mit $0 \leq x_0 < \frac{\pi}{2}$. Konvergiert das Verfahren für alle x_0? Wenn ja, gegen welche Nullstelle?*

3. *Wenden Sie das Newton-Verfahren auf die Funktionen f mit $f(x) = e^x$ und g mit $g(x) = x^2 + 1$ an.*

Aufgabe 8.16 *Mit dem Heron-Algorithmus (Kap. 4, S. 163) konnte man Quadratwurzeln schnell annähern. Behandeln Sie diese Aufgabe als die Suche nach Nullstellen der Funktion $f(x) = x^2 - a$ mit dem Newton-Algorithmus.*

Die zu Beginn dieses Abschnitts angesprochene Tatsache, dass fast alle Gleichungen nur numerische Lösungen erlauben, und die durch die heutige Computertechnik mögliche Durchführung beliebiger Algorithmen haben die Problematik der Fehlerfortpflanzung in den Mittelpunkt des Interesses gerückt. Numerische Methoden sind kein minderwertiger Ersatz, sondern der Regelfall bei allen Anwendungen der Mathematik. Ihre mathematische Analyse ist ein höchst komplexes und wichtiges Forschungsfeld. Nur wenn man die Fehlerfortpflanzung beherrscht, sind numerische Ergebnisse für die Anwendungsprobleme sinnvoll interpretierbar (vgl. Henn (2004)).

8.2.5 „Wie viel Steuer muss ich zahlen?" – Elastizität

Steuern gibt es bereits seit dem frühen Altertum; die ersten Belege über staatliche Abgaben stammen aus dem 3. Jahrtausend v. Chr. aus Ägypten. Als Moses um 1250 v. Chr. sein Volk aus Ägypten wegführte, war dies auch eine Flucht vor neuen Steuerlasten. Eine etwas jüngere Großaktion zur Erfassung aller Steuer- und Tributspflichtigen des römischen Weltreichs zwang vor 2000 Jahren alle Bürger dazu, ihren Geburtsort aufzusuchen, und verlegte damit eine besondere Geburt in einen bescheidenen Stall ...

Es gibt fast nichts, auf das man nicht irgendwann in der Geschichte der Menschheit Steuern erhoben hat. Bekannt sind die Urin-Steuer, die der römische Kaiser *Vespasian* erheben ließ, und sein Ausspruch „pecunia non olet" („Geld stinkt nicht."). In der „Finanzgeschichtlichen Schausammlung der Bundesfinanzakademie" in Brühl bei Bonn kann man einen Ausflug durch 5000 Jahre Steuer-Erhebung machen. Es gab Steuern für Betten, Bienen, Brot, Fenster, Spatzen und vieles mehr. Es war ein weiter Weg bis hin zu unserem modernen Steuersystem! Zur Rechtfertigung der Besteuerung wurde immer wieder das Alte Testament zitiert: „Ferner sollen alle Zehnten des Landes, vom Saatertrag des Feldes wie von den Früchten der Bäume, dem HERRN gehören: sie sind dem HERRN geweiht." (3. Mose, 2: 30). Dieser biblische Zehnt wurde im Mittelalter zum kirchlichen und dann zum staatlichen Gesetz erhoben. Wie schön wäre es, wenn wir auch nur den Zehnten zahlen müssten!

Eine Besteuerung des Einkommens wurde in England gegen Ende des 18. Jahrhunderts zur Finanzierung der Kriege gegen *Napoleon* eingeführt. In Deutschland setzte sich das Konzept der Einkommensteuer gegenüber den Konzepten von Realsteuern (z. B. Abgabe von Getreide oder Wein) und indirekten Steuern (z. B. die Mehrwertsteuer) erst im Laufe des 19. Jahrhunderts durch.

Schon vor 3 Jahrtausenden findet sich in den Sanskrittexten Indiens die Forderung, dass nicht gleiche Steuersätze für alle gelten sollen, sondern höhere für die „Reichen". Jedoch haben sich solche Forderungen nach „gerechter Besteuerung" durch progressive Steuersätze erst Ende des 19. Jahrhunderts praktisch durchgesetzt, und zwar zuerst in England und Preußen. In der Steuerdiskussion durch die Jahrhunderte haben sich nur wenige allgemein anerkannte Grundsätze herausgebildet, wie man die Besteuerung „gerecht" gestalten sollte. Es sind im Wesentlichen die drei Grundsätze

- Belassung eines steuerfreien Existenzminimums,
- Berücksichtigung des Familienstandes,
- Besteuerung nach Leistungsfähigkeit.

Beschreibt man die Besteuerung durch einen Tarif t, der vorschreibt, welche Steuer $t(x)$ man bei einem zu versteuernden Einkommen x, beides gemessen in einer geeigneten Geldeinheit, zu bezahlen hat, dann bedeutet der erste Grundsatz $t(x) = 0$ für $0 \leq x \leq x_{min}$. Der dritte Grundsatz wird bei den meisten Tarifen durch die

Progression des Tarifs erfüllt: Wer mehr Einkommen hat, soll nicht nur absolut, sondern auch relativ mehr Steuern zahlen.

Darüber hinaus gibt es keine allgemein anerkannten objektiven Grundsätze zur Tarifgestaltung. Die „gerechte" Verteilung der Steuerlast auf die Bevölkerung ist immer eine normative Setzung, die als politische Entscheidung vom Gesetzgeber zu treffen ist. Meistens besteht in diesem Punkt kein Konsens zwischen Regierung und Opposition, immer neue Vorschläge zur Vereinfachung und gerechteren Verteilung der Steuern werden diskutiert. Es wundert also nicht, dass auch in den Staaten der Eurozone die Besteuerung deutlich variiert. Interessant dürfte z. B. die normative Entscheidung sein, die nach den Wahlversprechen zur Bundestagswahl im Herbst 2009 durch die neue Koalition zwischen CDU/CSU und FDP wirklich getroffen wird[18].

Neben den indirekten Verbrauchssteuern, deren bekannteste die Umsatzsteuer ist, ist die direkte Besteuerung der Löhne und Einkommen die wichtigste Steuerart. Die vielen Sonderregeln und Abzugsmöglichkeiten machen das deutsche Einkommensteuerrecht außerordentlich unübersichtlich. Der Besteuerung des Einkommens (Lohn, Gewinn, Zinserträge, Mieteinnahmen, ...) unterliegen alle Steuerzahler, die Lohnsteuer ist eine Spezialform, die Arbeitnehmern schon während des laufenden Jahres abgezogen wird. Beim „Lohnsteuerjahresausgleich" bzw. bei der „Einkommensteuererklärung" wird zwischen Finanzamt und Steuerzahler dann genau abgerechnet, wobei für beides dieselbe Gesetzgebung zugrunde liegt.

In Deutschland wird der Einkommensteuertarif t durch Funktionsterme beschrieben. Die Experten des Finanzministeriums „basteln" aus den politisch gesetzten Eckdaten *Existenzminimum* x_{min}, niedrigster vorkommender Steuersatz (*Eingangssteuersatz*) und höchster vorkommender Steuersatz (*Spitzensteuersatz*) die Steuertarif-Funktion t, die zu jedem in Euro angegebenen Jahreseinkommen die zu zahlende Steuer $t(x)$, ebenfalls in Euro gemessen, angibt. Dabei wird $t(x)$ in mehreren Intervallen durch Polynome definiert. Ein solcher „Formeltarif" ist (fast) einmalig in der Welt[19]. Im Einkommensteuergesetz werden die verschiedenen Einkommensarten definiert und die komplizierte Art ihrer Ermittlung zum zu versteuernden Einkommen x erläutert. In § 32 a steht dann die Vorschrift zur Berechnung der Steuerschuld $t(x)$. Die für uns wichtigen Teile des 2009 gültigen Textes finden Sie in Tab. 8.1.

Um diesen Text zu verstehen, muss man schon „ein bisschen Mathematik" können! Man sollte sich genügend Zeit zum Lesen und Verstehen lassen! Mihilfe eines geeigneten Computerprogramms (z. B. Tabellenkalkulation oder Computer-Algebra-System) kann die Vorschrift von Teil (1) in eine mathematische Funkti-

---

[18]Kurz vor Redaktionsschluss dieses Buchs titelt „Die Rheinpfalz" am 14.10.2009: „Union und FDP peilen Steuer-Stufentarif an."

[19]Zu den beiden Ausnahmen in Australien aus dem Jahr 1915/16 und Italien aus dem Jahr 1923 vgl. Henn (1988), S. 153)

Tab. 8.1: § 32 a Einkommensteuertarif

---

(1) Die tarifliche Einkommensteuer bemisst sich nach dem zu versteuernden Einkommen. Sie beträgt [...] jeweils in Euro für zu versteuernde Einkommen

1. bis 7 834 Euro (Grundfreibetrag):   0;

2. von 7 835 Euro bis 13 139 Euro: $(939{,}68 \cdot y + 1\,400) \cdot y$;

3. von 13 140 Euro bis 52 551 Euro: $(228{,}74 \cdot z + 2\,397) \cdot z + 1\,007$;

4. von 52 552 Euro bis 250 400 Euro: $0{,}42 \cdot x - 8\,064$;

5. von 250 401 Euro an: $0{,}45 \cdot x - 15\,576$.

„y" ist ein Zehntausendstel des 7 834 Euro übersteigenden Teils des auf einen vollen Euro-Betrag abgerundeten zu versteuernden Einkommens. „z" ist ein Zehntausendstel des 13 139 Euro übersteigenden Teils des auf einen vollen Euro-Betrag abgerundeten zu versteuernden Einkommens. „x" ist das auf einen vollen Euro-Betrag abgerundete zu versteuernde Einkommen. Der sich ergebende Steuerbetrag ist auf den nächsten vollen Euro-Betrag abzurunden.

---

(5) Bei Ehegatten [...] beträgt die tarifliche Einkommensteuer [...] das Zweifache des Steuerbetrags, der sich für die Hälfte ihres gemeinsam zu versteuernden Einkommens [...] ergibt (Splitting-Verfahren).

---

onsgleichung umgesetzt und der zugehörige Graph gezeichnet werden. Dann kann man beginnen, den Tarif mathematisch zu analysieren.

Aufgabe 8.17 *Analysieren Sie die Auswirkungen der nach der Bundestagswahl 2009 beschlossenen Steuerreform – so eine beschlossen wurde – analog zu der folgenden Untersuchung.*

Wir betrachten die Steuerfunktion im Folgenden als reelle Funktion, um sie so einer mathematischen Analyse zugänglich zu machen

$$t : \mathbb{R} \to \mathbb{R}, x \mapsto t(x)\,;$$

dabei wissen wir natürlich, dass in der Realität nur natürliche Zahlen x als Urbild elemente vorkommen. Nach § 32 a (1) in Tab. 8.1 ist die Funktionsgleichung von t abschnittsweise definiert[20]:

$$t(x) = \begin{cases} 0 & \text{für } 0 \leq x < 7835 \\ \left(939{,}68 \cdot \left(\frac{x-7834}{10000}\right) + 1400\right) \cdot \left(\frac{x-7834}{10000}\right) & \text{für } 7835 \leq x < 13140 \\ \left(228{,}74 \cdot \left(\frac{x-13139}{10000}\right) + 2397\right) \cdot \left(\frac{x-13139}{10000}\right) + 1007 & \text{für } 13140 \leq x < 52552 \\ 0{,}42 \cdot x - 8064 & \text{für } 52552 \leq x < 250401 \\ 0{,}45 \cdot x - 15576 & \text{für } x \geq 250401 \end{cases}$$

---

[20]Bei der vorhergehenden Tarifdefinition kam der Gesetzgeber mit 4 Tarifzonen aus; vgl. Henn (2006).

Der Graph von t besteht aus Teilen von Geraden und nach oben geöffneten Parabeln. Die Bearbeitung dieser und weiterer Terme ist im Prinzip auch „per Hand" möglich, aber nicht sinnvoll. Hier ist ein Funktionsplotter oder ein CAS das geeignete Werkzeug (Abb. 8.63).

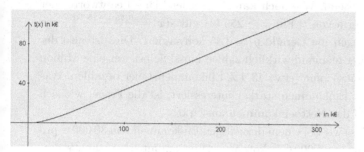

Abb. 8.63: Einkommensteuerfunktion t (Einheit $k € = 1\,000\,€$)

Mit Hilfe des Computers kann man leicht die vier nichttrivialen Funktionsterme, die $t(x)$ definieren, untersuchen. Der Graph scheint monoton wachsend, linksgekrümmt, stetig und differenzierbar zu sein. Jedoch zeigt eine genauere Untersuchung, dass t an den „Verbindungsstellen" der einzelnen Intervalle nicht stetig ist. Beispielsweise gilt $t(13\,440) = 1\,007{,}239\ldots$, aber $t(x) \to 1\,007{,}394\ldots$ für $x \to 13\,440$ von links. Diese winzigen Sprungstellen sind für die Praxis belanglos, da dort x ohnehin ganzzahlig ist und $t(x)$ gerundet wird. Und auch für unsere mathematische Analyse sehen wir im Folgenden t ganz pragmatisch als stetig und differenzierbar an und behalten im Hinterkopf, dass es an den Übergangspunkten minimale Sprünge gibt. Auf jeden Fall erfüllt der Tarif die erste der genannten Forderungen, die Freistellung eines Existenzminimums.

Was uns als Steuerzahler außer der absoluten Abgabenlast interessiert, ist z. B. die Frage, wie viel Prozent unseres Einkommens wir als Steuer abführen müssen, d. h. die Frage nach dem *mittleren Steuersatz*:

$$\bar{s} : \mathbb{R} \to \mathbb{R}, \ x \mapsto \bar{s}(x) = \frac{t(x)}{x}\,.$$

Der Computer zeichnet sofort den zugehörigen Graphen (Abb. 8.64).

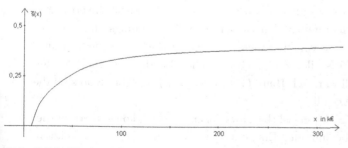

Abb. 8.64: Mittlerer Steuersatz $\bar{s}$

Der mittlere Steuersatz steigt nach Verlassen des Existenzminimums stark an, ist bis etwa 15 000 € nicht höher als der biblische Zehnte, und steigt dann immer langsamer weiter an. Offensichtlich erfüllt der Tarif auch die zweite der oben genannten Forderungen, er ist progressiv – oder in der Sprache der Funktionen ausgedrückt: $\bar{s}$ ist streng monoton wachsend. Wie hoch kann er werden? Dies beantwortet der Blick auf den Funktionsterm von t: Für $x \geq 250\,401$ gilt $\bar{s}(x) = \frac{0{,}45 \cdot x - 15\,576}{x}$, was für $x \to \infty$ von unten gegen die Gerade $y = 0{,}45$ konvergiert. Dies ist also der *Spitzensteuersatz*, den aber niemand wirklich zahlen muss! Selbst wer eine Million Euro zu versteuern hat, muss „nur" etwa 43,4 % Einkommensteuer bezahlen. Was uns als Bezieher kleinerer Einkommen stärker interessiert, ist die Frage, wie sich eine Gehaltserhöhung auf das Nettoeinkommen auswirkt.

Nehmen wir also an, dass wir bei einem derzeitigen Einkommen von 30 000 € pro Jahr eine Gehaltserhöhung von 1 000 € bekommen. Der Computer berechnet sofort für uns: Für 30 000 € bezahlen wir 5 699€ Steuern, also 19,0 %. Bei 31 000 € steigt dies auf moderate 6 018 € und 19,4 %. Schauen wir aber genauer hin, so haben wir für einen Mehrverdienst von 1 000 € genau 319 € mehr Steuern bezahlen müssen, das sind unangenehme 31,9 %. Wie kann man diesen Sprung verstehen? Zeichnen wir die beiden fraglichen Punkte in einen Ausschnitt des Graphen von $\bar{s}$ ein, so kommen wir der Sache näher (Abb. 8.65).

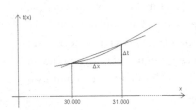

Abb. 8.65: 1 000 € Mehrverdienst

Ein absoluter Gehaltszuwachs um $\Delta x = 31\,000 - 30\,000 = 1\,000$ bewirkt den Anstieg der Steuerlast um $\Delta t = t(31\,000) - t(30\,000) = 319$. Das heißt, der Mehrverdienst unterliegt einem durchschnittlichen Steuersatz von $\frac{\Delta t}{\Delta x} = 0{,}319$. Diesem Differenzenquotienten entspricht geometrisch die Steigung der Sekanten durch die beiden Punkte $(31\,000|t(31\,000))$ und $(30\,000|t(30\,000))$. Nun liegt die Idee nahe: Was ist, wenn der Gehaltszuwachs Δx immer kleiner wird? Dann geht der Differenzenquotient in den Differentialquotienten und die Sekante in die entsprechende Tangente über. Die Ableitung der Steuerfunktion t heißt der *Grenzsteuersatz* $\hat{s} = t'$. Anschaulich gedeutet ist der Grenzsteuersatz jener Steuersatz, den man für den „nächsten zusätzlich verdienten Euro" bezahlen muss. Genau genommen ist $\hat{s}$ in den „Verbindungspunkten" der einzelnen Definitionsintervalle von $t(x)$ nicht definiert, jedoch sind die „Sprungstellen" wieder minimal (was allerdings nicht bei allen bundesdeutschen Tarifen der Vergangenheit der Fall war, vgl. Henn (1988), S. 158 f.). In Abb. 8.66 sind die Graphen von $\bar{s}$ und $\hat{s}$ dargestellt.

Jetzt sind deutlich die Eckdaten sichtbar, aus denen der Tarif konstruiert wurde: Beim Existenzminimum beginnt der Eingangssteuersatz mit 14 % und steigt in

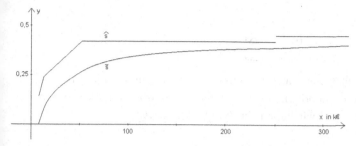

Abb. 8.66: Mittlerer Steuersatz $\bar{s}$ und Grenzsteuersatz $\hat{s}$

zwei Proportionalzonen[21] zuerst steil bis 24 %, dann flacher bis zum Steuersatz von 42 % an. Nach der ersten konstanten Linearzone mit dem Steuersatz von 42 % gibt es dann eine Sprungstelle zum Spitzensteuersatz von 45 %. Ist es gerecht, dass die Steigung bei kleinen Einkommen am stärksten ist? Was bedeutet die Sprungstelle?

Der Grenzsteuersatz, die Ableitung der Steuerfunktion t, misst die Auswirkung bei einem absoluten Gehaltszuwachs von 1 €.[22] Ist dies immer ein sinnvolles Maß? Machen wir ein Gedankenexperiment: Für einen mittleren Verdiener bedeutet ein jährlicher Gehaltszuwachs von 5 000 € eine Gehaltssteigerung von vielleicht 10 %. Für einen Mehrfach-Einkommensmillionär bedeuten die 5 000 € jedoch nur eine Gehaltssteigerung von vielleicht 0,1 %, sind für ihn also irrelevant. Interessanter, als nach der Auswirkung bei einer *absoluten* Änderung des Einkommens zu fragen, ist vielleicht der Blick auf die Auswirkung bei einer *relativen* Änderung des Einkommens. Wenn sich bei einer einprozentigen Einkommenserhöhung die Steuerlast von $t(x)$ auf $t(x) + \Delta t$ erhöht, muss ich relativ $\frac{\Delta t}{t(x)}$ mehr Steuer zahlen. Nun möge bei einer Gehaltssteigerung von x auf $x + \Delta x$ die Steuerlast von $t(x)$ auf $t(x) + \Delta t$ steigen. Dann gibt der Bruch

$$\frac{\text{relative Steuererhöhung}}{\text{relative Einkommenserhöhung}} = \frac{\frac{\Delta t}{t(x)}}{\frac{\Delta x}{x}}$$

die prozentuale Steuerlastzunahme bezogen auf den prozentualen Einkommenszuwachs an. Diese Sicht von „Prozenten von Prozenten" ist etwas komplexer, kommt aber auch im „täglichen Leben" vor[23]. Der „hässliche" Doppelbruch lässt sich umformen zu

---

[21] Die Bezeichnung „Proportionalzone" ist für diesen Sachverhalt etabliert, auch wenn sie aus mathematischer Sicht nicht ganz zutreffend ist.

[22] Der Steigerung um 1 € entspricht mathematisch die Ersetzung des Differentialquotienten durch den Differenzenquotienten mit „ganz kleinem Δx". In der Praxis sind Zuwächse des Jahreseinkommens – wenn es sie überhaupt gibt – wohl deutlich größer!

[23] Z. B. wenn mit der „Steigerung des Anteils von Bio-Kraftstoffen um 100 %" beschrieben wird, dass diese Kraftstoffe nun 1,5 % statt zuvor 0,75 % Marktanteil haben.

$$\frac{\Delta t}{\Delta x} : \frac{t(x)}{x} = \frac{\Delta t}{\Delta x} : \overline{s}(x) \, .$$

Lassen wir nun in Gedanken den Einkommenszuwachs Δx immer kleiner werden, dann geht der Differenzenquotient in den Differentialquotienten, also in den Grenzsteuersatz $\hat{s}(x)$ über, und wir haben die *Tarif-Elastizität*

$$e_t(x) = \frac{\hat{s}(x)}{\overline{s}(x)}$$

gewonnen. Diese Größe gibt anschaulich an, wie viel Prozent mehr Steuer ich bei einem ein-prozentigen Einkommenszuwachs zahlen muss. Für einen progressiven Tarif ist immer $e_t(x) > 1$. Je größer die Abweichung der Tarif-Elastizität von Eins ist, desto stärker bewirkt ein Steuertarif eine Nivellierung der Einkommen. Der Graph von e_t in Abb. 8.67 zeigt, dass „Kleinverdiener" sehr stark von der durch die Steuerprogression zunehmenden Belastung betroffen sind. Dagegen geht der Graph für $x \to \infty$ gegen 1, d. h. bei einem Großverdiener bewirken Einkommenszuwächse praktisch keine Steigerung des mittleren Steuersatzes mehr.

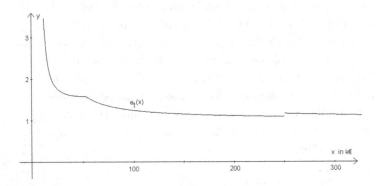

Abb. 8.67: Tarif-Elastizität

Auftrag: *Welche weiteren Aussagen über den betrachteten Steuertarif können Sie aufgrund des Graphen machen?*

Der oben entwickelte Begriff der Elastizität lässt sich sinnvoll auf beliebige Funktionen übertragen:

Definition 8.5 (Elastizität einer Funktion)
Die Funktion f sei im Intervall I differenzierbar. Dann heißt die in I definierte Funktion e_f mit $e_f(x) = f'(x) \cdot \frac{x}{f(x)}$ die *Elastizität* von f.   ♦

Wenn f in I Nullstellen hat, dann hat die Elastizität von f an diesen Stellen Definitionslücken.

Vergleichen wir die inhaltliche Deutung von Ableitung und Elastizität: Die Ableitung gibt anschaulich an, wie sich $f(x)$ absolut ändert, wenn sich x um 1 vergrößert. Die Elastizität gibt anschaulich an, um wie viel Prozent sich $f(x)$ ändert, wenn x um 1 % größer wird. Die Elastizität beschreibt also die relative Änderung der abhängigen Größe $y = f(x)$ bezogen auf die relative Änderung der unabhängigen Größe x. Im Gegensatz zur Ableitung, die die absolute Änderung beschreibt und somit im Anwendungskontext eine Einheit hat, ist die Elastizität als Größe, die die relative Änderung beschreibt, dimensionslos. Stellen Sie sich folgendes Beispiel vor: Bei einer Preiserhöhung von 1 € sinkt der Absatz des fraglichen Produkts um 1 000 Stück (dies misst im Prinzip die Ableitung). Was sagt das aus? Hat man vorher 5 000 Stück verkauft, dann wäre das sehr relevant, hat man vorher 1 000 000 Stück verkauft, dann wäre das wohl unbedeutend. Die Aussage, dass bei einer 1 %-igen Preiserhöhung der Absatz um 10 % sinkt, ist dagegen auch ohne Kenntnis absoluter Zahlen aussagekräftig (dies misst die Elastizität). Wie die Beispiele zeigen, ist die Begriffsbildung der Elastizität bei ökonomischen Anwendungen besonders relevant. In Tab. 8.2 vergleichen wir Ableitung und Elastizität für einige Standard-Funktionen.

Tab. 8.2: Beispiele für die Elastitzität von Funktionen

Funktion	$f(x) = x^n$, $n \in \mathbb{N}$	$f(x) = e^x$	$f(x) = \sin(x)$
Ableitung	$f'(x) = n \cdot x^{n-1}$	$f'(x) = e^x$	$f'(x) = \cos(x)$
Elastizität	$e_f(x) = n$	$e_f(x) = x$	$e_f(x) = \frac{x}{\tan(x)}$

Die Potenzfunktionen wachsen also absolut betrachtet mit der (n-1)-ten Potenz und relativ betrachtet konstant.[24] Die Exponentialfunktion wächst absolut exponentiell, relativ aber linear. Was kann man bei der Sinusfunktion sagen?

Auftrag: *Diskutieren Sie analog die Sinusfunktion und andere Funktionen.*

Aber zurück zur Tarifanalyse!

Aufgabe 8.18 *Untersuchen Sie im Kontext der Einkommensbesteuerung die Elastizitäten für die Funktion n des Nettoeinkommens mit $n(x) = x - t(x)$ (um wie viel Prozent steigt mein Nettoeinkommen bei einer einprozentigen Gehaltssteigerung) und für den mittleren Steuersatz $\overline{s}$ (um wie viel Prozent steigt mein mittlerer Steuersatz bei einer einprozentigen Gehaltssteigerung).*

Die Splitting-Vorschrift in Tab. 8.1 (5) soll schließlich die dritte Forderung, also die Berücksichtigung des Familienstandes, einlösen. Die Einkommen von Ehefrau

---

[24]Dies gilt übrigens auch analog für beliebige reelle Potenzen.

und Ehemann werden zum Gesamteinkommen x zusammengezählt und nach dem Splittingtarif t_s versteuert:

$$t_s(x) = 2 \cdot t\left(\frac{x}{2}\right).$$

In Beispiel 8.5 auf S. 271, haben wir die Splitting-Vorschrift schon einmal untersucht und festgestellt, dass ein „Splitting-Vorteil" äquivalent dazu ist, dass der Graph der Steuerfunktion linksgekrümmt ist. Abb. 8.68 zeigt die Graphen des Grundtarifs t und des Splittingtarifs t_s. Offensichtlich ist die Splittingversteuerung immer günstiger als die „normale"; präzisere Aussagen lassen sich aus dieser Darstellung aber kaum gewinnen.

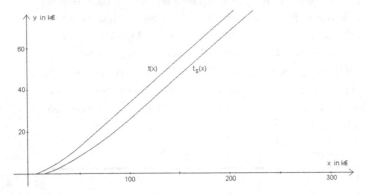

Abb. 8.68: Grundtarif t und Splittingtarif t_s

Für eine genauere Analyse lassen wir den Computer den Graphen des relativen Splitting-Vorteils $1 - \frac{t_s(x)}{t(x)}$ (Abb. 8.69) und den Graphen des absoluten Splitting-Vorteils $t(x) - t_s(x)$ (Abb. 8.70) zeichnen.

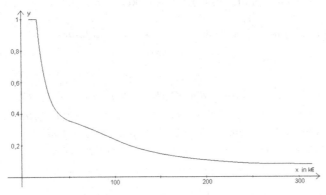

Abb. 8.69: Relativer Splitting-Vorteil

Der Graph des relativen Splitting-Vorteils zeigt, dass „Kleinverdiener" mit bis zu 100 % am meisten profitieren, während „Großverdiener" immer weniger vom Splitting-Vorteil haben. Eine andere, geradezu konträre Botschaft vermittelt der Graph des absoluten Splitting-Vorteils: „Kleinverdiener" haben gar nichts davon, aber die „Großverdiener" profitieren immer mehr davon, je mehr sie verdienen.

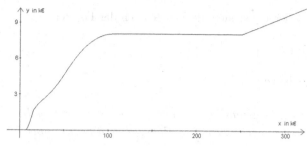

Abb. 8.70: Absoluter Splitting-Vorteil

Was ist nun „gerecht"? Sie können sich sicher gut vorstellen, wie in der politischen
Auseinandersetzung je nach Ziel der eine oder der andere Graph verwendet wird
und dann „mathematisch bewiesen" wird, dass der eigene Ansatz der Richtige ist.

Ein Blick über den Gartenzaun – Das französische Steuersystem

Wie gesagt, sind die Steuersysteme in den verschiedenen Staaten sehr unterschiedlich. Die Tarife für die Einkommensteuerfunktion sind in der Regel so genannte
Stufentarife. Bei einem solchen Tarif gibt es Stufen $0 = x_1 < x_2 < x_3 < \ldots < x_n$
und Steuersätze $p_1 < p_2 < \ldots < p_n$. Das zu versteuernde Einkommen x wird
nun wie folgt versteuert: Der Teil des Einkommens, der in die Stufe $[x_i; x_{i+1}[$,
$i = 1, \ldots, n - 1$, fällt, wird mit dem Steuersatz p_i versteuert, der Teil ab x_n wird
mit p_n besteuert. Der Einkommensteuertarif t unseres Nachbarlands Frankreich
ist ein Stufentarif, der in Tab. 8.3 angegeben wird.[25]

Tab. 8.3: Stufentarif in Frankreich

Einkommen x in Euro	0 – 5 851	5 852 – 11 672	11 673 – 25 925	25 926 – 69 504	≥ 69 505
Steuersatz	0 %	5,50 %	14,00 %	30,00 %	40,00 %

Deutlich familienfreundlicher als in Deutschland ist die Berücksichtigung des Familienstandes in Frankreich: Aus dem Familienstand berechnet man einen Divisor n,
der in Tab. 8.4 für Ehepaare angegeben ist.

Tab. 8.4: Berücksichtigung des Familienstandes in Frankreich

Kinderzahl	0	1	2	3	4
Divisor	2	2,5	3	4	5

---

[25]http://www.patrimoine.com/infos/1home_impot.html (Stand Oktober 2009); in der
Loseblatt-Sammlung „Steuern in Europa, Amerika und Asien" von *Mennel & Förster* finden
Sie Steuertarife anderer Staaten.

Ist x das Familieneinkommen, so berechnet sich die Steuer nach der Formel

$$t_n(x) = n \cdot t\left(\frac{x}{n}\right),$$

wobei n der Divisor aus der Tabelle ist.

Aufgabe 8.19 *Der Blick über den Gartenzaun ist vor allem dann spannend, wenn man vergleicht wie sich eine andere normative Entscheidung konkret auswirkt:*

1. *Analysieren Sie den oben dargestellten Tarif des französischen Steuersystems.*
2. *Vergleichen Sie die Berücksichtigung des Familienstandes im französischen Steuertarif mit dem deutschen Ehegattensplitting.*

8.2.6 „Wie schnell kühlt eine Tasse Tee ab?" – Differenzialgleichungen

Diese Frage haben wir schon beim Modellieren mit Funktionen in Kap. 2.2.2 gestellt. Die Modellannahme einer gleichmäßigen Temperaturabnahme hat weder zu einem theoretisch befriedigenden Ergebnis noch zu einer Übereinstimmung mit den Messwerten geführt. Die folgende Tabelle zeigt eine konkrete Messreihe[26], bei der t die Zeit seit Beginn der Messung in Minuten und $T(t)$ die Temperatur des Tees (der beim Experiment „nur" Wasser war) zum Zeitpunkt t in °C ist.

Tab. 8.5: Wie schnell kühlt eine Tasse Tee ab?

t in Min	0	10	20	30	40	50	60	70
T in °C	95	65	52	38	32	30	28	26

Die Messwerte weisen darauf hin, dass die Abkühlung nur bis zur Umgebungstemperatur T_U, die bei unserer Messung bei 25 °C lag[27], geht und dass die Abkühlung bei großem Unterschied zwischen der aktuellen Temperatur $T(t)$ und der Umgebungstemperatur T_U schneller verläuft als bei kleinem Unterschied. Als neue, „nächst einfache" Modellannahme[28] vermuten wir, dass die Abkühlung proportional zum Unterschied zwischen $T(t)$ und T_U verläuft.

---

[26]Gemessen von Lehrerinnen und Lehrern, die bei einer Fortbildung die Aufgabenkarte 15 der Themenbox „Funktionaler Zusammenhang" (Müller (2008)) aus dem „Mathekoffer" (Büchter & Henn (2008)) bearbeitet haben (siehe Abb. 2.16, S. 24).

[27]Wir gehen im Folgenden von einer konstanten Umgebungstemperatur aus, was für die fragliche Situation eine angemessene Modellannahme sein dürfte.

[28]Diese Modellannahme ist das Newton'sche Abkühlungsgesetz.

Wie können wir diese qualitative Modellannahme zu einem mathematischen Modell präzisieren? Die Stärke der Abkühlung ist durch die Temperaturänderung pro Zeiteinheit gegeben, also durch Abkühlungsrate $\frac{\Delta T}{\Delta t}$. Wir können unsere Modellannahme durch die Gleichung

$$\frac{\Delta T}{\Delta t} = -k \cdot (T(t) - T_U)$$

beschreiben, wobei k eine positive Zahl ist, da im Experiment die Temperatur abnimmt. Beim Grenzübergang $\Delta t \to 0$ erhalten wir damit die „Differenzialgleichung"[29]

$$T'(t) = -k \cdot (T(t) - T_U) \text{ mit } k > 0.$$

Diese DGL ist nun unser mathematisches Modell des Abkühlprozesses, wir befinden uns im Modellierungsprozess auf der Seite der Mathematik.[30] Deswegen schreiben wir im Folgenden nur noch die Maßzahlen und verzichten auf die Einheiten °C für die Temperatur T und Minuten für die Zeit t. Wie können wir unsere DGL deuten? Ist der Temperaturwert $T(t_0)$ zu einem Zeitpunkt t_0 bekannt, dann ist über die DGL auch die Ableitung $T'(t_0)$ bekannt, also die Richtung, in die der Graph weiter verläuft. Wenn wir wie in Teilkapitel 6.1 ein Richtungsfeld erstellen können, so lassen sich – wenigstens qualitativ – mögliche Graphen von $T(t)$ angeben.

Bei unserer obigen Messreihe war $T(0) = 95$ und $T_U = 25$. Wenn wir noch einen sinnvollen Wert für k hätten, so könnten wir unseren Computer ein Richtungsfeld zeichnen lassen. Hierzu betrachten wir nochmals die obige Wertetabelle (Tab. 8.5). In den ersten 10 Minuten sinkt die Temperatur von 95 °C auf 65 °C. Diese Daten nutzen wir, um die Ableitung

$$T'(0) \approx \frac{95 - 65}{0 - 10} = -3$$

abzuschätzen. Jetzt können wir mithilfe der DGL den zugehörigen Wert für k bestimmen:

$$-3 \approx -k \cdot (95 - 25), \text{ also } k \approx 0{,}04 \,.$$

Mit diesem Wert können wir jetzt ein *Richtungsfeld* (vgl. 7.1) zeichnen lassen (Abb. 8.71).

Das Bild zeigt klar: Wenn nur ein einziger Punkt des gesuchten Graphen bekannt ist, so ist der gesamte Graph bekannt; bei uns kann das z. B. der Startpunkt

---

[29]Dieses Wort kürzen wir wie üblich mit DGL ab.
[30]Für solche einfachen DGLen gibt es exakte Lösungsmethoden. Uns kommt es hier aber auf die Idee, wie man eine DGL angehen kann, und nicht auf den konkreten Lösungsformalismus an.

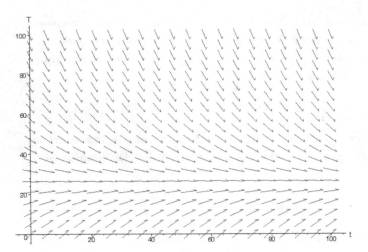

Abb. 8.71: Richtungsfeld der DGL $T' = -0{,}04 \cdot (T - 25)$

(0|95) oder irgendein anderer Punkt der Messung sein. Das Bild zeigt auch, dass wir mit derselben Idee Prozesse behandeln können, bei denen die Starttemperatur niedriger als die Umgebungstemperatur ist, etwa wenn wir eine Tasse gefrorenes Wasser nehmen und auftauen lassen.

Die oberhalb der Geraden $x = 25$ liegenden Lösungskurven sehen alle aus wie fallende Exponentialkurven, die um 25 nach oben verschoben sind. Daher schreiben wir für die vermutete Lösung unserer DGL

$$T(t) = a \cdot e^{-b \cdot t} + 25 \text{ mit } a, b > 0.$$

Einsetzen in die DGL ergibt

$$-a \cdot b \cdot e^{-b \cdot t} = T'(t) = -k \cdot (T(t) - 25) = -k \cdot ((a \cdot e^{-b \cdot t} + 25) - 25).$$

Hieraus folgt $b = k$, und jede Funktion mit der Gleichung $T(t) = a \cdot e^{-k \cdot t} + 25$ ist Lösung unserer DGL. Durch Einsetzen der Starttemperatur für $t = 0$ in die Gleichung ergibt sich

$$95 = a \cdot e^{-k \cdot 0} + 25 = a + 25 \, ;$$

wir erhalten also $a = 70$. Die Konstante k lässt sich dann durch Einsetzen eines Punktes, etwa (10|65), zu $k = 0{,}056$ bestimmen[31]. In Abb. 8.72 sind die gemessenen Punkte aus Tab. 8.5, der Graph der Modellfunktion $T(t) = 70 \cdot e^{-0{,}056 \cdot t} + 25$ und die Gerade mit $y = 25$ eingezeichnet.

Die gute Übereinstimmung der empirisch bestimmten Punkte mit dem Graphen der Modellfunktion gibt eine überzeugende Validierung unserer Modellannahmen.

---

[31] Je nach konkretem Messwertepaar wird der Wert, der sich hieraus für k ergibt, selbst bei einem validen Modell leicht variieren, da die Messwerte fehlerbehaftet sein dürften.

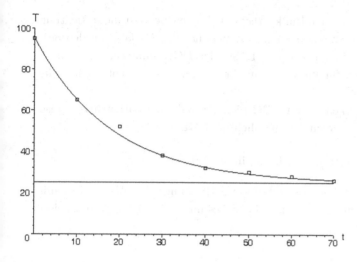

Abb. 8.72: Messwerte und Modellfunktion

Die beim Abkühlungsbeispiel betrachtete DGL gehört zu einer ganzen Klasse von DGLen, deren Lösungsfunktionen sich in analoger Weise aus einem Richtungsfeld gewinnen lassen. Das Besondere dieser DGL-Klasse wird klar, wenn wir uns einen Prozess der Realität denken, der von der Zeit abhängt und durch eine Funktion f mit unabhängiger Variabler t beschrieben wird. Im obigen Beispiel war $f = T$ die Temperatur. Das Typische des obigen Prozesses ist, dass die weitere Abkühlung zu einem beliebigen Zeitpunkt t_0 nur vom augenblicklichen Temperaturzustand $T_0 = T(t_0)$ abhängt; dies konnten wir durch die DGL $T'(t) = -k \cdot (T(t) - T_U)$ ausdrücken. In abstrakterer Betrachtung gilt also $T'(t) = F(T(t), t)$ mit einer Funktion F, die beschreibt, wie die momentane Änderungsrate $T'(t)$ zum Zeitpunkt t vom momentanen Zustand $T(t)$ zu diesem Zeitpunkt abhängt. Diese Formulierung kann nun abstrakt als Forderung an einen Prozess gestellt werden und beschreibt dann die gesuchte DGL-Klasse durch

$$f'(t) = F(t, f(t)).$$

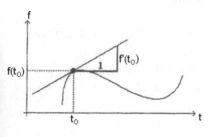

Inhaltlich gesprochen ist zu jedem Zeitpunkt t_0 nur der aktuelle Prozesszustand $f(t_0)$ verantwortlich für die momentane Änderungsrate $f'(to)$, oder – wie in Abb. 8.73 angedeutet – ist in jedem Prozesspunkt $(t_0|f(t_0))$ die Tangente, in deren Richtung es aufgrund der lokalen Linearität „weiter geht", bekannt (Abb. 8.73).

Abb. 8.73: Wie geht es weiter?

Bei bekannter Funktion F lässt sich also aus der DGL direkt das zugehörige

Richtungsfeld zeichnen: Für jeden Punkt $(t|x)$ der Zeichenebene ist diese Richtung $F(t, x)$ bekannt (hierbei sind t und x als zwei unabhängige Variable zu deuten). In ganz anschaulicher Weise ist also das Lösen der DGL äquivalent dazu, diejenigen Kurven zu finden, für die in jedem ihrer Punkte das Richtungsfeld die Tangentenrichtung angibt[32].

Wir betrachten nun noch ein weiteres Beispiel, diesmal innermathematisch, also nicht an eine Realsituation gebunden, nämlich die DGL

$$f'(t) = f(t)^2 - t, \text{ d. h. es gilt } F(t, x) = x^2 - t.$$

Mit dem Computer erhält man ein zugehöriges Richtungsfeld (Abb. 8.74), mit dem wir einige fundamentale Tatsachen über Lösungen von DGLen zumindest anschaulich verdeutlichen.

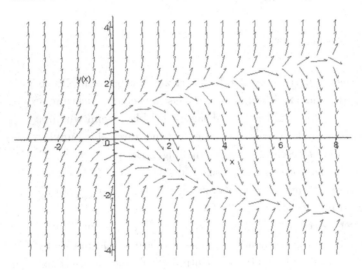

Abb. 8.74: Richtungsfeld von $f'(t) = f(t)^2 - t$

1. Es gibt viele Lösungskurven; das mathematische Modell stellt also viele mögliche Prozessverläufe zur Verfügung. (Es ist das Problem der Rückübersetzung in die Realität, das den realen Prozess beschreibende Modell auch tatsächlich zu finden).
2. Wählt man einen festen Punkt $(t_0|x_0)$, so gibt es genau eine Lösungskurve durch diesen Punkt, d. h. genau eine Lösungsfunktion f mit $f(t_0) = x_0$.
3. Im Allgemeinen ist es sehr schwierig oder sogar unmöglich, den konkreten Term einer Lösungsfunktion zu finden. Das Richtungsfeld gibt aber die wesentliche

---

[32]Diese Aufgabe ist in gewissem Sinne dual zur üblichen Aufgabe der Schul-Analysis, zu jedem Kurvenpunkt die Tangente zu zeichnen.

Idee, eine DGL numerisch zu lösen: Beginnend in einem Punkt $(t_0|x_0)$ bewegt man sich im Richtungsfeld jeweils einen Zeitschritt Δt lang längs der jeweiligen Richtung weiter. Der nächste Näherungspunkt hat dann die Koordinaten

$$(t_1|x_1) \text{ mit } t_1 = t_0 + \Delta t, \ x_1 = x_0 + \Delta x \text{ und } \Delta x = F(t_0, x_0) \cdot \Delta t.$$

Augenscheinlich wird die Näherung (aufgrund der nur lokalen Linearität) besser sein, wenn Δt klein ist. Bei zu großem Δt besteht die Gefahr des groben Abweichens von der wahren Funktion (was auch immer „klein" oder „zu groß" im konkreten Fall heißen möge). Diese Idee ist der Prototyp eines numerischen Verfahrens, eine DGL zu lösen, das so genannte *Euler-Cauchy-Verfahren*. Dieses Verfahren ist die direkte Verallgemeinerung des Integrierens als Kumulation der Änderungsraten.

Eine wichtige Grundlage der Naturphilosophie des 18. und 19. Jahrhunderts war der Determinismus: *Newton* konnte wesentliche Zusammenhänge in unserer Welt durch seine Naturgesetze mathematisch beschreiben. Hieraus schloss der französische Mathematiker und Astronom *Pierre-Simon Laplace* (1749 – 1827), dass eine „Superintelligenz" bei Kenntnis aller Naturgesetze und bei genauer Kenntnis der Welt zu einem bestimmten Zeitpunkt jeden vergangenen und zukünftigen Zustand berechnen könne. Für *Laplace* war also unsere Welt durch Anfangsbedingungen und Naturgesetze vollständig determiniert. Sein Fabelwesen ging als „Laplace'scher Dämon" in die Geschichte der Naturphilosophie ein. Betrachten Sie nun den obigen Punkt 2.: An dieser Stelle ist der Laplace'sche Dämon versteckt, da bei Kenntnis des Prozessverlaufs an einem Punkt der gesamte Prozessverlauf vorher und nachher bestimmt ist!

Nun wussten natürlich auch die Physiker der damaligen Zeit, dass man als Mensch nie auf exakte Daten, sondern immer nur auf mehr oder weniger genaue Messwerte zurückgreifen kann. Jedoch war die klassische Denkweise, dass ähnliche Ursachen zu ähnlichen Wirkungen führen; man spricht in diesem Zusammenhang von „starkem Determinismus". Dies ist die Philosophie, die der klassischen Physik zugrunde liegt und die Experimente als Mittel der Naturerforschung erst sinnvoll und möglich macht. Auch die näherungsweise Berechnung von Lösungsfunktionen nach der in 3. beschriebenen Methode entspricht dieser Philosophie: Wenn man nur die Zeitschritte Δt klein genug macht, dann wird die numerische Lösungsfunktion schon gut genug die wahre Lösungsfunktion approximieren. Dieser starke Determinismus war und ist eine vernünftige Theorie für die klassische Physik (die uns bis auf den Mond und vor allem wieder zurück brachte).

Es war die Entdeckung der „Chaostheorie"[33] im 20. Jahrhundert, die zu einem Umdenken gezwungen hat (vgl. Kirchgraber & Ruf (1997)). Viele Probleme

---

[33]Dieses schillernde Wort geisterte Ende der 80er, Anfang der 90er Jahre des letzten Jahrhunderts durch die Presse und auch durch manche Mathematiklehrpläne. Die meisten

der Realität haben eine komplexe, vielfach vernetzte und rückgekoppelte, von vielen Parametern abhängige Struktur; das klassische Beispiel, an dem auch der amerikanische Meteorologe *Edward Lorenz* (1917 – 2008) „chaotisches Verhalten" entdeckt[34] hat, ist die Wettervorhersage. Das Ziel jeder mathematischen Beschreibung eines Prozesses ist die Vorhersage über die Entwicklung des Systems. Für die Wettervorhersage gibt es einige typische DGLen, die aber nur mit den – im 20. Jahrhundert erstmals zur Verfügung stehenden – Computern numerisch behandelt werden können.

Lorenz entdeckte nun, dass kleinste Änderungen in den Anfangsbedingungen zu unübersehbaren und unvorhersagbaren Änderungen in der zeitlichen Entwicklung des beschriebenen Systems zur Wettervorhersage führten. Dieses Problem der Hyper-Sensibilität bezüglich der Anfangsbedingungen tritt typischerweise bei der numerischen Behandlung von mehrdimensionalen und nichtlinearen DGLen auf. Die „Chaostheorie" will die Gesetzmäßigkeiten solcher sensibler Systeme erforschen. Die Entdeckung „chaotischer Systeme" hatte einschneidende Konsequenzen für unser Wissenschaftsverständnis: Neben den gewohnten „starken Determinismus" der klassischen Physik tritt der „schwache Determinismus" der chaotischen Systeme. Es gilt nur noch, dass gleiche Ursachen gleiche Wirkungen haben, während ähnliche Ursachen zu (nahezu) beliebigen Wirkungen führen können. Obwohl also auch ein chaotisches System grundsätzlich deterministisch[35] ist, ist ein weiterer Verlauf nicht vorhersagbar. Da wir einen Anfangszustand niemals genau kennen können, ist keine Aussage über die Vergangenheit oder die Zukunft möglich. Der Laplace'sche Dämon muss zurück in die Hölle, die Zukunft bleibt nicht vorhersagbar. Man kann schon mit einfachen Untersuchungen bei Parabeln auf chaotisches Verhalten stoßen; schöne Beispiele hierfür finden sich in Peitgen et al. (1992). Und auch das „harmlose" Richtungsfeld in Abb. 8.74 deutet an, was passieren kann. Betrachten Sie den Punkt (4|2): Wenn der y-Wert nur ein wenig wackelt, kann es steil hinauf – oder aber auch zunächst hinunter gehen.

„Chaos-Propheten" hatten jedoch z. T. recht abstruse Vorstellungen, was „Chaos" ist. Der berühmte auf *Lorenz* zurückgehende Schmetterling, der in Dortmund einmal mit den Flügeln wackelt und damit in der Pfalz einen Orkan auslöst, ist ein bekanntes Beispiel.

[34]Dass auch der französische Mathematiker *Henri Poincaré* (1854 – 1912) um die Jahrhundertwende auf Phänomene gestoßen ist, die im Gegensatz zum starken Determinismus standen, war in Physikerkreisen kaum bekannt.

[35]Man darf das nicht mit den wahrscheinlichkeitstheoretischen Modellen der Quantentheorie verwechseln. Nicht nur die Newton'sche, sondern auch die Einstein'sche Theorie sind rein deterministisch.

Literaturverzeichnis

Aigner M. & Ziegler G. M. (2004) Das Buch der Beweise. Springer, Heidelberg.

Appell J. (2009) Analysis in Beispielen und Gegenbeispielen. Springer, Heidelberg.

Averbukh B. & Günther H. (2008) Über die Potenzen und die Potenzfunktionen. - In: Mathematiknachrichten, Nr. 49, S. 5 – 23.

Barner M. & Flohr F. (2000) Analysis I. 5., durchgesehene Auflage. De Gruyter, Berlin / New York.

Bender P. (1991) Fehlvorstellungen und Fehlverständnisse bei Folgen und Grenzwerten. - In: Der mathematisch-naturwissenschafliche Unterricht, 44(4), S. 238 – 243.

Beutelspacher A. & Weigand H.-G. (2002) Endlich ... unendlich! - In: Mathematik lehren, H. 112, S. 4 – 8.

Blum W. & Törner G. (1983) Didaktik der Analysis. Vandenhoek & Ruprecht, Göttingen.

Blum W. & Kirsch A. (1991) Preformal Proving: Examples and Reflections. - In: Educational Studies in Mathematics, 22(2), S. 183 – 203.

Büchter A. (2008) Funktionale Zusammenhänge erkunden. - In: Mathematik lehren, Heft 148, S. 4 – 10.

Büchter A. & Henn H.-W. (2007) Elementare Stochastik. Eine Einführung in die Mathematik der Daten und des Zufalls. 2., überarbeitete und erweiterte Auflage. Springer, Berlin / Heidelberg.

Büchter A. & Henn H.-W. (Hrsg.) (2008) Der Mathekoffer. Mathematik entdecken mit Materialien und Ideen für die Sekundarstufe I. Friedrich Verlag, Seelze, Velber.

Büchter A. & Henn H.-W. (2009) Mathematikunterricht entwickeln mit dem Mathekoffer. Tragfähige Vorstellungen fördern, Üben produktiv gestalten. - In: Unterrichtsqualität sichern – Sekundarstufe. Dr. Josef Raabe, Stuttgart.

Büchter A., Herget W., Leuders T. & Müller J. (2006) Die Fermi-Box. Friedrich Verlag, Seelze-Velber.

Büchter A. & Leuders T. (2007) Mathematikaufgaben selbst entwickeln. Lernen fördern – Leistung überprüfen. 3., überarbeitete Auflage. Cornelsen Scriptor, Berlin.

Danckwerts R. & Requate T. (1986) Oszillierende Funktionen – eine Chance zur Stärkung der Intuition. - In: Der Mathematikunterricht, 32 (4), S. 44 – 51.

Danckwerts R. & Vogel D. (1991) Elementare Analysis. Books on Demand, Norderstedt.

Danckwerts R. & Vogel D. (2006) Analysis verständlich unterrichten. Spektrum Akademischer Verlag, Heidelberg.

Deiser O. (2007) Reelle Zahlen. Springer, Heidelberg / Berlin.

Duval R. (1993) Registres des représentation sémiotique et fonctionnement cognitif de la pensée. - In: Anales de Didactique et de Sciences Cognitives, 5, S. 37 – 65.

Duval R. (2006) A cognitive analysis of problems of comprehension in learning of mathematics. - In: Educational Studies in Mathematics, 61, S. 103 – 131.

Eichler, A. & Vogel, M. (2009) Leitidee Daten & Zufall. Von konkreten Beispielen zur Didaktik der Stochastik. Vieweg+Teubner, Wiesbaden.

Eisenmann P. (2005) Warum gilt nicht $0,\bar{9} < 1$? - In: Praxis der Mathematik, 47(4), S. 40 – 42.

Engel, J. (2007) Daten im Mathematikunterricht: Wozu? Welche? Woher?. - In: Der Mathematikunterricht, 53 (3), 12 – 22.

Engel J. (2009) Anwendungsorientierte Mathematik. Von Daten zur Funktion. Eine Einführung in die mathematische Modellbildung für Lehramtsstudierende. Springer, Heidelberg.

Forster O. (2008) Analysis 1: Differential- und Integralrechnung. Vieweg+Teubner, Wiesbaden.

Freudenthal H. (1983) Didactical Phenomenology of Mathematical Structures. Reidel, Dodrecht.

Furdek A. (2008) Der Hauptsatz der Differential- und Integralrechnung - und was in der Schule meistens verschwiegen wird. - In: Mathematikinformation, Nr. 48, S. 15 – 26.

Hahn S. & Prediger S. (2008) Bestand und Änderung – Ein Beitrag zur didaktischen Rekonstruktion der Analysis. - In: Journal für Mathematikdidaktik, 29(3/4), S. 163 – 198.

Henn H.-W. (1988) Einkommensbesteuerung aus mathematischer Sicht. – In: Zentralblatt für Didaktik der Mathematik, 88(4), S. 148 – 163, und 88(6), S. 268.

Henn H.-W. (1995a) Prickelnde Fragen an alten Inhalten ausgehend von Konzepten der fraktalen Geometrie. - In: G. Graumann u.a. (Hrsg.). ISTRON-Materialien für einen realitätsbezogenen Mathematikunterricht. Band 2 (S. 30 – 55). Franzbecker, Hildesheim.

Henn H.-W. (1995b) Volumenbestimmung bei einem Rundfaß. - In: G. Graumann u.a. (Hrsg.). ISTRON-Materialien für einen realitätsbezogenen Mathematikunterricht. Band 2 (S. 56 – 65). Franzbecker, Hildesheim.

Henn H.-W. (1997) Realitätsnaher Mathematikunterricht mit DERIVE. Dümmler-Verlag, Bonn.

Henn H.-W. (2003) Elementare Geometrie und Algebra. Vieweg, Wiesbaden.

Henn H.-W. (2004) Computer-Algebra-Systeme – junger Wein oder neue Schläuche? - In: Journal für Mathematikdidaktik, 25 (4), S. 198 – 220.

Henn H.-W. (2006) Durchblick im Steuerdschungel - In: Mathematik lehren Heft 119, S. 22 – 51.

Henn H.-W. (2007) „Meinen Bogen setzte ich in die Wolken ..." – Der Regenbogen im Mathematikunterricht. - In: Herget W., Schwehr S. & Sommer R.(Hrsg.) ISTRON-Materialien für einen realitätsnahen Mathematikunterricht. Band 10 (S. 47 – 62). Franzbecker, Hildesheim.

Henze N. & Last G. (2005) Mathematik für Wirtschaftsingenieure und für naturwissenschaftlich-technische Studiengänge. Band 1. Vieweg+Teubner, Wiesbaden.

Herget W. (Hrsg.) (1999) Ganz genau und ungefähr. - In: Mathematik lehren, Heft 93.

Herget W. (2007) Mathe kommt vor! - In: Mathematik lehren, Heft 154, S. 4 – 8.

Herget W., Malitte E. & Richter K. (2000) Funktionen haben viele Gesichter – auch im Unterricht. In Flade L. & Herget W. (Hrsg.), Mathematik lehren und lernen nach TIMSS: Anregungen für die Sekundarstufen (S. 115 – 124). Volk und Wissen, Berlin.

Heuser H. (2009) Lehrbuch der Analysis. 17. durchgesehene Auflage. Vieweg+Teubner, Wiesbaden.

Hischer H. & Scheid H. (1982) Materialien zum Analysisunterricht. Herder, Freiburg.

Hughes-Hallett D. et al. (1998) Calculus. Single Variable. John Wiley & Sons, New York.

Humenberger H. & Müller J.H. (2009) Wie schätzt du die Verkehrssituation ein? - In: Mathematik lehren, H. 153, S. 50 – 55.

Humenberger H. & Schuppar B. (2006) Irrationale Dezimalbrüche – nicht nur Wurzeln! - In: A. Büchter et al. (Hrsg) Realitätsnaher Mathematikunterricht – vom Fach aus und für die Praxis. Festschrift für Hans-Wolfgang Henn zum 60. Geburtstag (S. 232 – 245) Franzbecker, Hildesheim.

Jahnke H. N. (Hrsg.) (1999) Geschichte der Analysis. Spektrum-Verlag, Heidelberg.

Kirchgraber U. & Ruf R. (1997) Von Modellen und Prognosen oder Warum manche Mathematiker nicht ungern über das Wetter reden. - In: Der Mathematikunterricht, 43(5), S. 30 – 36.

Klein F. (1908; 1909) Elementarmathematik vom höheren Standpunkte aus. 3 Bände. Teubner, Leipzig.

Krauss S. (1999) Die Entdeckungsgeschichte und die Ausnahmestellung einer besonderen Zahl: e = 2,71828182845904523536.- In: The Teaching of Mathematics, (2)2, S. 105 – 118.

Kronfellner M. (1987) Ein historischer Zugang zum Funktionsbegriff. - In: Mathematica Didacta, 10, S. 81 – 108.

Kronfellner M. (1998) Historische Aspekte im Mathematikunterricht. Eine didaktische Analyse mit unterrichtspraktischen Beispielen. Hölder-Pichler-Tempsky, Wien.

Leuders T. (2006) Radioaktive Heftzwecken. Exponentiellen Zerfall aktiv erleben und reflektieren. - In: Mathematik lehren, Heft 138, S. 44 – 48.

Leuders T. & Leiß D. (2006) Realitätsbezüge. - In: Blum W., Drüke-Noe C., Hartung R. & Köller O. (Hrsg.) Bildungsstandards Mathematik: konkret. Sekundarstufe I: Aufgabenbeispiele, Unterrichtsanregungen, Fortbildungsideen (S. 194 – 206). Cornelsen Scriptor, Berlin.

Leuders T. & Prediger S (2005) Funktioniert's? Denken in Funktionen. - In: Praxis der Mathematik in der Schule, 47 (2), S. 1 – 7.

Lexikon der Mathematik (2001). Spektrum Akademischer Verlag, Heidelberg / Berlin.

Malle G. (1993) Didaktische Probleme der elementaren Algebra. Vieweg, Braunschweig / Wiesbaden.

Malle G. (2000) Zwei Aspekte von Funktionen: Zuordnung und Kovariation. - In: Mathematik lehren, Heft 103, S. 8 – 11.

Mangoldt H. v. & Knopp K. (1980) Einführung in die höhere Mathematik. Erster Band. Hirzel Verlag, Stuttgart.

Maor, E. (1996) Die Zahl e – Geschichte und Geschichten. Birkhäuser, Basel / Boston / Berlin.

Mason, J. & S. Klymchuk (2009) Using Counter-Examples in Calculus. Imperial College Press, London.

McLaughlin W. I. (1995) Eine Lösung für Zenons Paradoxien. - In: Spektrum der Wissenschaft, H. 1, S. 66 – 71.

Meyer J. (2005) Zu den Zielen des Mathematikunterrichts. - In: Der Mathematikunterricht, (2/3), S. 58 – 69.

Müller J. H. (2008) Funktionaler Zusammenhang. - In: Büchter A. & Henn H.-W. (Hrsg.) Der Mathekoffer. Mathematik entdecken mit Materialien und Ideen für die Sekundarstufe I. Friedrich Verlag, Seelze / Velber.

Noack H. (1962) Der Begriff der Kurve. - In: Der mathematisch-naturwissenschaftliche Unterricht, 14, S. 385 – 398 und S. 438 – 449.

Oehl W. (1970) Der Rechenunterricht in der Hauptschule. Schroedel, Hannover.

Padberg F. (2008) Elementare Zahlentheorie. 3., überarbeitete und erweiterte Auflage. Spektrum Akademischer Verlag, Heidelberg.

Peitgen H.-O., Jürgens H.J. & Saupe D. (1992) Chaos. Bausteine der Ordnung. Klett-Cotta, Stuttgart.

Pöppe Ch. (2004) Wie die Schildkröte Achilles besiegte. Reclam, Leipzig.

Pollack H. O. (1979) The Interaction between Mathematics and Other School Subjects. In UNESCO (Hrsg.), New Trends in Mathematics Teaching IV (S. 232 – 248). UNESCO, Paris.

Richman F. (1998) Is 0,999... = 1? (Internetquelle: http://math.fau.edu/Richman/HTML/999.htm - Aufrufdatum: 11.10.2009).

Schornstein J. (2003) Simultane realitätsnahe Einführung der Differenzial- und Integralrechnung. - In: Henn H.-W. et al. (Hrsg). Materialien für einen Realitätsbezogenen Mathematikunterricht. Band 8 (S. 139 – 149). Franzbecker Hildesheim.

Schupp H. & Dabrock H. (1995) Höhere Kurven. BI Wissenschaftsverlag, Mannheim.

Sonar T. (1999) Einführung in die Analysis: Unter besonderer Berücksichtigung ihrer historischen Entwicklung für Studierende des Lehramts. Vieweg, Wiesbaden.

Singh S. (2001). Geheime Botschaften. Die Kunst der Verschlüsselung von der Antike bis in die Zeiten des Internet. Deutscher Taschenbuch Verlag, München.

Stammbach U. (1999) Die harmonische Reihe. Historisches und Mathematisches. - In: Elemente der Mathematik, 54(3), S. 91 – 106.

Swan M. (1985) The Language of Functions and Graphs. An Examination Module for Secondary Schools. Joint Matriculation Board, Manchester.

Thies S. & Weigand H.-G. (2006) Änderungen ganz diskret. Mit Folgen das Änderungsverhalten funktionaler Zusammenhänge erkunden. - In: Mathematik lehren, H. 137, S. 18 – 21.

Tietze U. W., Klika M. & Wolpers H. (2000) Mathematikunterricht in der Sekundarstufe II, Bd.1, Fachdidaktische Grundfragen, Didaktik der Analysis. Vieweg, Wiesbaden.

Toeplitz O. (1927) Das Problem der Universitätsvorlesungen über Infinitesimalrechnung und ihre Abgrenzung gegenüber der Infinitesimalrechnung an den höheren Schulen. - In: Jahresbericht der Deutschen Mathematikervereinigung, 36, S. 88 – 100.

Vogel M. (2006) Mathematisieren funktionaler Zusammenhänge mit multimediabasierter Supplantation. Franzbecker, Hildesheim.

Vogel M. (2008) Der atmosphärische CO_2-Gehalt. - In: Mathematik lehren, Heft 148, S. 50 – 55.

Vollrath H.-J. (1989) Funktionales Denken. Journal für Mathematikdidaktik, 10 (1), S. 3 – 37.

vom Hofe R. (1995) Grundvorstellungen mathematischer Inhalte. Spektrum-Verlag, Heidelberg.

vom Hofe R. (1996) Grundvorstellungen – Basis für inhaltliches Denken. - In: Mathematik lehren, H. 78, S. 4 – 8.

vom Hofe R. (2003) Grundbildung durch Grundvorstellungen. - In: Mathematik lehren, Heft 118, S. 4 – 8.

vom Hofe R. & Jordan A. (2009) Wissen vernetzen. Beziehungen zwischen Geometrie und Algebra. - In: Mathematik lehren, Heft 154, S. 4 – 9.

Weth Th. (1992) Zum Verständnis des Kurvenbegriffs im Mathematikunterricht. Franzbecker, Hildesheim.

Wille F. (1984) Humor in der Mathematik. Vandenhoeck & Ruprecht, Göttingen.

Winter H. (2004) Mathematikunterricht und Allgemeinbildung. - In: Henn H.-W. & Maaß K. (Hrsg) ISTRON-Materialien für einen realitätsbezogenen Mathematikunterricht, Band 8 (S. 6 – 15). Franzbecker, Hildesheim. (überarbeitete Fassung des gleichnamigen Beitrags in: Mitteilungen der Gesellschaft für Didaktik der Mathematik, Nr. 61, S. 37 – 46.)

Wittmann E. Ch. (1981) Grundfragen des Mathematikunterrichts. 6. Auflage. Vieweg, Wiesbaden.

Wittmann G. (2008) Elementare Funktionen und ihre Anwendung. Spektrum-Verlag, Heidelberg.

Index

Abbildungsmatrix, 27
Ableiten, 99
  graphisches, 90
  numerisches, 90
Ableitung, 88, 197
  bei affiner Transformation, 208
  bei Verknüpfung, 209
  der allgemeinen Potenzfunktion, 285
  der Exponentialfunktion, 281, 284
  der Logarithmusfunktion, 281, 284
  der Potenzfunktion, 213
  der Umkehrfunktion, 304
  höhere, 197
  trigonometrischer Funktionen, 214
Ableitungsfunktion, 88, 197
Ableitungsregeln, 205, 207
absolute Änderung, 83
abzählbar (unendlich), 131
Achilles und die Schildkröte, 151
Achsensymmetrie, 75
Additivität
  des Integrals, 228
affine Transformation, 59, 63
algebraische Kurve, 77
alternierende Folge, 137
Änderung
  absolute, 83
  relative, 83
Änderungsrate
  lokale, 84
  mittlere, 83, 196
Änderungsratenfunktion, 96
Antiproportionalität, 43
Archimedisches Axiom, 114, 122
arithmetische Folge, 138, 149
arithmetische Reihe, 139, 149

beschleunigtes Wachstum, 270
beschränkte Menge, 120
Beschränktheit, 137
Bestandsfunktion, 95
bestimmtes Integral, 224
Betragsfunktion, 66
Bogenlänge, 277, 280
Bogenmaß, 57

Cauchy-Folge, 146
charakteristische Funktion, 68

Darstellungsarten von Funktionen, 30, 35
Darstellungswechsel, 36
Definitionslücke, 72, 74
Definitionsmenge, 18
Dezimalzahlen
  Systematik der, 119

Differenzenfolge, 140, 155
Differenzenquotient, 88, 196
Differenzenregel, 209
Differenziale, 204
Differenzialgleichung, 320
Differenzialquotient, 88, 197, 204
Differenzierbarkeit
  einer Funktion, 196
Dreisatz, 44

ε-Schlauch, 144
Einsetzungsvorstellung, 33
Einzelzahlaspekt, 33
Elastizität, 310, 316
endlich, 130
Euler'sche Zahl e, 167
Exponentialfunktion, 54, 281
  Ableitung der, 281, 284
  Asymptotisches Verhalten der, 286
  Stammfunktion der, 285
Extrema, 253, 257
Extrempunkt
  globaler, 257
  lokaler, 257
Extremstelle
  globale, 257
  lokale, 257
Extremum
  globales, 257
  lokales, 257

Folge, 136
  alternierende, 137
  arithmetische, 138, 149
  Beschränkheit einer, 137
  Cauchy-Folge, 146
  Differenzenfolge, 140, 155
  geometrische, 138, 149
  Graph einer, 137
  mit rationaler Termstruktur, 157
  monotone, 158
  Monotonie einer, 137
  Nullfolge, 148
  Produktfolge, 140, 155
  Quotientenfolge, 140, 155
  Summenfolge, 140, 155
Funktion, 18
  Ableitungsfunktion, 88, 197
  allgemeine Potenzfunktion, 50
  Änderungsratenfunktion, 96
  antiproportionale, 43
  Bestandsfunktion, 95
  Betragsfunktion, 66
  charakterische, 68
  Exponentialfunktion, 54, 281
  ganzrationale, 63

Gaußklammerfunktion, 67
gebrochenrationale, 63
identische, 66
Indikatorfunktion, 68
Kammfunktion, 186
Kehrwertfunktion, 75
lineare, 44
Logarithmusfunktion, 55, 281
Polynomfunktion, 63
Potenzfunktion, 49
proportionale, 43
rationale Funktion, 63
Signumfunktion, 67
Trunc-Funktion, 224
Vorzeichenfunktion, 67
Wurzelfunktion, 49
funktionale Abhängigkeit, 11
funktionaler Zusammenhang, 11, 20
Funktionen, 16
affine Transformation von, 59, 63
Elastizität von, 316
Krümmung von, 265
Monotonie von, 253, 254
Symmetrie von, 74
trigonometrische, 57
Umkehrung von, 59, 63
Verkettung von, 59, 61
Verknüpfung von, 59, 62
Funktionenbaukasten, 59
Funktionsgraph, 18, 76

ganzrationale Funktionen, 63
Gaußklammerfunktion, 67
gebrochenrationale Funktionen, 63
gegensinnige Veränderung, 44
Gegenstandsvorstellung, 32
genetisches Prinzip, 2
geometrische Folge, 138, 149
geometrische Reihe, 139, 149
Gerade, 45
gleichmächtig, 130
gleichsinnige Veränderung, 44
globale Extremstelle, 257
globale Maximumstelle, 257
globale Minimumstelle, 257
globaler Extrempunkt, 257
globaler Hochpunkt, 257
globaler Tiefpunkt, 257
globales Extremum, 257
globales Maximum, 257
globales Minimum, 257
Gradmaß, 57
Graph
einer Folge, 137
graphisches Ableiten, 90
Grenzwert, 88, 143
einer Folge, 144, 145
einer Funktion, 173, 176, 177
Grunderfahrungen, 2

Grundvorstellungen, 30
von Funktionen, 34
von Variablen, 31

harmonische Reihe, 152
Hauptsatz, 101, 240
Heron-Algorithmus, 162
Hochpunkt, 73
globaler, 257
lokaler, 257
Hyperbel, 75

identische Funktion, 66
Indikatorfunktion, 68
Infimum, 121
Infinitesimalrechnung, 3
Inkommensurabilität, 107
Integral
Additivität des, 228
bestimmtes, 224
uneigentliches, 298, 300
Integralfunktion, 224, 227
Integralzeichen, 94
Integrationsregeln, 246
Integrierbarkeit, 227
Integrieren, 92, 99
Intervallhalbierungsverfahren, 192
Intervallschachtelung, 115, 117
rationale, 118
Irrationalität, 110
isolierte Stelle, 258

Kalkülvorstellung, 33
Kammfunktion, 186
Kardinalzahl, 129
Kehrwertfunktion, 75
Kehrwertregel, 209
Kettenregel, 211
Ko-Variationsvorstellung, 34
Kommensurabilität, 107
Kontinuumshypothese, 134
Konvergenz
einer Folge, 140, 145
Kosinusfunktion, 58
Kotangensfunktion, 58
Kreiszahl π, 159
Krümmung
einer Funktion, 265
Krümmungskreis, 277
Krümmungsruck, 273
krümmungsruckfreie Verbindung, 274
Kurve, 76
algebraische, 77
Parameterkurve, 77
Schneeflockenkurve, 87, 159
Kurvendiskussion, 76

Limes, 145
lineare Substitution, 248
lineares Wachstum, 269
Linearität
    lokale, 85
linksgekrümmt, 265
Logarithmusfunktion, 55, 281
    Ableitung der, 281, 284
    Asymptotisches Verhalten der, 286
    Stammfunktion der, 285
lokale Änderungsrate, 84
lokale Extremstelle, 257
lokale Linearität, 85, 200
lokale Maximumstelle, 257
lokale Minimumstelle, 257
lokaler Extrempunkt, 257
lokaler Hochpunkt, 257
lokaler Tiefpunkt, 257
lokales Extremum, 257
lokales Maximum, 257
lokales Minimum, 257

Mächtigkeit, 129, 130
mathematisches Modell, 21, 22
Maximum, 73
    globales, 257
    lokales, 257
Maximumstelle
    globale, 73
    lokale, 73, 257
Minimum, 73
    globales, 257
    lokales, 257
Minimumstelle
    globale, 73, 257
    lokale, 73, 257
Mittelwertsatz
    der Differenzialrechnung, 217
mittlere Änderungsrate, 83, 196
Modellieren, 21, 22
Modellierungsspirale, 21
Monotonie
    einer Folge, 137
    einer Funktion, 253, 254
    strenge, 254

Neunerperioden, 125
Newton-Algorithmus, 306, 308, 309
Nullfolge, 148
Nullstellensatz von Bolzano, 191
numerisches Ableiten, 90

obere Schranke, 120
Obersumme, 224, 225
Objektvorstellung, 34

Parameterkurve, 77

Partielle Integration, 247
Periode, 58
Periodizität, 58
Permanenzprinzip, 114
Polstelle, 74
Polynomfunktion, 63
Potenzfunktion, 49
    Ableitung der allgemeinen, 285
    allgemeine, 50
Produktfolge, 140, 155
Produktregel, 209
Proportionalität, 43
Punktsymmetrie, 75

Quotientenfolge, 140, 155
Quotientenregel, 209

rationale Funktion, 63
rationale Intervallschachtelung, 118
Realsituation, 22
rechtsgekrümmt, 265
Regel von L'Hospital, 202
Reihe, 138
    arithmetische, 139, 149
    geometrische, 139, 149
    harmonische, 152
Rekonstruktion, 92
relative Änderung, 83
Richtungsfeld, 238, 321
Rotationsvolumen, 292, 294

Satz von Supremum, 121
Schneeflockenkurve, 87, 159
Schranke
    obere, 120
    untere, 121
Sekante, 83, 196, 200
Signumfunktion, 67
Simultanaspekt, 34
Sinusfunktion, 58
Stammfunktion, 237
    der Exponentialfunktion, 285
    der Logarithmusfunktion, 285
    Übersicht über alle, 240
Stetigkeit
    einer Funktion, 181, 182
    gleichmäßige, 185
Substitution
    lineare, 248
Substitutionsregel, 248
Summenfolge, 140, 155
Summenregel
    der Differenzialrechnung, 209
    der Integralrechnung, 247
Supremum, 120
    Satz vom, 121
Symmetrie, 74

Tangensfunktion, 58
Tangente, 84, 200
Tiefpunkt, 73
  globaler, 257
  lokaler, 257
trigonometrische Funktionen, 57
Trunc-Funktion, 224

überabzählbar, 132
Umkehrfunktion, 59, 63
  Ableitung der, 304
Umkehrregel, 300, 304
Umkehrung, 59, 63
uneigentliches Integral, 298, 300
unendlich, 130
untere Schranke, 121
Untersumme, 224, 225

Veränderlichenaspekt, 34
Verfeinerung
  einer Zerlegung, 225
Verkettung, 59, 61
Verknüpfung, 59, 62
verzögertes Wachstum, 270
Vollständigkeit, 107
Vollständigkeitsaxiom, 122
Vorzeichenfunktion, 67
Vorzeichenwechselkriterium, 260

Wachstum
  beschleunigtes, 270
  lineares, 269
  verzögertes, 270
Wachstumsformen, 270
Wachstumsverhalten, 270
Wechselwegnahme, 112
Wendepunkt, 265
Wendestelle, 265
Wertemenge, 18
Wurzelfunktion, 48, 49

Zahlen-Kontinuum, 107
Zahlenfolge, 137
Zerlegung, 224
Zielmenge, 18
Zinseszins, 51, 167
Zuordnungsvorstellung, 34
Zwischenwertsatz, 192

2. Aufl. 2007
322 S., 104 Abb., kart.
€ [D] 22,- / € [A] 22,62 / CHF 32,-
ISBN 978-3-8274-1854-8

Herbert Kütting / Martin J. Sauer
Elementare Stochastik

Praxisnah und gut lesbar geschrieben, vermittelt dieses Werk einen fundierten Einblick in die Stochastik. Zentralen Themen, wie Axiomatischer Aufbau der Wahrscheinlichkeitstheorie, Grundbegriffe der Kombinatorik, Simulation von Zufallsexperimenten, Diskrete Zufallsvariable und Allgemeine Wahrscheinlichkeitsräume werden gründlich behandelt. Besonderer Wert wird auf das Modellieren gelegt, d. h. auf die Kompetenz, Sachverhalte der Alltagswirklichkeit in mathematische Modelle zu übertragen. Beispiele und Übungsaufgaben (mit Lösungen) nehmen in diesem Buch einen breiten Raum ein.

1. Aufl. 2006
230 S., kart.
€ [D] 20,- / € [A] 20,56 / CHF 31,50
ISBN 978-3-8274-1740-4

Rainer Danckwerts / Dankwart Vogel
Analysis verständlich unterrichten

Die Analysis ist und bleibt der harte Kern der Oberstufenmathematik. Das Buch bricht eine Lanze für einen verstehensorientierten Analysisunterricht. Nach Klärung der fachdidaktischen Grundposition werden alle etablierten Themenfelder gründlich beleuchtet: Folgen, Ableitung und Integral, Kurvendiskussion und Extremwertprobleme. Angesprochen sind in erster Linie die angehenden und praktizierenden Lehrerinnen und Lehrer.

1. Aufl. 2009
308 S., 202 Abb., kart.
€ [D] 19,95 / € [A] 20,50 / CHF 31,-
ISBN 978-3-8274-1715-2

Hans-Georg Weigand et al.
Didaktik der Geometrie für die Sekundarstufe I

Dieses Buch führt in die didaktischen und methodischen Grundlagen des Geometrieunterrichts der Sekundarstufe I ein und zeigt anhand zahlreicher unterrichtspraktischer Beispiele Möglichkeiten einer problemorientierten Unterrichtsgestaltung auf. Aufbauend auf den Bildungsstandards werden die wichtigen Aspekte Beweisen und Argumentieren, Konstruieren, Problemlösen sowie Begriffslernen und Begriffslehren behandelt. Zusätzlich wird auf die zentralen Themenbereiche des Geometrieunterrichts eingegangen: Figuren und Körper, Flächeninhalt und Volumen, Symmetrie und Kongruenz, Ähnlichkeit und Trigonometrie.

1. Aufl. 2008
348 S., 102 Abb., kart.
€ [D] 22,- / € [A] 22,62 / CHF 32,-
ISBN 978-3-8274-1938-5

Gerd Hinrichs
Modellierung im Mathematikunterricht

Seit der Einführung von Bildungsstandards ist das mathematische Modellieren als eine der allgemeinen Kompetenzen für den Mathematikunterricht besonders in den Fokus gerückt. Dieses Buch zeigt zahlreiche Modellierungskontexte für den Mathematikunterricht von der Primarstufe bis zur Sekundarstufe II auf. Der Autor unterrichtet Mathematik und Physik an einem Gymnasium. Er legt daher besonderen Wert auf die praktische Umsetzbarkeit der Beispiele. Neben der umfassenden inhaltlichen Darstellung werden auch didaktische Fragen des Themas erörtert.

Printed in the United States
by Baker & Taylor Publisher Services

Printed in the United States
by Baker & Taylor Publisher Services